한국 근대시교육 톺아보기

이 명 찬

청운

▸ 머리말 ◂

숟가락을 얹으며

어느 해 수능에 생존해 있는 유명 시인의 시가 출제되었다. 으레 그렇듯 출제가 잘 되었느니 아니라커니 입방아에 오르내리니 당자께서 직접 그 문항들을 풀어본 모양이고, 결과는 예상한 그대로이다. 한 문항도 맞히지 못해서 당황하셨다는 후문. 그걸 전하는 어느 철학자는 이 시대 문학교육이 얼마나 형편없는지를 공박하는 사례로 힘주어 선생의 경우를 들먹였던 기억이 새롭다.

결론부터 말하자면 그것은 너무나 당연한 결과였다. 그 시험은 현재의 중등교육 체제 하에서 6년여 문학교실을 누벼온 경험을 가진 학생들이 대학 수학 능력을 구비하고 있는지를 판단하여 그 가운데 일정 수를 선택, 배제하려는 특수한 의도로 구안된 제도로서의 시험이었기 때문이다. 따라서 그 제도가 지정하여온 과정과 문법을 일정하게 익혀온 학생들이라면 별 무리 없이 정답에 이를 수 있는 정도의 난이도를 갖고 있었다. 수능의 언어 과목이라는 영역 자체의 논리를 실처럼 뒤쫓아 가면 미로에서 탈출할 길이 안내되는 제도로서의 성격에 대한 이해를 갖지 못했을 때, 저런 해프닝이 벌어지는 것이다.

문학 자체를 감수하거나 이해하는 일과는 별개로, 문학을 교수 학습하는 현장의 특수한 사정과 논리가 있다는 말을 해두고 싶은 것이다. 문제는 그러한 논리 아래 문학교육을 받고 성장한 결과, 우리 교육의 수혜자들이 저 시인만큼의 문학 능력 혹은 문해력을 갖추었는가 아닌가를 항상 돌아보면서, 자체 논리에 수정이 필요한 부분이 없는지를 점검하고 조정하는 일을 게을리 하지 말아야 한다는 점을 기억하는 일일 것이다. 그러지 않으면 문학교육의 본질 혹은 목표는 놓쳐버리고 영역 자체의 온존(溫存)에만 집착한다는 지적을 피할 수 없을 것이기 때문이다. 물을 건너갈 배를 최량의 상태로 수리하려고 노력하는 것, 다 건너고 나면 배는 존재조차 잊어버려도 좋다는 자세를 갖추는 일에 문학교육자의 목표가 있지 않을까.

문학교육의 목표는 시인이나 작가만큼 우리 언어와 세계를 잘 이해하게 하는 데 두어야 할 것이다. 이 말은, 작가 만들기 교육에 문학교육의 핵심이 있다는 생각이 그 동안 필자의 뒤를 받친 논리적 기둥이었음을 밝혀둔다는 뜻이다. 이 말은 물론 문학교육을 받은 모든 이가 다 작가로 등단해야 한다는 뜻을 지니고 있지 않다. 이해와 표현의 양면에서 국어 능력의 최대치를 발현하도록 하는 데에 문학교육의 과녁이 놓여야 한다는 것을 힘주어 말하고 있을 뿐이다. 한국문학판을 뜨겁게 달군 최량의 텍스트들이 공부의 모범으로 제공되어야 한다는 것이 단연한 전제.

무딘 생각과 어눌한 말로 한국 근대시 연구와 교육의 양쪽 현장에서 부딪쳐온 문제적 상황들을 느리게 기록하여 와 이렇게 부린다. 중요한 이삿짐 다 나가고 난 뒤에 널린 허섭스레기만 같아 부끄럽다. 내 손가락질이 달그림자 한쪽이라도 제대로 가리켰으면 좋겠다.

정유년 첫여름,

보강헌(寶姜軒)을 꿈꾸며

삼각, 도봉 자락 이산재(二山齋)에서

이명찬

목 차

| 머리말 | / 3

1. 탐색 7

산문시론 시고(試考) ▸ 9
시 창작교육 방향의 탐색 ▸ 36
한국 근대시 정전과 문학교육 ▸ 57
현대사회에서 시가 읽히는 방식 ▸ 76

2. 반성 101

중등교육과정에서의 김소월 시의 정전화 과정 연구 ▸ 103
김수영의 「어느 날 고궁을 나오면서」 다시 읽기 ▸ 140
시교육 자료로서의 〈사화집〉 ▸ 161
현대시 교육과 4·19혁명 ▸ 188

C·O·N·T·E·N·T·S

3. 적용 211

한국 현대시의 운(율)문적 성격에 대한 성찰 ▸ 213
백석 시에 나타난 '민족적인 것'의 의미 ▸ 233
미당 「자화상」 소고 ▸ 258

4. 현장 277

이미지에 가려진 우수(憂愁) ▸ 279
형언할 수 없는 그리움의 집 ▸ 293
비파강 은어 혹은 청모시 치마 ▸ 307
〈숨은 꽃〉을 찾아가는 네 가지 방법 ▸ 325

찾아보기 ▸ 358

1. 탐색

산문시론 시고(試考) ▸ 9
시 창작교육 방향의 탐색 ▸ 36
한국 근대시 정전과 문학교육 ▸ 57
현대사회에서 시가 읽히는 방식 ▸ 76

산문시론 시고(試考)

1. 중등교육 현장에서의 '산문적 리듬'의 문제

이명박 정부(2008-1013)가 이루어낸 성과에 대해서는 분야마다 그 평가가 다르겠지만 대한민국 교육 분야에서만큼은 이 기간을 특별하게 주의를 기울여 기억하고 평가해야 마땅하다는 생각이 든다. 그들은 교육이 '백년의 대계(大計)'라는 큰 그림 아래 기획되고 실천되어야 한다는 저 오랜 연원의 사회적 통념을 일거에 전복하고, 비밀주의와 단기 완성주의 정신에 입각해 교육과정 전체를 뒤흔듦으로써 그것을 해마다 수정이 가능한 '소계(小計)' 정도로 축소시키는 한편, 중등학교의 교과서 역시도 2-3년에 한 번씩 그 틀 전체를 바꾸어버리는 획기적 선례를 남김으로써 인력과 자원의 무시무시한 낭비를 초래한 초유의 정권이기 때문이다.

그 과정에서 필자는 한국의 중등학교 교과서라는 위력 무비(無比)의 매체가 탄생하는 과정과 그것을 둘러싼 환경들의 변화를 처음으로 가까이에서 겪어볼 수 있었다. 나아가 7차 교육과정 개정으로 탄생한 18종 문학교과서로부터 시작하여 그 이후 개발된 각종, 각 출판사의 신생 교과서들 및 교사용 지도서, 참고서 그리고 수능용 이비에스(EBS) 교재들을 일별할 기회도 가졌다. 말인즉슨 한국 문학교육 현장에서 정전(正

典)들이 교체/탄생되는 경과와 그러한 정전적 작품들을 다루는 집필자(=연구자)들의 관점들이 관철되어 나가는 현장을 가까이에서 목도할 수 있었다는 뜻이다.

그렇게 탄생한 현재의 중등학교 국어과 관련 교과서/지도서/참고서/수험서들은 7차 이전 시기에 사용된 그것들에 비해 괄목할 만한 변화상을 내보이고 있다. 텍스트 선정의 기준이 자유롭고 참신해진 것은 물론이려니와 학생들이 주체적으로 그러한 텍스트들을 활용하고 학습함으로써 관련 학습 목표에 도달할 수 있도록 미세하게 조정되고 설계된 활동들은 우선 그 다양함이라는 기준만으로도 묵은 편견들을 무색케 하는 것이 사실이다. 현대문학 분야에로 관심을 좁혀 보더라도 '순수문학'이라는 이름의 필터링이 작동하고 있던 과거 교과서 시절의 텍스트 선정에 비길 때 참으로 분방한 관점들이 적용되고 있음을 확인할 수 있었다.[1)]

물론 변화가 완벽하여 지난 몇 십 년간의 묵은 관행을 완벽히 갈아엎었다는 뜻은 아니다. 몇 몇 문제는 해결되지 않은 채 새 교재들에도 여전히 반복되고 있는데 그것을 정리해 보면 대략 다음과 같다. (1)모든 텍스트에는 하나의 단일 해석이 존재해야 한다는 문항 설계와 해설의 태도 (2)하나의 텍스트에는 하나의 주제만이 주어져야 한다는 편집 방향 (3)성취 기준에 부합하는지 여부가 선정의 주요 이유가 됨으로써 해당 텍스트들이 지닌 문학적 우수성에 대한 안내나 설명 없이 단순한 학습 도구로만 다루어지는 경향 (4)문학사적으로 이견들이 존재하는 용어나 해석들을 별 고민 없이 관행처럼 적용하는 경우 등이 될 것이

---

1) 분방함이 지나쳐 때로는 이런 텍스트 혹은 작가가 정말 한국의 현대문학 현장에서 대표성을 지닐 수 있을까, 교과서를 비롯한 중등교육과정의 핵심 매체들에 실려 노출될 만큼 해당 텍스트가 지닌 문학성이 탄탄한가를 고민해 보아야 할 성부른 텍스트들도 더러 있다는 것도 부인할 수 없는 사실이다. 교육과정 개정이라는 현재 진행형의 격랑이 하루 빨리 잦아들고 검인정을 통과한 교재들의 세부를 보다 찬찬히 검증하는 절차에 들어가야 할 필요가 있다.

다. 이 가운데 앞의 세 가지는 학계 전반의 논의와 동의를 구해 그 수정의 방향을 같이 고민해 보아야 하는 문제들인데 비해 (4)의 경우에는 용어나 해석의 문제성을 발견하는 즉시 공론화함으로써 문학교육 현장에서 생겨날 노력의 낭비들을 줄여줄 필요가 있는 문제라 할 수 있다.

(4)와 관련하여 현재의 중등교재들을 검토하면서 발견한 개념들 가운데 필자는 이 글을 통해 '산문적 리듬'이라는 용어를 우선 문제 삼아 보려 한다. 이 기묘하게 요령부득인 개념을 적용하여 텍스트를 풀고 있는 예들은 중등 교육 현장에서 어렵지 않게 발견할 수 있다. 가령 이비에스(EBS) 『2016년 대비 수능완성 국어 B형-실전편』[2]의 실전모의고사 5회 차에는 결합 지문으로 이상의 시 「가정」과 문태준의 「맨발」을 제시하여 모두 네 문항(31-34번)을 출제하고 있다. 당연히 이 교재는 해당 텍스트들에 대한 해제를 첨부하고 있는데, 그 중 시 「가정」에 대해 풀이하면서 「정답과 해설」 91쪽을 통해 아주 서슴없이 "띄어 쓰기 없이 산문적 리듬을 통해 시적 의미를 구현하고 있는 것이 특징이다." (밑줄은 인용자)라고 밝히고 있다.[3] 나아가 어떤 교재는 〈현대운문〉이라는 항목에 현대시들을 배치한 뒤 행 구분을 하고 있지 않은 특정 시에 대해 역시 '산문적 리듬'을 갖고 있다고 풀이한다.[4] '운문'인 시가

---

2) 이 교재는 수능 연계 교재로 지정되어 있기에 지난 2015년에 63만 명 이상의 수험생들이 거의 필수적으로 거쳐 갔을 것으로 짐작된다. 검인정을 통과한 십여 개의 교재들이 서로 경쟁하는 체제인 교과서의 영향력도 무시할 수 없다는 것이 중론인데 63만 명 수험생들에게 단일하게 노출되는 책이 지닌 영향력에 대해서는 더 말할 것이 없지 않을까. 그러니 EBS 교재의 집필자나 감수자들은 훨씬 높은 수준의 주의력을 발휘하여 생길 수 있는 오해나 몰이해를 줄여야 할 의무가 있다.

3) 이런 예들은 행 구분이 없는 시들의 해제에서 아주 관행적으로 적용되고 있었다. 조지훈의 「봉황수」를 서정시이자 산문시라고 규정한 뒤 "유장한 산문적 리듬을 보이고 있다"(이대욱 외22인, 『해법문학3-시문학』, 천재교육, 2008, pp.132-133.)고 해제하고 있는 것이 그러한 사례들이다.

4) 『EBS 모든 작품 총정리-국어영역 A형』(디딤돌, 2014, p.43.)에서는 〈현대운문〉 항목에 김선우의 「단단한 고요」를 넣어 문항화하면서 선택지 가운데 하나에다가 "산문적 리듬과 끊어 읽기를 통해 시적 운율감을 형성하고 있"다는 진술을

어떻게 '산문적 리듬'을 가질 수 있는 것인지 그 개념들 사이의 간극은 어떻게 풀어 이해해야 하는 것인지 아무런 단서도 주지 않은 채 쓰이고 있는 이런 용어들은, 아무리 잘 이해를 해보려고 해도 '해당 시들이 행 구분을 하고 있지 않다.'는 정도의 정보 위에 덧씌워진 헛된 꾸밈말일 가능성이 높아 보인다. 결국 이러한 용어를 쓰는 교재들은 '운문: 산문', '리듬'이라는 용어들에 대해 별다른 고민이나 지식을 갖고 있지 않다는 것을 스스로 내보이고 있는 형국인 것이다.

'산문적 리듬'이라는 겉보기에 멋스러워 보이는 이 용어가 기실은 무언가 구체적인 내용을 지시하고 있지 않을 가능성이 높아 보인다는 판단을 하게 된 데에는 이들 시의 갈래를 규정하고 있는 용어들의 혼란상도 한몫을 했다. 가령 『해법문학』의 경우 정지용의 「장수산.1」을 자유시, 서정시, 산문시로 분류하면서도 조지훈의 「봉황수」에 대해서는 서정시, 산문시로만 규정하고 있다. 이런 결과들을 종합해 보면 현재 우리 중등 교육의 현장에서는 '운문과 산문, 시와 운문, 산문과 산문시, 자유시와 산문시, 정형률과 내재율' 등 현대시를 설명하기 위한 기초적 개념들에 대한 구분들이 제대로 이루어지지 않고 있다는 생각을 지울 수가 없게 된다. 필자가 보기에 그 중에서도 가장 혼란을 겪고 있는 부분이 '산문시'와 관련된 용어들이라는 생각이 든다. 산문시에는 리듬이 있는 것인지, 있다면 그것은 어떤 것을 가리키는 것인지, 줄글로 쓴 시는 모두 산문시로 분류할 수 있는 것인지, 그것은 결국 자유시와 어떻게 구분되는 것인지 등의 의문에 대한 답변들이 정리되어 있지 않기에, 문학 관련 교재들이 다양한 착종에 노출되어 있고 그 혼란이 고스란히 학생들에게 이월되고 있는 중인 것이다.

제시하고 있다. 해설에서는 더 나아가 "도토리알이 떨어져서 도토리묵이 되기까지의 과정을 서사적으로 진술하고 있는 1연에서 산문적 리듬을 느낄 수 있으며, 명사형으로 끝맺음으로써 끊어 읽기를 통한 시적 운율감이 형성되고 있다." 고 말함으로써 시적 운율감과 나란히 산문적 리듬의 존재 가능성까지 암시하고 있다.(같은 책, 〈정답과 해설〉 p.14.)

문제는 이러한 혼란의 근원이 중등교육 현장에 있는 것이 아니라는 데에 있다. 앞에서 제기한 저러한 개념 혼란들은 고스란히 현재 한국 현대 시문학의 연구를 담당하고 있는 연구자들의 저술에서 기인하고 있기 때문이다. 이것이 문학 원론이나 시론에서 관련 논의들을 짚어 '산문시'와 관련된 쟁점들의 행방을 확인할 필요가 생기는 소이이다.

2. 산문시론의 행방

한국 현대시론의 관련 항목을 구체적으로 검토하기 전에 이런 현상이 중등교육 현장에만 국한된 것인지 우선 확인해 볼 필요가 있기에, 학생들이 가장 접근하기 손쉬울 것으로 예상되는 사이버 검색기능을 동원하여 '산문시' 항목을 찾아보았다. 다음은 진술 내용에 있어 그 중 차이가 나는 두 가지를 대비해 놓은 것이다.

> (1)산문시는 … 산문체 형식을 지닌 서정시다. 정형시와 같이 명확한 운율형식은 없고 자유시와 같은 뚜렷한 리듬이 없다. 리듬은 없어도 시의 형태상 압축과 응결에 의한 시정신을 필요 조건으로 해야 한다. 형식상으로는 산문의 요소를 지녔지만 내용은 시적 제반 요소를 갖추고 리듬의 단위를 시의 행에 두기보다 문장의 한 문단에 둔다. [네이버 지식백과] 산문시 [散文詩, Prose poetry] (문학비평용어사전, 국학자료원)

> (2)일정한 운율을 갖지 아니하고 자유로운 형식으로 내재율(內在律)의 조화만 맞게 쓰는 산문 형식의 서정시. … 산문시는 샤를 피에르 보들레르(Charles-Pierre Baudelaire)가 《파리의 우울》(1869)을 발표한 이래 중요한 시의 한 부문이 되었다. 그는 서문에서 산문시의 특질에 관하여 "율동과 압운이 없지만 음악적이며 영혼의 서정적 억양과 환상의 파도와 의식의 도약에 적합한 유연성과 융통성을 겸비한 시적 산문의 기적"이라고 진술하였다. [네이버 지식백과] 산문시 [prose poem, 散文詩] (두산백과)

(1)과 (2)는 공히 산문시란 기본적으로 서정시라는 전제에 서면서도 시의 음악성을 설명하는 입장에 있어 차이를 드러낸다. (1)은 산문시에는 자유시에서 보는 것과 같은 뚜렷한 리듬이 없다는 입장인데 반해, (2)는 자유로운 형식의 내재율을 갖는다고 보고 있기 때문이다. 말을 바꾸면 (1)이 자유시와 산문시를 구별하려는 입장인데 비해 (2)는 둘 사이에 근본적 차이가 없다는 입장에 서는 것으로 정리할 수 있다.

그런데 (1)사전의 경우 리듬이 없다는 기본 입장에 뒤이어 곧바로 '형식상으로는 리듬이 없어 산문체지만 내용상으로는 문단 단위의 리듬을 갖는다.'라고 하는 진술을 덧붙이고 있어 주장의 일관성에 의문을 유발한다. 도대체 '문단 단위로 실현되는 시적 내용의 리듬'이란 무엇을 가리키는 것이며 그 리듬이란 앞에서 진술한 형식상의 리듬과는 어떻게 구별되는 것일까. 진술 내용이 선명하지 않기로는 (2)사전도 이에 못지않다. 산문시가 내재율을 갖는다는 주장의 근거로 끌어온 것이 보들레르 『파리의 우울』 서문인바, 그 핵심 내용은 '(전통적) 운과 율에 기대지 않는 음악성, 영혼의 억양, 환상의 파도, 의식의 도약에 적합한 유연성과 융통성을 갖는 것이 산문시'라는 다분히 추상적이고 상징적인 선언이어서 그것으로 산문시가 내재율을 갖는다는 진술의 근거로 삼기에는 역부족이기 때문이다.

현재 한국의 사이버 세계에서 핵심적인 역할을 하고 있는 두 사전의 설명 태도가 저러하니 교육 현장에서 '산문적 리듬'이라는 이해할 수 없는 역설법이 횡행하는 것도 크게 무리는 아니겠다. 사전들에서 확인한 바의 핵심은 '산문시' 항목의 설명이 자꾸 리듬 혹은 음악성의 해명에로 기울어 작성자 스스로도 자신할 수 없는 태도를 낳고 있다는 점이다. 사정이 이리 된 연유는 아마도 이 항목의 작성자들이 산문시가 곧 산문이 아니라 시(詩)인 이상 시적 요소로서의 핵심인 율을 가져할 것을 강력하게 자기 암시하고 있기 때문에 생겨난 태도로 보인다. 사전들이 이런 유혹을 느끼는 배경 자리에는 우리 시대를 대표하는 시론집들이 가진 태도의 모호함이 큰 몫을 차지하고 있다.

(1)散文詩는 그 형태 해석에서 자유시보다 더욱 격렬한 쪽이다. 여기서는 聯의 구분이 아예 나타나지 않는다. 外見上으로는 일반 산문과 다를 바가 없는 형태를 취하고 있는 것이다. …그런데도 산문시가 詩를 느끼게 하는 것은 거기에 집약된 표현이 있고 이미지가 곁들여져 있기 때문이다. 그러니까 이 유형에 속하는 詩에서는 韻律 감각이 대부분 포에지 쪽으로 수렴되어 버린 셈(이하 밑줄은 인용자)이다.[5)]

(2)산문시(prose poem)란 간단히 산문으로 쓰여진 시를 일컫는 말이다. … 그러므로 산문시란 일단 규칙적인 율격과 리듬 그리고 압운 등으로부터 자유스러운 언어 즉 외재적 산문으로 쓰여진 시를 일컫는 용어로 정의할 수 있다. … 산문시는 비록 불규칙적이고 측정 불가능한 외재적 산문으로 되어 있다 하더라도 그 나름의 내재율, 리듬, 음성적 효과를 심도 있게 표현한다.[6)]

(3)결국 산문시는 정형시처럼 외형적인 운율에 의거하지 않고 자유시처럼 다양한 리듬의 변화를 취하며 행과 연의 구분이 모호한 줄글 형식이지만, 서정성을 강하게 표출하는 시형으로 정의할 수 있다.[7)]

(4)산문시에 이르러 운율의 자유로움은 정점을 지나 영점에 근접한다. 운문과 산문이라는 절대적인 기준조차 무화하며 운율의 자유를 추구한 결과이다. … 그런데 성공적인 산문시의 경우, 운율의 부정이 아닌 새로운 운율의 창조를 행하고 있다는 점을 주목할 필요가 있다. 산문시는 산문과 달리 시적인 운율을 내포한다.[8)]

---

5) 김용직, 『현대시원론』, 학연사, 1994, pp.237-8.

6) 오세영, 『시론』, 서정시학, 2013, pp.70-2 여기저기. 이어서 이 글은 그 근거로 프랑스 보들레르의 산문시들을 들고 있다. 율에 대한 설명은 생략하고 "그의 산문시들은 가끔 이야기를 도입하기도 했으나 대체로 심오한 비유, 화사한 회화성, 다양한 기교를 구사한 것 등으로 특징지어진다."라고 말하고 있어 앞서 보았던 사전(2)의 설명과 상당 부분이 겹치고 있다.

7) 김학동 · 조용훈, 『현대시론』, 새문사, 2010, p.34. 이러한 결론에 앞서 이 책에서는 산문시가 당연히 산문으로 된 시를 가리키는 용어라고 전제하면서도, 행과 연으로 운율 의식을 구현하는 자유시에 비해 상대적으로 운율의식이 약하다는 것, 주제를 산문적으로 표현하는 것이 산문시의 조건이라는 표현을 쓰고 있다. 이 말이 설득력을 지니려면 '당연한 산문'이 운율의식을 지향한다는 표현에 모순은 없는가, 오히려 산문시는 주제를 시적으로 혹은 서정적으로 구현하는 것이라고 말해야 하지 않을까와 같은 질문에 납득 가능한 답을 제시하여야 할 것으로 보인다.

현재 우리 현대시 연구 현장을 대표하고 있는 몇몇 시론들에서 산문시와 관련된 진술을 뽑아 운율과의 연관성을 적게 보는 경우로부터 크게 보는 경우로 나열해 보았다. (1)의 경우 '운율 감각이 포에지 쪽으로 수렴되었다'는 표현의 정확한 의미가 모호하기는 하지만, 산문시란 운율 감각으로 그 시성(詩性)을 잴 것이 아니라 '포에지'의 측면에서 재어야 하는 것이라는 뜻으로 받아들일 수 있겠다. 산문시에서 음악적 요소를 찾지 않겠다는 입장이다. 다만 이 경우 자유시와 산문시의 차이가 운율의식 해체의 측면에서의 '격렬함'의 차이 정도로 정의되고 있다는 것은 한계로 보인다.[9]

(4)의 견해는 관련 산문시 논의 가운데서 가장 표 나게 산문시의 운율성을 강조하고 있는 경우라서 눈길을 끈다. 이 견해는 산문시가 운율의 자유를 무제한으로 추구한 결과 "운문과 산문의 기준조차 무화"시킨다는 것, 그러면서 "산문시는 산문과 달리 시적인 운율을 내포한다."라는 결론에 이르고 있다. 그런데 상황이 그러하다면 굳이 '산문시'라는 용어를 쓸 필요 없이 자유시라는 기왕의 용어를 준용하면 되는 것이 아닐까. 우리가 새로운 용어를 채택하는 이유는 구별하려는 것이 구별당하는 것과 다르다고 생각되는 어떤 지점이 있어서일 것인데, 이 논리는 거꾸로 차이가 없다는 것을 증명하려고 노력하고 있기 때문이다. 그러니 이 관점에서라면 산문시라는 용어를 쓰지 말자고 제안하는 것이 오히려 자연스러운 일일 것이다. 비록 '성공적인'이라는 조건을 달고 있기는 하여도, 산문시란 무엇인가라는 질문에 대답하기 위해 논의를

---

8) 최동호 외 24인, 『현대시론』, 서정시학, 2014, p.123.
9) 자유시의 소위 '내재율'과 산문시의 '더 격렬히 해체된 내재율'이라는 비교 잣대 속에는 운율이라는 기준으로 산문시를 설명할 요소가 혹 남아 있는 것이 아닐까 하는 머뭇거림이 내포되어 있는 것으로 보인다. 그리고 이 관점에 서게 되면 결정적으로 자유시와 산문시를 구별하는 일이 쉽지 않다는 문제가 남게 된다. 좀 더 자유로운 것이 산문시라고 할 때 '좀 더'의 분량을 객관화할 방법이 없는 것이다.

시작했다가 그런 것은 없다는 결론에 도달한 형국이어서 당황스럽다.

(2)와 (3)의 견해들은 (1)과 (4)의 모호하고 안전한 절충들이다. 줄글 혹은 산문으로 되어 있다는 것이 외형적 우선 조건이지만 거기서 그치지 않고 안으로는 “그 나름의 내재율, 리듬, 음성적 효과”(2)를 갖는다거나 “자유시처럼 다양한 리듬의 변화를 취”(3)한다는 것이다. 이 경우에도 ‘그 나름’의 의미를 제대로 규정하지 못하면 공허한 진술이 될 공산이 크다. 줄글로 된 자유시를 그냥 산문시라고 칭하자는 제안을 하고 있는 것이나 마찬가지이기 때문이다. 그리고 그 항목 설명의 나머지 어디에도 ‘그 나름’에 대한 보충 설명은 존재하지 않았다.

이상 현재 우리 문학을 설명하는 데 활용되고 있는 사이버 사전들과 현대시론 서적의 핵심적인 경우들을 짚어 ‘산문시’라는 용어의 규정 상황을 들여다보았다. 그 결과 필자는 다음 세 가지의 중간 결론을 얻을 수 있었다. 첫째, 현재 우리 문학판에서의 산문시에 대한 정의는 운율과 무관하게 설명되는 개념(1)과 연관 지어 설명하는 개념(2)(3)(4)으로 나뉘어 있다는 것, 둘째, 그 가운데서도 운율과 연관 지어 설명하려는 후자 쪽의 개념에 보다 강조점을 두고 있다는 것, 셋째, 그러다 보니 산문시와 자유시의 개념 구분에 혼선이 발생하고 있다는 것 등이 그것이다. 사정이 이렇다면 문제는 산문시 쪽에 있는 것이 아니라 자유시라는 개념을 너무 넓게 잡는 데 있는 것이 아닌가 의심하게 된다. 산문시가 아니라 자유시의 조건을 다시 따져 명확하게 하면 산문시는 거기에 상대되어 규정될 수 있을 것이기 때문이다.

3. 내재율이라는 환상

1, 2장에서 산문시가 가진(혹은 가졌다고 예상하는) 음악성을 설명하는 용어로 채택된 용어를 추려 보면 ‘(산문적)리듬, (그 나름의)내재율

혹은 리듬(2), 리듬(3), 운율(4)'이 된다. 그런데 그 내포적 의미를 따져 보면 이들은 '내재율, 운율, 리듬'을 거의 같은 뜻으로 생각하고 '자유시 율격'에 대응시킨 것으로 볼 수 있다. 문제는 (2)번에서 굳이 '내재율'과 '리듬'을 구분하고 있기에 리듬의 용례를 좀 미세하게 따져볼 필요가 있다는 점이다.

산문 텍스트가 가진 어떤 특징에 대해 말할 때에 우리는 가끔 리듬이라는 용어를 쓸 때가 있다. 그리고 그 때의 리듬이란 대개 다음의 두 가지 용례를 갖는다. 첫째, 한 편의 텍스트 전체에서 요소들의 결합이 조화로운 느낌을 준다든가 주제나 부분들이 펼쳐져 가는 형세에서 역동성을 느낄 수 있을 때, 문장 혹은 문단의 길이 조절이나 어조의 변화가 일종의 유동감을 만들 때 등등에서 우리는 흔히 그 텍스트의 구성이 전체적으로 매우 리드미컬하다고 평가하곤 한다. 말하자면, 텍스트를 구성하는 질적으로 서로 구분되는 다양한 요소들이 응집력을 갖고 하나의 주제 아래 통일적으로 결합할 때, 다소 주관적이긴 하지만 거기서 우리는 모종의 리듬감을 감지하는 것이다.[10] 우리가 산문 텍스트를 두고 리듬이라는 용어를 구사하여 설명하는 두 번째 경우란, 그 산문 텍스트가 실제로 스타일(style)의 차원에서 부분부분[11] 운율감이 살아 있는 문장을 구사할 때이다. 예를 들어 명절날의 흥겨움을 전달하기 위하여 그날 집 안팎에서 벌어지는 일들을 유사한 구문 형식에 실어 유사한 길이로 반복하게 되면 읽는 이는 정겨운 리듬감으로 수응(酬應)하기 마련이다. 그런데 이 후자의 경우를 두고도 '유장한 산문적 리듬을 갖는

---

10) 그런데 생각해 보면 '잘 된 텍스트의 전체적 구성 원리'로 볼 수 있는 이 요소가 산문에만 적용되는 것은 아니며 또한 그 때의 리듬이라는 음악적 용어도 결국은 비유적인 표현임을 알 수 있다. 조화나 결합의 순조로움이라는 말로 바꾸어도 무방하기 때문이다.

11) 텍스트 전체가 운율 요소의 반복으로 채워졌다면 그것은 이미 운문이니 논외가 된다. 전체적으로는 운율 요소가 없는 산문이로되 특정 부분에서 리듬감을 살리는 경우를 상정한 설명이다.

다.'고 설명하면 어불성설이 아닐 수 없다. 산문 텍스트 안에 부분적으로 운문적 요소를 채용한 것이지 산문 자체가 리듬을 가진 것은 아니기 때문이다.

'리듬'이라는 용어의 의미를 이 두 번째 것으로 상정하면 사실상 자유시와 산문시의 구분은 무의미해진다. 리듬, 운율, 내재율을 동일한 것으로 놓으면 그것은 자유시의 율격을 가리키는 것일 터이므로 결국 '내재율'이라는 용어로 그 둘을 가르는 기준을 삼게 된다는 뜻이다. 그런데 주지하다시피 우리 시 현장에서 이 용어는 파악 불가능의 신비로운 영역에로 진입해버린 지 오래이기 때문이다.[12] 그렇다면 결국 줄글이냐 아니냐만이 판단 가능한 유일한 기준으로 남게 된다.

도대체 왜 이러한 지경에 이르게 된 것일까? 자유시, 산문시라는 용어는 만들었으되 그것들을 구별할 뚜렷한 준거도 없이 내재율이라는 애매모호한 율격의 다과(多寡) 혹은 정도 차이로 '느끼기'만 하라는 것은 참으로 난감한 일이 아닐 수 없다. 사태가 이리 된 데에는 사실 몇 가지 원인이 있다. 우리 근대시와 시론, 시사(詩史)의 모델을 서구(西歐)의 그것들에 너무 과도하게 밀착시켜 찾아 온 관행이 그 첫 번째 원인이라면, 그에 대한 반성으로 우리 시 율격의 근원을 찾으려 시도했던 논의들이 뚜렷한 줄기를 이루지 못하고 흐지부지 사라져버린 것이 보다 중요한 두 번째 원인이라고 할 수 있다.

1-1. 한국 근대 자유시론의 산문시 지향성

근대화 초기 우리 시는 7.5조 음수율을 기반으로 한 일본식 모델의 도입을 고려한 적이 있다. 하지만 오래지 않아 『태서문예신보』가 등장

12) 흔히 내재율이란 '내용이나 시어의 배치에서 은근히 느낄 수 있는 잠재적 운율'(네이버 지식백과 http://terms.naver.com/entry.nhn?docId=939749&cid=47319&categoryId=47319)로 정의된다. '은근히'와 '잠재적'이라는 말에서 이미 내재율은 객관적 기술(記述)의 영역 저편의 존재임을 알 수 있다.

하며 그 탐색의 원천이 자연스럽게 서구, 그 중에서도 프랑스 쪽으로 기울어갔다. 백대진, 황석우, 김억 등의 개척기 시론가들은 낭만주의, 상징주의 등의 낯선 사조와 함께 호흡률 혹은 개성률에 근거한 자유시 개념을 도입하고 정착시키려 노력했다.[13] 문제는 그들이 모델로 삼은 프랑스 시의 경우 보들레르의 예에서 살필 수 있듯이 산문시라는 이름을 이미 달고 있었다는 데 있었다. 전통시(라는 게 있다면)의 관습을 자유롭게 풀어 자유시의 문법을 만들어야 한다는 우리의 요구 앞에 프랑스의 시들은 산문시라는 극단적 형태를 보여줌으로써 걸음마를 배우는 처지의 아이에게 뜀박질을 가르치는 형국을 만들었던 것이다.

이에서 비롯한 문학사의 널뛰기 혹은 뒤뚱거림은 1930년대에 그 극에 달한 느낌이다. 우리의 갈급한 마음이 일본을 경유한 서구 문학의 다양한 양태들과 만나면서 1930년대는 가히 우리 시문학의 백가쟁명 시대라 부를 만큼 복잡한 양상을 노출했다. 그런데도 박용철과 김기림과 임화로 대표되는 각기 다른 경향들이 서로 길항하여 시문학사의 뚜렷한 주류들로 자리를 잡은 것은 다행한 일이 아닐 수 없다. 그나마 이런 토대가 있었기에 우리 시문학사는 김영랑과 이상, 이용악과 백석, 서정주, 오장환, 이육사, 윤동주들의 저 팔방으로 튀는 개성적인 텍스트들과 만날 수 있었던 것이다.

따라서 뒤 이은 역사의 흐름이 우리 편이기만 했다면, 시문학사는 그들이 빚은 최상급의 텍스트들을 관류하는 우리 근대시의 고유성은 무엇인지, 또 서구적 근대와의 저 격렬했던 조우가 이룬 성과와 한계는

---

13) 한편 문학사의 초기부터 또 다른 문학 교사 역할을 했던 러시아 문학 쪽도 시인들에게 산문시의 존재를 각인시킨 중요한 통로였다. 특히 안서의 경우 프랑스 쪽으로 기울기 이전에 투르게네프와 먼저 만났던 것으로 보인다. 그의 작품 「乞食」을 번역하는 한편 그를 모방한 실험 작품 「밤과 나」를 만들어 『학지광』(4권, 1915.4.)을 통해 발표하기까지 하였다. 그러나 그의 경우도 자유시와 관련한 이론적 모색을 시작한 것은 프랑스 상징주의와의 만남 이후부터인 것으로 보아 크게 무리가 없다. (한계전, 『한국현대시론연구』, 일지사, 1983, p.33.)

무엇인지, 논리적으로 차분하게 따져 볼 시간을 가졌을 것이다. 하지만 일제 강점 말기의 암흑기, 온갖 이해들이 격렬하게 충돌했던 해방기를 지나 곧바로 이어진 한국 전쟁은 이런 천착의 시간을 허용하지 않았다. 그 와중에 임화와 김기림이라는 걸출한 리더들마저 문학사의 현장에서 지워진 관계로 한국의 시문학사는 그야말로 아노미 상태에 빠져 있었다. 김춘수의 『한국현대시형태론』[14]의 출현은 그렇게 혼란한 상태에 있던 한국 근대시론에 새로운 기준점과 논리를 제공하였다는 점에서 주목에 값한다.

사실 당대 시문학사의 맥락을 오늘날 다시 들춰 보아도 『형태론』의 출현이 지닌 상징성은 참으로 커 보인다. 문학가동맹으로 대동단결했던 리얼리즘과 모더니즘 선배들의 활동을 일소하고 단번에 문단과 문학사의 주류로 부상한 젊은 『문협』 정통파 문인들로서는 그들의 패기에 걸맞은 성과를 제출하여 해방 정국으로부터 시작된 문단 재편 과정의 선편(先鞭)을 쥘 필요가 있었다. 시단에서 그 역할을 맡은 사람은 원래 미당이었다. 그 복잡한 국면 가운데서도 미당이 「현대조선시약사」(서정주 편, 『현대조선명시선』, 온문사, 1950.의 부록)를 기술한 것은 그런 점에서 참으로 기민한 대응이라고 평가할 만했다. 하지만 미당의 이 작업은 그 자신의 논리가 아니라는 치명적인 한계를 안고 있었다. 누가 보더라도 그 뼈대는 백철의 『조선신문학사조사』에 기반을 둔 것이어서 빌려 입은 옷이라는 비판을 면키가 어려웠다.[15]

---

14) 『한국현대시형태론』(이하 『형태론』으로 줄여 씀)은 1955년 8월부터 56년 봄 4월까지 모두 9회에 걸쳐 『문학예술』에 연재한 시론을 모아 1959년에 해동문화사에서 간행한 김춘수의 첫 시론집이다. 이 글에서는 1986년 문장에서 출간한 『김춘수전집.2』에 실린 것을 저본으로 삼았다. 『형태론』은 "현대시 50년의 전개를 '시적 형태'의 양상과 변이의 맥락에서 재구성하고 있는 문학사"(김행숙, 「김춘수의 『한국현대시형태론』 고찰」, 『어문논집』55, 민족어문학회, 2007.) 성격의 저서이다.

15) 미당의 이 작업들이 지닌 의미에 대해서는 졸고 「시 교육 자료로서의 〈사화집〉」을 참조할 수 있다. 미당이 이 책에서 거명한 시인, 작품들이나 유파명(流派名)들이 그 이후 한국 시사의 표준으로 자리 잡는다는 점에 문제의 심각성이

『형태론』은 필자 자신이 김동리가 선포한 '인간성으로 복귀하는 문학'이라는 목표에 본질적으로 동의하므로 문학의 내용 부분은 더 이상 문제될 것이 없다는 입장[16]을 명확히 한 다음, 시의 '형태'[17]를 기준으로 한국 근대 시사의 재서술을 시도하고 있다. 그런데 거창한 기획에 비해 생각보다 그의 입론 자체는 단순한 편이다. 시의 형태란 본디 자연발생적이고 감성적인 것과 기교적이고 논리적인 것의 두 갈래가 있는데 자연 상태에서 정형시가 형성되기까지가 전자의 형태를 띤다면 정형시 이후가 후자의 형태를 띤다는 것이다. 그리고 전자가 산문에 후자가 운문에 대응하는데, 정형시 이후의 이 운문은 전자인 산문의 자연음을 보다 세련된 음악에까지 미화하여 그 효과를 즐긴다는 점에서 그 리듬이 인간적인 질서를 나타낸다고 보았다.

> 韻文과 定型의 詩形態가 惰性이 되어 발랄한 생기를 잃게 되면, 이에 대한 懷疑가 생겨 새로운 散文과 自由로운 形態가 反動으로 나타나게 되는 것이다. 韻文의 人爲的 리듬은 散文의 自然的 리듬으로 돌아가게 되는데, 韻文을 겪은 다음이기 때문에 形態는 韻文이 나타나기 이전의 散文이 취한 그것과는 달리 技巧的 論理的인 것이 된다. 韻文과 定型보다 한층의 詩의 효과를 形態에서 얻으려는 心理가 움직이는 것이다.[18]

정형시 이후로, 그러니까 자유시 운동이 생겨나면서, 우리 시는 다시

있다.

16) 생리적으로 의미 중심의 문학에 반하는 문학관을 가졌던 것인지는 알 수 없지만, 이러한 그의 판단은 본인의 문학적 입지 내지는 철학이 김기림에 뿌리를 두고 있는 것은 아니라 〈문협〉의 정치 배제의 순수주의에 굳건히 서 있는 것이라는 점을 공표한 것이다. "東里의 〈純粹文學〉은 … 〈휴머니즘〉과 〈民族文學〉을 결부시킨 점 問題의 核心을 잡았다 할 것이다. … 民族과 政治와 文學은 다 같이 절대적이 아니다. 絶對的인 것은 人間性이다."(『형태론』, p.82.)

17) 이 형태 개념은 내용의 외화(外化)로서의 형식이라는 개념보다 넓은 범주로서, 한 텍스트의 외적 모양새라는 의미에 더해 한 시대 시의 외형적 유형이라는 의미까지를 아우른다.

18) 『형태론』, p.16.

자연 상태로 되돌아가려는 산문화 경향이 주도하게 되는데 이때의 시도들은 그 이전처럼 자연발생적인 것이 아니라 뚜렷한 자각과 의도 하에 진행된다는 점에서 기교적이고 논리적이라는 차이가 있다. 그렇게 만들어진 예가 바로 연을 무시하고 이미지 본위로 시를 쓴 사상파(寫像派)의 시(정지용)이고 문자의 시각적인 효과를 나타내기 위한 형태주의 시(이상)이며 언어의 차원을 달리한 의미 이전의 언어 상태를 추구하는 시(김춘수?)[19]라는 것이다.

이런 김춘수의 입론에 따를진대 한국 근대시 백 년 동안의 저 줄기찬 자유시 운동이란 따로 설 자리가 없게 된다. 정형시에서 산문시에로의 최종적인 변화가 목표인 흐름의 가운데서 운문적인 옛투를 벗지 못하고 어정쩡하게 자리 잡은 것이 자유시이기 때문이다. 그리고 이렇게 산문시로 변화의 최종점을 잡아둔 그의 논리적 근거에는 보들레르의 산문시가 뚜렷이 자리를 잡고 있다.[20] 심지어 그는 줄글로 해체된 형태뿐만 아니라 토의적인 성격[21]까지 갖추어야 산문시라는 극단적 생각에 이름으로써 산문시도 시로서의 응집력과 서정성을 구비하여야 한다는 오늘날의 산문시 관념에 정면으로 맞서고 있어 이채롭다.

1-2. 율격론의 한계

김춘수의 『형태론』이 지닌 과(過)는 정형시나 자유시 개념도 채 형성이 덜 되어 있는 한국 시단에 너무 일찍 서구적 산문시 이념을 이상형으로 전파함으로써 애써서 만들어온 자유시 형식에 대한 믿음을 흔

---

19) 괄호 안에 시인의 예를 넣은 것은 필자임. 김춘수는 이어진 글의 시문학파 항목과 모더니즘 항목에서 정지용과 이상의 시를 각각의 중요한 예로 꼽고 있는데 비해 마지막 항목에 대해서는 특별한 언급을 하고 있지 않다. 필자는 그 부분이 김춘수 자신을 염두에 둔 표현이라고 보았다.

20) 같은 책, p.45.

21) 운문이 서정을 산문이 토의를 목표로 한다는 논법에서 나온 구분법이다. 리처즈의 논법대로라면 언어의 과학적 기능에 대응되는 특징을 지시한다.

들어버린 데 있다. 그리고 그의 산문시는 결코 내재율의 연장선에 서 있는 형태를 지시하는 것이 아니라 운율에 대한 고려를 버린 자리에서 성립하는 어떤 것이었다. 우리 시사의 전개를 지나치게 서구 중심적으로 관념해버린 결과였던 것이다. 더구나 문제적인 것은 1980년대 대학 강단에서의 문학 연구들이 제자리를 잡을 때까지 이러한 김춘수의 관점을 논리적으로 넘어서려는 움직임이 시단 안에서 제대로 일어나지 못했다는 사실이다.[22]

산문시 쪽으로 급격히 기울어간 이런 논리를 극복하면서 그것들에 나름의 논리적 근거를 각기 변별적으로 부여할 방법을 찾아보려는 노력은 율격론으로부터 나왔다. 내재적 발전론이라는 민족주의적 사고의 영향도 영향이지만 우리 시의 율격적 자질이 도대체 무엇인지를 설명하지 못한다면 '한국'의 근대 자유시의 성격을 설명할 길이 없다는 것은 자명하기 때문이다. 전기했던 7.5조와 같은 음수율의 적용 노력도 이런 쪽으로의 사유를 자극한 계기가 되었을 것이다.

음수(音數)라는 일본 시 운율의 기초 단위에 비견되는 우리 시의 자질이 무엇인가, 그러한 자질들이 오래도록 관철되어 문학사의 낡은 압력으로 작동해온 전통시의 사례에는 어떤 것이 있는가, 그것들을 찾아야 그 전통의 정형시라는 구습을 혁파하고 탄생한 자유시, 산문시의 정체성을 말할 수 있을 것이 아닌가 하는 의문들이 운율 논의의 흐름을 탄생시킨 근본 요구들이었던 것이다. 그 결과로 정리된 것이 시간적 등장성 위에서 실현된다는 음보율 혹은 음보격 논의였음은 주지하는 대로이다. 그리고 향가로부터 고려가요, 민요 혹은 시조, 가사들을 줄 세워 그러한 전통 운율이 적용된 사례로 분석하여 왔다. 주로 1970년대에 본격화되어 80년대에 이르기까지 활발했던 우리 시의 율격 논의는, 그러나 현재 완전히 답보 상태에 머물러 있다.

---

22) 김행숙의 경우는 오히려 반대로 『형태론』이 연구자들에게 제대로 주목받지 못한 채 잊혀져 왔던 것으로 정리하고 있다.

우리 전통시의 기층 단위가 음보이고 그것의 구성 자질이 음절이라는 것[23], 3음보격이나 4음보격이 우리 전통 시가들에서 발견할 수 있는 기본형이라는 것, 우리 언어의 특성상 각운과 같은 요소가 실현되지 않으며 율격의 경우도 단순한 유형에 속한다는 것 등을 확인한 것이 공인된 수확의 거의 전부인 채 관련 논의는 멈추어 서 있는 상태다. 무엇이 문제였을까? 필자가 보기에 우리 율격론의 진전을 근원적으로 제약한 것은 율격론 연구의 노력이 부족하거나 방향이 잘못 설정되었던 탓이 아니라 사실은 우리 말글로 된 전통의 '정형시'가 부재했기 때문이었다. 영시의 '소네트'나 한시의 '5언 고시나 7언 율시'와 같이 오랜 세월에 걸쳐 정형화 되어 그것을 만든 민중들의 삶의 밑바닥 자리 잡아 문화적 압력을 행사해온 정형시가 없었다는 뜻이다.

혹자는 시조의 예를 들어 필자의 견해를 반박할지 모르겠다. 3장 6구의 4음보 정형시로 이보다 훌륭한 예가 어디 있느냐고. 그러나 아무리 양보하더라도 시조가 근대 이후의 우리 연구자들이 제시한 것과 같은 4음보 율격을 명확히 인지하고 그것의 실현을 즐기겠다는 의지 아래 창작된 시로 규정할 수는 없는 일이다. 현재 우리가 보듯이 인쇄된 형태로 남아있는 시조는 누가 보더라도 가창(歌唱)의 관습이 지배하던 시대에 그 틀에 맞추어 지어진 시가의 가사(歌詞)일 뿐이기 때문이다. 3장 6구의 의미 단위에 대한 인식은 전제되어 있었다고 하더라도 그시대 사람들은 '청산리 벽계수야-'를 정악 기교에 얹어 가창하였을 뿐 성기옥, 김대행, 조동일과 같은 연구자들이 보여주었던 대로 4음절 기준의 네 음보가 한 장을 이루도록 일정 길이에 맞추어 끊어 (운)율독을 하는 관습을 만들지는 않았다는 뜻이다. 그 점에서 음보격이라는 인식 틀 역시도 근대 이후의 지식이 관여하여 만든 창안품으로서 시대를 거슬러 적용해본 가상의 틀일 공산이 크다. 4행 혹은 14행 각각의 위치에

23) 김대행 편, 『운율』, 문학과지성사, 1984, p.82.

필요한 운율 자질을 명확히 깨닫고 그것을 실현하는 정해진 법식에 맞추어 5언 고시를 짓고 소네트를 만들던 저 나라 사람들의 작시(作詩) 행위와 비교하여 보면 그 차이가 분명해진다.[24]

가창을 위한 시가나 민요의 가사로 존재하던 단계(1)에서 운율독을 하는 시의 단계(2)로 독립하고 눈으로 묵독하는 시의 단계(3)로 진화하는 것이 시 텍스트가 실제로 구현되는 방법의 변화 과정이라고 할 때, 우리 시사에는 우리말로 (2)단계를 구현한 정형시가 존재하지 않았다는 말을 필자는 하고 있다. 단순 4음보격을 견지한 가사(歌辭) 문학이 겨우 그 근처에 있긴 하지만 그것도 정형시라고 보기는 어렵다.[25] 길이에 제한이 없었기 때문이다.

"뚜렷한 운문 개념이 형성되어 있지 않으며 사실상 음수율에 기초한 음률성이 시의 특징이 되어 있다시피 한 우리 문학에서 시와 산문의 구분은 대체로 관습을 따라 이루어진다."[26]라는 유종호의 지적은 바로 이 부분을 적시하고 있는 문제 진술이었다. 음수율 부분에는 동의가 쉽지 않다고 하더라도, 운문 개념('한글로 된 정형의 운문'이라는 의미가 전제된 것으로 읽어야 할 것)이 부재하다든지 그러니 시와 산문의 가르기가 관습적으로 이루어진다든지 하는 지적은 정확한 면이 있다.[27]

---

24) 왜 율격 연구자들이 기층이니 기저니 하는 말들을 썼는지 알 수 있는 부분이다. 실재한 율격이 아니라 이상적으로 모델화 한 율격론이 우리의 음보격이었다는 점을

25) 그 점에서 정형률이란 두 가지 의미를 지닌 것으로 이해해야 한다. 제도로 승인된 정형시에 실현되던 운율이 첫째인데 우리에게는 이것의 존재가 희미했다고 말한 바 있다. 한 편의 개별 시 안에서 하나 이상의 운율 요소가 고집스럽게 반복되는 경우에도 정형률로 호명해야 할 것이다. 안서나 소월의 개별 시편들에서 정형적으로 실험되던 운율의 사례를 어렵지 않게 발견할 수 있다.

26) 유종호, 『시란 무엇인가』, 민음사, 2001, p.241. 그러나 이렇게 한글 정형시 혹은 운문 개념이 희미했다는 것이 문화의 저열성 논리에로 연결될 까닭이 없다. 그것은 그대로 우리 문학 문화의 한 특징일 뿐인 것이다.

27) 육당이나 안서가 정형적으로 운율독을 할 수 있는 한글 시형에 대해 다소 뜬금없다 싶을 정도로 집착했던 이유도 기실은 우리 문학사가 돌파해 나갈 운문

그동안 우리는 있지도 않았던 틀을 적용하여 '살어리-/ 살어리-/랏다-∨'에서 보는 바와 같은 3음보격 혹은 4음보격의 운율독 방법을 창안한 다음 그것을 전통이라는 이름으로 거꾸로 보급하려 했던 것인지도 모른다. 더구나 그런 창안이 비교적 잘 실현된 것으로 보이는 소월이나 안서의 시만 골라 전통의 현대화를 증명하려고 했을 뿐, 여타의 시들에서 귀납한 자유율의 특징이 무엇인지를 구성하려는 쪽으로는 노력을 기울이지 않았다는 생각이다.

이로 보면 우리의 자유시 운동은 전래해 오던 전제적 운율로부터의 해방과 자유의 획득 과정이 아니었던 것을 알 수 있다. 그보다는 오히려 한글 문자시의 형태를 모색하고 창안하는 과정이었던 것이다. 음보율적인 것이 그나마 희미하게 전통의 권위로 작동하고 있었을 뿐 크게 부담이 없는 상태에서, 일본과 서구의 여기저기로부터 시를 구성하는 여러 요소들에 대해 지식을 습득하고 다소 뒤죽박죽이긴 하지만 자신들의 이념이 투영된 모델을 다양하게 실험해 본 과정이 우리 시의 근대화였다는 뜻이다. 음보나 음수, 음위 등 어느 하나에 구애된 것이 아니라 그러한 운율 요소들[28]을 자유롭게 섞어 실험한 결과가 자유시였던 것이다. 그리고 일정 길이로 배분한 행과 연이라는 장치가 다양한 운율 요소의 하나이자 마지막 요소라는 인식 아래 현재의 형태를 납득하게 되었다고 할 수 있다.

자유시의 내재율이라는 개념을 우리는 그동안 지나치게 모호하거나 자유롭게 혹은 넓게 잡아버릇하였다. 운율은 너무 당연하게도 특정 요소(음운, 음절, 단어, 어절, 구절, 문장 단위의 유사한 소리, 글자의 수, 음보, 통사구조, 행, 연)의 반복에 의해 발생한다. 그리고 반복은 2번

혹은 정형시가 존재한 적이 없다는 생각 때문이었던 것으로 보인다.

28) 음위율 혹은 각운에 해당하는 요소가 우리 시에는 없다고 하는 표현에도 필자는 동의할 수가 없다. 특정 위치에 특정 운이 정형적으로 반복되는 형태를 만들지 않았던 것일 뿐, 우리 시인들이 개별 시의 부분 부분에서는 이와 관련한 실험에 적극적으로 임했던 흔적을 쉽게 찾을 수 있다.

이상이 필요조건이 된다. 그렇다면 아무리 운율 요소가 적은 시라 하더라도 2음보 혹은 2행 이상이면 최소한의 운율 장치를 갖춘 것이라고 할 수 있다. 뱀을 두고 '너무 길다'라고 하더라도 밋밋 심심한 율이 실현된 것으로 볼 수 있지 않을까.

운율이 '은밀히 잠재된' 것이 내재율이라는 말은 따라서, 앞에서 말했던 시적 전체를 구성하는 원리까지를 아울러 실제로 시를 읽었을 때 리듬감이 개별적으로 실현되는 것이라는 인식을 전제하고 있다. 같은 시라도 다른 시간에 읽으면 각기 다른 리듬으로 실현될 것이니 이런 종류의 '내재율' 인식에도 분명히 일리는 있다. 그러나 그렇게 실현되는 리듬의 많은 부분은 텍스트가 지니고 있는 본래의 요소가 아닐 공산이 크다. 음의 세기와 길이, 어조의 변화 같은 구연(口演) 요소들이 같이 작동하여 최종의 리듬이 실현될 것인바 그것들은 결코 텍스트 내재적 요소가 아니기 때문이다. 우리 율격론의 한계 안에는 이 부분을 적절히 고려하지 못한 탓도 있다고 판단된다. '나보기가/ 역겨워'를 실현할 적에 앞 음보를 강조할지 뒤 음보를 강조할지는 결국 '엿장수'의 마음에 달려 있다는 뜻이다.

만약 문학의 밤, 시 낭송의 밤 같은 운율독 행사들이 널리 권장, 유포되고, 교육 현장에서 그것이 국어 교육 과정의 하나로 편입되어 오래 실험되었더라면 20세기적 운율독 방법에 대한 대중의 습관이 발생하였을 가능성이 크다. 그러한 경험을 귀납하면 소리 내어 읽는 자유시형의 다양한 모델을 유형화할 수도 있었을 것이다.

그 단계로 나아가기 전까지는 자유시 운율의 문제를 내재율이 아니라 자유율이라는 용어로 제한한 다음, 소리 내어 읽기를 돕는 반복 요소들에 대한 분석에로 관심을 좁힐 필요가 있다. 이러한 인식의 틀을 갖추고 나면, 행과 연의 구분은 물론 나머지 다양한 자유율의 요소들까지 들어있지 않은, 그야말로 운율이 존재하지 않는 산문 같은 시라는 인식에로 나아갈 수 있기 때문이다.

4. 정형시, 자유시, 산문시

이제 한국의 근대시에 있어서 정형시와 자유시, 산문시의 개념을 구분하고 그 각각의 예를 들어볼 때가 되었다. 그 가운데 우선 정형시는 두 가지 의미로 이해되어야 옳다는 생각이 든다. 하나는 문학 제도로 승인된 정형률을 갖춘 정형시[29]이고 다른 하나는 운율 요소를 경직되게 적용한 개인적 정형시이다. 참고서에서 '유장한 산문적 리듬'을 가지고 있다고 평한 조지훈의 「봉황수」를 예로 들어보자.

> 벌레 먹은 두리기둥 빛 낡은 단청(丹青) 풍경 소리 날아간 추녀 끝에는 산새도 비둘기도 둥주리를 마구 쳤다. 큰 나라 섬기다 거미줄 친 옥좌(玉座)위엔 여의주 희롱하는 쌍룡 대신에 두 마리 봉황새를 틀어 올렸다. 어느 땐들 봉황이 울었으랴만 푸르른 하늘 밑 추석을 밟고 가는 나의 그림자. 패옥 소리도 없었다. 품석(品石) 옆에서 정일품(正一品) 종구품(從九品) 어느 줄에도 나의 몸둘 곳은 바이 없었다. 눈물이 속된 줄을 모를 양이면 봉황새야 구천(九天)에 호곡하리라.
>
> (「봉황수」 전문)

줄글로 풀어썼기에 언뜻 보면 산문처럼 일직선적으로 읽어나갈 수 있을 듯하다. 돌아와 되감기는 운율적 반복의 요소가 없어 보인다는 뜻이다. 그러나 소리 내어 두어 번만 읽어보면 이 시에는 헤풀어진 산문성이 아니라 일정 길이로 되풀이되는 율동감이 살아 있다는 것을 금세 느끼게 된다. 필자에게 이 시는 오히려 너무 경직되게 4음보격을 실현하려 함으로서 운율독의 맛을 감쇄시킨 경우로 이해된다. 개인적 정형시의 예로 서슴없이 손꼽을 수 있겠다.

---

29) 4음보격의 현대시조가 이 개념에 가장 잘 부합할 것으로 생각된다.

벌레 먹은/ 두리기둥/ 빛 낡은/ 단청(丹靑)// 풍경 소리/ 날아간/ 추녀/ 끝에는// 산새도/ 비둘기도/ 둥주리를/ 마구 쳤다.// 큰 나라/ 섬기다/ 거미줄 친/ 옥좌(玉座)위엔// 여의주/ 희롱하는/ 쌍룡/ 대신에// 두 마리/ 봉황새를/ 틀어/ 올렸다.// 어느/ 땐들/ 봉황이/ 울었으랴만// 푸르른 /하늘 밑 / 추석을/ 밟고 가는/ 나의 /그림자.// 패옥 소리도/ 없었다. / 품석(品石)/ 옆에서// 정일품(正一品)/ 종구품(從九品) /어느/ 줄에도// 나의/ 몸 둘 곳은/ 바이/ 없었다.// 눈물이/ 속된 줄을/ 모를 /양이면// 봉황새야/ 구천(九天)에/ 호곡/하리라.

군데군데에서 음보를 나누는 자리에 대한 이견이 있을 수 있겠지만 전체적으로 보아 이 시는 4음보격을 실현하려 노력했다는 것을 알 수 있다. "푸르른 /하늘 밑 / 추석을/ 밟고 가는/ 나의 /그림자." 부분은 아무래도 6음보를 주어야 할 듯한데 이마저도 4개의 음보로 등분했다면 이 시는 아마도 너무 일률적이라고 평가되어 인구에 회자되지 못하였을 가능성이 크다. 변주를 포함하는 반복이 살아있는 운율을 만드는 길이라는 점을 다시 새기게 한다. 줄글 형태를 일부 포함하고 있지만 김선우의 다음 시는 연과 행의 형태에 변화를 준 자유시임이 분명한데도 거기다 산문적 리듬의 개념을 적용하고 있었다. 문제가 된 1연에 집중해 다시 읽어보자.

마른 잎사귀에 도토리알 얼굴 부비는 소리 후두둑 뛰어내려 저마다 멍드는 소리 멍석 위에 나란히 잠든 반들거리는 몸 위로 살짝살짝 늦가을 햇볕 발 디디는 소리 먼 길 날아온 늙은 잠자리 체머리 떠는 소리 맷돌 속에서 껍질 터지며 가슴 동당거리는 소리 사그락사그락 고운 뼛가루 저희끼리 소근대며 어루만져주는 소리 보드랍고 찰진 것들 물속에 가라앉으며 안녕 안녕 가벼운 것들에게 이별인사 하는 소리 아궁이 불 위에서 가슴이 확 열리며 저희끼리 다시 엉기는 소리 식어가며 단단해지며 서로 핥아주는 소리

도마 위에 다갈빛 도토리묵 한모

모든 소리들이 흘러 들어간 뒤에 비로소 생겨난 저 고요
저토록 시끄러운, 저토록 단단한,

(김선우, 「단단한 고요」 전문)

필자는 운율독을 가능하게 하는 시의 음악성을 운율/리듬감/율동감이라고 정의할 때, 그것은 운율 요소들의 반복에서 발생하는데 그것들은 잠재적으로 내재하여 보이지 않는 것이 아니라고 말했다. 이 시의 1연이 그런 점을 잘 보여준다. 줄글로 풀어져 있어 산문적이기는 커녕 9번이나 반복되는 '-소리'로 끝나는 유사 구문으로 해서 계속해서 되감기는 부드러운 소리들의 느낌을 충분히 환기하고 있다. 더구나 반복되는 구문의 각 부분에서도 첩어나 문법적 역할이 동일한 요소들이 다시 중첩되고 있는 등 운율적 요소를 다양하게 읽어낼 수가 있다. 가령 "멍석 위에 나란히 잠든/ 반들거리는"은 반복하여 "몸"을 꾸밈으로써 리듬감을 만드는 방식이다. 이런 요소들이 다 같이 작동하여 이 시는 행 구분을 하고 있는 보통의 자유시들보다 훨씬 리드미컬하게 다가오고 있다.

(전략)
8
고비 고사리 더덕순 도라지꽃 취 삿갓나물 대풀 석이 별과 같은 방울을 달은 고산 식물을 새기며 취하며 자며 한다. 백록담 조찰한 물을 그리어 산맥 위에서 짓는 행렬이 구름보다 장엄하다. 소나기 놋낫 맞으며 무지개에 말리우며 궁둥이에 꽃물 이겨 붙인 채로 살이 붓는다.

9
가재도 기지 않는 백록담 푸른 물에 하늘이 돈다. 불구에 가깝도록 고단한 나의 다리를 돌아 소가 갔다. 쫓겨온 실구름 일말에도 백록담은 흐리운다. 나의 얼굴에 한나절 포긴 백록담은 쓸쓸하다. 나는 깨다 졸다 기도조차 잊었더니라.

(정지용, 「백록담」 마지막 부분)

정지용의 이 「백록담」은 김춘수에 의해 이상의 「가정」과 함께 대표적인 산문시로 규정된 바 있다. 음수나 음보, 행과 연 등 운율 요소로 규정할 만한 것이 별로 사용되지 않았고 줄글로 이어 붙여 실제로 거의 산문에로 다가갔다고 보아도 무방한 것이 사실이다. 그러나 아직도 부분적으로는 반복 요소가 군데 군데 잠복해 있어 운율감을 형성하고 있어 산문성이 완전한 것은 아니다. 특히 8단이 그러한데, "고비 고사리 더덕순 도라지꽃 취 삿갓나물 대풀 석이 별과 같은 방울을 달은 고산식물", "새기며 취하며 자며", "소나기 놋낫 맞으며 무지개에 말리우며" 등의 표현에서 동일한 문법적 요소를 반복하여 리듬감을 만들고 있기 때문이다. 9단의 경우에도 문장의 일정한 길이 때문에 소리 내어 실현하는 누군가에게는 다소 주관적이긴 하지만 리듬감을 불러일으킬 소지가 다분해 보인다. 그런데 다음은 어떤가.

> 귀향이라는 말을 매우 어설퍼하며 마당에 들어서니 다리를 저는 오리 한 마리 유난히 허둥대며 두엄자리로 도망간다. 나의 부모인 농부 내외와 그들의 딸이 사는 슬레트 흙담집, 겨울 해어름의 집안엔 아무도 없고 방바닥은 선뜩한 냉돌이다. 여덟 자 방구석엔 고구마 뒤주가 여전하며 벽에 메주가 매달려 서로 박치기한다. 허리 굽은 어머니는 냇가 빨래터에서 오셔서 콩깍지로 군불을 피우고 동생은 면에 있는 중학교에서 돌아와 반가워한다. 닭똥으로 비료를 만드는 공장에 나가 일당 서울 광주간 차비 정도를 버는 아버지는 한참 어두워서야 귀가해 장남의 절을 받고, 가을에 이웃의 텃밭에 나갔다 팔매질당한 다리 병신 오리를 잡는다.
>
> (최두석, 「낡은 집」 전문)

이 시가 시인 이유는 일단 시인이 시집에 실어 발표했기 때문일 것이다.[30] 그렇지 않으면 귀향이나 다리 병신 오리를 잡는 일 등이 지닌

30) 제도가 갖는 규정력은 오늘날의 시가 갖는 무정형을 해명하는 중요한 근거가 된다. 가령 황지우가 쓴 본문이 없는 시 「묵념, 5분 27초」가 시가 되는 이유는

상징성, 제목이 갖는 문학사적 상호텍스트성 등등에서의 시적 특성을 언급하게 된다. 그만큼 이 텍스트에는 운율을 가진 시로서의 성격이 거세되어 있다. 말 그대로 서슴없이 산문을 도입하고 있는 것이다. 집에 도착하여 겪은 일들을 시간 순서로 나열[31]해 보여주고 있을 뿐이다. 문장 단위를 반복 요소로 보려고 하여도 각각의 문장이 너무 길게 늘어져 하나의 호흡 단위로 읽어내기가 쉽지 않다. 앞에서 보았던 조지훈의 「봉황수」를 두고 '산문형 시'라고 불렀던 바, 이 시에 와서야 우리는 비로소 운율 요소가 거의 실현 되지 않은 산문시의 예를 만나고 있는 것이다. 필자는 이상과 정지용, 오장환에서 시작되어 김구용, 정진규를 거쳐 최두석 등에 와서 뚜렷이 자리를 잡은 이 무운율의 시를 두고 '산문시'라는 명칭을 써야 한다는 생각이다. 그렇지 않고 지금까지처럼 그저 측정할 길이 없는 내재율의 실현 정도로만 구분해 두게 되면 그것은 말의 의미 없는 낭비일 뿐이기 때문이다.

물론 이 시에도 앞서 말한 전체 작품의 완결성이나 우월한 전달력에 기여하는 작품 구성의 힘으로서의 넓은 의미의 리듬이 존재하는 것이 사실이다. 그리고 지금까지 그래 왔듯이 실제 소리 내어 구성지게 이 시를 율독할 방법이 없는 것도 아니다. 그러나 그러한 실현은 경우의 수가 무궁무진하여서 객관적으로 측정할 수 없다. 자유시의 운율을 내재율이라 명명하고 거기에 이 무궁무진함까지를 끌어넣어 설명하려는 것은 따라서 논의를 포기하자는 것에 다름 아니다.

자유시 율격으로서의 자유율은 행과 연이라는 반복 요소를 최후의 단위로 삼는다. 거기에 더해 위에 음수, 음보, 유사한 소리, 유사한 문법적 구조 등의 반복을 자유롭게 섞어 리듬감을 형성하는 것으로서 결

명확하게 시집에 실려 있기 때문이다. 거기 있으면서 시에 대한 기존의 관념에 금을 내기에 간신히 시성(詩性)을 읽어낼 수 있을 뿐 그 자체로 시인지 아닌지를 판단할 근거가 없다.

31) 산문을 의미하는 prose에 직선적인 전개라는 뜻이 들어있다.

코 암시적으로 잠복하여 있거나 내재해 있어 신비한 것이 아니다. 부분 부분에서 그 반복은 명시적이고 외형적으로 눈에 뜨이는 것이지 숨어있는 어떤 것이 아니라는 뜻이다. 그마저도 찾을 수 없을 때를 두고 산문시라고 불러야 할 것이다.

5. 남는 문제들

안서 김억은 우리 근대 문학사의 첫 장이라 할 수 있는 1914년경부터 한국전쟁으로 납북되기까지 우리 시 근대화의 방향과 방법에 대해 고민해 온 시인이자 시론가였다. 그랬던 만큼 자신이 주도하여 끌고 갔던 민요조 서정시의 흐름 밖에서 일어나고 가닥을 짓고 변전하여 간 그 숱한 종류의 자유시 실험들이 지닌 성과에 대해 모를 리가 없다. 정지용, 김기림, 임화, 이용악, 오장환, 백석 등이 이루어낸 한국 자유시 최상급의 텍스트들을 곁눈질하면서도 끝내 그는 '격조시형'이라는 기묘한 이름의 시 형태가 우리 문학의 현장에 필요하다는 논리를 설득하려고 애썼다.

안서의 격조시형이 지닌 문제성은 그가 한국의 근대시가 지향하거나 회복해야 할 지점이 음성성으로서의 시라고 생각했다는 점이다. 김춘수를 비롯한 대부분의 시론가들이 시(詩)와 가(歌)의 분리라는 우리 시 근대화의 물줄기가 곧 눈으로 읽어가는 문자시의 가능성을 확인하고 그것을 실현할 방법을 찾는 쪽으로 나아가는 것이라고 믿고 있을 때, 안서는 거의 유일하게 근대시의 (운)율독 문제 즉 시를 율독하는 사회적 관습을 만드는 데 관심을 두고 있었다. 그리고 그가 생각한 격조시형은 명확하게 정형률이었다.

그런데 생각해 보면 한국 시의 근대화는 새로운 시형을 형성하는 일과 희미하게나마 과거의 묵은 것을 해체하는 길항 작용의 한가운데서 전에 없던 하나의 뚜렷한 한글 시의 형태를 형성해온 것이라고 볼 수 있다. 그 점에서 안서가 그토록 만들어 보급하고 싶어 했던 격조시형이라는 꿈은 기실 자유시형의 성립에로 수렴되었어야 했던 것이 아닐까. 그가 그 사실 즉 자유시형으로의 물길이 불가역적이라는 점을 진즉에 수긍했었더라면, 자유시가 산문시와 구별되지 않은 채로 무분별하게 휩쓸려 들어갔던 문자성 쪽으로의 경사에 제동을 걸고 자유시의 운율독이라는 사회적 관습을 만드는 데에 자신의 재능과 노력을 기울임으로써[32] 시를 즐기는 훨씬 풍부한 방법들을 제공했을지도 모르겠다.

---

32) 그가 경성방송국에 취직을 했던 중요한 이유 가운데 하나가 방송국이야말로 제대로 된 우리말 보급의 첨병 역할을 하리라는 생각 때문이었던 것으로 보인다.

시 창작교육 방향의 탐색
—창작 과정에 대한 이해를 바탕으로

1. 서론

지난 7차 교육과정의 개정은 문학교육의 역사에 있어서는 각별한 의미로 기억되어야 한다. 텍스트의 이해와 감상 수준에 머물러 있던 문학교육의 목표와 방향을 창작교육의 도입 쪽으로 돌려놓은 획기성을 지니고 있기 때문이다. 이러한 방향 전환의 밑바닥에는 여러 요인이 두루 깔려 있겠지만 필자가 보기에 가장 중요한 이유는 문학교육을 아우르는 국어교육의 근본 목표가 어디를 향해야 하는가를 따져 보려는 고민과 무관하지 않다고 생각한다.

말하기·듣기·읽기·쓰기라는 국어교육의 기본 활동 간에 위계가 없고 이들 요소들의 상호 보완적인 피드백을 통해 국어 능력 전체가 향상되는 것이라는 논리에 굳이 딴죽을 걸고 싶은 마음은 없다. 하지만 실제적으로 국어능력의 수준이 쓰기에 의해 최종적으로 판가름 된다는 현실론에 눈 감을 수도 없는 노릇이고 보면, 고민은 쓰기 능력의 기준을 무엇으로 잡을 것인가 하는 지점에 모아지는 게 당연해 보인다. '수월성'이라는 국적 불명의 단어를 굳이 붙일 것도 없이 글을 '잘' 쓴다는 것이 무엇인가 하고 물었을 때 그 대답의 언저리에 문학 작품들도 한 자리를 차지하고 있다는 판단이 자연스럽다. 말인즉슨 전문가로서의 작가 수준의 작품 창작이 목표는 아닐지라도 창작 교육 자체를 장려하는 일이 쓰기 교육의 핵심을 이루어야 한다는 반성적 인식이 7차 교육과정 개정의 바탕에 놓여 있었다고 판단할 수 있다는 뜻이다.[1)]

2007년 개정 교육과정 역시 이러한 인식의 연장선상에 놓여 있을 뿐만 아니라 창작 활동이 더욱 강화되는 추세를 보여주고 있다. 여전히 쓰기와 문학 영역의 분리가 전제되어 있기는 하지만, 그것들이 모두 '실제'라는 목표 활동에 의해 공동 제약됨으로써 그 어느 때보다 실제적 글쓰기가 강조되고 있는 사정이 이를 잘 보여준다.

이런 저간의 사정에 맞추어 창작교육을 이론적으로 밑받치려는 학계의 연구 성과들 또한 적잖이 쌓여 왔다. 이 글은 그러한 성과들에 대한 비판적인 검토를 통해 창작교육, 특히 시 창작교육의 한 방향을 모색해 보려는 의도로 쓰여 진다. 결론부터 말해본다면, 그간의 시 창작교육에 대한 논의들의 거개가 시 창작과정에 대한 깊은 이해를 바탕으로 작성, 제출되지 않고 국어교육의 방법적 틀에 대한 고려를 우선함으로써 본말이 전도된 형국을 보여 왔다는 것이 본고의 전체적인 입장이다.

2. (시)창작교육론 검토

(시)창작교육과 관련한 그간의 논의로는 우한용, 김창원, 유영희, 김정우 등[2)], 유영희(2008) 등의 글이 중요한데 우선 떠오르는 생각은 아

1) 다만 그 쓰기의 내용이 그냥 '글쓰기'인지 '문학적 글쓰기'인지 본격적인 의미의 '문학 창작'이어야 하는지에 대해서는 논란이 있어 왔다.

2) 김정우, 시 이해를 위한 시 창작교육의 방향과 내용, 『문학교육관』, 한국문학교육학회, 2006.
김창원, '述而不作'에 관한 질문; 창작 개념의 확장과 창작 교육의 방향, 『문학교육학』, 한국문학교육학회, 1998.

직 본격적 논의의 장이 열리지 못했다는 느낌이다. 이런 데서도 국어교육의 장 안에서 창작교육 그 중에서도 시 창작교육이 차지하는 위상의 실체를 알아볼 수 있을 듯하다. 우한용과 김창원은 창작교육의 필요성을 문제 제기하고 거기에 이론적 뒷받침을 해둠으로써 이어지는 논의들의 물꼬를 트는 역을 맡고 있다. 유영희와 김정우의 글들은 일종의 각론으로서 어떻게 중등교육 현장에서 시 창작교육이 실현될 수 있을지 혹은 어떻게 해야 하는지를 탐색한 방법론의 성격을 띠고 있다. 좀 자세하게 들여다보면서 이 글이 나아가야 할 방향을 참고할 필요가 있겠다.

우한용의 글은 국어교육의 차원에서 행해지는 문학교육의 도달점이 창작교육임을 직시하고 문제제기한 본격적인 사례라는 점에서 주목에 값한다. 그는 문학능력의 두 가지 측면 때문에 창작교육으로의 지평 확대가 중요하다고 판단하는데, 문학이 가진 창조성과 통합성의 기능이야말로 국어교육 나아가 인간교육의 기초가 되어야 한다는 생각 때문이다. 이러한 전제 아래 그는 창작교육과 관련된 용어와 개념들의 범주를 획정하는 작업에 논문의 나머지를 할애하고 있다. '창작''창작주체''창작능력''창작교사' 등등의 용어가 창작교육과 관련하여 어떤 의미로 사용되어야 하는지, 나아가 창작교육의 평가가 어떤 능력의 측정으로 이어져야 하는지에 대해서 점검한다.

그런데 우한용은 일종의 창작교육 총론을 제출하겠다는 목표를 앞세움으로써 각론의 방향을 제대로 짚는 데는 이르지 못하고 있다. 총론 또한 인간과 문학의 본질에 대한 원론적 중요성을 잣대로 교육과 곧바로 연결하고 있기 때문에 논의의 추상성을 피했다고 말하기 어려운 측

우한용, 창작교육의 이념과 지향, 『문학교육학』, 한국문학교육학회, 1998.
유영희, 『이미지로 보는 시 창작교육론』, 역락, 2003.
유영희, 형식과 내용의 상관성을 중심으로 한 시 창작교육 방안 연구, 『문학교육학』, 한국문학교육학회, 2008.

면이 있다. 그럼에도 다음과 같은 선언, 즉

> "언어활동 전반에 관련된 창조적 속성이 구현되는 창조적 언어활동이 도달하는 최종적 단계는 '창작'이다."
> "다만 문학(작품을 포함한 문학현상)을 통합적으로 이해하는 과정이나 방법으로, 그리고 문학적 실천의 최종 단계로 창작을 상정해야 한다는 점을 강조하고자 할 뿐"

이라는 주장은 '실제'라는 측면을 강조하는 방향으로 개정된 국어 교육과정의 함의를 정확히 선취하고 있다는 점에서 시사적이다. 그러나 그는 '창작교육 과정의 실제에 있어서는 창작 일반의 경우와 달리 작품의 예술성이나 완결성보다 창조성을 앞에 놓아야 할 것'을 받아들임으로써 교육 현장에서의 창작('학습작가'[3]의 창작)이 과정적이고 도구적인 것임을 자인하는 모순에서 자유롭지 못하다. 현행 교육으로는 '창조적 완결성'을 이루기 어려우므로 학령기에는 창조성을 앞세우는 것으로 대신하자고 양보하는 순간, 우리는 스스로 비판하여 마지않는 도구론 쪽으로 한 발짝 발을 들이밀게 되는 것이 아닐까. 따라서 이런 논리대로라면 "창작이 견고한 장르 개념에서 벗어날 필요가 있는 것은 사실이지만, 창작이 문학의 보편적 기준에 해당하는 형상화를 지향하는 글쓰기라는 점은 분명히 해 두어야 한다."라는 원론조차 무의미한 추상론으로 비칠 공산이 크다고 할 수 있겠다.

김창원은 우한용의 글이 지닌 다소의 문학우선주의(?) 혹은 추상성을 보완하면서 창작교육의 이론적 철학적 기반을 다지고 있다는 점에서 중요하다. 오늘날 미만해 있는 창작교육과 관련된 편견들을 하나하

3) 따라서 과정적으로 '학습작가'라는 용어를 붙이는 일에 대해서도 필자는 동의하지 않는다. '작가'라는 권위에 이미 주눅 들고 있는 용어이기 때문이다. 중1 아무개로부터 공지영에 이르기까지 자기 손으로 글을 쓰는 사람은 그냥 '쓰는 이'일 뿐이다.

나 되짚어 비판하는 그의 논지는 『논어』에 나타난 공자의 문제의식에 근거하고 있다. '述而不作'을 '述而作'으로 변용하면서 되짚고 있는 그의 공격 지점 역시 창작교육의 '현실론'이다. 독창성으로서의 '作' 부분은 포기하고 모방과 연습을 통한 기법 습득으로서의 '述'에만 목표를 맞추고 있는 7차 교육과정의 내용요소들이 문제적이라 보고 있다는 점에서 그의 문제 인식은 곧바로 핵심에 접근한다.[4] 이 모든 현실론은 '전문적인 글쓰기'와 '학교 글쓰기'를 구분하고 후자를 밑에 두는 이원론 혹은 열등감에 기인한다는 것이다. 따라서 앞으로는 '述'이 곧 '作'이라는 "통합적인 관점에서 양자의 구분을 극복하는 창작교육"이 이루어져야만 한다. 그러기 위해서는 다음과 같은 인식의 전환이 필수적으로 전제되어야 한다.

> "여기서 중요한 것은 교실 창작이 문단 창작에 비해 단순하거나 저급한 활동이라고 말할 수 없다는 점이다. 완성된 작품 자체도 일괄해서 그렇게 말할 수 없을 뿐 아니라, 창작의 의도와 과정, 결과를 고려하면 모든 창작은 같은 가치를 가진다. 다만 영역과 맥락이 다를 뿐이다."
>
> "…매월당이 자신의 온몸으로 창작했듯이 초등학교 1학년 아동 또한 온몸으로 창작한 것이며, 작품 자체와 별개로 창작 활동의 측면에서는 어느 누구도 그 가치를 폄하할 수 없다."

김창원이 목표하는 바는 분명하다. 교육현장이 창작교육의 내용을 정전적 '작품' 만들기로 오해함으로써 빚은 공포감을 털게 해서, 만들어 가는 '활동' 자체에 초점을 두는 실행 가능한 창작교육 쪽으로의 변화를 유도하겠다는 것이다. 그에 의하면 창작교육의 '탈신비화'야말로 문제 해결의 실마리가 되는 셈이다. 그런데 그가 가진 선한(교수-학습 과정,

4) 이 기준으로 보자면 우한용(1998)은 창작교육의 중요성에 대해 말하면서도 '述' 중심의 현실론 위에 서 있는 것이 된다. 그의 '완결성'이 작품의 미적 완결성을 뜻하는 것이므로 김창원의 '작품성'에 해당하는 것이다. 따라서 그의 방향은 '述而作'이라는 김창원 식의 목표치와는 다른 쪽을 향하고 있다.

특히 학습 과정에 최상급의 의의와 가치를 부여하려 한다는 의미에서) 의도에도 불구하고 이러한 생각 자체는 다소 위험해 보인다. 매월당의 온몸과 초등 1학년의 온몸 사이에 차별을 없앰으로써 초등 1학년의 창작 활동에 심대한 의미를 부여하는 의도는 충분히 수긍 가능하지만 교육이 과정에 대한 평가만으로 충족될 수 있다는 발상은 폭넓은 동감을 얻기가 쉽지 않아 보이기 때문이다. '노래 부르기나 낭송시가 일상화되는 것'도 중요하지만 초등 1학년 급의 노래나 낭송시가 7학년이나 8학년에도 생활화되는 것을 노리는 것이 아니라면 '어떤 노래'이고 '어떤 낭송시'인가 하는 평가가 최종 심급의 가치 기준이 되어야 한다는 점은 분명해 보인다.

김창원의 논의에서 우리가 생각해 보아야 할 또 하나의 문젯거리는 '作'으로서의 창작을 구체화할 수 있는 방법이 무엇인가에 대한 대답을 내놓고 있지 않다는 점일 것이다. 유영희와 김정우는 바로 이 부분을 시 창작이라는 구체적 현장에서 해결해 보려는 시도여서 우선 값지게 느껴진다. 김창원이 잘 지적하고 있듯이[5] 교육과정의 각론이 보여주고 있는 시 창작교육의 핵심 내용 요소들은 전부 '述'로서의 측면에 집중되어 있는 것이 사실이다. 이러한 점은 2007년 개정 교육과정에서도 크게 달라지지 않았다. 이는 곧 그간 관련 학계의 연구들이 이 부분을 소홀히 했다는 지적을 받을 수 있는 부분인데, 유영희와 김정우의 연구는 그 빈틈을 메우는 작업이라는 점에서 일단 주목받아 마땅하다.[6] 우한

---

5) 김창원, '述而不作'에 관한 질문; 창작 개념의 확장과 창작 교육의 방향, 『문학교육학』, 한국문학교육학회, 1998.

6) 이 부분과 관련해서는 교육과정의 개편을 주도한 기관들의 용의주도하지 못한 진행에 일차적 책임이 있다. 학계의 논의가 충분하지 못한 용어, 성취 기준, 내용 요소 등을 성급하게 사용함으로써 혼란을 초래한 것은 물론 한 영역 안에서의 학년 간의 위계가 올바른지 담화(텍스트?)의 구체적 종류들이 국어교육의 입장에서 정말로 고려할 만한 대상인지(가령 '광고'라는 담화양식이 그토록 중요한 것인지)에 대한 의견들을 두루 반영하지 못하고 시간에 쫓겨 절충적으로 일을 마무리해 버렸다는 인상을 지울 수 없기 때문이다. '문학 작품의 수용과 생산의 실제'라는 영역은 창작에 직결될 수밖에 없다는 점이 누가 보더라도

용과 김창원의 논의가 창작교육을 왜 해야 하는가에 대한 이론적 대답에 해당한다면 유영희와 김정우의 논의는 '시 창작교육'을 어떻게 해야 할 것인가에 대한 구체적 각론에 해당한다. 그런데 유영희의 경우 시 창작의 초점을 이미지에만 맞추거나[7] 형식과 내용의 상관성 문제에 맞춤으로써[8] '作'으로서의 시 창작교육이 어떠해야 하는지에 대한 모범적 사례라고 보기 힘든 면이 없잖다. 따라서 문제는 자연스럽게 김정우의 경우로 좁혀진다.

본격적 시 창작교육론의 거의 유일한 사례라고 할 김정우의 글은 기본 입론 자체가 상당히 보수적이다. '시 이해를 위한 시 창작교육의 방향'이라는 제목에서 예견되듯이 '수용과 창작'이라는 문학교육 영역의 구도 내에서 창작보다는 수용 쪽이 궁극적인 지향점이라는 견해를 내비치고 있는 것이다. 이 점은 본문에서 한 번 더 표 나게 강조되는데 "창작의 경험을 통해 **문학 자체에 대해 좀 더 깊이 있는 이해에 도달하게 될 수 있다는 점**은 문학교육의 장에서 매우 기본적이고, 또 중요한 창작교육의 가치 중의 하나"(강조는 인용자)라는 진술이 그것이다. 이로 보듯, 창작교육은 기본적으로 깊이 있는 작품 수용을 위한 도구성을 지닌다는 것이 이 글의 기본적인 입장인 셈이다.

김정우는 우선 시가 자기표현의 도구임을 인정한다. 하지만 창작교육은 수사적 차원의 자기표현에만 머물 것이 아니라 인식의 형상화 쪽으로 나아가야 하는데, 그 결과 시 창작교육이 "**시에 대한, 나아가 언어 전반에 대한 주체적 통찰에 이르는 것**을 본질적이고 궁극적인 목적으로 삼아야 할 필요가 있다"고 말하기에 이른다. 정리하자면, "시 창작교

명확하다면 예상되는 문제점과 해결해야 할 문제점의 리스트를 뽑아 용역 연구를 진행하든지 학계에 논의를 부치든지 하는 과정을 통해 혼란을 부추길 요소를 사전에 제거했어야 함에도 불구하고 결과는 아무 것도 없지 않은가.

7) 유영희, 『이미지로 보는 시 창작교육론』, 역락, 2003.

8) 유영희, 형식과 내용의 상관성을 중심으로 한 시 창작교육 방안 연구, 『문학교육학』, 한국문학교육학회, 2008.

육은 시로 자신을 표현하는 능력을 기르고, 시와 언어에 대한 깊이 있는 통찰에 이르는 것을 목표로 하는 교육"인 것이다. '자기표현을 넘어선 인식과 통찰의 형상화'라는 대목에서 흔히 문학의 본래적 자질이라 꼽히는 '해방과 변혁의 사회성'이 연상될 법도 하건만, 필자는 짐짓 시 창작교육의 오지랖을 국어교육의 자장 안에 눌러 앉히려 하고 있다. 그런데 필자의 뜻대로 창작교육 혹은 문학교육을 언어로서의 국어교육이라는 도구 안에 틀 지운다 하더라도 그 경계를 넘어서려는 위험한 요소가 이미 그 속에 자라고 있다. '자기표현'에서 출발하는 것이 시라는데 도대체 '자기'란 무엇이고 어떻게 규정되는 것인가 하는 질문에 답하지 못한다면 그것은 하나마나한 소리에 지나지 않기 때문이다. 사회성에 대한 인식이나 통찰이 없는 '자기' 규정이란 존재할 수 없기에 창작교육의 범주는 출발부터 흔들리게 된다. 그런 흔들림은 뒤이어지는 논리 전개에도 고스란히 반영되어 있다.

김정우는 시 창작교육의 구체적 내용으로 '순간의 서정에 주목하기'와 '관찰과 성찰', '시적 화자에 대한 이해'라는 세 측면을 부각하고 있다. 언어교육의 경계 위반이라는 점에서 보자면 셋 다 아슬아슬하지만 특히 두 번째 '관찰과 성찰'이라는 항목에서의 위반 정도가 보다 현저하므로 특기할 필요가 있다.

> "창작은 상상력과 형상화를 통해 인간의 자기 탐구를 수행하는 일이며, 그 행위 자체가 자기 교육으로 전환되는 것이기 때문에 성장의 이념을 담고 있게 된다. 관찰로부터의 성찰이라는 시 창작교육의 내용을 분명히 한다면 시 창작교육은 인간의 자기 성장과 형성을 도모하는 교육의 성격을 명확히 하게 될 것이다."

이러한 주장은 '시나 언어 전반에 대한 통찰'이라는 전기(前記)한 목표 진술과는 혁명적으로 판이해서 얼떨떨할 지경이다. 창작교육이 인간의 자기탐구와 자기성장에 기여해야 한다고 말함으로써 언어 지식

갱신이라는 범주로는 결코 아우를 수 없는 경지로 훌쩍 넘어서버린다.

구체적 내용 요소로 제시한 세 가지 범주의 설정이라는 측면에 대해서도 다소간의 의문이 든다. 물론 김정우의 글이 보여주고 있는 이 세 측면이 '作'으로서의 창작이라는 목표를 어떻게 구현할 수 있을 것인가에 대한 매우 생산적이고 의미 있는 방법론적 대답에 해당한다는 점에 대해서는 충분히 동의가 가능하다. 하지만 어떤 기준에서 이러한 세 가지 요소가 추출되는지 그리고 그것들이 창작교육의 전체 차원에서 어디에 해당하는지, 나아가 그것들이 참으로 핵심적인 시 창작의 요소들인지에 대한 답을 찾기가 쉽지 않다는 점은 문제로 보였다. 별다른 기준 없이 그 동안에 많이 언급된 이미지나 운율과 같은 요소를 제하고 시 창작에 있어 중요하다고 생각되는 요소들을 필자 임의로 추출한 것은 아닌지 하는 의문이 들었다. 다만 시 창작교육에 대한 논의가 이제 본격적으로 시작되어야 하는 만큼 시 창작 과정에 대한 보다 체계적인 틀을 세워야 할 필요가 있다는 문제의식이 이런 의문을 갖게 만들었다.

3. 창작교육의 방향과 시 창작 과정에 대한 이해

2장에서 살펴본 (시)창작교육에 관련된 그간의 논의들의 요점을 항목화 하면 아래와 같다.

(ㄱ) : 문학교육은 수용에 대한 이해를 넘어 창작능력의 구현에까지 이르러야 한다.
(ㄴ) : 물론 교실에서의 창작 교수-학습이 전문인 양성에 목표를 두고 있는 것은 아니다.
(ㄷ) : 따라서 교실에서의 창작은 '빼어난 예술품'을 만드는 것을 의미하지 않는다.
(ㄹ) : 결과보다는 과정을 중요시함으로써 학생들을 능동적인 창작 주체로 만들 수 있다.[9]

(ㅁ) : (패러디, 고쳐 쓰기 등) '述'의 측면에 '作'을 통합한 글쓰기가 이루어져야 한다.

(ㅂ) : '이미지, (운율), 서정성, 체험과 관찰, 시적 화자' 등 '作'으로서의 시 창작 방법에 대한 이해가 필요하다.[10]

이 가운데 (ㄱ)은 문학이론 자체의 변화나 교육과정의 설계 원리상 누구도 부정할 수 없는 논리적 전제다. 문제는 '창작능력'의 목표를 어디까지로 정할 것이냐 하는 점인데 (ㄴ)-(ㄹ)이 바로 그 점을 고려한 주장들이라고 할 수 있다. 창작교육의 철학 혹은 관점 수립에 관련되는 내용들이다. (ㅁ)(ㅂ)은 그러한 이론의 구체적 실천 방안에 해당한다. 이 두 그룹의 문제의식을 각각 절을 달리하여 짚어보자.

3-1. : 창작교육의 목표와 방향

(ㄴ)-(ㄹ)의 논의들을 보면서 새삼 느끼는 것은 전문가 창작 혹은 그 결과물에 대한 중압감에서 연구자들 역시 자유롭지 않다는 것이다. 무어라 규정하기 어렵고 정리해 설명하기 까다롭다는 이유에 더해 '중등교육'이라는 단계 의식이 작동하면서 너무 쉽게 스스로 무장해제해 버린 느낌이기 때문이다. 물론 현실적으로 개별 교실 단위에서 이루어지는 교수-학습 활동의 지향점이 '전문인 양성'이나 '예술품 창작'일 수는 없다. 그러나 그 말이 곧바로 '전문인에 의한 예술품 창작'이 요구하는 수준의 '창작능력'에 대한 포기로 이어지는 것이어서는 안 된다. 국어능력-문학능력-창작능력을 기르는 국어교육 과정의 운용이 평균치 학생들에게 초점화 되어 있다는 것과 교육의 목표 자체가 중간치의 수준에 맞춰진다는 것은 다른 차원의 문제다. 비록 이상론이라는 공박이

9) 여기까지는 김정우(2006)에 요약된 것을 그대로 옮겨 적었음.
10) ( ) 안은 논의의 전제라고 생각되는 것으로 필자가 채워 넣었음.

뒤따른다 할지라도 교육의 목표는 항상 최고 수준을 조준하고 그것의 실현을 고민하는 것이어야 한다. 따라서 그 '최고 수준'을 명확하게 구조화하고 거기 이르는 절차를 뚜렷이 체계화하는 일 자체가 어렵다고 해서 목표의 범주에서 아예 그것을 소거해버린다면 우리는 교육자로서의 직무를 스스로 유기했다는 질책을 결코 피해갈 수 없을 것이다.

언어능력의 최고치를 조준하는 교육이라 규정해 두더라도 현장에서는 끊임없이 현실론이나 절충론 혹은 타협론들이 생겨나기 마련이다. 따라서 그러한 목표치가 실행 현장에서 쉽게 실현되지는 않을 것이 명약관화하다. 그러나 선언적인 의미에서나 언어/문학교육의 총론 차원에서라도 그같이 최고 수준의 목표치가 전제되어 있다는 것을 교육 현장에 각인시켜 두는 것과 그렇지 않은 것 사이에는 본질적인 차이가 있다. 어디를 기준하더라도 결국 어중간이기 마련인 단계론의 입장에서라면 창작교육이란 어떻게 시작하든 언제 끝내든 별 상관없는 무엇이 되기 마련이다. 본질적으로 교사 평가 기준의 주관성[11)]이라는 문제를 안고 있는 마당에 교수-학습의 목표치까지 그 경계들이 불분명하다면 창작교육은 적당한 선에서의 타협으로 그칠 공산이 크지 않을까.

또 하나 생각해 보아야 할 것이 창작교육의 결과가 언어능력 향상 혹은 조정이라는 목표치에로 피드백 되어야 한다는 설정이다. 형식 논리적으로 보아 창작은 언어능력/국어능력의 산물이므로 그것을 교수-학습한 결과 언어능력 향상에로 이어진다는 말은 옳다. 하지만 단순히 언어능력만의 문제라면 그렇게 골치 아픈 문학 창작의 문제를 교육현장에 끌어들일 필요가 없지 않을까. 여전히 구미(歐美) 여러 나라들의 자국어 교육 현장이 문학 텍스트의 수용과 감상 쓰기에 집중하고 있는

11) 이것이 틀렸다는 얘기가 아니다. 오히려 창작교육에서만큼은 지도 교사의 주관적 평가가 보장되고 인정되어야 마땅하다. 물론 교사 스스로는 학생의 창조성을 제대로 가려낼 수 있는 감식안과 품평의 전문성을 기르기 위한 노력을 기울이는 것이 전제되어야 할 것이다.

이유가 언어 능력 신장에 초점이 있어서가 아니라 그러한 텍스트 훈련이 곧 시민 자질의 훈련으로 이어진다는 믿음 때문이 아니던가. 이처럼 학생 개개인의 성찰 혹은 삶의 변화, 그리고 그러한 변화의 집적이 불러일으키는 사회적 진보에의 기여라는 믿음이 빠진 문학/창작교육이란 얼마나 허망한 노릇인지.

이러한 문제는 말하기·듣기·읽기·쓰기라는 기능 위주의 도구교육으로 국어교육의 방향이 재조정되면서 생겨난 본질적이고 구조적인 것이다. 사회의 선진화라는 욕구가 지나쳐 교육 자체를 지나치게 실험적으로 채워나가고 있지는 않은지 반성해 볼 일이다. 결과적으로 행여 성공한다면 다행이지만 만에 하나라도 그렇지 않다면 치명적인 황폐화에 도달할 것인데도 우리는 그간 국어교육의 토대 변화에 지나치게 선진적이고 진보적이었다는 생각이다. 교육과정의 내용이 세계에서 유례를 찾기 힘들 정도로 논리적으로 체계화되고 세련된 용어들로 채워져 있다고 해서 곧 수준 높은 교육이 뒤따르는 것은 아니지 않을까.

한 마디로 시 창작은 단순히 언어 사용 기교나 언어의 다양한 기능을 익혀 지식화 하려는 용도로 국어교육의 한 부문에 첨가된 요소이어서는 안 된다. 시 창작이, 한국어 능력의 최고치가 구현되는 방식의 안쪽에 자리 잡고 있는 보다 근원적인 목표, 즉 '나'가 '세상'과 소통하고 결과적으로 주체와 세상 모두를 '자유로움'의 쪽으로 바꾸어보려는 욕망의 수용과 확장이라는 목표에 연관되어 있다는 것을 인정할 때 시 창작교육의 본래 면목이 살아나는 것이다. 다시 말해 보자. 교육의 목표는 잘 하게 만드는 데[12] 있다고 했다. 그러니 국어교육의 목표는 한국어를 잘 하게 하는 것이고 기왕지사 목표로 삼았다면 최고로 잘 하게 하는 것을 목표로 삼는 것이 너무나 당연한 일일 것이다. 그런데 한국어 구사 능력의 상하를 가늠하는 최고의 규준 자리에 문학이 그것도 시가

---

12) 필자는 수월성이라는 기묘한 말의 의미를 이렇게 이해하고 있다.

자리 잡고 있는 것이라면, 최량의 국어 교육이 도달할 지점으로 시 창작을 운위하는 일을 두고 억지스럽다고 할 수는 없을 것이다. 그런데 시를 포함한 문학은 언어 혹은 형식만으로서가 아니라 그것이 지닌 자유로움의 사회적 전이 가능성, 곧 사회적 해방에 기여할 가능성을 최종 심급의 잣대로 하여 그 잘잘못이 가려지는 운명을 본질로 하는 예술이 아닐 수 없다. 결론적으로 시 창작 교육도 언어적 기교만이 아니라 그것이 매개하는 '나'와 '세상'의 변혁 가능성에 대한 신뢰로부터 출발해야 한다는 뜻이 된다. 비록 '변혁'을 정의하고 항목화 하여 비교 평가하는 일이 어렵다 하더라도 그러한 전제를 갖는 것과 갖지 않는 것 사이에는 커다란 차이가 있지 않을까.

3-2. : 창작 과정 이해를 통한 시 창작교육

3-1 절을 통해 필자는, 시 창작교육 - 문학교육 - 국어교육 - 교육으로 연결되는 전체 구도 속에서 시 창작이 결국은 국어교육 일반의 고민과 이데올로기에 하나의 바로미터로 작동한다는 이야기를 한 셈이다. 그렇다면 자연스럽게 우리의 논의는 그렇게 중요한 지위로 밀어 올려 놓은 시 창작의 구체적 실천 방법에 대한 질문에 도달하게 된다. (ㅁ)과 (ㅂ)에서 확인했듯이 학계에서는 '作'으로서의 창작교육에 대한 올바른 문제제기를 이미 해 두고 있는 상태다. 다만 논의의 기준점이나 층위가 작위적이고 임의적이어서 시 창작에 대한 모델의 역할을 충분히 다하지 못한다는 문제가 있음은 앞에서 지적한 바 있다. 그 이유는 연구자들 스스로 시 창작을 말하면서도 시 창작 과정 자체를 새롭게 숙고하는 것이 아니라 시에 관한 기존의 이론 틀에 너무 안존해 있었기 때문이라는 생각이 든다.

시 창작교육이 효과적으로 이루어지기 위해서 무엇보다 먼저 확인해야 할 사항은 '한 편의 시가 만들어지는 과정'에 대한 지식과 체험임은 두말할 나위가 없다. 결과물로서의 시 작품 속에 어떤 장치가 사용되었는지 하는 것들은 문학의 수용을 다룬 그간의 국어교육에서 익히 다루어 왔던 것이므로 생소할 것이 없지만, 시 한 편의 생성 과정에 대해서는 그간의 교육과정/성취기준/내용요소들이 제대로 취급해오지 못한 것이 사실이다. 따라서 시 생성 과정의 모델링과 후속 논의를 통한 보완이야말로 앞으로의 시 창작교육 논의의 중핵을 이루어야 한다는 것이 필자의 판단이다. 그간에 시 창작에 관한 글 혹은 저술들이 없지 않았음에도 학계가 주목하지 않았던 것은 그것이 학술적 혹은 교육적 연구 대상이 되지 못한다는 선입견 때문이었다. 시인의 내밀한 체험을 객관화 하는 것은 불가능하다는 낭만적이고 신비주의적인 문학관의 유포 역시 이런 풍토를 만드는 데 기여한 바 적지 않을 것이다.

C. D. 루이스의 언급 이후 한 편의 시가 생성되는 과정을 3단계로 설명하는 일은 어느 사이 창작계의 한 전범을 이루고 있다. ① 한 편의 시가 자라나기 전에 그 씨앗 내지는 싹이라고 부를 만한 것이 시인의 상상력을 엄습하고, ② 씨앗이 시인의 마음 속에, 소위 "무의식적 정신"이라고 하는 그의 마음의 일부 속에 들어가 자라서 형태를 취하는 과정을 거쳐 ③ 시인의 강렬한 표현 욕구를 만나 밖으로 표출되는 과정, 즉 "시가 문을 치며 내보내 달라고 조르고 있는 단계"[13]를 거쳐 한 편의 시가 생성된다는 것이다. 이를 두고 흔히 종자론 혹은 맹아론이라고 부르거니와 낭만주의적 '자기표현의 시' 곧 '자발성의 시' 탄생을 설명하는 모델로는 이보다 더 적확한 것은 없어 보인다. 그러나 오늘날에는 루이스가 설명하고 있는 자기표현의 자연발생적인 것만이 아니라 외향적이거나 의도적인 시들 또한 만만찮게 쓰여 지고 있는 추세여서 루이스의 모델만으로는 충분하지 않다. 해서 많은 시인들이 이를 수정하여

13) C. D. 루이스, 강대건 역, 『시란 무엇인가』, 탐구당, 1992, pp.51-53. 이형기(1995) 역시 루이스의 모델을 고스란히 수용하여 시작의 단계를 설명하고 있다.

새로운 3 단계론을 제시하고 있는데, '시의 원천 – 시 의식 – 시의 형상화' 단계가 그것이다. 오세영의 비유를 빌자면 그 단계란 '그것을 영감이라 부르든 혹은 포에지라 부르든 언어화되기 이전의 어떤 정신적인 상태 – 자연의 상태인 샘물을 떠 그릇에 담고자 하는 충동, 그러니까 갈증에 대한 인지와 그것을 해갈하고자 하는 행위 – 언어화 된 작품으로서의 그릇에 담긴 샘물'의 3단계로 설명된다.[14] 루이스의 ①② 단계가 오세영의 2 단계에 압축됨과 동시에 자기표현을 넘어선 인식과 통찰의 시 문제를 해결하기 위해 '시 의식'이라는 용어를 사용하고 있는 것이다. 이 3 단계론을 편의상 '원천' '의식' '형상화'로 명명해 두고 논의를 계속해 보자.

'원천' 단계에서 강조되는 것은 직간접 체험의 양과 사색의 깊이인데 이는 일반적인 강조사항이므로 특기할 것은 없다. 다만 문학 특히 '시'에 대한 관심과 말에 대한 애착이야말로 이 단계를 풍요롭게 하는 바탕이라는 점은 기억해야 할 것이다. 그리고 3단계인 '형상화' 단계란 2단계에서 형성된 시의 종자에 언어의 옷과 시적 형식을 입혀 가는 과정이므로 그간의 '문학 수용'과 연관된 지식들이 고스란히 적용될 수 있는 지점이다. 따라서 3단계는 수용 경험과 더불어 '述'로서의 창작 체험이 풍부하다면 전문가가 아닌 사람들도 충분히 성과를 나타낼 수 있다. 의식적인 조작과 통제가 가능한 지점이라는 말이겠다. 그렇다면 결국 문제는 2단계인 셈인데 시문학의 창조성 혹은 발상의 참신함을 말할 수 있는 요소들이 바로 이 단계에서 거의 대부분 결정되기 때문이다. 흔히 말하는바 시인 천재설이니 영감설이니 하는 것들이 전부 이 부분을 겨냥하고 있기에 접근이 쉽지 않았던 것이다. 그런데 많은 시인들의 시작 체험을 개괄해 보면, 이 2단계에서 시인에게 다가오는 시의 종자란 대개 다음의 세 가지로 압축된다.

---

14) 오세영, 세계를 통찰하는 힘과 시 쓰기, 최동호 편, 『현대시 창작법』, 집문당, 1997, pp.75.

(1) 그 가운데 첫 번째가 루이스가 이미 말한 바 있는 '자기표현의 충동'[15]이다. 시 쓰는 자는 모름지기 이 충동으로부터 자신만의 시력(詩歷)을 시작한다는 점에서 이는 본격적 시 창작의 첫 단계로 강조될 만하다. 질풍노도의 청춘기를 지나는 학령기 사람들에게 있어 이 충동은 거의 본연의 것이라 해도 과언이 아니므로 이 충동의 자극을 통해 시 쓰기의 길로 쉽게 유도할 수 있다. 그런데 문제는 거의 본능적인 만큼 이 충동은 쉽게 감상에 물들 우려가 높아 좋은 시로 결과될 가능성이 낮다는 것이다. 정서에도 값싼 것과 고귀한 것이 있을 수 있다는 점을 강조하는 한편으로, 이 격렬한 정서를 매개할 수 있는 사물을 찾아 의탁하는 훈련이 요구된다. 흔히 '투사적 등가물 投射的等價物 projective equivalent'이라 부르는 매개물에 자신의 정서를 실어 드러내지 않고 시인의 직접적인 목소리가 노출될 때 정지용이 말한 바 '안으로 열(熱)하고 겉으로 서늘한' 사태의 역(逆)이 발생하는 것이다. 1920년대의 시를 유아적이라 비판하듯이 이 싹을 잘 키우지 못하면 유치한 수준에 떨어지게 된다. 박용래의 다음 시는 자기표현의 욕구를 어떻게 다스려야 하는지를 보여주는 좋은 증거다.

겨울밤

잠 이루지 못하는 밤 고향집 마늘밭에 눈은 쌓이리.
잠 이루지 못하는 밤 고향집 추녀밑 달빛은 쌓이리.
발목을 벗고 물을 건너는 먼 마을.
고향집 마당귀 바람은 잠을 자리.

이 시는 종결부가 '-리, -리, 을, -리'로 끝나 전형적 비가(悲歌) 구조

15) 이를 두고 워즈워드가 '고요 속에 회상되는 정서'라 하거나 슈타이거가 '회감'이라 불렀던 것이다. 흔히 서정시를 말할 때 대표격으로 늘 꼽히는 종류의 시들이 이에 해당한다.

를 하고 있다든지 '잠 못 이루는 나'와 '잠 드는 바람'의 대조를 통해 화자의 처지를 부각하는 수법을 구사하고 있다든지 하는 것들을 파악하는 능력은 차라리 지식의 계보에 속한다. 겨울 한밤에 떠오르는 고향에의 한량없는 '그리움'을 표현하고픈 충동이 시인을 움직이고 '아, 고향이 그립다'라고 직접 토로하는 것보다 더 그리운 느낌을 싣기 위해 고향집을 구성하는 사물들을 차례로 호명한다는 것, 그 중에서도 '발목을 벗고 물을 건너는 이미지'를 통해 그리움을 간접화할 줄 아는 것이 이 시를 명품으로 만드는 조건임을 느끼는 것이야말로 '자기표현의 시'를 쓰려는 이에게 요구되는 능력일 것이다.

(2) '자기표현의 욕구'를 제대로 해소하려면 '자기'가 어떤 꼴을 하고 있는가를 들여다보는 일, 소위 성찰과 관조가 필수적으로 요청된다. 정상적 생각과 고민을 하는 자라면 이 과정에서 당연히 '자기 안에 들어와 있는 너/세계'에 대한 사유 쪽으로 자신의 시적 고민을 밀고 나가지 않을 수 없다. 때로는 역사학과 철학 혹은 자연과학적 사유들의 도움을 받기도 하면서 자연스럽게 주체의식을 형성해 나가기 마련이다. 그 결과 이 세상의 허점을 투시하는 문제의식이 자라게 되고 이제 그는 그 문제의식의 틀로 세상과 스스로를 재발견하기에 이른다. 이 때 그에게 다가오는 것이 '시적 상황의 발견'이라는 이름의 두 번째 시적 종자다. "나는 시를 추구하지 않고 시적인 것을 추구한다"라고 했을 때 황지우가 노리고 있는 '시적인 것'이 바로 이 '시적 상황'에 정확히 일치한다. 우리 삶의 주변에 지리멸렬하게 떠도는 온갖 것에서 아이러니와 순정, 서정과 비루함을 읽어내 그 상황을 고스란히 시로 옮겨 놓는 것이 황지우의 시적 방법인 것이다. 영화라는 자유로운 상상력 덩어리를 감상하러 가서도 일제히 일어나 애국가를 불러야만 그 자유로움의 입구로 진입할 수 있다는 상황의 우스꽝스러움에 대한 발견이 시 「새들도 세상을 뜨는구나」를 발동시킨 힘이다. 문제의식 혹은 주제의식이라 부를

만한 사유와 통찰이 선행하지 않으면 이 종자가 발생하지 않는다는 점에서 이 경우가 (1)의 단계보다 한층 확장된 주체의식을 요하는 것으로 이해할 수 있겠다. 김정우의 논의에서 제시된 '서정적 순간의 발견'이라는 항목이 바로 이 상황을 언급하는 것이다. 이러한 상황 발견의 형상화와 전파가 창작 주체의 언어능력 신장이라는 결과에로만 피드백 되는 것이라면 세상을 직시하고 그것을 바꾸어 보려는 시인의 노력을 너무 낮잡는 것이 아닐까.

民間人

1947년 봄
深夜
黃海道 海州의 바다
以南과 以北의 境界線 용당浦

사공은 조심 조심 노를 저어가고 있었다.
울음을 터뜨린 한 嬰兒를 삼킨 곳.
스무몇 해나 지나서도 누구나 그 水深을 모른다.

김종삼의 「민간인」은 '시적 상황 발견'이 얼마나 넓은 지평으로 시적 주체의 인식을 확장시킬 수 있는지를 보여주는 좋은 보기다. 나아가 '상황 발견의 시'가 상황에 대한 서술의 필요성으로 인해 곧잘 '이야기 시'의 형태를 띰으로써 서사성이라는 장치를 시로 끌어들인다는 것을 확인하는 것도 중요해 보인다. 좁은 정서로서의 '자기'에 고착된 루이스류의 시관(詩觀)으로서는 결코 담아낼 수 없는 현대시의 중요한 계보 하나가 이로부터 시작되는 것이다. 학생들로 하여금 자신의 주변에서 이러한 상황들을 찾는 눈을 갖도록 훈련시킨다면 언어의 조탁에 의거하지 아니하고도 읽는 이들의 심금(心琴)에 바로 육박해 들어갈 수 있는 길이 얼마든지 있다는 자신감을 부여할 수 있을 것이다. 연탄재와 자기 자신을 대비토록 하여 시의 초심자도 쉽게 무릎을 치게 만드는 안도현의 시도 그러한 상황을 발견할 줄 아는 안목의 결과라는 것, 그리고 높은 안목이란 훈련에 의해 얼마든지 길러질 수 있는 것이라는 점을 강조할 필요가 있겠다.

(3) 자기 자신에 대해서든 세상에 대해서든 아니면 그 관계에 대해서든 문제의식을 갖고 오래 생각하다 보면 문득 그간의 생각들이 한 줄 혹은 그 이상의 경구(警句 epigram)나 시구(詩句)로 떠오르는 일이 종종 발생한다. 시의 세 번째 종자인 '말의 발견'이 이루어지는 순간이다. 시를 포함한 문학에 대한 깊은 관심과 세상을 관찰하는 주밀(綢密)한 눈이 전제되지 않으면 이러한 종류의 종자는 쉬 생성되지 않는다는 점에서 종자로는 가장 윗길의 것이라 말할 수 있겠다. 기형도의 다음 시를 살펴보자.

질투는 나의 힘

아주 오랜 세월이 흐른 뒤에
힘없는 책갈피는 이 종이를 떨어뜨리리
그때 내 마음은 너무나 많은 공장을 세웠으니
어리석게도 그토록 기록할 것이 많았구나
구름 밑을 천천히 쏘다니는 개처럼
지칠 줄 모르고 공중에서 머뭇거렸구나
나 가진 것 탄식밖에 없어
저녁 거리마다 물끄러미 청춘을 세워두고
살아온 날들을 신기하게 세어보았으니
그 누구도 나를 두려워하지 않았으니
내 희망의 내용은 질투뿐이었구나
그리하여 나는 우선 여기에 짧은 글을 남겨둔다
나의 생은 미친 듯이 사랑을 찾아 헤매었으나
단 한 번도 스스로를 사랑하지 않았노라

이 시는 누가 보더라도 빛나는 몇 개의 말 덩어리를 갖고 있다. 제목인 '질투는 나의 힘'이 그러하고 '구름 밑을 천천히 쏘다니는 개처럼'이나 '저녁 거리마다 물끄러미 청춘을 세워두고'와 같은 표현들은 눈부시다 못해 현란하기까지 하다. 그럼에도 이 시의 진술들은 모두 마지막의 두 줄 "나의 생은 미친 듯이 사랑을 찾아 헤매었으나 / 단 한 번도 스스로를 사랑하지 않았노라"를 향하도록 구조화되어 있다. 시인이 이 구절의 앞 부분을 먼저 구성하고 시의 내용을 압축하여 마지막 두 줄을 붙여 완성했으리라는 추정이 아주 불가능한 것은 아니나, 시작(詩作) 체험에 관한 다른 시인들의 다양한 경험에 비추어 볼 때 마지막 두 줄이 시인에게 먼저 다가오고 그 시상(詩想)에 맞추어 나머지를 덧붙여 나가며 시를 만들었을 가능성이 크다고 하겠다.

'말의 발견'이라는 이 종자(種子)는 대개의 경우 오랜 생각의 발효가 만드는 비의지적인 결과물인데 반해, 이 방법을 의도적으로 즐김으로써 말 자체의 생경한 결합의 재미를 추구하는 방식으로 이용하는 일군의 시인들도 있다. 가령 "칸딘스키를 보다가 「칸딘스키 혹은 곤색 양말을 신은 겨울」을 쓴다. 프랑시스 쟘의 얼굴을 들여다보다가 「장미를 손에 든 쟘씨처럼」을 쓴다."[16]라는 진술에서 보듯 '칸딘스키, 쟘'이라는 말이 주는 재미가 일련의 연상 작용을 불러일으켜 말장난 같은 시를 만들게 되는 것이다. 소위 미적 자율성이니 뭐니 하는 논의들의 출발점이 여기라는 것은 쉽게 짐작 가능할 것이다.

4. 맺으며

물론 이처럼 다양한 종자(種子)들 가운데 어느 하나를 발견했다고 해서 마무리까지의 과정이 쉬운 것은 아니다. 그리고 시상의 그러한

16) 이기철, 잠과 장미를 보다가 「장미를 손에 든 쟘씨처럼」을 쓴다, 오세영 외, 『시창작 이론과 실제』, 시와시학사, 1998, p.394.

확장 가운데서 시적 천품이 있는 이와 없는 이 사이에 건너뛸 수 없는 결과 차이가 발생하는 것도 사실이다. 하지만 시가 이미 하나의 종자 단계에서 출발하고 난 뒤의 과정은 소인(素人)들로서도 비교적 접근하기가 쉬운 것 또한 사실이다. 전체적 구성을 어떻게 할 것인지, 연을 구별하거나 행을 나눌 것인지, 어떤 수사(修辭)를 동원할 것인지, 어느 목소리로 하여금 어떤 태도로 말하게 할 것인지 등은 부가적인 공부에 의해 충분히 적응 가능한 장치들이기 때문이다. 따라서 지금처럼 교육과정의 세부에서 이러한 능력을 기르는 내용요소들이 충분하게 단계적으로 설정되는 것은 분명히 바람직한 일이다. 손에 익은 이러한 '述'적 측면의 능력이 있고 시(창작)에 대한 부단한 애착이 있어서 어느 날 문득 위의 종자들과 만난다면 좋은 시를 이루어낼 가능성이 높기 때문이다. 황동규 시인이 서울고 2학년 시절에 「즐거운 편지」를 썼다는 것에 비추어 보면, 중등 현장에서의 수준 높은 창작에 대한 기대가 결코 난망한 것이 아니기 때문이다.

그러나 다시 말하지만 본격적인 시 창작교육이 시작되기 위한 필수 조건은 '述'적 측면이나 '作'적 능력에 대한 강조 이전에 놓인 '말 혹은 시'에 대한 애정이라는 것이다. 따라서 초등에서 중등으로 이어지는 다양한 교과 과정에서 말에 대한 흥미를 잃어버리지 않게 하는 노력이 무엇보다 우선되어야 한다. 재미있는 말(fun)로부터 시작되는 말장난(pun)이 곧 시일 수 있다는 것, 그리고 어느 순간 그 '재미'가 '새로움'에 대한 욕구에 기반한 것이라는 점을 느끼게 하는 시 창작교육이야말로 '최고 수준의 언어능력 구현으로서의 시 쓰기'에 도달할 '확률을 높여준다는 것'을 재삼 확인해 둘 필요가 있다.

한국 근대시 정전과 문학교육
—정전인가 해석의 정전성인가

1. 서론

1990년대 중반부터 우리 문학(교육)계를 달구어 온 정전론은 개인적으로 보아 이제 어느 정도 정리가 되어가는 느낌이다. 송무[1]에 의해 촉발된 다기한 논의가 정재찬[2] 등의 스펙트럼을 통과해 김창원[3]에 수렴됨으로써 하나의 작은 결론에 도달한 형국이기 때문이다. 그럼에도 새삼스럽게 이 문제를 거론하는 이유는 이 문제가 그간 문학교육론의 층위에서만 맴돌았을 뿐 우리 문학론 일반의 관심으로 확대되지 못해 왔다는 반성에 기인한다. 이 말을 뒤집어 놓으면, 우리 문학론 일반이 긴 시간 동안 근대문학을 대표하는 작품들이 어떤 것이고 그 장처가 무엇인가를 두루 밝히는 일에 지금껏 매달려 왔음에도, 결국에는 그것이 교육 현장에서의 정전론에 직결된다는 뚜렷한 자각을 가지고 자기 논리를 다듬는 기회를 갖지 못했다는 의미이기도 하다. 그런데 문학판

---

1) 송무, 「문학교육의 '정전' 논의 - 영미의 정전 논쟁을 중심으로」, 『문학교육학』 1, 한국문학교육학회, 1997.
2) 정재찬, 『문학교육의 사회학을 위하여』, 역락, 2003.
3) 김창원, 「시교육과 정전의 문제」, 『한국시학연구』19, 한국시학회, 2007.

에서 아무리 우리 문학사를 대표하는 텍스트들에 대해 진지하고 열도 있는 논의를 진행한다 하더라도 우리 문학 제도의 저변을 형성하는 가장 강력한 무대인 교육 현장과의 접점 모색에 실패한다면 그것은 한갓 책상물림들의 자위로 떨어져버릴 공산이 크다.

이 글은 따라서 문학 연구자의 입장에서, 문학교육과의 마주침이라는 주제를 한국의 근대시 문제에로 좁혀 생각해 보려는 작은 시도라고 할 수 있다. 물론 문학과 문학교육을 둘러싼 현장에서 이 주제를 시급히 다루어 톺아보아야 할 전혀 새로운 사유가 생긴 것은 아니다. 다만 그간의 문학교육 쪽의 논의들이 미처 짚어내지 못한 지점, 특히 한국 근대시와 관련해서 논의가 미진한 부분을 들추어 연구자들 상호간에 인식을 공유해 보자는 취지일 뿐이다.

논의가 더 필요한 쟁점의 하나로, 필자는 우선 정전해체론이 지닌 논리적 거점의 유의미성 여부를 들어보려고 한다. 이 문제는 한국 문학계 내부에 던져진 정전론의 행방이 과연 어디로 향해야 할 것인가에 대한 점검이 될 것이다. 두 번째 문제는 정전론을 둘러싼 양적 사고의 피상성 문제를 꼽을 수 있겠다. 정전론에 올바르게 접근하기 위해서는 양과 질이라는 두 측면에서의 종합적 사고가 필요해 보인다. 그런데 우리의 경우 대부분의 논의가 전자의 측면에만 매달림으로써 중요한 부분을 놓쳐 온 게 아닌가 하는 생각이 든다. 세 번째는 한국의 정전론이 무엇 때문에 그 주 무대를 문학교육의 장으로 해 왔는가 하는 지점을 살펴볼 것이다. 그 결과 정전론의 질적 전환이 문학교육의 장에서 구체적으로 실천될 수 있는 방안을 제시할 수 있다면 가외의 소득이겠다.

2. 정전해체론의 거점

어떤 형태로든 정전론이란 정전 해체론[4]에 기반하지 않을 수 없다.

'여기 정전이 있다. 그런데 너무 굳어져 문제가 많으니 깨부수어야 한다'는 생각이 해체론의 핵심인데 그간의 정전론이 바로 이러한 문제의식에서 출발했음은 불문가지다. 그런데 이 생각은 두 가지 점에서 문제적이다. 우선 우리 문학사에 '굳어진 실체로서의 정전'이라는 것이 도대체 있기나 했는가 하는 의문이 그 하나고, (비슷하게라도 있어 왔다면) 그것을 해체한 다음에는 어떤 것을 채울 것인가 혹은 어쩌자는 것인가 하는 질문이 그 두 번째다. 필자의 소견으로는 첫 번째 질문에 대한 답으로 '그런 정전은 존재한 적이 없다'라는 말을 할 수 있을 뿐이라는 생각이다. '굳어진 실체'라는 말이 지나치게 입론을 위해 만들어낸 말이 아닌가 하는 생각을 할 수도 있겠다. 해체라는 말의 어감이 하도 강렬해서 적어도 그 대상일 수 있으려면 그쯤은 되어야 하는 게 아닌가 하는 뜻에서였다. 그렇다면 그것을 "문학의 기성 체제에서 느슨한 합의를 통해 '위대하다'고 간주되는 작품과 작가"[5]로 바꾸어 보자. 그래도 사정은 크게 달라지지 않는다는 것을 알 수 있다. 우리 사회 전체가 '느슨하게라도' 공유해 온 정전들이 과연 무엇인가라는 질문에 답하기가 쉽지 않다는 사실 한 가지만 확인할 수 있을 뿐이기 때문이다. 이 문제에 관한 주요 참조항인 영국문학계에 기대 볼 때 이런 대답의 유효성이 거듭 확인될 수 있다.

---

4) 이 용어는 바르트 식의 엄밀한 해체주의를 염두에 둔 것이 아니다. 그들은 분명히 새로운 정전 세우기에 관심이 없었다. 새로운 방법으로 오래된 잘못을 반복하는 일이 될 뿐이라는 것이 그들의 입장이었음은 상식이다. 이에 비해 한국에서의 정전 비판론은 분명히 기존의 정전에 대한 대체와 치환이라는 목표 의식 아래 진행되어 온 것으로 필자는 보았다. 그러나 이러한 비판론을 애초에 제기할 때의 문제의식 자체(여기에 대해서는 필자 역시도 동의하는 입장이다)는 바르트의 그것과 완전히 절연될 수 없을 것이다. 해서 바르트류의 문제의식에서 출발해서 특정의 정전을 비판 해체하고 새롭게 그 자리를 무언가로 메워보려는 논리 일반을 두고 범박한 의미에서 해체론이라고 명명할 수 있겠다는 생각이다.

5) 조셉 칠더즈·게리 헨치 편, 황종연 역, 『현대 문학·문화비평 용어사전』, 문학동네, 2001, p.100.

영국에서의 정전 논의는, 초서(Geoffrey Chaucer)로 대표되는 14세기부터 20세기에 이르는 600여 년간 '명작 great book'으로 꼽혀 온 텍스트들이 가하는 억압에 대한 반동의 성격을 지니고 있었다. 영국의 이 사례는, 반드시 600년이라야 할 필요는 없겠지만 적어도 상당한 정도로 오랜 기간에 걸쳐 "저자나 작품에 대한 비평가와 작가들의 반복되는 참조, 일반 공동체에서의 저자나 작품의 유행, 학교와 대학 교과과정에서의 저자나 작품 채택 등"[6]의 문학 관습이 누적되어 하나의 뚜렷한 문학 문화를 형성했을 때, 그리고 그 오랜 적층이 너무 두터워져 하나의 억압으로 작동할 때[7] 정전론이 발생했음을 말해 주고 있다. 여기에 견줄 때, 정전의 뚜렷한 흐름이 형성되기에 우리의 근대 백년은 사실 너무나 짧은 기간이 아닐 수 없다.[8] 물론 비록 짧은 기간이라 하더라도 문학적 상호 참조나 언급에 있어 충분한 자유를 행사할 수 있었다면 '느슨하게' 합의된 '준정전'의 목록이나마 가질 수 있었을 것이다. 하지만 문학 외적 논리가 횡행하면서 자율적으로 그러한 목록을 정할 기회마저 박탈해버렸기에 오늘날 우리는 심하게 너덜거리고 뒤틀린 목록들의 더미만을 발견할 수 있을 뿐이다.

필자의 이러한 관점과 달리, 그래도 논의 가능한 정전의 목록이 있다고 가정할 때 두 번째의 질문이 유효해진다. 중심주의를 바탕으로 한 구성주의적 문학관에 이의 제기하는 것이 해체론이긴 하지만 그것은 해체 자체가 목표일 수 없다. 기왕의 것을 대체하고 치환할 만한 문학

---

6) 같은 곳.

7) 구체적으로 그 억압이, 새로운 문학관을 지닌 신참들이 기성의 정전을 신봉하는 대학 사회로 진입하려 할 때 그것을 가로막는 장벽으로 나타났다는 점이 흥미롭다. 문학이라는 '신성한 것'도 결국은 밥그릇 싸움이라는 시속의 동력에 그 뿌리를 두고 있음을 반증하는 것이 아닐까. 이에 대해서는 장경렬의 「문학교육과 정전, 그리고 『영문학 다시 읽기』」(『문학과교육』, 1999겨울.)을 참조할 필요가 있다.

8) 고전문학 정전들을 예로 들어 우리 문학 연치(年齒)의 오래됨을 주장할 수도 있겠지만 현재까지의 정전 논의가 근대문학에 관련된 특수한 것이었음을 부인할 수 없다.

관 혹은 정전을 새롭게 제시하려는 – 즉 재'구성'하려는 욕망의 발현인 것이다. 그런데 문제는 그러한 기도가 수용된 경우에도 대체와 치환이 아니라 기왕의 목록에 새로운 것이 추가되어 정전의 두께가 더해 질 수 있을 뿐이라는 데 있다. 정전론의 진원지인 영국의 경우에도 마르크스주의적 문학관이나 수용미학의 관점이 더해지고 『문학 선집』의 부피가 늘어났으며 여성 혹은 유색 인종 등과 같은 주변부 문제를 다루는 텍스트들이 논의의 중심으로 진입하기는 했지만 기왕에 정전으로 인식되던 작품들이 탈락하거나 배제되지는 않았다는 게 중론이다.[9)]

필자의 문제 제기는 결국, 정전에 관한 해체론적 입장이 세계적으로도 그 본래의 의도를 관철시키지 못했거니와, 더더욱 한국에서는 유효하지 못한 입론이라는 점을 부각하기 위한 것이었다. 한국적 상황에서는, 정전에 관한 금후의 모든 논의들이 해체가 아니라 오히려 형성에 관한 것으로 모아져야 할 필요가 있다는 뜻이다. 사실 모든 메타문학담론은 본질적으로 정전 형성적이다. 문학사가들 및 연구자들과 사화집 편찬자들의 본업이 정전 만들기에 있는 것이다. 따라서 시간의 경과와 더불어 정전이란 누적되고 두터워지는 것이지 전면적으로 대체될 수 있는 성질의 것이 아니라는 것이 이 장의 소결론인 셈이다. 단언컨대, 정전화라는 것이 그 자체의 속성 때문에 이루어지든 문화적 헤게모니 투쟁의 결과로 나타나든 간에[10)] 상관없이, 혹은 정전 문제를 정전 형성론의 입장에서 보든 해체론의 입장에서 보든 심지어 무용론의 입장에서 보든 간에 상관없이, 정전은 그 자체로 누적적일 수밖에 없다. 제대로 존재한 적도 없는 것을 두고 부수자고 말할 것이 아니라, 마침 적기에 제기된 남의 나라 논의를 거울삼아 우리의 정전을 다원적으로 그리

9) 송무, 「문학교육의 '정전' 논의 – 영미의 정전 논쟁을 중심으로」, 『문학교육학』1, 한국문학교육학회, 1997.
장경렬, 「문학교육과 정전, 그리고 『영문학 다시 읽기』」, 『문학과교육』, 1999겨울.
10) 송무, 같은 글.

고 풍부하게 형성해 감으로써 통일 시대 이후의 논의에 튼실한 밑그림을 그리는 일이야말로 이 시대 정전론의 바른 향배라는 생각이 그래서 자연스럽다.

3. 정전론의 양적 접근을 넘어

그런데 1장의 문제의식은 자연스럽게 정전론 문제의 본질이 양적인 데 있는 것인 양 오해하게 만들 소지가 있다. 대체/치환에 기초한 해체론이 현실적으로 실현되기 어렵다는 것, 그런 점에서 정전에 관한 문제 제기는 정전의 두께를 더하는 일이라는 것. 결국 모든 정전론이 궁극적으로 정전 형성적인 기능을 한다는 점을 승인하고 연구자들이 그 바람직한 방향을 찾는 일에 몰두해야 한다는 필자의 주장이 정전의 양적 풍부함에만 주목하고 있는 듯이 비칠 가능성이 크기 때문이다. 그러지 않아도 기왕의 정전론들이 이러한 오해 가능성을 본질적으로 안고 있었다. 송무[11]의 견해를 따라가며 이 부분을 짚어 보자.

송무는 정전론 일반의 성격과 특성들을 정리한 다음, 영미에서 정전 논쟁이 촉발된 이유와 논쟁의 전개 과정, 그 성과와 한계에 이어 영미 정전 논쟁이 우리 교육계에 시사하는 바까지를 아우름으로써 이후에 이어진 정전 논의의 선편을 쥔 바 있다. 그는 영미에서의 정전 비판이 두 가지 접근 방식을 취했다고 본다. "기존의 정전적 텍스트들에서 이데올로기, 또는 사람의 사람에 대한 억압의 구조를 폭로하는 것"과 "비정전적인 언어 표현 문화에서 중요한 문학적 가치를 발견"하는 것이 그것인데 그것을 효과적으로 수행하기 위해 비판론자들은 기존의 신비평적 독서법 혹은 문학관과는 다른 문법을 선택한다. 마르크스주의 비평이나 독자 반응 비평, 해체론 등의 독법이 그것이다. 그 결과 "기존

11) 같은 글.

정전은 인종적, 성적, 계급적 편견에 바탕을 둔 백인, 남성, 엘리트 집단의 가치관과 세계관을 반영하고 있다"고 비판하고 다음과 같은 정전 대체론 혹은 보충론을 제시하기에 이른다.

① 정전을 확대하여 다른 중요한 텍스트들도 교육 대상에 골고루 포함시켜야 한다.
② 기존 정전을 파기하고 새로운 정전을 다시 수립해야 한다.
③ 기존 정전 외에도 차별적인 가치관에 입각한 다른 정전을 수립하여야 한다.

영미의 정전 비판론자들이 애초에 제기했던 문제 자체는 정전 독법과 연관된 질적인 차원의 것이었다. 기존의 읽기와 달리 '정전에 내재된 이데올로기 혹은 사람에 대한 억압의 구조'를 읽어낸다는 것은 명백히 독법의 질적 전환 문제였던 것이다. 이를 잘 밀고나가 독법 자체를 복수화 하고 그것들이 어떻게 경쟁하는가를 보여주었다면, 학생들로 하여금 문학 자체가 지닌 함의의 풍부성과 다원성, 해방적 기능까지를 본격적으로 경험케 할 수 있지 않았을까. 그런데 문득 그들은 기존의 정전들을 '폭력적으로' 용도 폐기해 버리고 그 자리에 다른 것을 대체하거나 보충할 것을 주장함으로써 질적 차원의 문제 제기를 양적인 해결책으로 그릇 대응해 버리고 만다. 결과적으로 보수적 문학판으로서는 잃을 게 없었다. 기왕의 정전 목록에 유색인, 여성 등과 관련된 비주류권 문학의 목록 몇 개를 추가함으로써 정전 비판론 자체를 흡수 통합해 버릴 수 있었다. 비판론의 양적 결론에 대한 훌륭한 대응이었던 것이다.

물론 송무(1997)의 논의에 따를 때, 영미에서의 정전 비판론이 이처럼 반드시 양적인 성과만 낳은 것은 아니라는 점은 분명해 보인다. 교재의 다양화나 교육 프로그램의 다양화라는 양적인 문제 외에 교수법 차원에서의 읽기의 세련화와 다양화라는 질적 변화가 수반되었다는 점을 밝히고 있기 때문이다. 그러나 후자의 성과가 부차적이라는 점은 분명해 보이며, 나아가 정전 문제를 두고 차원을 세분하여 정확히 들여다보지 않으면 동일한 우를 범할 확률이 높다는 점을 보여주고 있다는 것은 더욱 분명해 보인다.

영미에서의 논쟁 과정을 보여주고 있는 송무의 경우도 정전론이 지닌 이 복합적인 국면을 정확히 이해하고 있었던 것 같지는 않다. "문학교육 재료의 선정도 중요하지만 그것을 제시하는 방법도 중요하다"고 하여 방법의 문제를 언급하고는 있지만 그것은 어디까지나 '기타' 사항일 뿐이고 주된 관심은 '문학교육 재료의 선정'에 놓여 있기 때문이다. 이런 도착(倒錯) – 질적 문제 제기를 양적인 결론으로 치환해버리는 일은 후속 논의들에서 꾸준히 이어진다. 가령 영문학 권에서의 정전 비판 문제를 다시 짚어 본 장경렬(1999)의 경우도, 영문학계 내의 오랜 관행에 심각한 의문을 제기한 『영문학 다시 읽기』라는 책의 전략이 "모든 단계의 학교 교과 과정에서 문학을 가르치는 교사들이라면 누구나 의지하고 강의 과정에 참고할 수 있는 실질적인 대체 논리를 만들어내는 것"이었다고 그 의의를 평가하면서도, 그 사태가 우리에게 주는 교훈이 한국의 문학계가 그간의 편향성을 버리고 "영문학의 주류 바깥쪽에 있으면서도 여전히 영문학권에 속하는 일급의 영문학 작품"을 수용하는 일이라고 못 박고 있다.

정전 비판론을 한국문학(교육)의 문제로 번역, 수용하고 확산시킨 주역이 정재찬[12]인데 그의 논의도 이 틀에서 크게 벗어나 있지 않다. 정전론의 핵심이 다원주의에 있다는 것, 그 다원주의란 문학적 사고의 풍부함에 연결되는데 "교육과정의 심도, 의미의 층, 다양한 가능성 또는 해석"이라는 의미에서의 함축성이야말로 풍부함을 보장하는 조건이라는 것이다. 그런데 충분히 수긍할 만한 이러한 전제 뒤에, 그것을

---

12) 정재찬, 「정전 논의의 현실성 확보를 위하여」, 『문학과교육』, 1999가을.

실현할 수업의 모델로, 교사가 관심이나 방향이 다른 다양한(풍부한) 텍스트를 학생들에게 제시하는 것을 상정하는 순간, 논의의 방향이 양적인 문제로 비약해 버리고 만다. 언뜻 보아 해석의 복수성과 다원성을 말하고 있는 듯하지만, 그의 논의 역시 궁극적으로는 '단일하게' 해석된 다양한 자료들을 나열, 대체하는 양적 차원에 머물러 있을 뿐이다. 해서 그는 "새로운 정전의 발굴과 교육을 위해 공동의 노력을 기울여야 하는 것"이라는 주문을 하게 되었던 것이다.

기실 정전 비판론의 창끝은 '중심주의'를 향해 있다는 것이 필자의 생각이다. 단일 중심성이 만드는 폭력적 위계화와 제도화에 흠집을 내고 구멍을 내어 복수 중심의 다원주의적 틀로 전환하는 것이야말로 문학됨의 본질에 한발 더 다가가는 것이라는 인식이 정전 비판론의 핵심인 것이다. 그런데 이 목표는 '단일' 중심을 가진 '다양한' 작품을 나열하는 것만으로는 성취되지 않는다. 물론 그 자체도 나름의 의의를 갖는다는 점은 충분히 인정할 수 있다. 그러나 다원성의 문제를 이처럼 양의 문제로 보는 한 대체와 보충이라는 근본 한계를 벗어날 길이 없다는 것도 사실이다. 그것은 마치 '남성중심주의'가 문제였으니 '여성중심주의'를 나란히 세워 경합시키자는 논리에 다름 아니기 때문이다. 이는 근본적 폭력은 제거하지 않은 채 폭력들끼리 균형을 맞춤으로써 의사-평화 상태에 들게 하는 것이다.

결국 자연스럽게, 한 편의 작품을 단일한 의미의 틀로 재단하는 폭력을 어떻게 제거할 수 있을 것인가 하는 문제가 남는다. 단일 텍스트를 보는 복수(複數)의 시선을 확보하는 근본책을 두고 필자는 '정전론의 질적 측면'이라고 불러왔던 것이다.

4. 정전론과 시문학교육

한국 문학에서의 정전론이 외국과 달리 특히 중등 문학교육[13]과 관련하여 문제 제기되고 논의 진행되었다는 것은 이제 하나의 상식에 속한다. 이러한 특징은 다음과 같은 두 가지 문제를 생각게 한다. 하나는 한국 근대 문학의 정전(그런 것이 있다면) 형성에 제도의 논리가 커다란 영향력을 행사해 왔을 가능성이 높다는 점이고[14] 두 번째는 그런 만큼 그것은 문학을 둘러싼 이데올로기들의 상충에 깊이 연관되어 있어 앞으로도 내연(內燃)될 소지가 다분하다는 점일 것이다. 이를 정리해 보면, 한국에서 소위 문학 권력의 이권이 가장 첨예하게 부딪히는 지점이 중등교육 현장이라는 뜻이거나 겨우 중등교육 현장 정도가 문학을 둘러싼 이권을 현재에도 생산해내고 있다는 뜻이 되지 않을까 한다. 그간에 현상된 정전론을 두고 이런 자학적 시니시즘을 피력하는 뒤에는 본격적 문학 연구의 장이 정전론을 주도하지 못한 사정을 반성해 보려는 심리가 작동하고 있다.

그런데 2, 3장에서의 논의에 기대어 생각해 보면 그간 중등교육과 관련해 제기된 정전론이 바른 의미의 정전론인가 하는 의문이 든다. 주지하는 대로 그간의 정전론이 겨냥했던 표적은 50년대 이후부터 80년대에 이르기까지 국어교육의 실라버스를 장악했던 순수문학 텍스트들이었다.[15] 그렇다면 그것은 본격적인 의미의 정전론이 아니라, 정치과잉 현상의 영향으로 일시 왜곡된 문학사를 바로 잡아야 한다는, 문학

---

13) 중등교육은 본질적으로 시민 됨의 '규범norm' 형성에 초점이 맞춰져 있다. 따라서 측정 봉(棒) 혹은 재[尺]로서의 정전(正典 canon)이 지닌 규정력에 친연성을 보일 확률이 높다.

14) 이는 '실라버스(syllabus)에 포함된 텍스트들의 리스트'(를 논의의 편의상 '실라버스'라고 부르겠다)가 정전을 압도해 왔거나 정전 형성 과정을 선도(先導)해 왔다는 의미이기도 하다.

15) 이를 두고 필자는 '제도의 논리'라고 불렀던 것이다. 이에 관해서는 정재찬의 「문학교육의 사회학을 위하여」(역락, 2003.)를 참조할 것.

연구 현장의 목소리를 교육현장에 적용하기 위한 자기 조정 과정에 다름 아니지 않을까. 지난 세기의 순수문학 전일화 자체가 자연스러운 정전 형성 과정이 아니었던 만큼, 표면상 정전 해체론의 외피를 입고 있었던 대응 논리도 본래의 의도와는 다른 기능을 맡고 있었다고 이해된다. 그것은 큰 틀에서 보아, 문학사적으로 재조정된 정전을 실라버스에 바르게 반영하는 문제를 제기하고 있었던 것이다. 따라서 그간의 문제제기는 의도와 달리 다분히 정전 형성 기능의 일익을 담당했던 것이다.

그리고 그러한 문제제기의 결과, 한국의 현행 교과서 혹은 그것의 배후 논리로서의 교육과정 자체가 이미 상당 부분 긍정적으로 재조정되었다는 판단이다. 영국의 경우와 마찬가지로 우리 정전 비판의 논리 뒤에도 마르크스주의 비평, 수용 미학, 해체주의 등 다양한 관점들이 작동하고 있었으므로, 서구 정전해체론의 골간이 이미 한국에서의 순수문학 해체론에 이미 상당한 수준으로 반영된 것으로 보아야 하지 않을까. 특히 6차 교육과정 개편 이후에는 신동엽, 고은, 신경림, 김지하 등의 이름을 국정 교과서에서 확인할 수 있다는 것, 다수의 검인정 교과서에서 납·월북 작가 해금 조치 이후 문학사에 복귀한 시인들의 텍스트를 손쉽게 만날 수 있다는 것, 2007년 개정 교육과정에서는 앞으로 편찬될 교과서의 실라버스에 여성, 장애인 등 사회적 소수자 문제나 다문화 사회에 대한 고려를 필수화하고 있다는 것 등도 변화의 내용으로 평가할 수 있겠다.

이와 더불어 동어 반복적 정전 해체론의 무용함을 인정하고 논의의 차원을 보다 실질적이며 교육철학적인 고민 쪽으로 돌려놓으려는 움직임도 있어 주목된다. 소위 '정전을 가르칠 것인가 정전으로 가르칠 것인가'하는 말로 요약되는 문제의식이 그것이다. 국어교육에 문외한인 필자가 보기에 이 생각의 밑바닥에는, '말하기·듣기·읽기·쓰기' 활동에 국어교육의 목표 중심이 놓이면서 '정전으로'조차도 제대로 실현할 길이 없는 현행의 국어교육 체제가 과연 온당한 것인가 하는 질문이 깔려 있다는 느낌이다.[16] 영국의 경우처럼[17] '정전을' 가르치는 목표를 이루기 위한 방법으로 '말하기·듣기·읽기·쓰기'라는 활동을 동원하는 것이 아니라, 우리의 경우는 '국어능력'이라는 추상적 목표에 도달하기 위해서는 '말하기·듣기·읽기·쓰기'라는 교육과정을 통과해야 하는데 문학이 그 보조 자료로 쓰일 수 있다는 입장이라고 판단된다. 따라서 엄밀히 보면 '정전을'과 '정전으로' 모두 국어교육의 현장에서 배제될 수 있는 것이 우리의 현실이라고 할 수 있다. 위의 질문을 바로 이 부분을 되짚고 있다는 점에서 문제적이다.[18]

그런데 '문학정전'이냐 '말하기·듣기·읽기·쓰기' 활동이냐 하는 질문은 이 글 논지 밖의 문제이므로 젖혀 두고 다시 관심을 좁혀 위 질문에 대한 대답에만 충실해 보자. 그랬을 때 필자가 할 수 있는 대답은 '정전으로 정전을 가르쳐야 한다'는 것이다. 부수적으로나마 '문학'이 하나의 영역을 차지하고 있다는 것은 그나마 다행한 일이지만, '문학정전'이 구현한 바의 국어능력에 도달하기 위해 방편적으로 비정전적인 자료들을 활용할 수 있다는 입장에 선다면 문학의 지위를 더욱 좁혀 버리는 결과를 빚을 것이기 때문이다. 그리고 이러한 방법론 자체가 근본적으로 교과서 편찬이나 수업의 편의와 효용을 위해 제안되었다는 느낌을 지울 수가 없기 때문이기도 하다. 즉 정전적 텍스트가 지니는 깊이나 넓이를 연구자들이 충분히 설명하는 한편 그것을 교육 현장에서 쓸 수 있는 자료로 가공하면 교사들이 그것을 충실히 제 것으로 만들어 폭넓

16) 물론 현재 '문학'과 '문법'이 독립 영역으로 편제되어 있긴 하지만 교육과정 개정 논의에서 불거졌던 쟁점을 귀동냥으로 듣고 있는 필자로서는 그것들이 부수적 요소일 뿐이라는 느낌을 지울 수가 없다.

17) 영국의 국어교육에 대해서는 정현선의 「영국의 문학교육 과정, 실러버스, 그리고 교재」(『문학과교육』, 1999가을.)를 참조할 것.

18) 이것은 우리 국어교육의 근본 방향 설정과 관련되어 있는 중차대한 문제이긴 하지만 본고의 직접적 논구 대상은 아니므로 그 중요성만 언급해 두고 다른 자리에서의 더 깊은 논의를 기다릴 수밖에 없다.

게 활용함으로써 학생들의 국어능력을 정전 작가의 그것만큼 제고한다는 것 자체가 지난(至難)한 일이고 보면, 접근이 비교적 손쉬운 비정전적 텍스트들을 교육 현장에서 활용하도록 하자는 생각에로 뻗기가 쉬웠을 것이기 때문이다.

그런데 조금만 생각해 보면 '교육 텍스트'가 갖는 본래적 성격 때문에라도 비정전적 자료를 쉽게 제공하는 것은 문제의 소지가 있다. 자유롭고 손쉬운(혹은 손쉬워 보이는) 텍스트라 하더라도 그것들이 교육(이 지니는 무게를 생각해 보라!)의 현장에서 그것도 교과서라는 이름으로 제공될 때 그것은 벌써 하나의 억압으로 작동하지 않을 수가 없다. 아무리 '학생작품'이라는 표지를 달고 있어도, 작품 혹은 텍스트는 독자로서의 학생들이 힘겹게 밀고 들어가야 할 관문이기 때문이다. 그것은 또, 아무리 스스로 '쓰는' '독자 작가'가 강조되는 시대이자 문학교육의 도달점이 작가의 탄생(혹은 모든 독자의 작가 만들기)에 있다 하여도, 출발 지점의 독자는 주눅 들어 있을 것이기 때문이기도 하다. 기왕에 주눅이 필수적이라면 그것을 창조적 생산으로 전화할 방법을 찾는 것이 현명한 일일진대 그것을 위해서는 최량의 모범적인 글쓰기를 보여주는 것이 선결 요건이다. 기왕 억압일 바에는 제대로 된 정전들로부터 받게 하는 것이 문학교육의 본분에 보다 더 가까이 다가가는 일이라는 뜻이다. 굳이 학생 작품(에 준하는)을 모델로 주어 동년배로 예상되는 누군가에게 자괴감과 열등감을 느끼게 만들 하등의 이유가 없다. 정전으로 정전을 가르쳐야 하는 근본적 이유가 여기에 있는 셈이다. 이 점에서 적어도 중등학교 이상에서는 보다 많은 정전으로 교재를 구성하는 것이 무엇보다 중요하다고 할 수 있다.

그런데 여기까지의 논의도 실상은 정전론의 양적 측면에 불과하다. 정전론의 입장에서 시문학교육의 현장을 들여다보았을 때 가장 중요한 문젯거리는, 하나의 작품에는 정전성(canonicity)을 갖는 하나의 해석만이 들러붙어 유통된다는 사실이다. 문학, 그 중에서도 시란 함축성을 그 본질의 하나로 한다고 명시하고서도 결과적으로는 그 말을 역설화하는 것이 정전적 해석의 횡포가 아닐까. 도대체 전통성과 근대성이라는 양면에서 소월의 시를 다층적으로 논의해 온지가 언제인데 '전통적, 민요적, 이별의 정한' 따위의 말로만 「진달래꽃」을 설명하려 드는지, 그리고 그러한 단일 해석이 손쉽게 유전(遺傳)되는지 입이 다물어지지 않을 지경이다.[19] 김수영의 「풀」이라고 하면 '민중의 끈질긴 생명력(예찬)'이라고 앵무새처럼 되뇌는 대학 1학년들 앞에서 아연 실소를 금할 수가 없게 되는 일이 비단 필자만의 경험은 아닐 것이다. 한국 현대시사를 대표하는 작품으로 늘 거론되곤 하는 다음 시를 보자.[20]

서시

죽는 날까지 하늘을 우러러
한 점 부끄럼이 없기를,
잎새에 이는 바람에도
나는 괴로워했다.
별을 노래하는 마음으로
모든 죽어가는 것들을 사랑해야지.
그리고 나한테 주어진 길을
걸어가야겠다.

오늘 밤에도 별이 바람에 스치운다.

---

19) 필자는 개인적으로 「진달래꽃」의 주제가 '이별의 정한'으로 굳어져 온 과정을 추적해 보고 있다. 이런 미세 작업들도 단일한 해석을 복수화하는데 도움을 줄 수 있을 것이다.
20) 대학에서의 문학 수업에서 필자는 언제나 중등 과정에서 가장 기억에 남는 시 혹은 소설 작품이 무엇이었는지를 설문해 왔다. 지난 10여 년 간 그 리스트의 제일 첫 자리에는 거의 언제나 윤동주의 「서시」가 꼽히곤 했다. 중간에 몇 차례 류시화의 작품들이 복수로 언급되는 일이 있긴 했지만 그것들조차도 「서시」의 정전성을 넘어서지는 못했다.

혹시나 해서 임용고사를 준비하는 사람들에게 거의 정전이나 다름없다는 『디딤돌 문학』 시리즈 중 「시문학」 편을 펼쳐 윤동주의 이 시에 대한 해석을 찾아보았다. 어김없이 '바람'은 '시련'이고 '암울한 현실'을 유비하는 매개체로만 언급하고 있다. 다른 해석의 가능성을 시사하는 이어령의 글이 부분적으로 끄트머리에 삽입되어 있지만 구색 갖추기 이상의 역할을 맡고 있는 것으로 보이지 않는다. 시 해설의 본문에는 그런 해석 가능성이 언급조차 되어 있지 않기 때문이다. 「서시」에서의 '바람'은 분명히 위의 경우처럼 암울한 현실의 유비로 읽힐 기능성이 있다. 하지만 다른 관점으로 보면, 그것은 화자에게 도덕적 각성이나 그에 따른 실천을 주문하는 긍정적 매개(하늘과 지상의 '나'를 매개하는)로 기능하기도 한다. 더구나 이 시와 가족적 유사 관계에 들어 있는 시 「또 다른 고향」에서의 '바람'의 기능을 상호 참조하면 그것이 '사자(使者)'의 의미를 지니고 있는 것으로 읽을 소지가 농후하다는 것을 금세 알 수 있다. 그런데도 「서시」의 '바람'을 부정적인 것으로만 읽도록 방관하는 것은 문학교육현장을 담당하고 있는 사람들의 직무유기가 아닐 수 없다.

결론적으로 말해 우리 시문학 교육 현장에서 문제되는 것은 더 이상 정전 자체가 아니다. 오히려 문제는 정전적 해석만이 유통, 고정되어온 저간의 현실인 것이다. 그 점에서 문제인식의 틀을 양의 문제에서 질의 문제로 전환하는 것이 무엇보다 시급해 보인다. 이미 김수영의 「풀」을 배운다는 점 자체에서 양적 정전성 문제가 상당 부분 해소되었다는 사실을 확인할 수 있다. 문제는 단일 해석의 정전성을 깨부수고 해석의 복수성을 확보함으로써 시를 시답게 복권시키는 일에 있다. 금후 시문학교육의 본업을 이에 맞출 때라야 정전비판론이 애초에 제기했던 문제의식에 대한 답을 찾을 수 있게 될 것이다.

5. 해석의 정전성을 넘어서

필자는, 길게 에돌아, 해석의 복수성을 인정하는 문학교육 현장을 만드는 일이야말로 시문학 정전비판론이 도달해야 할 목표 지점임을 말한 셈이다. 복수 해석의 가능성과 그것의 실제 적용이라는 목표를 이루기 위해서는, 우선 기존 해석의 정전성 즉 하나의 해석만을 유통시키는 구조를 해체하고 재구성하는 일이 중요하다. 이 부분에 이르러서야 정전론은 비로소 질적인 전환에 도달하는 것이다. 그런데 생각해 보면 이 질적 정전론 역시도 해체 자체가 목표일 수 없으므로 궁극적으로는 정전의 부피와 두께를 더하는 형성적 성격을 지녔다는 것을 알 수 있다. 물론 이러한 정전론이 결과적으로는 '불후의 정전론'을 옹호하는 것으로 귀결된다는 비판을 낳을 수도 있다. 결국 정전이란 질과 양의 양 측면에서 늘 두터워지고 양적으로 확대되는 생성물일 수밖에 없다는 필자의 주장이 완고한 정전 리스트의 유통을 옹호하는 것으로 비칠 수 있기 때문이다.

그러나 생각해 보면 정전의 지위에 오른 작품들이 모든 시대에 동일한 의미로 유통, 수용되는 것은 아니다. 문학 연구 경향의 부침에서 볼 수 있듯이 특정 시대에는 특정의 문학관이 다수의 연구자들에 의해 집단적으로 받아들여지는 일이 흔하다. 따라서 전체 '정전의 리스트' 가운데서 특정의 텍스트들이 전경화 되거나 배경화 되는 일이 간단없이 일어난다. 이때의 배경화 된 텍스트들은 그렇다면 문학사에서 완전히 해체당해 사라지는 것인가. 필자는 전혀 그렇지 않다고 생각한다. 따라서 특정 시대에 특정의 텍스트들을 논의의 장에서 밀어내는 일 즉 배경화 하는 일을 두고 해체론이라는 말을 쓴다면 모를까 문학사 혹은 교육 현장에서의 완전한 배제를 두고 해체라 한다면 그것은 어불성설이 되는 것이다.

시 해석의 정전성을 넘어 복수성을 획득하는 문제는 물론 간단한 일이 아니다. 본격적 문학 연구의 차원으로부터 교수 학습의 구체적 현장에 이르기까지 중층적으로 작동하는 각종 계기들에서 동시 다발적으로 진행되는 문제 해결 노력이 필요하기 때문이다. 그리고 보다 본격적인 논의를 위해서는 각 층위에 대한 개별적 접근을 통해 미세하게 논리를 가다듬을 필요가 있어 보인다. 특히 정전적인 개별 작품의 다기한 해석들을 계통 지어 유형화 한 다음 연관성과 차별성을 기준으로 재구성하여 제시하는 일은 매우 미시적인 한편으로 거시적인 통찰력을 요하는 일이어서 단시일에 해결되기를 기대하기 곤란한 측면이 있다. 따라서 여기에서는 문제 제기의 차원에서 몇 가지 사항만을 두서없이 언급함으로써 시문학교육과 관련된 보다 본격적인 대안이 마련되는 계기로 삼아보고자 한다.

(1) 시 해석의 복수성이 용인되는 문학교육을 위해서는 우선 시 해석과 관련된 연구자들의 글쓰기 자체를 반성적으로 되돌아볼 필요가 있다. 여타의 논문형 글쓰기와 달리 시 해석은 명제적 진술로 확언될 수 없다는 사실이 우선 수긍되어야 한다. 논문이라는 것이 하나의 완결된 자기 논리를 필요로 하고 그 주장은 결국 단일한 결론에 다다르는 것이겠지만, 시 해석 문제에 있어서만큼은 복수의 결론이 가능하다는 사실을 보여주는 글쓰기가 필요하다. 논문의 전체 논리가 아니라 중간에 논거의 형태로 삽입되는 시 해석 장면에서조차 자기만의 해석이 유일한 가능성인 양 밀고나가는 것은 궁극적으로 호도(糊塗)일 가능성이 매우 높다. 물론 이러한 주장에 대해 시 해석의 상대주의나 허무주의를 야기할 뿐이라는 반박이 가능한 것이 사실이다. 그러나 풍부함이란 혼란을 내포하는 것이라는 정재찬(1999)의 긍정적 인식에 무게를 두고 싶다. 자유란 본디 다소의 혼란을 감싸 안는 것이라는 김수영의 인식에도 기댈 필요가 있겠다.

(2) 두 번째는 현재의 문학교육 제도권에서 시 해석과 연관하여 영향력이 큰 경로가 무엇인가를 확인하는 일이다. 문학 교사들이 매년 쏟아져 나오는 관련 논문들을 섭렵하여 시에 관한 자신의 스키마(schema)를 재조정하고 그 결과를 교육현장에 적용한다면 그보다 바람직한 일은 없을 것이다. 그러나 현실적으로 그러한 최량의 경우가 얼마 되지 않을 것이라는 비관적 전망이 설득력이 있어 보인다. 그렇다면 학계의 결과물 가운데 교사들의 수고를 덜어줄 장치를 찾는 것이 필요한데 소위 권위자들의 해석을 단 정본 시집이 그러한 기능을 수행할 수 있는 장치로 보인다. 근자에 들어 시인들의 시 전체에 해석을 가한 시집들이 많이 간행되는 추세이고 보면, 이러한 경로가 교사와 문학 연구자를 매개할 공산이 클 것이라고 충분히 짐작해 볼 수 있기 때문이다. 문제는 '정본'이라는 이름에서 이미 알 수 있듯이, 이러한 시집들 역시 편집자 개인의 해석이 가장 권위 있는 해석이라는 것을 힘주어 강조한다는 점이다. 원전을 확정하는 문제라면 모를까 어석(語釋) 혹은 의미 해석에 있어서까지 타자의 견해는 모두 문제가 있고 자신의 견해만이 옳다고 강변하는 방식의 정본 만들기는 이제 지양될 필요가 있다.

사화집도 이와 연관 지어 볼 수 있는 중요한 경로다. 사화집 가운데서도 김현승이 시도했던 것처럼[21] 해설을 첨가한 경우가 문제적이다. 더구나 해설의 끝에 단일 주제까지 버젓이 제시하는 관행은 우선적으로 타기해야 할 폐습이 아닐 수 없다. 이남호[22]의 경우 이런 점들을 염두에 두고 교과서 소재 작품들을 어떻게 읽힐 것인가 하는 문제를 새롭게 고민한 흔적을 보여준다. 하지만 그의 경우도 전체적으로는 자신의 해석을 전파하는 목적에 시종해 있어 한계를 내보인다. 논파할 목적으로만 타인의 해석을 끌고 들어올 것이 아니라 자신의 견해와 나란히 세워 수용 가능성의 하나로 꼽게 하는 열린 태도가 필요하다.

---

21) 이 문제에 대해서는 이명찬의 「시교육 자료로서의 〈사화집〉」을 참조할 것.
22) 이남호, 『교과서에 실린 문학 작품을 어떻게 가르칠 것인가』, 현대문학, 2003.

사화집 중에서도 교과서만한 영향력을 가진 것은 다시없다. 교과서 집필자들은 양적인 풍부함과 질적인 다양함을 보장할 수 있는 장치들을 어떻게 마련할 수 있을 것인가 하는 고민을 치열하게 할 필요가 있다.

(3) 각종의 참고서와 시험이라는 제도에 대해서도 비판적 접근을 시도할 필요가 있다. 특히 몇 종의 참고서는 엄연히 정전적 지위를 행사하고 있다는 사실에서 연구자들의 관심이 필요하다. 더구나 '수능'이라는 제도는 이 땅 문학교육 현장에서 가장 강력한 정전성을 지녔다고 말해 좋을 것이다. 복수의 정답을 인정하는 것이 아니라 복수 해석의 가능성과 그러한 해석의 과정을 묻는 방향으로 접근한다면, 중등 문학교육 현장의 굳은 관행을 깨는 좋은 계기를 만들 수도 있지 않을까. 천박한 주제라고 젖혀 두기에는 이들 제도가 행사하는 힘이 너무 강력하다는 점에서, 문학교육의 질적 성장을 위해서는 반드시 한 번쯤 그것들을 햇볕 아래 드러낼 필요가 있다는 생각이다.

현대사회에서 시가 읽히는 방식

1. 몇 가지 전제

주어진 주제로 발표를 하겠다는 결정을 내릴 때부터 사실은 조심했어야 했다. '시가 읽히는'이라는 표현이 매우 다의적이었기 때문이다. 사물 주어의 이 어색한 피동형 표현은 우선 개인들이 개인적으로 시를 읽는, 즉 독시(讀詩)의 방법에 관한 질문일 수 있었다. 이럴 경우 시를 둘러싼 문학 이론들의 다양한 전개가 문제될 것이었다. 두 번째로는 시 장르를 보는 사회적 관습의 변화를 탐색해보라는 주문으로 볼 수도 있었다. '시가 읽히는'이라는 표현 앞에 '현대사회에서'라는 시간적 제약이 버티고 있었기 때문이다. 이리 되면 현대를 살아가는 다양한 독자층의 기호를 다 파악하기 힘들다는 점에서 논의가 선택적으로 제한될 수밖에 없을 것이었다. 세 번째로는 현대사회에서 시가 소통되는 방식을 검토해 보라는 주문으로 받아들일 수도 있었다. 문학을 둘러싼 사회적 소통의 제도를 점검하고 그 역할의 변화를 따져보아야 할 일이었다.

이 가운데 첫 번째 질문은 문학 이론들 간의 세 싸움에 연관되어 있다. 뿐만 아니라 유력한 이론들의 면면에 관해서는 이미 다양한 연구들이 상당 부분 진행, 제출되어 있어 거기에 사족을 다는 일조차 필자의 능력 밖이라고 여겨진다. 따라서 이 글은 '현대사회에서 시가 읽히는' 방식의 의미를 두 번째와 세 번째로 겹쳐 읽음으로써 논의를 진행하고자 한다.

비록 소설 쪽에서의 진단이기는 하지만 이 시대에는 이미 문학의 위기설이 파다해진 지 오래다. 정서란 감염되기 마련이므로 그러한 위기의식은 시 부문에서도 상당 부분 사실로 유통되고 있는 듯하다. 이는 곧 시를 보는 사회적 관습에 많은 변화가 일어났다는 사실을 말해주는 것으로 받아들여야 할 것이다. 뿐만 아니라 이 시대에는 또 문학을 둘러싼 매체 변화가 심각한 수준으로 진행되었거나 되고 있다.

이처럼 시를 보는 사회적 관습에 많은 변화가 일어났다거나 시를 둘러싼 매체 환경이나 소통의 방식 자체가 심각한 수준으로 변모했다는 지적을 두고, 시 자체는 불변하는 실체이므로 그것을 둘러싼 환경이 변한 것으로만 받아들이는 사람은 아마 없을 것이다. 시는 언어적 구성물이며 언어는 또한 확정된 실체가 아니기에, 시라는 문학 장르의 성격은 고정되어 있는 것이 아니라 사회 역사적으로 규정되는 것이다. 따라서 시는 시대에 따라 그 소임이나 기능이나 형태를 달리하기 마련이다. 아무리 시대가 바뀐들 인간이 언어를 던져버리고 텔레파시로만 소통할 수 있을까? 그게 아니라면 시 역시 바뀐 사회의 어딘가에 자신의 둥지를 틀고 있을 것이다. 다만 옛날과 달라진 시의 외모 때문에 사람들이 잠시 당황해하는 것일 뿐이다. 다음과 같은 지적은 따라서 통쾌하면서도 시의적절하다.

> 이렇게 보면 엄밀히 말해, 시가 위기라고 하는 진단은 시적 표현의 위기라기보다는 시집이 안 팔리는 것에 대한 분노, 다시 말해 시인의 위기, 시집의 위기, 나아가 문단의 위기를 뜻한다고 보는 것이 정확하다. 시인은 도처에서 붕괴되고 있으나, 시적인 문화는 도처에서 창궐하고 있기 때문이다.[1)]

---

1) 김중신, 『문학교육의 이해』, 태학사, 1997, p.112.

기실 위기라는 진단 자체가 진보주의적 사고의 발로다. 융성(隆盛)이나 흥성(興盛), 발전 혹은 적어도 현상유지라는 범주를 나란히 놓을 때라야 위기라는 의미가 정확히 드러날 수 있다는 점에서 그렇다. 그러나 문학의 역사는 누적적 점증의 역사가 아니다. 다음 시대의 시인은 그 이전 시대의 시인과 다른 시를 쓸 수 있을 뿐, 더 나은 시를 쓸 수 있는 게 아니기 때문이다.

이처럼 같은 현상을 두고서도 보는 이에 따른 해석차가 클 수 있다. 따라서 논의의 올바른 진전을 위해 몇 가지 전제를 달아두는 것이 필요하다. 시가 언어 예술이라는 언뜻 보아 너무나 평범한 진술이 첫째 전제인데, '언어'와 '예술'이라는 표현 각각에는 또 다른 제한을 가해둘 필요가 있다. 그 자체로도 얼마든지 복잡한 차이를 만들어낼 수 있는 어휘들이기 때문이다. 시를 이루는 '언어'는 문학어나 시어(詩語)가 아니라 일상어일 뿐이며 그 점에서 '언어'란 자기 지시적이거나 자족적인 실체가 아니라는 점을 우선 전제해 둔다. 달리 말하자면 외부에 지시물을 두고 있는 언어를 염두에 두고 있다는 뜻이다. 이 언어는 소통을 위한 약속이라는 점에서는 규범적이지만 스스로의 한계를 넘어서려는 창조성을 갖는다는 점에서는 분명히 문화적이다.[2] 한편 시가 '예술'이라는 진술에는 시를 신비화하겠다는 의도가 전혀 들어 있지 않다. 시라는 물건이, 궁극적으로는 삶의 엄숙함과 경건함을 높은 수준에서 드러내는 일에 관계하기 마련이라는 상식을 재확인하는 말일 뿐이다. 굳이 거기에 상식이라는 어휘를 표 나게 갖다 붙이는 이유는, 시, 문학 나아가 예술 일반 혹은 언어조차가 모두 삶의 분비물이라는 간단한 사실조차 부정하려는 지적 무정부주의를 경계한다는 뜻에서이다.[3]

---

2) 김대행, 『국어교과학의 지평』, 서울대출판부, 1996, pp.3-6.

3) 이 최소한의 공유 지점마저 빼버린다면 문학과 예술 자체는 물론이고 교육에 대한 기본 관점조차 유지하기가 힘들게 된다. 특히 교육은, 교수하고 학습하는 사람들 사이에 동일한 어떤 것을 수수(授受)하고 있다는 믿음 없이 진행될 수 없다. 비록 세부에 있어 완전히 동일하지는 않겠지만 적어도 대단히 근사(近似)

두 번째 전제는, 이 논의가 시(문학)에 대한(을 위한) 담론인 이상 요소 통합적이고 종합적인 사고틀에 기초해야 한다는 점이다. 대상을 분석, 분류하여 이름 짓고 그것들의 체계를 기술(記述)하는 일을 과학이라 부르는 서양의 저 오래된 사고방식의 밑바닥에는 차별과 분변(分辨)의 태도가 깔려 있다. 물론 변별성을 가리는 일 자체는 대상의 속성을 이해하고 파악하는 데 많은 도움을 준다. 하지만 거기서 그쳐버리는 데서 문제가 발생한다. 지적 탐구의 대상을 구분하고 분석하는 이유는 일차적으로 그렇게 해서 세부의 정밀한 파악에 도달하기 위해서이지만 궁극적으로는 그 결과를 귀납하거나 종합하여 대상을 포괄적이고 전체적으로 이해하기 위해서다. 이 사실을 잊어버릴 때, 시 자체를 파편화하거나 그것을 둘러싼 모든 것들로부터 시를 분리, 절연시키려는 무모한 열정이 발생하는 것이다.

이러한 전제는 물론 러시아 형식주의나 신비평적 사고방식만이 시 이해의 바른 길인 양 받아들여지고 있는 풍토에 대한 반발로부터 촉발되었다. 그러나 분명히 해 둘 것은, 이러한 전제가 형식주의나 신비평의 방법이 틀렸다는 생각에 기초하고 있는 것은 아니라는 점이다. 현실 관련적 혹은 작가나 독자 관련적으로 텍스트를 취급해야 한다거나 그런 방법 전체를 통합적으로 적용해 사회 역사적 삶의 맥락에 시를 놓아야 한다는 논리가 고작 남은 틀리고 자기는 옳다는 주장으로 나타난다면, 그것은 전혀 통합적이지도 전체적이지도 않기 때문이다. 뿐더러 오히려 비판하는 대상만큼이나 분변적이고 차별적이라는 사실을 스스로 폭로하는 셈이 된다. 형식주의나 신비평은 분명히 그 나름의 장점으로 문학사적 기여를 했으며 지금도 하고 있다. 그리고 앞으로도 여전히 문학 교수 학습의 현장에서 중대한 역할을 수행할 것이다. 문학 작품

한 어떤 것에 대해 의사를 공유하고 있다는 믿음 없이 무슨 수업이 진행될 수 있겠는가. 36명의 선생과 학생들이 각기 다른 말로 떠들고 있다면 그곳은 바벨탑이라는 감옥이지 교실일 수는 없다.

수용과 감상의 첫 단추를 제대로 꿰기 위해서는 이들의 도움이 절실하다.

이러한 전제와 태도를 좀 확장해 적용하면, 그간 우리 시(문학)를 둘러싸고 명멸해간 대립적인 용어들에 대해서도 새로운 관점을 적용할 필요가 있음을 알게 된다. 내용과 형식, 모더니즘과 리얼리즘, 근대주의와 전통주의, 순수와 참여 혹은 더 나아가 언어의 규범성과 창조성 등에 이르기까지, 대타적으로 의미 규정되는 용어의 쌍들을 그것들 간의 상호 관계로 파악한 것이 아니라 각각을 개별적으로 분리하여 그 어느 하나의 손을 들어주는 방식으로 취급해 온 것은 아닐까 의심되기 때문이다.

그런 점에서, 해방 전후 임화와 김기림이 보여준 이론과 실천 상의 주고받기는 오늘날 우리에게 하나의 뚜렷한 전범이 된다. 필자가 보기에, 카프 제1차 방향전환에서 시작하여 1930년대 중, 후반의 기교주의 논쟁으로 이어지는 한국현대시사의 큰 줄기는 문학에 있어서의 내용과 형식 이원론이 일원론으로 전환, 수용되어 간 과정이었다. 그리고 그 물줄기를 주도한 장본인들이 임화와 김기림이다.[4] 그러한 일원론이 해방 공간으로 연결되어 문학가동맹계 문학론의 핵심이 되었을 뿐만 아니라 스스로들 그 실천의 중심에 섰다는 것은 참으로 상징적인 일이 아닐 수 없다. 시에 있어서의 리얼리즘과 모더니즘이 서로를 용인하는 느슨한 형태의 연대를 통해 "「올더쓰 헉쓸레」가 빈정댄 그런 意味가

4) 임화가 일원론 수용을 발표한 문건이 「기교파와 조선시단」(『중앙』, 1936.2.)이라면, 김기림 쪽의 문건은 「모더니즘의 역사적 위치」(『인문평론』, 1939.10.)다. 물론 둘의 출발점은 다르다. 임화가 내용을 김기림이 기교를 중심에 두고 각각 나머지를 종합하려 한다. 그리고 그러한 이론적 수렴의 결과가 구체적 작품을 산출했다는 변변한 증거도 없다. 그럼에도 당대 문학 운동의 쌍벽이 내용과 형식, 기교와 사회(역사)성, 리얼리즘과 모더니즘을 일원적으로 보려는 논리를 제출했다는 사실 자체는 중요하다. 그러한 일원론의 목표가 일원론 그 자체가 아니라 근대 너머에 대한 열망을 표출하는 것이라는 점에서는 일치하고 있기 때문이다.

아니고 眞正한 한 새로운 찰란한 世界"[5]라는 황홀한 꿈을 실현시킬 방도를 모색했다는 증거이기 때문이다. 그러한 세계 자체의 실현을 눈앞에 두고 그 앞에서 리얼리즘 모더니즘 따위를 따지고 있을 수는 없는 일이었다. 그러한 정세 판단이 시대착오적이었으며 그들의 전망이 한낱 신기루에 불과했다는 사실을 후대 역사가 비록 증명해 주었다고 하더라도 그들의 시도는 값지다. 문학이 형상적으로 보여준 고귀한 삶에 대한 사유를 그들 자신의 생애에 직접 실천해보려 한 시인들이기 때문이다.

2. 시와 엄숙주의

전제를 너무 무겁게 단 감이 없지 않다. 이제부터 진술할 주 내용이 그 동안 우리가 시를 너무 무겁게 대해 왔다는 것인데, 말머리를 이토록 엄숙하게 달아두었으니, 글이란 언제나 스스로의 논리를 배반하기 마련이라는 실례를 보여준 셈이 되고 말았다. 하여튼 긴 전제의 요체는 이렇다. 시란 언어 예술인데, 우리 근대시사에서는 1930년대 중반에 확립된 내용 형식 일원론이 바로 그러한 사실을 최고 수준으로 정식화한 결과라는 것, 이 두 가지 사실을 결합해 볼 때 내용에서 출발한 일원론이야말로 시를 보는 최종 심급의 잣대일 수밖에 없다는 것이다. 한 마디로 해방을 전후해 한국근대시사는, 시의 뒤에 불변하는 고유성으로서의 정신[6]이 아니라, 인간의 삶이 있다는 사실을 광범위하게 납득하게 되었다는 뜻이다. 그리고 그 해방기의 삶은 참으로 무겁고 엄숙한 무엇일 수밖에 없었다.

해방 이후의 시사 전개에서 이러한 관점이 일관되게 유지되어 온 것

5) 시집 『바다와 나비』(신문화연구소, 1946.)의 서문.
6) 이것은 해방 후 전개된 순수시론의 논리적 거점이다.

은 물론 아니다. 사회, 정치적 토대가 해방기보다 훨씬 열악한 수준으로 후퇴해버렸기 때문이다. 분단 상황의 고착화 과정에서 임화나 김기림이라는 이름조차 언급할 수 없는 상황이 전개됨으로써 전쟁 이후 20여 년 간의 근대시사는 임화-김기림 수준의 문학 관련 담론을 전면에 조심스럽게 복권시키려 애쓰는 데 바쳐질 수밖에 없었다. 7, 80년대 들어 민중, 민족문학의 범주가 전면에 부상하며 겨우 그러한 수준을 회복하기에 이르는데, 이 때도 시가 감당해내야 할 당대의 삶은 버거울 정도로 무거운 무엇이었다.

사회적 수준의 후퇴가 없었다면 물론 이런 낭비는 존재하지 않았을 것이다. 한 번 도달한 논의의 수준을 전제로, 방법적 실천에 몰두함으로써 보다 풍부하고 재미있는 결과들을 도출할 수 있었을 것이다. 그러나 불행하게도 우리의 경우는, 시가 삶과 연관되어 있다는 이 너무도 당연한 전제를, 수립하고 허물고 참으로 힘들여 복권하고 되풀이해 강조하는, 문학사적 동어 반복의 시기를 너무 오래 지내왔다. 그렇게 시가 무거운 삶을 노래하는 것이라는 점을 되풀이해 강조하는 동안, 어느덧 삶의 무거움은 시 혹은 시인에게로 고스란히 전염되는 결과를 빚고 말았다. 특히 시의 시대라 불리던 80년대 전반을 통과하며 한국 현대시의 목소리는 예언적이고 묵시록적인 두께를 더해갈 수밖에 없었다. 시는 엄숙하고 무겁고 신비로운 것이었으며, 시인은 시대의 어둠과 대결하여 길을 보여주거나 앞날을 암시해주는 예언자나 선지자(때로는 박해 받는)였다.

임화적 관점이 윤리적 결단이라는 차원에서 시란 힘들고 어려운 것[7]

---

7) 이러한 관점이 관철된 대표적인 예로 김남주의 다음 글을 들 수 있다. 실제 시라는 것이 그렇다 할지라도 이 글은 제목부터가 너무나 대단한 결단을 요구해 와 사람을 주눅 들게 하는 구석이 있다. 글은 이렇게 시작한다. "당신은 묻습니다 나에게, 시와 혁명의 관계를. 시는 혁명을 이데올로기적으로 준비하는 문학적 수단입니다."(김남주, 「시는 혁명을 이데올로기적으로 준비하는 문학적 수단」, 윤여탁 편, 『나의 시, 나의 시학』, 공동체, p.58.)

이라는 관념을 형성, 유포했다면, 상당 기간 제도권 시 교육의 중심 논리를 점하고 있던 신비평적 관점은 시어의 다의성을 전제로 하면서도 요소들의 유기성을 강조함으로써 '해석하기 어려운 것이 시'라는 관념을 덧보탰다. 여기에 근대시의 태생적 관점이라고 할 수 있는 낭만주의적 천재설까지 결합되면 시는 드디어 난공불락의 것이 되고 만다.

필자는 평생교육원 강의를 2년 가까이 병행해 오고 있다. 학기 초가 되면 혹시나 하는 마음으로 늘 같은 설문지를 돌리는데 20대 학생들이나 50대 평생교육원생들이나 하는 대답이 늘 비슷하다는 점에서 놀라곤 한다.[8] 대답의 요지는 이렇다. 시란 어려운 물건이고 시인은 대단한 사람이다, 스스로도 시를 썼으면 좋겠다고 생각하지만 어려워 실행에 잘 옮기지 못하고 있다는 것이다. 그리고 좋아하는 시인은 김소월, 윤동주. 시가 왜 어렵다고 생각하느냐는 질문에는 금방 해박한 이유들을 갖다댄다. 시는 훌륭하고 고귀한 생각이나 감정들을 표현하는 것이라는 둥 그것도 다의적, 함축적, 상징적, 비유적으로 드러내야 한다는 둥 생략과 압축이 있어야 한다는 둥. 이렇게 시가 두렵다고 생각하는 이유들 가운데 앞의 것은 임화적 엄숙주의에, 뒤의 것은 신비평적 기교주의에 연결되어 있다.

그런데 몇 년 간 찬찬히 학생들을 관찰해본 결과, 그들이 시가 어렵다고 느끼는 아주 중요한 이유 하나가 더 있다는 사실을 발견했다. 대부분의 학생들이 시 텍스트의 빈틈을 자신의 체험으로 채워 가는 일에서 재미를 발견하는 것이 아니라, 시인의 생각이 무엇일까를 짐작하고 맞추려는 데 골몰하고 있었던 것이다. 거기다 시인은 위대한 사람이다, 그러니 대단한 무언가를 모든 어휘에다가 함축시켜 놓았을 것이라는

8) 이 점은 10대 시절 학교에서 받는 시 교육이 시적 원체험을 형성한다는 증거로 볼 수 있다. 또한 학교 졸업 후에도 자발적으로 문학적 경험을 계속해서 하고 있는 경우가 드물다는 것을 말해 준다는 점에서 주체적이고 능동적인 작품 향수 능력을 기른다는 문학교육의 목표가 제대로 달성되고 있지 못한 증거로도 볼 수 있을 것이다.

오해까지 겹쳐 두었다. 그러니 학생들은 과잉 해석의 더미 속에서 헤매다가 아무런 소득도 얻지 못한 채 시 읽기를 끝내버리고 있었다. 그 결과 시는 역시 어려운 것이라는 선입견만 강화될 뿐이었다.

점쟁이처럼 시인의 생각에 의문을 갖는 일을 독시(讀詩)라고 생각하는 이런 태도는, 시에 대한 모든 관념이 시인을 중심으로 하고 형성[encoding]되어 온 그간의 풍토에 명백히 기초하고 있다. 주지하듯이 20세기 들면서 시인 중심의 이 시적 관습은 그러나 독자 주체의 관습으로 풀어[decoding]헤쳐진 지 오래다. 시인과 독자의 역전 혹은 뒤섞임은 곧 쓴다는 것과 읽는다는 것의 경계마저 허물어 놓았다. 쓰는 일이 즐겁다면 읽는 일도 즐거워야 하는 것이다. 독자로서의 읽기가 곧 작가로서의 쓰기라고 말하는 이 방식은 시적 관습의 혁명적 전복을 기초로 독자의 능동성과 주체성을 강조하고 있다. 하지만 독자의 비판적 텍스트 개입에 이론적 전초를 마련해 준 이러한 관습의 변화가, 말 그대로 저자의 죽음과 독자의 탄생을 지칭한다고 생각할 수는 없다. 단일한 의미의 유일하고 권위 있는 원천으로서의 작가 개념이 부정당한 것이지, 텍스트 생산자로서의 작가마저 사라진 것은 아니기 때문이다. 따라서 이제 시 읽기라는 개념은 텍스트를 기반으로 한 작가들의 비판적 대화[9]라는 의미로 재구성[recoding[10]]되어야만 한다. 텍스트의 빈틈을 작가와의 대화를 통해 스스로 메우는 능동적 체험은 무겁거나 어려운 일이 아니라 즐겁고 신나는 일이어야 한다.

시인의 입장이 되어 시를 한 편씩 써오도록 해보면 학생들이 가진

---

9) 독자를 작가의 반열에 놓아야 한다는 의미다.

10) recoding이라는 단어는 재구성의 의미(re+coding)로 필자가 합성해본 단어다. 필자는 구성물의 권위를 해체하는 행위가 말 그대로의 해체를 뜻하는 것이 아니라 다른 종류의 의미를 재구성하는 행위라고 받아들이고 있다. "……해체는 그런 파괴 행위가 아니라 우리가 진리로 간주해온 세계가 허구적 구성물에 지나지 않는다는 사실을 보여준다."(이승훈, 『포스트모더니즘 시론』, 세계사, 1997, p.89. 강조는 인용자.)고 할 때 '새로운 사실을 보여주는 것' 자체는 재구성에 해당하기 때문이다.

또 다른 오해를 발견하게 된다. 시어가 따로 있다는 생각이 그것이다. 주로 아음(雅音)들로 구성된 평소에 잘 쓰이지 않는 고유어휘가 그 대상이 된다. 1, 3인칭 여성 주어로 평소에는 거의 쓰지 않는 '소녀'라는 말을 즐겨 쓰는 것도 그 한 예다. 혹은 오늘날은 더 이상 쓰지 않는 고어투의 어미를 쓰려는 경향도 발견된다.

이렇게 시어가 따로 있다는 생각 역시, 시가 특별한 것이라는 생각의 전염 현상이다. 특별한 것은 어려운 것이고 어려운 것은 그것을 대하는 주체에게 억압으로 작동한다. 사실 두 말할 필요도 없이 시에 쓰이는 언어는 일상어다. 시적 허용이라 불리는 몇몇의 드문 경우를 제외하면 일상적 어법도 그대로 지켜져야 한다. 다만 그 일상어들은 보다 정련, 정제[11]된 방식으로 시에 기여한다는 점에서 일상어와 다르다면 다르다. 이 정련, 정제의 방법 곧 형식적 의장(意匠)은 세련의 정도차가 있을 뿐이다. 덜 정제된 시와 잘 정제된 시의 차이.

시적 언어는 많은 경우 그것이 지시하는 삶의 아름다움과 숭고함 때문에 독자들의 시선을 끈다. 하지만 출발은 언어 자체가 지닌 음성적 결이나 리듬감, 대조적인 것의 병치가 빚는 억양감 등에서 만나는 재미로부터다. 즉 언어에는 그 자체에로 눈 돌리게 만드는 요소가 분명히 있다. 이를 두고 야콥슨이 시적 기능이라 명명하지만 그것이 시에서만 구현된다는 것도 아니고, 그것만이 단독으로 구현된다는 것도 아니다.[12] 모든 시에는 언어의 시적 기능이 사용되고 있지만 거기서 그치는 자족적인 시의 예를 우리는 몇 편 갖고 있지 못하다. 말장난이나 말놀이의 경우에도 일정한 의미 체계에 기대어 진행되기 마련이다.

어쨌거나 '얄리 얄리 얄라셩 얄라리 얄라'를 소리내어 발음해 보면 그 자체로 분명히 재미가 있다. 그러나 그것은 심심한 재미다. 한참 입속으로 되뇌다가도 무슨 악기 소리를 음차한 것일까 새소리는 아닐

---

11) 김대행, 『문학교육 틀짜기』, 역락, 2000, p.183.
12) 로만 야콥슨, 『문학 속의 언어학』, 문학과지성사, 1989, p.55.

까 하고 모방의 결과물일 가능성을 점친다. 또 그 소리만이 여덟 번 반복되지 않고 의미를 지닌 시 본문에 후렴구로 따라붙어 반복되므로 밋밋해지지 않는다는 사실에도 눈뜨게 된다. 거기다 시의 내용이 흥겨우면 흥겨운 대로 비창(悲愴)하면 비창한 대로 '얄리 얄리 – '하는 소리가 다른 음색으로 어울리는 듯한 느낌을 갖게도 된다. 결과적으로, 단순한 자, 모음의 교체 실현에 불과하던 '얄리 얄리 –'라는 후렴구는 의미부와의 결합을 통해 더욱 풍부한 재미를 유발하며 최종적으로는 「청산별곡」이 표현하고자 하는 삶의 깊은 애환을 다스리고 위무하는 데에도 탁월한 기여를 하게 되는 것이다.

이처럼, 삶의 저 깊은 부분을 건드리는 폭넓은 함의의 시일지라도, 그 시작은 언제나 미약한 법이다. 하나의 자음, 하나의 음절, 독특한 어절과 같이 우리 주변에서 쉽게 발견할 수 있는 일상어의 결에서부터 비롯하는 것이다. 마지막에 가서는 숭고하고 무겁게 삶의 행간과 연결될지언정 경쾌하고 가벼운 허밍(humming)으로부터 시가 비롯한다는 사실을 받아들이자. 이 점을 두고 조너선 컬러는 프라이의 견해를 인용해 다음과 같이 고쳐 쓴다.

> "……서정시의 기본적인 구성 요소는 재잘거림과 빈둥거림이며, 이것의 근원은 매력과 수수께끼라고 한다. 시는 재잘거린다. 시는 매력이나 마법을 산출하기 위해 언어의 비의미론적인 성질 – 소리, 리듬, 글자의 반복 등 – 을 전경화 한다."13)

잊지 말아야 할 것은 비의미론적인 요소의 전경화만으로는 좋은 시가 될 수 없다는 사실이다. 그것만을 절대화하려는 태도는 시를 인생에만 결부시키겠다는 정치 문학의 오류와 완전히 상동적이다. 시는 전자와 후자 사이 어느 지점에 걸쳐 있으며, 전자에서 후자로 나아가는 것

13) 조너선 컬러, 이은경·임옥희 역, 『문학이론』, 동문선, 1999, p.126.

이 창작으로서의 독시(讀詩)의 과정이고, 또한 그것이 일상어의 정제 과정이기도 한 것이다. 요소 통합적이고 종합적인 시 읽기란 이를 지칭한 것이었다.[14)]

3. 시인 만들기로서의 문학교육

시에 대해 이렇게 인식의 틀을 바꿀 필요를 강조하는 이유는 모두 문학교육 학습자로서의 독자의 역할을 재조정하기 위해서다. 앞 장에서 본 것처럼, 문학 내부에서도 이미 수용미학이나 후기구조주의 이론 등이 나서서 독자 역할을 꾸준히 재조정해 온 것이 사실이다. 수용미학이 수동적 독자상을 능동적으로 바꾸는 데 앞장섰다면, 후기구조주의자들은 텍스트에 의미를 부여하는 주체를 독자로 바꿔놓음으로써 독자가 곧 작가라는 패러다임의 변환을 시도했다. 이로써 표면적으로는 독자, 작가가 대등하게 된 셈이다.

그러나 다시, 문학 소통의 구조를 형성하는 제 요소 가운데 독자를 가장 높은 반열에 올려놓았다고 평가되는 후기구조주의적 관점으로 보더라도, 결국 독자는 독자에 지나지 않는다. 독자의 텍스트 읽기가 자기 나름의 글쓰기의 성격을 갖는다는 점에서 작가적이라는 얘기일 뿐이기 때문이다. 뿐만 아니라 작가의 텍스트가 선행하지 않는다면, 독자라는 작가는 탄생될 기회조차 갖지 못한다. 이처럼 수용자이자 학습자로서의 독자는 작가와 대등해지려고 애쓸 수는 있지만 언제나 한 뼘쯤

---

14) 정재찬 역시 독자를 능동적으로 만들기 위해서는 시 텍스트를 일단 유희의 공간으로 보는 것이 급선무라고 생각한다. 그런 다음 "교육의 국면에서는 진지함의 끝에 유희가 놓일 가능성보다는 그 반대의 경우가 더 가능성이 높아 보인다."라고 진술하고 있다. 유희에서 시작하여 진지함으로 나아가는 길을 시 읽기의 과정이자 시 교육의 과정으로 상정하고 있는 셈이다.(정재찬, 「21C 문학교육의 전망」, 『문학교육학』, 문학과교육연구회, 2000 겨울, p.74.)

작가에 못 미치게 된다. 모든 이론서가 독자를 정의하는 방식도 늘 이런 식이다. 독자에게 최고치의 '작가적 자질'로 독서할 것을 요구하면서도, 최종적으로는 작가의 지위를 부여하지 않고 유예한다. 작가의 수준으로 나아가려 하지만 늘 조금씩 지체되는 것이 독자라는 설명 방식이다.

독자는 늘 시인, 작가처럼 텍스트를 잘 장악할 줄 아는 능력을 갖추고 싶어 한다. 텍스트를 앞에 놓은 독자는, 주눅이 들어 있거나 아니거나를 막론하고 작가만큼 그 텍스트에 능동적으로 관여하고 싶은 욕망을 공유하고 있다. 문학교육 학습자의 목표가 언어 수행 능력 향상에 있다고 보든, 문학적 능력[15]을 함양하는 데 있다고 보든, 혹은 심미적 예술체험의 확대에 있다고 보든 간에, 그런 시각의 밑바닥에도 그 모든 능력의 최고치를 발휘하는 사람이 작가라는 생각이 전제되어 있기 마련이다.

그런데도 앞에서처럼 독자는 독자, 학습자는 학습자[16]일 뿐이라고 한다면, 그 최종 목표는 도달할 길이 없어진다. 그들을 독자나 학습자로 묶어두는 한 이 결핍은 보충될 길이 없는 것이다. 아무리 정전(正典)을 인정하지 않겠다, 학생은 독자로서 스스로 주체다 하고 문학교육의 능동적 자세를 강조하더라도, 그것이 독자교육의 문제인 한에 있어서는 선언으로 그칠 뿐이다. 이 모든 결핍과 유예의 원인은 단 하나, 문학교육의 본질을 감상과 수용에 두고 있기 때문이다.

결핍을 보충하는 길은 스스로 시인이 되게 하는 것뿐이다. 시인이 만든 텍스트의 결을 자기 식으로 채울 수 있다는 의미에서의 시인이 되는 것이 아니라, 그 모든 체험을 종합해 스스로 정말 하나의 텍스트

---

15) 김중신, 『문학교육의 이해』, 태학사, 1997, p.99.
16) 교육이라는 입장에서 말한다면, 이 관점으로는 청출어람은 불가능한 꿈이다. 이 구도에서의 교사의 역할은 학생들로 하여금 자기보다 혹은 작가보다 뛰어나지 못하도록 조정하는 사람으로 은연중 전제되어 있는 것이 아닐까.

를 생산해낼 줄 안다는 의미에서의 시인이 되는 것을 말한다. 독자로서 텍스트를 해석하는 일이 아니라, 시인이 되어 텍스트를 생산하는 일이야말로 언어능력의 최고치를 실현하는 길이 아닐까. 가능한 최대치를 이루려 노력하는 것이 교육의 바른 방침일 것이므로, 이 시점에서 문학교육의 목표가 시인이나 작가 만들기에 있다고 망설임 없이 선포할 필요가 있다.

해석이나 감상은 문학교육 시발점으로서의 충분한 제 역할이 분명히 있다. 다만 감상에서 그쳐버렸던 그간의 문학교육을 반성하자는 뜻이다. 분석과 감상의 제(諸) 경험을 통합해 기존의 텍스트 옆에 자신의 텍스트를 나란히 만들어 놓아보는 일이야말로 작가/독자의 간극을 제대로 메우는 일이 아닐까. 그간의 문학교육에서 독자교육의 목표로 강조했던 수만 마디 말들이, 실제 실행에 옮겨질 수 있는 지점이 바로 창작 체험이다. "그러므로 능동적 비판적 주체적 이해와 독서의 문제는 표현과 창작의 문제에까지 긴밀히 연결되어 있"[17]다거나, "문학의 독서를 비평적으로 수행하기 위해서는 보편적 문식성을 道德的 文識性(moral literacy)으로 전환하는 노력이 절실히 요청"되는데 "이는 문식성의 속성을 실용적인 데서 상상적, 창조적으로 전환해야 한다(강조-인용자)는 뜻"[18]이라고 말해온 기왕의 논의들도, 기실 창작적 측면이 문학교육의 근본 자질이라는 사실을 암시하고 있었던 것이다.

시를 엄숙주의의 늪으로부터 건져 올리자는 것이 앞 장의 요지였다. 그런데 이 주장은 문학교육의 목표가 시인 만들기라고 말할 때의 '시인'이라는 말에도 똑 같이 적용될 수 있다. 우리 이웃의 한 평범한 시민으로서 시인을 받아들이는 일. 저학년 학생들에게 창작교육을 해서는 안 된다는 주장이 어불성설인 이유가, 그런 주장을 하는 사람들이 시를

17) 정재찬, 「21C 문학교육의 전망」, 『문학교육학』, 한국문학교육학회, 2000 겨울, p.73.
18) 우한용, 『문학교육과 문화론』, 서울대학교출판부, p.123.

터무니없이 고상하고 수준 높은 어떤 것으로만 보고 있기 때문인데, 이런 사람들은 "비록 기교나 구성 면에서 어눌하다 할지라도 자신들의 세계를 그리고 비춰 줄 여지가 있다면 그것은 충분히 아이들에게 '시'로서 존재하는 것"[19]이라는 점을 모른다. 그러니 그들의 눈에는 시인 역시 감히 범접할 수 없는 천재쯤으로 비치지 않겠는가. 천재는 아닐지라도 시인을 비정상적인 사람으로 생각해 버릇하는 것이 우리 사회의 오랜 풍토다. 대부분의 학생들이 살찐 시인을 용납하지 않는다거나 가장 시인다운 이로 천상병을 꼽는다거나 하는 것도 이런 의식의 발로일 것이다.

그간에 시인에게 계관(桂冠)을 씌우고 천재 운운하며 일반인과 분리를 시도한 것은 독자 일반이 아니라 소위 문학판의 내부에 서 있는 사람들이었다. 기성의 시인이나 비평가로 하여금 새로운 시인을 뽑게 하고 칭찬하고 상 주고 하는 과정을 통해 자신들 길드의 내부 결속력을 한결 다부지게 강화하는 일, 그것이 그들이 속한 문단이라는 제도의 주 임무였던 것이다.

오늘날 제도권의 시인이나 작가가 되는 길은 신춘문예나 잡지의 신인상 혹은 문예공모 등을 통과하는 데 있다. 그 과정에서 신인들의 작품을 심사하여 제도권으로 편입시켜 주는 이는 선배 시인이나 비평가다. 그러면 그 심사위원들을 뽑아준 이는 또 누구인가. 선배, 선배로 거슬러 올라가게 될 것이다. 그러면 다시 묻자. 1925년『동아일보』에서 최초로 시작된 것이 신춘문예인데 그 심사를 담당한 사람들과 그 이전에 시인 행세를 한 사람들에게 시인의 칭호를 내린 자는 또 누군가. 이렇게 발생적 근거를 따져가 보면 시인이라는 이름이 얼마나 근거 없는 명명이며 제도 내적 관행에 기대고 있는 명칭인가를 알게 된다.

문학의 제도권을 만들고 거기에 선택받은 소수만을 진입시켜온 이유

19) 이정숙,「시 쓰기 지도의 눈-아이들의 시 쓰기를 어떻게 볼 것인가」,『문학과 교육』, 문학과교육연구회, 2001 봄.

야 여러 가지겠지만, 그 중 가장 근원적인 것으로 문학판에 주어지는 사회적 과실(果實)이 제한되어 있었다는 사실을 들 수 있을 것이다. 하지만 전업 소설가라면 모를까 시인의 경우에는 거기서도 좀 예외적이다. 시인이 누릴 수 있는 경제적 이득이라야 극히 제한적인 것이기 때문이다.[20] 그렇다면 시인까지 포함하여 문학판에 울타리를 쳤던 또 다른 이유를 찾아야 하는데, 발표 지면의 문제가 그 해답으로 제시될 수 있다. 소수의 활자 인쇄 매체에만 의존하여 작품을 발표해야 한다는 현실적인 문제가 가로놓여 있었던 것이다. 신춘문예나 잡지의 신인추천제도는 결국 그 관문을 통과한 자들에게 일정한 지면을 할양하겠는다는 약속이나 다름없었다.

물론 이러한 진술로 그 동안의 우리 시인들의 능력을 폄하하려는 의도는 없다. 다만 그들을 둘러싸고 있는 신비주의를 제거함으로써 그들 역시 맨얼굴을 한 우리들 부족의 한 사람이라는 사실을 확인하려는 것뿐이다. 주지하다시피 이 시대는 그런 전환의 기미를 이미 도처에서 보여주고 있다. 기왕의 시인과 독자의 관념이 얼마든지 깨질 수 있다는 것이 이미 여러 경로로 확인되고 있기 때문이다. 인쇄술 자체의 발달과 생활화라는 물적 조건의 변화가 그러한 전환의 시발점 역할을 했다면, 인터넷 환경의 확산이 그러한 전환을 본 궤도에 올려놓은 느낌이다.

얼마든지 쓰고 지우기가 가능한 하드 디스크와 각종의 롬(rom)에 기반한 이 인터넷 환경은 발표 지면이라는 개념의 근간을 뒤흔들어버렸고, DTP(Desktop Publishing) 작업은 출판물의 제작 과정을 별것 아닌 일로 만들어버렸다. 또한 다양한 형태의 홍보와 판매 경로가 인터넷에 의해 보장됨으로써, 굳이 제도권 '시인'이라는 명함을 내밀지 않고도

---

20) 사실 시인에게는 그보다 더 교묘하고 달콤한 과실이 있기는 하다. 시인이 우리 민족이라는 '집단의 심장'(김기림, 「우리 시의 방향」, 『시론』, 백양당, 1947, p.198.)이라 기려진다든지, 시가 '문학의 가장 예민한 성감대'(민음사, 「오늘의 시인총서를 내면서」 중에서)라 불린다든지 하는 데서 엿보이는 '명예'로운 과실이 그것이다.

자신의 독자들을 쉽게 확보할 수 있게 되었다. 뿐만 아니라 무수한 형태의 커뮤니티와 카페, 동호회를 통해서도 자신의 창작 욕구를 얼마든지 해소할 수 있다. 말하자면 이제 시는 읽는 것이 아니라 그냥 쓰는 것이다.[21)]

독자 혹은 학습자를 시인 혹은 작가로 만드는 문학교육이란 이처럼 시와 시인에 대한 기왕의 개념을 새롭게 전환할 것을 요구한다. 특히 학습자로 하여금, 보통의 우리들보다 일상어의 구석구석을 조금 더 잘 알고 그것들을 새롭게 조직하여 남들이 쉬 놓치는 삶의 기미를 드러낼 줄 아는 능력, 곧 일상어의 정제 능력을 조금 더 가진 사람이 시인이라는 사실을 받아들이게 해야 한다. 그리고 이 과정은 분명히 학교 교육에서 먼저 시작될 필요가 있다. 다양한 교육 환경 가운데서도 학교가 갖는 위상이 여전히 절대적이기 때문이다. 5, 60대의 평생교육원생들이 갖고 있는 문학 관념이 그네들이 20대 전 학교에서 받은 교육 체험에 그대로 기대고 있다는 것이 그 좋은 증거다.

그렇다고 독자로서 텍스트를 분석하거나 해석하는 데 관련된 기존 논의의 유효성이 떨어지는 것은 아니다. 지금의 시인도 출발할 때는 분명히 독자의 입장이었다. 그러나 지금까지처럼 거기에 매몰되어서는 곤란하다. 구체적인 창작 방법론을 교수 학습하는 단계로 한 걸음 더 나아가야만 하는 것이다. 이는, 분석과 해석의 방법만으로는 한 편의 시가 되어가는 과정을 설명할 수 없기 때문이다. 창작 방법의 학습은 반드시 실제 쓰기로 실현되어야 하므로 매우 기능적이고 실기적인 모형의 수업이 될 확률이 높다. 비록 그렇다 하더라도 재미를 갖고 실제로 해보는 일이 무엇보다 중요하다. 그런 점에서 7차 교육과정에 의해 만들어진 『국어생활』 교과서는 매우 모범적인 사례(비록 일선 학교에

---

21) 그런 점에서 문학교육이 사이버 문학 공간에 기대하는 첫 번째가 창작교육이어야 한다는 논의는 충분히 시의성이 있다.(박인기, 「사이버 문학과 문학교육」, 『문학과교육』, 문학과교육연구회, 2001 봄.)

서 실제로 많이 채택되지는 않았지만)라고 할 수 있다. 주어진 시를 실제로 패러디하거나 패러프레이즈할 수 있는 다양하고 실천적인 시도들을 포함하고 있어 창작교육으로서의 문학교육의 가능성을 내비치고 있기 때문이다.

창조적 읽기가 아니라 실제 창작이 문제될 때, 그 출발은 시가 무엇으로부터 시작되는가를 아는 일에서부터라야 한다. 소위 시의 종자(種子)가 무엇인지를 파악하는 일이 중요하다는 뜻이다. 지금까지의 시 창작과 관련된 논의들을 정리해보면, 대개 다음과 같은 세 개의 종자들이 자주 거론되어 왔다는 것을 알 수 있다. 그 하나가 자기 정서를 표현하려는 욕구다. 불현듯 밀어닥친 정서적 격랑을 드러내 보여주고 싶은 욕구로서 이는 시적으로 훈련받지 않은 대부분의 사람들도 모두 기본적으로 갖고 있다. 물론 이를 잘 정제하지 못하면 20년대 감상주의적인 작품을 흉내 내기 쉽다. 둘째가 어느 순간 머릿속에 자리 잡는 어휘나 몇 개의 구절이다. 영감이라는 낭만주의적 용어가 현대에도 관철될 수 있다면 바로 이 지점일 것이다. 어느 날 문득 몇 개의 구절이 떠오르면 시인은 그것을 오래 묵혀 가며 거기에 살을 붙여나간다. 셋째가 시적 상황을 발견하는 것이다. 살아가면서 우리는 삶의 보편적 진실이나 모순성을 보여주는 찰나들과 종종 부딪치게 되는데 바로 그것이 시적 상황이다. 황지우의 대부분의 초기시들이 바로 이 상황 발견의 시인 것이다. 영화관에 갇혀서라도 잠시나마 자유롭고자 영화 보러 갔는데 애국가가 나오니 다들 일어서고, 화면 가득 을숙도의 새들은 앵글 밖으로 날아가는데 화자들은 도로 주저앉아 영화를 본다[22]는 이 역설적 상황이, 시인에게는 삶이나 시대의 은유로 읽혔던 것이다. 지적인 태도와 분석적 세상 읽기가 선행해야 한다는 점에서 세 번째 종자로 시를 쓰는 일은 많은 훈련을 요한다.

---

22) 황지우의 시 「새들도 세상을 뜨는구나」의 내용.

시인 만들기로서의 문학교육이 당장 모든 학습자를 황지우로 만들 수는 없다. 그러나 언젠가는 다 황지우처럼이나 그를 능가하는 시인들처럼 되리라는 믿음 위에 서 있어야 한다는 점까지 부정되어서는 안 된다. 비록 이상주의적이라고 손가락질 당할지라도, 그것이 문학 혹은 교육 혹은 문학교육이라는 행위가 예상할 수 있는 최대치이기 때문이다.

4. 시와 삶

아무래도 10대나 20대가 시 텍스트의 향수에 가장 적극적일 것이다. 그러나 시(문학) 텍스트가 문제 삼거나 보여주는 바는 특정 나이에 한정되어 있는 것이 아니라 삶 일반에 걸쳐 있다. 교육 역시도 10대나 20대가 주 대상층이지만 그것이 실현하고자 하는 내용은 인생 전반에 걸쳐 있기 마련이다. 현대 교육이 평생 지향성을 띠며 확장되어 나가는 일을 당연하게 생각하는 것도 이 때문이다. 그러니 지금까지 제시한 시인 만들기로서의 문학교육이란, 출발점이 학교교육 현장이라는 것일 뿐, 학교 울타리 안에 머물러 있어서는 안 된다. 평생교육이나 재교육의 형태로 확산되어 나가야 하는 것이다. 왜냐하면 문학교육의 구경(究竟)은 '자기교육'이고 그것은 평생에 걸친 인격화를 목표로 하기 때문이다.[23]

시가 어렵고 엄숙한 것이 아니듯이 시인이 따로 있는 것도 아니라는 사실을 성인들로 하여금 받아들이게 한다는 것은, 물론 쉬운 일이 아니다. 우선 그들 대부분은 자신이 시와 전혀 무관한 삶을 살고 있다고 여긴다. 그러나 단연코 그렇지 않다. 현대의 성인들도 순간순간 시를

---

23) 박인기, 같은 글.

만나거나 쓰[用, 書]고 있으며, 시대변화에 따라 실제로는 그 체험의 정도가 오히려 증가하고 있는 것으로 볼 수 있다. 다만 그것이 시와 연관된다는 사실을 인식하지 못하고 있을 뿐이다.

이 문제를 해결하기 위해서 시인 만들기로서의 문학교육이 해야 할 첫 번째 과제는 시 개념의 외연을 좀 넓히는 일이다. 일사불란한 내적 통일성 아래 완결되어 있는 글만을 시라고 부르는 것은 이미 낡은 개념이다.[24] 인생이 그러하듯 문학 역시 '되어가는 것'이지 '된 것'이 아니기 때문이다. 비록 완성에 관심이 없거나 더 나아가 '시'이기조차 바라지 않으면서도 '시적인 것'이 얼마든지 있을 수 있다. 말하자면 스스로에게 주목할 것을 요구하는 모든 종류의 말과 글이 그 예가 된다. 비교적 짧으면서도, 리듬감이 있거나, 역설적 상황을 통해 인지(認知)의 충격을 주거나, 수사적 적절성이 돋보이거나 해서, 그 말과 글 자체를 곱씹게 만드는 것들에는 분명히 시정(詩情)이 들어 있다.

눈만 뜨면 만나게 되는 말 그대로의 무수한 간판이나 광고들 가운데서도, 다른 것들에 비해 유독 촉지성(觸知性)[25]이 높아 무릎을 치게 만드는 것들, 드라마나 영화의 대사들[26] 가운데서 경구(驚句) 형태로 떨어져 나와 계속해서 입안을 맴도는 구절들, 텔레비전이나 라디오의 진행자, 혹은 출연자들이 멋모르고 뱉었지만 평균적 기대치를 훨씬 넘는 비유들, 이웃의 낯모르는 보통 사람들이 읽어달라고 라디오 프로듀서들에게 보낸 편지들, 이 매체 저 매체를 옮겨 다니는 우스갯소리 시리

---

24) 이승훈, 『포스트모더니즘 시론』, 세계사, 1997, pp.84-85.

25) 유종호(『시란 무엇인가』, 민음사, 1995, p.245.)가 야콥슨의 시적 기능을 설명하기 위해 사용하는 번역어인데, 그는 이 촉지성 때문에 기호와 대상 사이의 근본적 분리가 증진된다고 믿는다. 그러나 그런 기호를 접했을 임시에는 그 말의 음성적 결만이 도드라져 의미를 배제할는지 모르겠지만, 시간이 경과해도 그 기호가 계속 기억되고 의의를 갖기 위해서는 의미와 결합하여 독자의 삶에 맥락화 되어야 한다.

26) 영화 「생활의 발견」 남자주인공이 했다는 "괴물 되지 말자."는 구절은 한 동안 인터넷 인구에 회자되기도 했다.

즈들, 퀴즈들, 끝말잇기 같은 말장난들, 노랫말, 랩, 종교 경전들, 인터넷을 떠돌아다니는 온갖 이야기들[27], 스스로를 보아달라고 온갖 기교를 다 동원해 아양을 떠는 게시판의 공지 사항들 그리고 그 현란한 제목들, 사이사이에 만날 수 있는 이름 없는 사람들의 진지한 형태의 진짜 시들, 메일들, 쪽지들, 화장실의 낙서들, 그것을 방지하기 위해 붙여두는 경고들 혹은 경구들, 때로는 소변기 위에 붙여진 오늘의 금언들이나 협박성 메시지[28]들, 뉴스 기사에 이르기까지 우리의 집중적 관심을 요구하는 것들은 사실 너무도 많다.

2002년 5월 어느날 한 TV 기자가 들려준 기사 하나를 들어, 시가 얼마나 우리 생활의 가까이에 있는가 하는 예로 삼아 보자. 뉴스의 소제목은 「빗나간 '열린 교육'」이었다. 내용인 즉, 우리나라 초등학교의 10% 정도가, 열린 교육을 한답시고, 일렬로 늘어선 교실들의 복도 쪽 벽을 제거했다는 것이다. 그러니 복도 한 가운데 서면 늘어선 교실들의 수업 내용이 한꺼번에 다 들여다보일 수밖에 없었다. 화면에서는, 마침 반별로 다르게 진행되는 음악 수업과 발표 수업과 일반 수업에서 나는 소리들이 뒤범벅이 되어 복도를 울리고, 그렇게 몇 배로 증폭되어 돌아온 소음 때문에 각 교실의 수업이 제대로 진행되지 못하는 희한한 풍경이 연출되고 있었다.

그런데 이 포복절도할 뉴스의 소제목에 따옴표 치고 들어앉은 열린 교육이라는 어절이 그 순간의 필자에게는 너무나도 시적(詩的)으로 다가왔다. 뉴스 내용을 알기 전인데도 자막의 열린 교육이라는 글자들은 따옴표 때문에 우선적으로 시선을 끌기에 충분했다. 그렇게 '저게 뭐

---

27) 이런 환경이 문학 쪽에서 보아도 매우 획기적인 것임을 논하는 글들이 적잖다. 이 상황 인식은 당연히 시에도 그대로 적용되기 마련이다. 대표적인 논의로는 박인기(같은 글), 신동흔(「사이버 세상과 문학적 소통」, 『문학과교육』, 문학과교육연구소, 2001 봄.)의 글이 있다.

28) 비록 어느 휴게소 화장실인지는 잊었지만, 거기서 보았던 "남자가 흘리지 말아야 할 것은 눈물만이 아닙니다."라는 구절은 내내 내 기억에 남아 있다.

지?'라는 의문을 불러 일으켜 '열린 교육'이라는 글자 자체에 주의를 집중시킨 다음 기자는, 상투적인 '열린'의 의미에 전복적이고 낯선 '열린'의 의미 하나를 충돌시킴으로써 아주 희화적이고 역설적인 상황을 훌륭히 연출하고 있었다. '열린 교육'이란 원래 비유로서 '개방적인, 수용자 중심의 혹은 쌍방향의, 진취적인 등등의 교육'을 뜻했겠지만 하도 실제와는 상관없이 많이 쓰는 바람에 이제는 상투화되어 버린 지 오래다. 이렇게 이미 일반화된 비유적 의미 옆에, 원래의 지시적인 뜻에 가깝게 다가서긴 했지만 엉뚱하기 짝이 없는 해석 하나, 즉 '벽을 허물어 열어버린'을 나란히 놓자 그 동안의 자동화된 우리 인식이 마구 흔들리게 된 것이다. 그래서 우선은 그 상황과 말 자체가 우습다. '열린 교육'의 의미를 본래대로 돌려놓으려고 문학적 교육적으로 매우 애쓰는, 교육 행정가나 학교장의 아둔한 노고가 아주 생생히 느껴지기 때문이다. 그런데 갑자기 그런 사람들이 그렇게 아둔할 리가 없다는 생각이 퍼뜩 머리를 스친다. 혹시 다른 의도가 숨어있는 것은 아닐까 따져보게 된다. 그러다가 그렇게 열린 교실이 감시와 통제에 적합한 구조라는 것에 생각이 미친다. 그러자 노회나 교활이라는 단어가 연이어 떠오른다. 아둔과 교활 가운데 어느 것이 더 적합한 해석일까. 이런 모든 상황을 경제적으로 압축 표현하기 위해, 기자는 온갖 가지 표현들을 다 동원해보다가 열린 교육이라는 어휘를 선택하고 거기다 따옴표를 쳤던 것이다. 그 순간 기자는 단순히 6하 원칙의 사실만 보도하는 기자가 아니라 고민하고 주저하며 삶의 진실에 육박해가려는 시인이었다.

말과 글을 늘 다루어야 하는 기자의 경우는 아무래도 다른 직종의 사람들보다는 더 시와 가까운 생활을 하고 있다고 볼 수 있을 것이다. 심지어 그러한 사실을 자각하고 있는 경우도 있다. 그러나 정도차가 있을 뿐 다른 직종에 종사하는 사람들이라고 해서 시와 완전히 무관할 수는 없다. 직업적이거나 혹은 사교적인 일로 자기를 드러내어 각인시켜야 하는 경우, 그것들은 대부분 말과 글로 수행되기 마련이다. 좌중을 휘어잡을 수 있는 '개인기'를 기르기 위해 서랍 속에 온갖 우스갯소리 이야기들을 수집해 넣어놓고 몰래 구연(口演) 연습을 하는 직장인이 과연 시와 무관한 생활을 하고 있는 것일까?

이처럼 생활의 매 갈피마다 자리 잡고 있는 시적 정황이나 표현을 찾아 즐기는 일은 인식 전환으로부터 비롯된다. 살아가는 일이 시 쓰는 일과 같다는 것, 곧 그것은 삶의 도처에 시가 박혀 있다는 뜻에서도 그렇지만, 살아가는 일 자체가 주저하고 고민하며 앞으로 나아가는 과정이라는 뜻에서도 그러하다. 평생교육원에서 수업을 듣는 43세의 한 여학생(?)은 '평소에 시를 쓰고 싶어 하는가'라는 설문에 다음과 같이 답했다.

> 시를 쓰고 싶은 생각은 간절하다. 그러나 한 편의 시를 쓰기에는 내 머리 속에 담겨져 있는 어휘로는 너무도 표현이 잘 안된다. 시를 써놓고도 중간에 적절한 표현을 넣고 싶은데 막히곤 한다. 남에게 나를 표현할 때 시로써 답할 수 있으면 얼마나 좋을까?

이 안타까움이 살아있는 한 시정(詩情)도 살아있을 것인데, 사람이 죽을 때까지 무슨 일에든 이 미련을 버릴 수가 있을까? 이렇게 답한 원생에게 시인이 따로 없다는 취지의 장황한 설교를 한 다음 시를 한 편 써 갖고 오도록 권했다. 근 2주 만에 나타나 힘들게 건네준 것이 바로 다음 작품이다. 제목은 「나」.

> 내 마음 속에는
> 그릇이 하나 있네.
> 꿈 단지가 있네.
>
> 아이들 키우면서
> 그 중에 하나를 버렸네.
> 그래서 엄마 되었네.

마흔에 접어들어
친구가 생겼네.
연필과 책이라네.

시 한 수 쓰기가
이렇게 힘들 줄 몰랐네.
쓰레기만 쌓여 가네.

언뜻 보아도 시에 대한 온갖 고정관념을 다 구비하고 있다는 것을 알 수 있다. 적당한 길이로 행과 연을 나누어야 한다, 시에 적절한 어미나 어휘가 따로 있다, 반복해야 율이 생긴다, 비유를 만들어 넣어야 한다, 시는 엄숙해야 한다 등등. 그러나 그 모든 형식적 결함에도 불구하고 진정성만큼은 눈부신 바가 있다. 자기 꿈을 어쩔 수 없이 포기하고 엄마로 주부로 살아야 했지만, 마흔이 넘어서자 그렇게 삶을 마칠 수 없다는 오기가 발동해서 이렇게 여기서 대학 과정을 공부하고 있노라는 한 여성의 개인사가 순정하게 드러나 있기 때문이다. 이를 두고 수준이 낮으니 시가 아니라고 말할 수 있는 사람은 아무도 없다. 그리고 시를 썼으므로 그녀는 시인이다.

이것저것 시에 대한 이야기를 나누고 일어서며 그렇다면 새로 한 번 더 써보겠다며 미소를 보이던 그 얼굴을 잊을 수가 없다. 엄마로 살면서 잃어버렸던 자기를 이렇게 시가 되찾아 주고 있으니 얼마나 좋으냐는 표정이 역력했다. 시를 쓰는 일과 살아가는 일이 이미 그녀에게 있어서는 하나였다.

그러나 아직은 성인들이 이렇게 실제 자기 시를 드러낼 기회가 많지 않은 것이 사실이다. 시와 접촉하고 시적 사고를 더 풍부하게 체험할 수 있을 뿐만 아니라 쓰기도 병행할 수 있는 공간이 부족하기 때문이다. 그런 점에서 이 땅의 각급학교에서 문학을 가르치는 모든 사람들이 사이버 공간에 집을 짓고 학교 교육 현장에서 발생하는 시교육의 실례를 폭넓게 전파하도록 제도화할 것을 제안한다. 그리고 그 때의 시교육이란 독자교육이 아니라 시인교육이어야만 한다.

2. 반성

중등교육과정에서의
김소월 시의 정전화 과정 연구 ▸ 103
김수영의
「어느 날 고궁을 나오면서」 다시 읽기 ▸ 140
시교육 자료로서의 〈사화집〉 ▸ 161
현대시 교육과 4·19혁명 ▸ 188

중등교육과정[1]에서의 김소월 시의 정전화 과정 연구

1. 서론

“자연이나 인생에 대하여 일어나는 감흥과 사상 따위를 함축적이고 운율적인 언어로 표현한 글”. 국립국어원이 편찬한 『표준국어대사전』에 등재된 시(詩) 항목의 설명 내용이다. 함축성이야말로 시를 정의하는 가장 보편적인 종차(種差)라는 뜻일 것이다. 본디 함축적인데 그 해석이 언제 어디서나 단일하다면 그것을 시라고 부를 수 있는 것일까? 그런데 한국의 교육 현장에서는 이런 몰상식이 상식으로 통한다. 김소월의 시 「진달래꽃」의 주제는 몇 십 년 전이나 지금이나, 광주에서나 서울서나 다 ‘이별의 정한’으로 통일된다. 그런데도 그는 국민시인으로 불린다.

한 연구자는 김소월을 두고 이탈리아의 페트라르카, 러시아의 푸쉬킨에 비길 만한 ‘국민 시인’이라 칭한다. 그 이유가 “각급 학교의 국어

1) 이 ‘중등교육과정’이라는 용어는 ‘교육목표를 달성하기 위하여 선택된 교육내용과 학습활동을 체계적으로 편성·조직한 계획’으로서의 국가 제정 커리큘럼의 의미로서보다는 그러한 것이 실행되는 교육 현장이라는 의미, 더 좁혀 그것이 반영된 결과로서의 국어 교과서의 의미로 제한하여 사용하고자 한다.

교재에서 그의 문학은 이미 확고한 '정전(canon)'의 자리를 굳히고 있"[2]기 때문이라는 것이다. 이야말로 문학교육이라는 제도가 한국문학의 대표작을 생산해 내는 가장 핵심적 기제임을 명확히 보여주는 진술이라 하겠다. 그렇다면 시인 김소월은 도대체 언제 어떤 과정을 거쳐, 특히 중등 교육 현장의 어느 지점에서 출발하여 그야말로 오늘날 대한민국 '국민'을 대표하는 지위에 올라서게 된 것일까. 이러한 의문을 바탕으로 본 연구는 김소월이라는 국민시인이 탄생하는 과정을 되짚어 볼 것이다. 더불어 이 글은 그러한 정전화의 저류(底流)에 민족/국가주의적 기획이 은밀히 작동하고 있는 것은 아닌가 하는 질문에 대한 답을 찾아보려는 시고의 성격 또한 지니고 있다.

한 시인의 작품이 정전의 반열에 오르는데 기여하는 여러 요인들에 대해서는 유종호의 시니컬한 글[3]을 참고할 만하다. 그는 '연이은 사화집의 발간과 전집 간행, 계속되는 미 수록 작품과 미확인 생애 부분에 대한 추적 보고, 관계 문인들의 회고담과 줄을 잇는 비평 활동, 거기다 교과서의 편찬과 대학원 현대문학 전공의 제도화야말로 정전화의 주요 기제들'이라 보고 있다. 이 글은 이러한 중층적 정전화 방법들의 근원에 민족/국가주의라는 기획[4]이 자리하고 있지 않은지 하는 의문을 바탕으로, 그러한 방법들의 실상을 범주화하여 구체적으로 점검해 볼 것이다.

김경숙의 글[5]은 이러한 시도에 시사한 바가 컸다. 김경숙은 김소월 시에 늘 따라붙는 전통성의 의미를 재해석해야 할 필요성에서 논의를

2) 김열규, 「김소월론」, 『한국시학연구』 8호, 한국시학회, 2003.5.
3) 유종호, 「임과 집과 길 - 소월의 시세계」, 『세계의 문학』, 1977.3.
4) 물론 이 때의 기획이라는 말이 처음부터 누군가 의도해 어느 방향으로 몰고 간 결과를 지칭하는 것은 아니다. 의도하였건 아니건 간에 정전을 만드는데 기여한 많은 움직임들 밑에는 보이지 않는 민족/국가주의적 자장이 작동하고 있었다는 뜻이다.
5) 김경숙, 「1920년대 한국시의 근대성 연구1」, 민족문학사연구소 편, 『민족문학과 근대성』, 문학과지성사, 1995.

출발하고 있다. 그에 따르면 이별의 정서와 여성 화자의 목소리, 향토적 색채와 자연 회귀 의식, 민요적 율격 등에 기대는 그 간의 전통성 논의는 전통의 근대적 시의성을 문제 삼지 않는다는 점에서 복고주의적 관점이라 불러야 마땅하다는 것이다. 나아가 소월 시에서 우리가 취해야 할 것은, 자아와 세계, 현실과 이상 간의 단절을 그려내는 태도인데 이는 부정적 현실을 직시하려는 의지를 반영한 것으로서 매우 근대적인 인식의 결과라는 것이다. 말하자면 김소월 시에도 근대적이라 할 만한 요소들이 많이 있는데 왜 굳이 전통적이라는 수사로 묶어두는가 하는 문제를 제기하고 있는 셈이다. 근대 시인을 두고 굳이 '근대성이 있다'고 말하는 이러한 역설을 도대체 어떻게 이해해야 옳은가. 이는 곧 그 동안 김소월 시를 자꾸 전통적이라는 수사에 묶어 전근대적인 것으로 취급해 온 결과에 대한 반동[6]이라고 보아야 할 것이다. 이런 논의들은 결국, 김소월을 국민 시인의 반열에 올리는 과정에 생각보다 많은 무리수가 잠복해 있을 가능성을 시사하는 것이 아닐 수 없다.

한 시인의 시가 어떤 과정을 거쳐 정전의 반열에 오르게 되는가를 따져 보기 위해서는 문학 제도의 여러 측면에 대한 고려가 필수적이다. 크게 보아 문학 제도는 문학 담론을 생산(시인, 작가, 평론가, 연구자)[7]하고 중개(편집자, 출판인 등)하여 수용(독자)하는 축으로 구성된다. 이 가운데 독자라는 축이 한 시인의 정전화에 어떤 기여를 했는가를 밝히기는 사실상 어려운 일이다. 기껏해야 중개라는 제도와 깊이 연관

---

6) 남기혁 역시 전통지향성의 문제를 민족 주체성이나 자문화 우월성과 연결하는 사고방식의 위험성을 지적한 바 있다.(남기혁, 「김소월 시의 근대와 반근대 의식」, 『한국시학연구』 11, 한국시학회, 2004.)

7) 이 가운데 시인, 작가가 1차 생산자라면 평론가, 연구자를 2차 생산자라 볼 수 있다. 하지만 이는 각각의 역할이 명확해진 오늘날에나 해당하는 관점일 것이고, 작가와 비평가 혹은 연구자의 경계가 분명하지 않았던 시기에는 또 다른 기준이 필요하다. 따라서 이 글에서는 개별 시인, 작가를 1차 생산자로 나머지 생산자 집단 전체를 2차 생산자라 칭하기로 한다. 가령, 김소월 시의 1차 생산자는 말할 것도 없이 소월 자신이라면 그의 시를 추천하고, 비평한 당대 혹은 후대의 문학 담론 생산자들은 모두 2차 생산자가 되는 것이다.

된 베스트셀링의 문제를 짚어 보는 정도가 현재 접근 가능한 부분이라고 하겠다.

중개란 출판을 통한 작품의 유포를 가리키는데, 이 중개의 효율성 여부가 작품과 독자와의 만남의 범위를 결정하므로 중요한 변수가 될 수 있다. 그런데 이 과정을 제대로 살피기 위해서는 중개의 질적으로 다른 두 차원을 분리할 필요가 있다. 일반 출판과 교과서 제작 배포 행위가 그것이다. 전자가 보다 자연스러운 유포 과정[8]에 해당한다면 후자는 국가라는 초절정의 권위가 개입한 비자발적 유포에 해당하기 때문이다. 물론 학교의 실라버스(syllabus)에 포함되지 않은 정전이 있을 수 있겠지만, 정전적인 것과 아닌 것을 준별하는 제도로서의 실라버스가 갖는 힘의 막강함[9]에 대해서는 아무도 이의를 달 수 없을 것이다. 본고의 주된 관심도 여기에 있다. 1차 교육과정이 확립되는 1954년 이후부터 오늘날까지 국정(혹은 검정) 교과서에서 김소월의 시가 차지하는 확고함을 생각할 때, 도대체 어떤 과정을 거쳐 김소월이 학교 실라버스에 그토록 중요하게 이름을 올릴 수 있었는지를 살펴보는 일이, 문학 혹은 문학교육을 둘러 싼 힘들의 장(場)을 객관화 할 수 있는 바로미터가 될 수 있을 것이기 때문이다. 일반 출판의 경우에는 사화집의 편찬과 목록, 변화 과정을 중점적으로 살펴볼 필요가 있다. 완벽하지는 않겠지만 비교적 자발적인 층위에서 이루어진, 사화집 편찬의 의도나 목록을 분석함으로써 당대 독자들의 반응까지도 미루어 짐작할 수 있

8) 물론 일반 출판의 경우도 완벽히 독자의 자유 의지에 부응해 이루어진 것으로 볼 수는 없다. 출판사의 상업적 전략과 광고 효과, 독자들이 휩쓸린 심리적 유행 등에 상당 부분 빚지고 있을 것이기 때문이다. 그러나 그 자체가 시장 논리에 포함되는 자연스런 현상이라고 볼 수도 있음에 비해, 교과서 출판의 경우는 문제가 다르다.

9) 정재찬, 『문학교육의 사회학을 위하여』, 역락, 2003, p.56.
한국문학교육에 간여한 근대의 제도와 이데올로기를 순수문학적 담론과 분석주의적 담론으로 나누어 살핀 정재찬의 논리가 이 글을 착안하는 바탕이 되었음을 밝혀둔다.

을 것이기 때문이다. 이 글의 일차적 목표는 바로 이 지점을 객관적으로 살펴보자는 데 있다.

그런데 교과서 혹은 사화집이라는 중개물의 성격을 제대로 이해하려면, 생산자들의 활동 쪽에 시선을 돌리지 않을 수 없게 된다. 중개자들이 터무니없이 실라버스 혹은 목록을 작성한 것이 아니라면 그 나름의 기준을 갖고 있을 터인데, 그러한 기준은 대개 권위 의존적 성격을 지닐 수밖에 없을 것이기 때문이다. 중개자들로서는 대중들이 걸어오는 객관성 시비로부터 결코 자유로울 수가 없다. 그런데 그러한 시비를 잠재워 줄 권위가 있다면 그 그늘에 자신들의 책임을 쉽게 묻어놓을 수가 있지 않을까. 다시 말해 권위 있(다고 평가되)는 2차 생산자들의 담론[10]이야말로 중개인들이 빠질 법한 객관성 시비에 좋은 방패막이가 될 수 있다. 뿐만 아니라 중개자로서의 편집자는 거개가 2차 담론 생산자를 겸하고 있다는 점에서 엄밀한 분리가 불가능하기도 한 것이 사실이다. 따라서 다양한 문학사적 텍스트, 그리고 소월에 가해진 당, 후대의 많은 평론들에 김소월의 시가 어떤 형상으로 비춰지고 있는가 그리고 그러한 논의의 변화 양상이 어떠한가를 검토하는 일은 본고 논의의 선결 과제가 된다. 2장에서는 소월에 대해 언급하고 있는 평론과 문학사, 연구들을 검토하여 정전화의 시기를 구분해 봄으로써 3장 이하 논의의 틀을 다지게 될 것이다.

---

10) 물론 이 때도 보다 근원적인 것은 1차 생산자인 시인의 능력이다. 많은 미덕을 가진 텍스트를 생산해 놓아야 2차 생산자에 의한 추장(推奬)이 가능하기 때문이다. 시인 혹은 작가 스스로가 실라버스의 작성에 관여하여 자신의 텍스트를 목록에 올리는 경우가 아주 없지는 않았지만(가람 이병기가 대표적인 경우이다), 텍스트에 대한 2차 담론의 풍성함이나 수준이 그 기준임은 부정하기 어렵다. 특히 김소월은 요절했기 때문에, 2차 생산자들의 활동이 갖는 중요성이 배가된다.

2. 정전화의 과정과 민족주의

김소월 혹은 김소월 시에 대한 2차 담론의 특징을 시기별로 확인해 보면, 김소월 시의 정전화는 크게 보아 세 단계를 거치는 것으로 볼 수 있다.[11] 제 1기는 소월의 사망 이후 해방까지의 일제 강점기인데 이 단계에서는 그를 문학사에서 지워지지 않도록 1차적으로 관리해 준 스승 안서의 역할[12]이 돋보인다. 소월 시에 있어서의 안서의 역할은 세 방면에서 유효한데, 소월에게 시를 가르친 일과 그의 시를 수습하여 책으로 엮은 일[13], 마지막으로 지금 서술하고 있는 바대로 소월에 관한 글쓰기를 지속적으로 전개함으로써 소월론의 기초를 닦은 일이 그것이다. 문학사적 자장(磁場)이라는 측면에서 살필 때, 세 작업 가운데 마지막 것이 특히 중요하다. 오늘날 우리가 갖고 있는 소월상(素月像)의 핵심들이 이 단계에서 이미 그 기초가 놓이기 때문이다. 다수의 회고담을 통해 안서가 강조하는 소월상의 핵심은 그가 민요 시인이자 한과 고독의 시인[14]이었다는 점, 우리말의 구사에 능했다는 점 등에 모인다. 그

---

11) 이 글에서 참조한 시 본문과 2차 담론의 목록은 김용직 편 『김소월전집』(서울대학교 출판부, 1996)에 기초하였다. 하지만 목록의 경우, 사실 확인 과정에서 상당 부분 착오가 있는 것을 발견했다. 아마도 오랜 기간 많은 연구자들이 각기 수습해 왔던 목록이 누적되는 과정에서 원 텍스트의 확인 과정이 생략되어 일어난 착오로 보인다. 이 착오는 다른 자리에서 밝힐 수 있을 것이다.

12) 김억은 무려 여섯 번에 걸쳐 제자 소월의 생애와 시세계, 죽음에 대한 글을 남기고 있다. (김억, 「소월의 行狀」, 『신동아』, 1931.1. 「작가연구-소월의 생애와 시가」, 『삼천리』59, 1935.2. 「요절한 박행시인 김소월에 대한 추억」, 『조선중앙일보』, 1935.1.14. 「소월의 생애」, 『여성』39, 1936.6. 「김소월의 추억」, 『박문』9, 1939.7. 「기억에 남은 사람들」, 『조광』, 1939.10.)

13) 1925년의 원본보다 1939년의 증보판이 그 점에서는 더 중요하다고 할 수 있다. 오늘날 우리가 흔히 접하는 소월 시의 원형이 대개 이 시집에 기초하고 있기 때문이다. 그런 점에서 오늘날의 소월 시는 안서의 이 중개 과정에 크게 빚지고 있다. 그러나 안서의 중개 과정이 반드시 긍정적이었다고 보기에는 무리가 있다. 소월의 의도와 관계없는 개작 문제가 발생했기 때문이다.

14) 안서는 소월이 생각보다 이지적이었음을, 20세 이후에는 특히 더 그러했음을 자주 강조한다. 그러한 이지가 죽음을 불러왔다고 보고 있을 정도이다. 그럼

러나 연이은 안서의 글 어디에서도 이러한 소월의 특징들이 민족적인 것과 뚜렷이 결합되어 있다는 자각에 도달해 있지는 않다. 소월시의 민족적 대표성을 주장키는커녕 정작 안서는 소월 혹은 소월시가 근대 문단에서 지워지지나 않을까 노심초사하고 있다. 물론 "中央文壇에 知己가 적은 素月"[15]이기에 "사람으로서의 素月이의 자최는 그야말로 찾아 볼 길이 드물 것"이라는 우려가 출발점이지만 시와 시인 일체론에 강하게 묶여 있던 그로서는 소월이 잊히면 그의 시도 얼마 가지 못할 것이라는 생각을 하고 있었음이 틀림없다. 이런 고민은, 말할 것도 없이 안서 당대 즉 해방기까지는 소월 문학의 지위가 정전이라 부를 만한 반열에 오르지 못했음을 반증하는 것이다.

이런 저간의 사정은 임화의 문학사 정리 작업에 고스란히 반영되어 있다. 근대문학의 초기로부터 카프 출현까지를 현실 반영성의 고도화라는 다소 도식적인 관점에서 정리하고 있는 탓이기도 하겠지만, 임화는 소월 시대의 특징을 자연주의라 규정한 다음 김석송, 주요한, 김소월, 춘원, 김억 등의 시인을 예거한다. 이들이야말로 "조선 근대시사상 진정한 의미의 창시적 건설자의 명예를 차지"[16]할 수 있다는 것이다. 그러면서도 임화는 이들 외에 이상화를 특기(特記)함으로써 당대 문학사적 관심의 향배를 명확히 한다. 이로써 소월은 의미 있는 최초의 문학사 서술 작업에서 간단히 포커스 아웃 된 것이다.

소월 정전화의 제 2기는 해방기(한국전쟁 전까지)다. 이 2기는 본격

에도 그러한 강조 자체가 오히려 정한의 시인으로서의 소월상을 더 강화시키고 있음을 부인할 수 없다. 그가 예로 드는 소월시의 대표작들이 전부 20세 이전의 것들이라는 점 또한 이러한 생각을 뒷받침한다. 소월시의 대표작들이 20세 이전 에 대부분 씌어졌다는 관점 또한 후대의 한 표준이 된다. 민요시가 무엇인가에 대해서는 고를 달리하여 살펴볼 필요가 있다, 안서는 민요라는 것을 자수율에 근거한 것으로 이해하고 있다는 점 정도만 부기하여 둔다. (김억, 「김소월의 추억」, 『박문』9, 1939.6-7.)

15) 김억, 같은 곳.

16) 임화, 「조선신문학사론 서설」, 『조선중앙일보』, 1935.10.29.

적인 소월론이 제출되는 의미 있는 시기라 할 수 있다. 이 시기 소월론의 선편을 쥔 사람은 놀랍게도 오장환이다. 오장환은 모두 세 편의 소월론[17]을 잇달아 발표하는데, 이 글들은 본격적인 의미의 첫 소월론이라는 역사성과 함께 소월시에 대한 다른 독법의 가능성을 깊이 있게 펼쳐 보인 전위성이라는 측면에서도 높게 평가받아 마땅하다. 이 세 편의 글은 성격을 조금씩 달리 하는데, 「조선시에 있어서의 상징」이 소월 시 「초혼」을 중심으로 일제 강점 기간에 왜 한국 시에 상징이라는 기법이 수용되고 확산될 수밖에 없었는가 하는 이유를 추적한 글이고, 〈시집 『진달래꽃』의 연구〉라는 부제가 붙은 「소월시의 특성」이 본격적인 소월시론에 해당한다. 마지막 「자아의 형벌」은 소월의 죽음을 에세닌의 죽음에 비긴 후, 소시민으로서의 안주(安住)와 행동에의 투신 사이에서 죽을 만치 괴롭게 자신의 정체성을 탐색하고 있는 오장환 자신의 심경 토로에 바친 글이다. 그렇다면 앞의 두 글이 해방기 소월시론의 행방을 짚어줄 저본(底本)이 되는 셈이므로 좀 자세히 분석해볼 필요가 있다.

오장환은 시 「초혼」이 의도한 바를 두고 "숨길 수 없는 피압박민족의 운명감이요 피치 못할 현실에의 당면"[18]이라는 상징의 세계를 구현하고 있다고 파악한다. 뿐만 아니라 소월의 시 「무덤」 역시 "민족성에서 오는 크나큰 공감"을 느끼게 하는데, 이런 경향은 소월의 비교적 후기 시에 해당하는 「바라건대는 우리에게 우리의 보섭대일 땅이 있었더면」과 「제이 엠 에스」에서도 발견할 수 있다는 것이다. "이것만 읽어도 소월이 직접 정치적인 행동은 없었다 하나 그 민족적인 양심만은 끝까지 갖고 있었다는 것"[19]을 잘 알 수 있다는 것이다. 말하자면 김소월의

17) 오장환, 「조선시에 있어서의 상징」(『신천지』, 1947.1), 「소월시의 특성」(『조선춘추』, 1947.12), 「자아의 형벌」(『신천지』, 1948.1)
18) 오장환, 「조선시에 있어서의 상징」, 『신천지』, 1947.1.
19) 같은 글.

시가 민족주의적 실천에 연결된다는 것인데, 오장환의 이러한 진술은 분명 문학사 최초의 것으로 기억되어야 마땅하다. 오늘날 우리가 흔히 예상하는 바대로 전통주의자들에 의해서가 아니라 문학가동맹계 시인에 의해서 소월의 시가 최초로 민족주의의 자장 안으로 호명된다는 사실은 소월 시가 지닌 녹록치 않은 성격을 암시하기에 충분하다. 적어도 이 시기까지 소월은 민족적 정한의 차원에서가 아니라 정치적 민족주의의 범주에서 이해될 소지를 갖고 있었던 열린 텍스트였던 것이다.

오장환은 소월과 같은 시인들이 상징적 가장(假裝)을 할 수밖에 없었던 이유를 명백히 정치적인 환경에서 찾고 있다. "견딜 수 없는 식민지의 백성으로서의 내면 모색과 정신적 고뇌의 발현 내지 합일"20)을 드러내기 위해 소월의 상징적 장치가 개발되었다는 것이다. 그런 점에서 「초혼」의 상징성은 '공동체의 문화 환경에서 기인한 민족 감정'만 갖춘다면 누구에게나 같은 느낌으로 다가올 수 있는 장점을 지녔다고 본다. 이러한 오장환의 독법은 김소월의 시에서 민족적 자의식을 읽어 낸 것으로, 단순히 전통적 정서의 자장 안에 안주하고 있는 전근대적 화자를 읽어내 왔던 기존의 독법과는 상당한 거리가 있는 것이다. 김경숙이 소월의 시에서 읽어내려고 했던 근대성도 바로 이 지점에 닿아있다.

그러면서도 오장환은 김소월이 이룬 상징의 한계를 명확히 지적하고 있다. 『백조』파 회월이나 월탄 등과 마찬가지로 소월 역시 소시민의 나약한 정서를 표현하는 '기분상징'의 역(域)을 벗어나지 못하고 말았다는 것이다. 이에 비해 이상화의 경우는 기분상징의 단계를 지나 '의식적으로 민족적인 운명감과 바른 현실을 튀겨내려는 노력'을 경주한 끝에 '관념상징'의 단계로 나아가 확실한 경향성을 지니게 되었다고 고평

---

20) 같은 글.
소월 시가 당대의 사회적 환경과 깊이 연관되어 있다는 이러한 인식은 후일 여러 논자들에 의해 깊이 있는 논의로 승계됨으로써 오장환의 판단이 그리 잘못된 것이 아님이 밝혀진 바 있다.

한다. 오장환이 이 시기 이미 문학의 발전주의를 굳게 믿었던 임화적 문학관 쪽에 섰음을 말해주는 대목이 아닐 수 없다. 따라서 이때의 '관념상징'이란 사상성에 다름 아닐 것이므로 그 핵심이 인민성의 범주에 드는 것임은 자명해 보인다. 오장환이, 조선시에 있어서의 상징이 더 이상 쓸모없는 것이 아니라 "조선이 세계제국주의의 간섭 아래 있는 한, 그리고 우리 인민이 식민지적…인 면모를 벗어나지 않는 한"이라는 단서를 달아 해방된 당대에도 여전히 유효한 방편임을 힘주어 강조함으로써 '투쟁과 진취'[21]에 복무하려는 스스로의 의지를 확인하고 있기 때문이다. 이러한 오장환의 결심은 곧 소월적 시 쓰기를 사상의 차원으로까지 밀어 올려야 한다는 자기 다짐에 다름 아니다. 이 점에서 소월의 시는 그에게 있어 시적 방법의 역할 모델이었던 것으로 비친다.

시집 『진달래꽃』을 두고 "그 시대 조선의 청춘의 감정을 비치인 거울로 가장 우수하며 또 일정(日政) 폭압하에 있어서의 우리의 문화재로도 대단히 귀중한 유산이라 아니할 수 없다"[22]거나 일제 강점기 출판된 시집 가운데 "가장 뛰어난 공적"이라고 말함으로써 소월 시문학 정전화의 첫발을 놓고서도, "무구한 청년기의 자연발생적인 유로(流露)"[23]에 그쳐 있다고 말하는 대목에서 같은 실수를 반복하지 않겠다는 결심이 읽히기 때문이다. 죽음이라는 자아의 형벌을 짊어진 소월의 해결 방식은 따라서 오장환으로서는 결코 받아들일 수 없는 것이며, 오히려 그가 적극적으로 지양해 마지않아야 할 단계였던 것이다.[24] 「산유화」의 종련을 인용하며 이런 관조적 표현에서만 그의 해조(諧調)를 발견할 수 있을 뿐[25]이라고 했을 때, 이미 「산유화」의 단계는 그가 넘어서야 할 발판에 지나지 않았던 것이다.

21) 같은 글.
22) 오장환, 「소월시의 특성」, 『조선춘추』, 1947.12.
23) 같은 글.
24) 오장환, 「자아의 형벌」, 『신천지』, 1948.1.
25) 같은 글.

정리하자면, 오장환은 김소월의 시 내지는 시집을 문학사적으로 의미 있게 자리매김한 첫 사례로 기억되어야 마땅하다는 것이다. 다만 동시대인으로서의 심정적 동질감에 기댐으로써 다소 소박한 소월 읽기를 하고 있다는 점, 즉 그 시대를 살았던 젊은이라면 당연히 시대적 분위기로부터 자유로울 수 없을 것이라는 결정론적 인식에 바탕을 둠으로써, 보다 정치(精緻)한 근거 대기로 나아가지 못했다는 아쉬움은 남는다. 하지만 소월의 문학에서 정한(情恨)의 전통 의식이 아니라 민족적 공동체 의식을 충분히 읽어낼 수 있다는 것, 그에 따라 흔히 소월의 대표작으로 꼽히곤 하는 작품들뿐만 아니라 「바라건대는…」과 같이 자유시 형식을 전개시킨 작품들의 중요성[26]을 인정해야 한다는 점을 밝힌 부분은 탁견으로 꼽지 않을 수가 없다. 오장환의 이러한 견해는, 오늘날 우리가 생각하는 김소월의 이미지가 아니라 민중적 연대를 밑받치는 시인의 대표로 김소월이 자리매김 될 수도 있었음을 암시한다.

오장환의 이러한 소월 읽기에 즉각적 대응을 보인 사람이 다름 아닌 김동리다. 오늘날에도 「산유화」 분석의 한 고전으로 평가되는 「청산과의 거리-김소월론」(『야담』, 1948.4)은 표면상 오장환에 대한 어떤 언급도 하고 있지 않지만 내용과 형식에 있어 오장환의 글을 뚜렷이 의식하고 있다. 오장환 스스로 지양의 대상으로 마지막으로 표 나게 내세웠던 「산유화」 한 편(오장환이 「초혼」 한 편으로 소월론을 시도했음은 전기한 바 있다)을 중심으로 김소월론을 꾸미고 있다는 형식적 측면과 '해조'라는 용어로 「산유화」를 고평하고 있다는 점[27], 공동체적 정치의식이 아니라 임을 구하는 '정한'과 민요조의 보편성이라는 용어를 통해

26) 소월시의 민중성 부분에 대해서는 1980년대 말에 들어서야 재인식이 시작된다는 점을 기억한다면 오장환 논리의 선구성을 충분히 짐작하고도 남음이 있다.

27) 김동리는 「산유화」를 두고 "조선의 서정시가 도달할 수 있는 한 개 최상급의 해조(諧調)를 보여주었다"라고 평가한다. (김동리, 「청산과의 거리-김소월론」, 『문학과 인간-김동리전집.7』, 민음사, 1997, p.40.)

소월의 민족주의적 성격을 차별화하려는 의도 등에서 오장환에의 대타 의식[28]이 암암리에 드러나기 때문이다.

> 그의 <임>이 모든 <옥녀>와 모든 <금녀>에 통하게 될 때 <임>을 구하는 정한의 주체도 이미 김소월이란 개인적 감정을 초월할 수 있었던 것이다. 여기서 그의 개인적 특수적 감정은 일반적 보편적 정서로 통하게 된 것이며 이러한 일반적 보편적 정서가 민요조를 띠게 된 것은 지극히 당연하며 자연스런 결과라 아니 할 수 없는 것이다(소월 시의 민요조는 진실로 이에 연유되었던 것이다).[29]

김동리에 이르면 소월 시를 받치는 정서는 명확히 '정한'으로 정리된다. 다만 그것을 민족적인 것으로 볼 수 있을지 다소 애매하다. 정한의 보편성을 말한 김동리의 의도가 '자연'과 '신'에게로 향하려는 인류 보편성의 의미 쪽에 닿아 있는 듯한 느낌을 강하게 풍기고 있기 때문이다. 하지만, 정한이라는 보편적 정서(정한이 보편적일 수 있는지는 차치하고라도)를 민요조에 연결하는 한 그것은 '구경적'으로는 한국 민족주의에 연결될 수밖에 없다. 인류 보편의 민요라는 형식이 존재할 수가 없기 때문이다. 김동리의 논의가 지닌 이러한 애매성은, 변방의 한국 땅에서 자기가 앞장서서 개척하고 있는 제 3휴머니즘이라는 논리가 세계성을 띤 것이라는 강변에 뿌리를 두고 있기 때문에 비롯된 것으로 이해된다. 궁극적으로는 문단 헤게모니론[30]이면서도 전통주의 내지는

---

28) 김윤식은 김동리의 이 글이 "오장환이나 문학가동맹 측의 정치적인 문학론에 대한 통렬한 비판으로 씌어졌다"(김윤식, 「거리재기의 시학」, 시학, p.55.)고 평가한다. 김윤식의 이 글은 김소월론을 쓴 세 명의 문인, 오장환, 김동리, 서정주들의 논의를 연관지어 분석한 매우 의미 있는 논문이다.

29) 김동리, 위의 책, p.43.

30) 이 무렵을 전후한 전통주의 그룹의 글에서 자주 '정통성'이 언급되고 있음이 그 증거다. 문제의 핵심이 당대를 헤쳐 가는 문학론이 얼마나 옳고 그른가에 있는 것이 아니라 어느 집단이 더 '주류적'이고 '정통적'인가를 따지는 데 있다(김동리, 「조선문학의 지표」, 『청년신문』, 1946.4.2)고 했을 때, 김동리 그룹의 초미의 관심사는 문단의 헤게모니 장악이었음이 명백해진다. 이 정통성 의식

순수문학론으로 포장한 김동리의 보편성이 민족 단위의 휴머니즘임은 이미 스스로도 밝힌 바 있기에[31] 그의 정한(情恨)이라는 용어를 (한국) 민족적 정한으로 정리해도 무리가 없다. 훗날 문협 정통파의 소월관이 이에서 발원하고 있는 것이다.

소월을 보는 관점의 분화가 일어나고 있기는 해도 아직 이 시기까지는 김소월의 정전화가 본격적으로 시도되었다고 보기는 어렵다. 김동리가 「산유화」를 두고 '기적적 완벽성'을 보인 작품이라 평가하거나 나머지 작품들을 전부 미완성품으로 절하한 것도 기실 김소월을 향한 것이라기보다 문학가동맹계를 향한 오연한 차별화 선언이었다고 보는 편이 옳다.[32] 이 단계까지도 김소월은 어느 한편으로 치우친 민족주의에 의해 재단되지 않고 문학사의 다양성을 보증해주는 여러 입장들 가운데서 유동하고 있었던 것이다. 이 시기 말에 순수문학론자로서 최초로 시문학사를 정리한 서정주의 경우에도 소월을 낭만파 후기의 대표적 시인 가운데 하나[33]로 인식했을 뿐 자신들의 문학관을 보증해 줄 중요한 장치로 인식한 흔적을 보이지는 않는다. 문제는 미군정기와 한국전쟁을 거치며 인식의 다양함이라는 미덕이 더 이상 설 자리를 잃어버리면서 생겨난다. 문학사의 중요한 여러 축이 일거에 제거 당하고 그 빈 자리를 순수문학으로 채워 넣으면서 평가의 과잉 현상이 발생했던 것이다.

김소월 시 정전화 과정의 마지막 단계는 한국 전쟁의 발발과 함께 시작된다. 특히 전후로부터 60년대 말에 이르는 20여 년이 결정적이었다. 이 시기를 전후로 하여 소월은 본격적으로 '국민 시인'의 지위를 부여받게 된다. 이 시기에는 문협 정통파의 효장으로서 미당의 역할이

은 조지훈의 경우에도 고스란히 반복된다.(조지훈, 「순수시의 지향-민족시를 위하여」, 『백민』7, 1947.3)

31) 김동리, 「순수문학의 진의」, 『서울신문』, 1946.9.15.

32) 김윤식, 같은 곳.

33) 서정주, 「현대조선시약사」, 서정주 편, 『현대조선명시선』, 온문사, 1950.2.

단연 돋보였다. 미당은 70년대 초에 이르기까지 무려 8편에 이르는 소월론[34]을 씀으로써 오늘날 우리가 이해하는 김소월에 대한 상의 기초를 닦고 작품의 대표성을 부여하는 일관된 작업을 진행한다. 더구나 중요한 것은 그러한 일들이 예술원 회원의 이름 아래 진행되었다는 점이다. 문협의 이데올로기가 국가주의의 외피를 입고 문학판을 좌우하는 좋은 보기라고 할 수 있다. 문덕수와 김춘수의 역할[35] 역시 기억해 둘 필요가 있는데, 특히 김춘수는 주제나 정서의 측면에서 주로 이루어지던 소월 논의의 틀을 형태적 측면에서 접근하여 그 우수성을 내보이는 쪽으로 전환함으로써 소월 시가 안팎으로 매우 굳건한 구조를 지녔음을 보증하고 있기 때문이다.

김윤식 선생은 미당이 1960년을 전후하여 거듭 소월론을 쓰는 이유를 그의 인식 변화에서 찾아낸다. '하늘'이라는 종교를 더 이상 밀고가기 힘들어지자 '사랑'이라는 세속에로 발길을 돌렸고, 그 끝에 소월이라는 시적 스승을 발견하게 되었다는 것이다.[36] 미당이 김동리와 달리 소월에게서 거리감을 발견하지 못하고 그를 시적 스승으로 삼았던 이유가 무엇일까. 이 부분의 해명에는 김동리와 미당이 각각 소월을 만나

---

34) 서정주, 「소월의 자연과 유계와 종교」, 『신태양』, 1959.5, 「소월시에 있어서의 정한의 처리」, 『현대문학』, 1959.9, 「소월에 있어서의 肉親·朋友·隣人·스승의 의미」, 『현대문학』, 1960.12, 「김소월의 시에 나타난 사랑의 의미」, 『예술원논문집』2호, 1963.9, 「한국현대시인연구-소월시연구속고」, 『예술원논문집』4호, 1965.10, 「한국현대시인연구-소월시연구속고」, 『예술원논문집』5호, 1966.9, 「소월의 시와 생애」, 『여원』, 1968.10, 「김소월과 그의 시」, 『서정주문학전집』 2권, 1972.

35) 두 사람 역시 각각 네 편의 소월론을 씀으로써 소월의 지위에 확고성을 부여한다. 김춘수, 「형태상으로 본 한국 현대시 -김소월의 시와 형태에 대한 약간의 비평」, 『문학예술』, 1955.10, 「김소월론을 위한 각서」, 『현대문학』, 1956.4, 「소월시의 행과 연」, 『현대문학』, 1960.12, 「김소월론」, 『현대시학』, 1969.6. 문덕수, 「리리시즘의 발견-김소월론」, 『문학춘추』, 1964.11, 「신소월문학론」, 『사상계』, 1968.5, 「현대시인의 연구-김소월론」, 『예술원논문집』7, 1968.8, 「소월에 있어서의 임, 자연, 향수」, 『국문학논문집』9집, 민중서관, 1977.

36) 김윤식, 위의 책, p.61.

는 시점에 대한 고려가 있어야 할 것으로 보인다. 김동리의 소월론이 오장환 혹은 문학가동맹이라는 정적에의 대타의식으로 작성된 선언임은 이미 적시한 바 있다. 그리고 그 무렵의 청문협 문인들이 정통성[37] 논의에 골몰했음도 말한 바 있다. 이 모든 것은 상대방이 뚜렷하게 하나의 권위로 작동하고 있을 때 힘을 발휘하는 담론들이라 할 수 있다. 해방기는 이러한 선언류의 공격적인 발언으로 자기들의 영역과 위세를 과시하기에도 바쁜 시기였으므로, 밀도 있는 문학 내적 근거를 들어 그러한 선언을 논리화할 여유가 있을 리 만무했다. 그런데 한국전쟁이 이 모든 논쟁들을 강제적으로 종식시켜 버렸다. 이제 김동리류에 필적할 상대는 더 이상 남한문학에 존재하지 않았다.

그로부터 10여 년이 지나 미당에 의해 쓰여 지는 소월론은, 그러므로 〈청문협〉을 지나 〈문협〉으로 확장되면서 남한문학 주류의 목소리가 된 김동리류 문학의 '내적 논리'여야 마땅했다. 시문학파 하나만 자신의 계보로 인정하고, 오장환이 인정한다는 이유만으로 「산유화」 한 편만 남기고 모조리 습작이라고 소월을 매도하던 김동리의 제스처를 그대로 수용한다면, 〈문협〉의 시문학사에서는 1920년대가 공백으로 남을 공산이 컸다. 그러므로 미당이 소월의 시에서 '고도(古道)'라 부를 만한 '정한(情恨)의 깊이'를 발견[38]하고 거기에 자신의 문학관을 고스란히 투사함으로써 동질감을 확보해 낸 것은 결과적으로 이 공백을 메워 자신들의 계보학을 완성한다는 의미를 지닌 것이었다. 2인 문단-동인지 문

---

37) 이 부분은 해방기 이후에도 내부적으로는 문협의 아킬레스 건으로 인식되었을 공산이 크다. 해방 이전에 죽어 해방기 이데올로기 싸움에 연루되지 않았다는 이유만으로 이상화나 심훈 등 명백한 카프계 문인들을 남한 문학의 주류권에 포진시킨다든지, 만해와 윤동주를 문학사의 전면으로 불러낸다든지(만해와 윤동주의 정전화 과정에 대해서는 고를 달리하여 살펴볼 필요가 있다), 유파별 문학사 인식으로는 도저히 자리를 내줄 수 없을 것 같은 사람들을 '저항 시인'이라는 기이한 이름으로 떠받든다든지 하는 일들의 밑바탕에는 남한 문학 속에 결핍된 무언가에 대한 고려가 선행하고 있는 것으로 읽을 수 있기 때문이다.

38) 서정주, 「소월에 있어서의 肉親·朋友·隣人·스승의 의미」, 『현대문학』, 1960.12,

단–소월과 만해–시문학파–생명파(혹은 인생파)–청록파로 이어지는 오늘날의 이 계보학을 떠올릴 때, 소월을 지워 만드는 빈자리는 생각보다 큰 것이 아닐 수 없다. 당면한 정치적 현실에 시급히 대응해야 할 필요에 직면해 있던 김동리로서는 바로 이 지점을 놓쳤던 것이다. 미당이 자신들 계보의 출발점을 김소월까지 소급시킬 수 있는 논리를 '고도'라 명명하고 그 실체를 면면한 '정한'으로 정리하자 비로소 김동리의 '생의 구경적 형식'이라는 선언이 일거에 그 실체성을 확보할 수 있었던 것이다. 소월의 시는 이에 이르러 영원주의이자 정신적 전통주의라 부를 만한 문협 논리의 적자로 시문학사에 확고한 자리를 부여받을 수가 있었다.

오장환의 소월론이 소월시와 현실과의 관계라는 관점에서 작성된 최초의 경우라면, 미당의 소월론은 시대성과 무관하게 소월시의 내적 논리를 문학사에 독립시킨 최초이자 본격적인 경우라는 점에서 구별된다. 오늘날 교육 현장에서 만나는 소월관의 원형이 여기서 발원하고 있다는 점 또한 기억되어야 한다. 미당은 소월의 시에서 '유계(幽界)에까지 가 닿으려는 사랑(정한)의 깊이'를 발견하고 그러한 태도야말로 근대 이전으로부터 면면히 이어 내려오는 우리만의 것 곧 전통임을 명백히 한다.[39] '저승에 닿는 정한'의 문제는 '육친애'를 다루는 경우에도 고스란히 반복되는데 이러한 주제야말로 개화 이래 이 땅의 시문학에서는 달리 그 예를 찾아볼 수 없는 경지라는 것이다.[40] 미당이 소월로부터 읽어내는 이 반근대의 코드 곧 사랑과 이별, 저승까지 뻗는 정한의 문제가 바로 「귀촉도」 이후 미당 시세계의 핵심을 이룬다는 점을 감안하면 미당 소월론이 어디를 향하고 있는지를 짐작하기 어렵지 않은 일이다. 미당의 의도는 문협의 전통주의가 면면한 시문학사의 전통이라는 발판을 확고히 딛고 형성된 것임을 논리화하는 데 있었던 것이

39) 서정주, 「소월의 자연과 유계와 종교」, 『신태양』, 1959.5.
40) 서정주, 「소월에 있어서의 肉親·朋友·隣人·스승의 의미」, 『현대문학』, 1960.12.

다. 소월시가 전통적이라고 말하는 순간 소월의 피를 이어받은(이어받았다고 생각하는) 미당의 순수문학 또한 즉각 전통의 자리로 호명된다는 점에서 이때의 전통은 이중적인 어법이 아닐 수 없다. 미당이 소월론을 쓴 것이 아니라 소월론을 빙자하여 미당 자신의 육성을 낸 것이라는 김윤식의 평가[41]는 이러한 판단에 기반한 것이다. 그러나 미당의 이러한 태도가 서양문학의 거대한 힘에 맞설 수 있는 그 무엇을 찾으려는 지적 자각에서 출발했으므로 그를 위장된 모더니스트라 불러야 한다는 김윤식 선생의 주장에는 일단 동의할 수 없다. 지적 자각의 유무를 보다 엄정하게 따져 보아야 할 문제라는 생각이 들기 때문이다.

1970년대를 전후하여 각 대학에 국어국문학과 현대문학 전공이 자리를 잡아 문학 연구가 진행됨으로써 그간의 김소월 정전화를 학문적으로 추인하는 과정을 밟는다. 이러한 작업들은[42] 1948년 김동리에서 비롯하여 미당에 의해 내용이 채워진 문학 현장에서의 김소월론에 학문적 보증이라는 날개를 달아주었다. 특히 낭만주의 문학에 지속적 관심을 쏟았던 오세영 교수는 그간 한국문학 연구의 장에서 펼쳐진 소월론의 향방을 추스르는 단행본[43]을 상재함으로써 소월의 지위를 공고하게 다졌다.

소월의 정전화를 이처럼 3단계로 놓고 거기 기여한 그간의 논의들의 특징을 정리해 보면 그것은 한 마디로 민족주의적 해석의 공고화라 할 수 있다. 그런데 그 민족주의라는 것도 초기의 다양성을 살리는 쪽이 아니라 가능성을 한 가지로만 좁히는 방향, 즉 정치적 의미를 배제하는 정치성만을 작동시킴으로써 '근대' 시인 김소월을 매우 '전통'지향적인

---

41) 김윤식, 「거리재기의 시학」, 시학, 2003, p.68.
42) 특히 이 가운데 논의의 선편을 쥔 연구자가 김용직과 오세영이었다. 이들은 각각 7편과 11편의 소월론을 연이어 쓰고 있다.
43) 오세영, 『김소월, 그 삶과 문학』, 서울대학교 출판부, 2000.

시인으로 고착하는 쪽으로만 용인되어 왔던 것이다. 오늘날 이 '정치적 의미를 배제하는 정치성'이야말로 오랜 독재 권력 문화 통제론의 핵이었다는 점을 부인할 사람은 없다. 이 점에서 우리는 소월시를 읽는 그간의 코드를 국가민족주의의 기획과 연결시킬 수가 있는 것이다.

3. 각 단계별 정전화의 실태와 방법

가. 1단계 : 일제강점기

정전화의 1단계, 곧 일제 강점 기간에는 교육 과정 자체가 문제일 수 없음이 자명하다. 해석 공동체가 공유하는 인식이 일제의 교육과정에 그대로 반영될 리가 없겠기 때문이다. 그럼에도 어떤 방식으로든 소월에 관한 당대 독자들의 평가를 확인할 필요가 있다. 그럴 경우 유용한 자료가 사화집이라는 것이 필자의 판단이다. 사화집이란, 편집자의 수준에 영향을 받긴 하겠지만 어떻게든 당대의 평가가 결집되는 구심점 역할을 할 것이라는 예상을 해 볼 수 있기 때문이다. 문학사적 결과를 상업적 결과로 연결시키려는 목적으로 만들어지는 것이 사화집일 터이므로 대중의 기호를 완전히 무시한 편집을 할 수는 없지 않았을까.[44)]

---

44) 사화집 편찬과 그 의미에 대한 보다 자세한 논의는 「시교육 자료로서의 〈사화집〉」 참조.

〈표〉1. 일제 강점기 주요 사화집 수록 소월 시 목록

편집자	도서명	출판사	연도	등재 시인 및 시 편수	소월 시
조선통신 중학관	조선시인선집 – 28문사걸작	조선통신 중학관	1926	김기진 외 27인, 2–8편	「월색」, 「엄숙」, 「찬 저녁」, 「나는세상모르고사랏노라」, 「집생각」
김동환	조선명작선집	삼천리사	1936	주요한 외 20인, 2편 내외	「금잔디」, 「진달래꽃」
이하윤	현대서정시선	박문서관	1939	김기림 외42인, 1–12편	「진달래꽃」, 「먼 후일」, 「님의 노래」, 「못니저」, 「예전엔 미처몰랏서요」, 「맘켱기는날」, 「漁人」, 「길」, 「가는 길」, 「왕십리」, 「산」, 「삭주구성」
임화	현대조선시인선집	학예사	1939	최남선 외 48인, 1편	「먼 후일」
조선일보 출판부	현대조선문학전집–시가집	조선일보	1939	주요한 외24인, 1–11편	「임의 노래」, 「옛이야기」, 「먼 후일」, 「풀따기」, 「밤」
시학사	신찬시인집	시학사	1940	김기림 외 30인, 1–5편	

총 6권의 사화집은 그 편찬 배경이나 성격이 매우 다른데 『신찬시인집』[45])을 제외하고는 모두 소월을 중요 시인으로 꼽고 있다. 하지만 작품들에 대해서는 호불호가 선명히 나뉘고 있어 소월시의 정전 리스트가 아직은 만들어지기 전이라는 점을 알 수 있다. 수록 작품은 「먼 후일」(3회), 「진달래꽃」(2회), 「님의 노래」(2회) 등 21편이 산포(散布)되어 있다. 이 가운데 단연 특기할 만한 책이 이하윤 편의 『현대서정시선』인데, 여기에는 「진달래꽃」을 비롯 모두 12편의 소월시가 등재되어 있다. 이는 42명의 수록 시인 가운데 최다수의 작품이다. 김영랑 10편과 정지용 11편을 실은 것은 것으로 보아 이하윤의 편집 의도가 국민문학과 시문학, 해외문학을 우대하려는 전략이라는 것은 분명해 보인다. 그는 기본적으로 카프 계열과 모더니스트들의 시를 시로 인정하지 않는

45) 이 사화집은 조선일보출판부 편이 카프, 모더니스트, 신진시인들을 전부 누락시킨 데 대한 반작용으로 신진들만 다루고 있기 때문에 소월이 빠진 것이라는 점에서 유의미한 것은 아니다.

다.[46] 그러면서 소월에 대해서는 다음처럼 친화의 자세를 드러낸다.

> 眞實로 驚異에 값할만한 天才的 民謠詩人 素月은 우리가 永遠히 가지고 있는 빛나는 寶玉의 하나로 그의 詩에는 技巧 따위의 자최가 조금도 보히지 않으면서 그가 驅使한 言語에 寸毫의 빈틈을 發見할 수 없도록 音樂的이다. 比較的 初期의 詩人이면서도 樹州, 露雀이 또한 그와 比肩할 만한 才質을 가지고 詩를 썼으니 아울러 그들의 努力도 能히 窺知할 바가 있었다.[47]

소월이 민요 시인이라는 규정이 명확히 공표되고 장면이다. 민요가 무엇인지에 대한 언급은 없지만 '언어의 음악적 구사에 나타난 자연스러움'이라는 이데올로기와 관련되어 있다는 점은 분명해 보인다. 말하자면 모던도 정치도 관념도 배제한 '말랑말랑한 서정의 음악화'라는 측면에 김소월의 시가 표본적으로 해당된다는 인식인 것이다. 안서 김억의 줄기찬 호명(呼名) 작업 한편에 이러한 흐름이 존재한다는 것은 소월시가 지닌 가능성을 보여주는 것이겠다. 하지만 그렇다고 거기서 정전화의 뚜렷한 흐름까지를 찾아내기는 힘들다고 볼 수 있는데 이하윤의 작업이 지닌 일회성이 그 근거라 하겠다.

나. 2단계 : 해방기

이미 2장에서 밝혔듯이 해방기 오장환의 소월에 대한 관심은 김소월의 문학이 정치적으로도 의미 있게 읽힐 수 있음을 의미하거나[48] 적어

---

46) 이하윤의 이러한 태도는 유파적 정치 의식이 명확히 발현된 문학사 최초의 사례이자 해방 이후 첨예해진 순수문학 운동의 선취(先取)라 할 만하다. 에드가 알란 포우의 의견을 좇아 시란 오로지 서정시라야 한다는 견해를 수용하면서 서정의 의미를 손위 '순수 서정'으로 좁혀버린 이 사태야말로 차후의 문학사 왜곡의 향배를 뚜렷이 예견케 하는 대목이다.

47) 이하윤 선, 『현대서정시선』(박문서관, 1939.2)의 「서문」.

48) 1950년대 엄호석에 의해 북한에서 단행본으로 간행된 『김소월론』(조선작가동

도 그 시기까지는 아직 평가가 고정되지 않았던 것을 반증한다. 이는 사화집 편찬에도 고스란히 그 흔적을 남기고 있는데 임학수와 서정주 편찬의 책들이 그것이다.

〈표〉2. 해방기 주요 사화집 수록 소월시 목록

편집자	도서명	출판사	연도	등재 시인 및 시 편수	소월시
임학수	조선문학전집10 –시집	한성도서	1949.4	김소월 외 47인, 5편 내외	「꿈꾼 그 옛날」, 「서울밤」, 「왕십리」, 「삭주구성」
서정주	현대조선명시선	온문사	1950.2	만해 외 39인, 3편 내외	「진달래꽃」, 「산유화」, 「초혼」

우선 임학수 편의 『조선문학전집 10권 –시집』(한성도서, 1949)은 '신문학 40년의 총결산'이라는 광고에 걸맞게 김소월부터 이수형까지 총 48인의 시를 평균 5편 전후로 싣고 있다. 비교적 좌우가 고르고 신진 중심인 이 시집은 보기에 따라서는 좌파 시인들 중심으로 볼 수도 있을 정도로 중요한 신진들을 다 다루고 있다. 이병철, 이수형, 여상현에 청록파 3인, 이한직 등 해방기 시인들까지 고루 싣고 있음이 그 좋은 보기일 것이다. 활동 중인 시인의 자선(自選)이라는 원칙이 이런 결과를 빚었겠지만 문학사를 균형 있게 취급하려는 안목이 돋보이는 부분이기도 하다. 김소월의 시 네 편이 시집의 모두(冒頭)를 장식하고 있는데 목차에는 시인이 한용운으로 소개되어 있고 정작 한용운의 시는 누락되어 있다.[49]

서정주가 단독으로 편집한 『현대조선명시선 – 부. 현대조선시약사』(온문사, 1950.2)은 여러 가지 면에서 시사적이다. 만해로부터 조지훈에 이르는 40명의 시를 3편 가량씩 싣고 있는데 선별된 작품들이 오늘

맹출판사, 1958)이 보여준 본격성에 비추면 소월을 순수 전통시인으로만 읽어 온 저간의 독법이 무색해질 수밖에 없다.

49) 한용운 시의 정전화 문제는 고를 달리하여 살펴볼 필요가 있다.

날 해당 시인의 대표작으로 거명되는 시들이라는 점에서 편집자의 안목이 우선 돋보인다. 소월의 경우로만 좁혀 보아도, 「진달래꽃」과 「초혼」과 「산유화」가 한 자리에서 대표작으로 거명된 최초의 사례인 것이다. 그런데 이 말을 뒤집어보면, 그것은 이때까지의 사화집 편찬자들 가운데 미당의 영향력이 가장 강력하게 후대에까지 작동했다는 뜻도 될 수 있을 것이다. 정지용, 김기림, 임학수 등을 제외하면 적극적인 의미에서의 좌파 시인들이 모두 사라지고 없다는 것도 특기해 두어야 한다. 임학수 편과 서정주 편이 만들어지는 사이의 어느 시기에 「문협」 중심의 질서 재편 움직임이 강력하게 작동되고 있었다는 뜻이다. 곧 일어날 전쟁은 이 정도의 융통성마저도 거두어 가버리게 된다. 기억해야 할 마지막 특징은 만해의 등장 부분이다. 다른 부분에서는 비교적 등단 순서를 지켜 시인들을 소개하는 체제를 따르면서도, 미당은 유독 만해의 시(「님의 침묵」, 「알 수 없어요」, 「수의 비밀」)만은 육당의 앞자리, 즉 시집의 제일 첫 자리로 밀어올림으로써 최대의 경의를 표하고 있다.[50] 문학사의 민족주의적 정통성을 확보하기 위한 노력에 시동이 걸리고 있는 장면이 예가 아닐까.

미당이 김소월을 두고 "新羅鄕歌以後 高麗와 李朝를 通해 보람도없이 綿綿히 蓄積해운('온'으로 보임-인용자) 朝鮮의 民衆 情緖 - 素月은 그것을 저 彈壓속의 現代에서 다시 繼承했으되, 固陋한 詩調詩人('時調詩人'의 오식일 것임-인용자)들처럼 陳腐하지는 않었다."[51]라고 평가하고 있어서 전통성과 음악성이라는 잣대로 소월을 이해하고 있다는 사실은 알 수 있지만 이 시기의 그가 소월을 특별한 의미로 부각하려 했던 흔적을 찾기는 쉽지 않다. 그저 조선의 근대 시문학사를 장식한 수많은 별 중의 하나로 받아들이고 있을 뿐이다.

---

50) 만해 시가 문학사적 평가의 구체적 현장에 모습을 드러내는 의미 있는 최초의 지점이 바로 여기라는 점을 기억해 둘 필요가 있다.

51) 서정주, 『현대조선명시선 -부. 현대조선시약사』, 온문사, 1950.2.

이 제 2단계까지 소월이 오늘날과 같이 특별대우를 받고 있지 않았다는 것은 당대의 국어 교과서를 참고해 보면 금세 알 수 있다. 해방기 교과서 편찬의 주무부서는 미 군정청 문교부였다. 군정청 문교부는 심화되는 종이 난(難) 가운데서도 1946년 가을서부터 본격적으로 전국적 단위로 교과서를 보급하기 시작했는데, 그 주역을 맡은 것이 〈조선어학회〉였다. 〈조선어학회〉 편의 문교부 교과서는 오늘날 관점에서 보자면 당대의 문학적 지형도를 비교적 객관적으로 충실히 반영하고 있었다. 좌와 우, 노와 소를 아울러 문학적 자질이 검증되거나 작품의 수준이 어느 정도 뒷받침 되어 나름대로 정전의 반열에 오른 것으로 평가할 수 있는 시인, 작가들의 작품을 고르게 싣고 있기 때문이다. 하지만 47년 초부터 본격화하는 좌익에 대한 군정청의 탄압과 그에 뒤이은 이승만 정권 수립 과정이라는 현실적 배경의 변화가 교과서 편찬에도 그대로 반영되기에 이르며, 급기야는 좌익과 연관된 인사들의 작품은 그 내용과 수준을 불문하고 배제되는 상황이 뒤따른다. 이때까지도 소월은 한 사람의 20년대 시인일 뿐이었다.

〈표〉3. 해방기 『중등 국어』(문교부 판) 소재 현대시 목록

제목/학년	편저자	발행자	연도	목록	비고
중등국어교본 상 (중 1,2)	조선어학회	군정청 문교부	1946.9	이병철 「나막신」, 김광섭 「비 갠 여름 아침」, 한용운 「복종」, 김동명 「파초」, 정지용 「난초」, 김소월 「엄마야 누나야」, 조명희 「경이(驚異)」, 김동명 「바다」, 김기림 「향수」, 변영로 「벗들이여」, 임화 「우리 오빠와 화로」, 이병기 「가을」(연시조), 이은상 「가곺아」(연)	
중등국어교본 중 (중3, 고1)	조선어학회	군정청 문교부	1947.5 (재판)	김광섭 「마음」, 이병기 「아차산」(연시조)	* 정지용 한시 번역 1편
중등국어교본 하 (고 2,3)	조선어학회	군정청 문교부	1947.5	정지용 「그대들 돌아오시니」, 오장환 「석탑의 노래」, 김소월 「초혼」, 조지훈 「마음의 태양」, 정인보 「가신 님」(연시조)	

제목/학년	편저자	발행자	연도	목록	비고
중등국어 1 (중1)	문교부	문교부	1948.1	한용운 「복종」, 이병철 「나막신」, 노천명 「장날」, 신석정 「산수도」, 김기림 「봄」, 변영로 「벗들이여」, 김소월 「엄마야 누나야」, 김동명 「바다」, 김광섭 「비 갠 여름 아침」, 이병기 「봄」(연시조), 이은상 「봄」(시조), 김상옥 「봉숭아」, 「분꽃」, 「봉숭아」(연시조), 이은상 「가고파」(연시조), 이병기 「천마산협」(연시조)	* '군정청' 생략 * 학년별 분리
중등국어2 (중2)	문교부	문교부	1948.8	김소월 「기회」「산유화」, 양주동 「선구자」, 정지용 「춘설」, 신석정 「들길에 서서」, 정지용 「고향」, 박종화 「탱자」, 이은상 「고향 생각」(연시조 3수)	
중등국어3 (중3)	〃	〃	1948.8	조지훈 「마음의 태양」, 신석정 「들」, 김기림 「못」, 조운 「어머니 회갑에」「비 맞고 찾아온 벗에게」(각 연시조), 이병기 「계곡」(연5)「가섭봉」(연3)	
중등국어Ⅳ (고1)	〃	〃	1949.9	김광섭 「해방의 노래」, 서정주 「국화 옆에서」, 조지훈 「승무」, 이은상 「오륙도」(연3)「성불사의 밤」(연2), 정인보 「매화사」(연3)	
중등국어Ⅴ (고2)	〃	〃	1950.4	박종화 「청자부」, 박두진 「해」	

〈표〉.3에서 확인되듯이, 해방기 중등교육과정의 국어과 교과서에 게재된 현대시 작품들을 검토해보면 소월 시의 게재 빈도가 유의미하게 높게 나타나지 않는다는 것을 알 수 있다. 정지용, 김광섭, 조지훈, 신석정, 김동명 등과 대등한 수준에서 다루어지고 있을 뿐이다. 물론 총 23명밖에 되지 않는 수록 시인의 반열에 이름을 올렸다는 점이 의미 있는 것이긴 하지만 오늘날의 기대치에는 못 미치는 것이 사실이다. 이 무렵의 교과서 편찬을 책임진 것으로 알려진 가람의 안목 탓이겠지만 좌우와 노소가 비교적 고르게 안배된 한 축을 소월의 시가 담당하고 있을 뿐이다.[52] 수록 시 「엄마야 누나야」(2회), 「초혼」, 「기회」, 「산

유화」 가운데 「기회」를 제외하고 나면 언급될 만한 시가 등재되었다는 것을 알 수 있는데, 의외인 점은 「진달래꽃」의 탈락이 아닐까. 짐작컨대 그 배경에는 연애를 바라보는 시선의 사회적 미성숙이라는 조건이 관여한 듯하다. 「진달래꽃」이 다루는 연애 사건이 중등 과정에 교육적으로 적합하지 않다는 검열 의식이 작동한 탓이라는 이야기다.

해방기에는 이처럼 문교부 교과서 외에도 검인정 형태의 부독본과 임시 교재들이 다수 발행되었는데, 여기에는 편저자의 이념적 성향과 문학적 안목이 비교적 크게 개입하고 있다. 조선어학회의 정인승, 이극노로부터 김병제(문학가동맹), 가람 이병기, 도남 조윤제, 조지훈 등이 이 시기 부독본의 중요한 편저자들이었던 바 이들 책에서 꽤 다양한 작품들의 스펙트럼을 확인할 수 있다. 그런데 특이한 점은 지금까지 확인된 이 시기의 20여 종에 가까운 검정이나 임시 국어 교재에는 소월의 이름이 단 한 차례도 거명되지 않는데[53] 이 역시도 소월시의 값이 오늘날과는 많이 달랐음을 보여주는 증거일 것이다. 이 같은 해방기 국어 교재 편찬 활동에는 미 군정청 문교부 편수관을 지낸 가람의 역할이 컸던 것으로 보인다. 이에는 일제 강점의 말기 잡지 『문장』 지의 편집 경험이 알게 모르게 중요한 변수로 작동했을 것으로 짐작된다. 그러나 가람이 「문학가동맹」에 연루되었다는 혐의에서 자유롭지 못하다는 것을 감안하면, 일찍부터 고려대학교 교수로 활동하며 해방기 문단의 선편을 쥐었을 뿐만 아니라 다양한 부독본 편찬에 간여하고 있던 조지훈과 문교부 예술과장을 맡고 있던 미당 서정주의 활동이 향후의

---

52) 이병기, 이은상, 김상옥, 정인보, 조운 등 시조 시인들의 작품이 대거 채택되는 것이 오히려 도드라진 특징이라 말할 수 있는데, 이는 편집자 가람의 입김이 많이 느껴지는 대목이 아닐 수 없다.

53) 김사엽, 김병제, 이극노, 정인승, 조윤제, 이병기 등이 간여한 중등 국어 교본이 19종 가까이 전해지지만 여기에는 소월의 작품들이 전혀 실려 있지 않다. 다만 따로 전해지는 고등 국어(대학 교재용) 2종(조윤제, 조지훈 편)에서 소월의 시 3편(「왕십리」, 「삭주 구성」, 「산」)이 수록된 것을 확인 할 수 있었다.

변화 방향을 점쳐볼 수 있게 하는 중요 가늠자였다.

다. 3단계 : 한국전쟁 이후

관념적으로는 모든 것을 다 할 수 있을 것 같았지만 실제로는 거의 아무 것도 할 수 없었던 기묘한 해방구로서의 해방기는 또한 불행히 짧기까지 했다. 1950년의 한국전쟁은 이러한 가능성에의 환상조차 파괴해버리고 작가들을 차가운 현실 앞에 맞세우고 말았다. 남겨진 것은 「문협」의 이념과 거기에 비추어 의미 있다고 평가된 시와 시인들의 리스트뿐이었다. 그런 저간의 사정을 이 시기 사화집을 통해 들여다보자.

〈표. 3〉 1950년대 이후의 주요 사화집 수록 소월시

편집자	도서명	출판사	연도	등재 시인 및 시 편수	소월시
김용호 이설주	현대시인선집 상하	문성당	1954	169명의 시 1-2편	「초혼」, 「먼 후일」
서정주	작고시인선	정음사	1955	한용운 외 9인, 1-17편	「금잔디」, 「진달래꽃」, 「산유화」, 「밭고랑 위에서」, 「님의 노래」, 「개여울의 노래」, 「비단 안개」, 「가는 길」, 「산」, 「왕십리」, 「차안서선생산수갑산운」, 「엄마야 누나야」, 「나의 집」, 「천리만리」, 「하눌끝」, 「초혼」, 「먼 후일」

전쟁으로 인해 재편된 문학판의 질서를 반영해야 할 필요성이 책 편찬의 주요 이유로 보이는 김용호와 이설주 편집의 『현대시인선집 상, 하』(문성당, 1954)는 각권 500여 쪽이 넘는 방대한 분량을 자랑한다. 그 중에서도 상권은 해방 전 시인 편인데 김광균부터 가나다순으로 95명의 시를 1,2편씩 싣고 있다. 당연히 좌익 계열의 시인들은 모두 제거되고 없다. 문제는 이 지점인데, 좌익 진영의 작품을 제하고도 이렇게 많은 수를 언급한 때문에 질이 수반되지 않는 시인들도 다수가 실리는

결과를 빚었다. 이중의 왜곡이 일어난 셈인데, 원래 언급해야 할 시인들을 제거하는 것이 그 하나라면 그 자리를 기성의 우익 계열 시인들 가운데 수준 미달의 것들까지로 채워 근대시의 범위를 억지로 확장하는 것이 그 둘이다. 이는 결국 이 시기 이후 남한의 문학 혹은 교육판에서 행해진 오랜 기간의 문학사 비틀기의 전조(前兆)였던 셈이다. 소월 시는 「초혼」, 「먼 후일」 등 두 편이 실려 있는데, 어쩔 수 없이 우익계 시인들만으로 시집을 채우면서도 모든 시인들을 균등하게 취급하려는 이런 자세 뒤에서 이러기도 저러기도 힘들어하는 편자들의 울증(鬱症)이 묻어나는 듯하다. 이미 해방기에 시작된 한용운 시의 호명 작업과 함께 드디어 처음으로 윤동주의 시를 불러내어 앤솔로지의 리스트에 올린 것도 기억해 두어야 할 지점이다.[54)]

한 해 차이로 나온 서정주 편집의 『작고시인선』(정음사, 1955)은 이와 여러 면에서 대조적이다. 명실상부 남한 시문학의 핵심적인 위치를 차지한 미당이 자신의 감식안을 한껏 살리려는 의도를 명확히 드러내고 있기 때문이다. 김용호와 이설주가 주관적이라는 평가를 받지 않기 위해 계량적 등가주의의 잣대로 사화집을 엮고 있다면, 미당은 자기가 곧 새로운 기준이라는 엘리트 의식으로 무장한 채 편집에 임하고 있다. 책의 「서문」에서 "枝末을 떨고 根幹만을 고르는 方針에 依據했을 뿐이다. 勿論 이 選은 編者의 主觀에 依한 것"이라 했을 때 그의 자신감은 극대화된다. '엄선(嚴選)'이라는 이름의 정전화 기제가 작동되고 있는 장면이다.

그런데 미당은 왜 하필 '작고(作故) 시인'이라는 주제를 선택했을까? 필자는 이 지점이야말로 문학사의 문제적 개인으로서의 미당이 지닌 명민함과 치밀함을 동시에 보여주는 부분이라고 생각한다. 해방기 좌

54) 하권은 해방 후의 시인 고원부터 유정까지 74인을 다루고 있다. 홍윤숙까지 편집한 다음 마지막에 유정을 첨가하고 있는데 아마도 편집의 마지막 단계에 결정된 듯하다. 당연히 월남 시인들 및 50년대 모더니즘 시인들이 주류를 형성하고 있다.

우 대립의 과정에서 일익을 담당해 현장에서 투쟁을 벌인다는 것과 문학사가나 편집자의 입장으로 돌아와 그간의 사태를 정리한다는 것이 전혀 유가 다른 일이라는 것을 그는 잘 알고 있었던 것이다. 자신의 이념과 일치하지 않는다고 해서 좌익의 활동이 없었다고 말할 수는 없지 않은가. 그럼에도 세상의 정치는 그것을 지우라고 강요한다면 그는 줄타기를 할 수밖에 없었다. 원론적이고 엄밀한 의미에서 좌익 계열의 시인들을 모두 제거해야 한다면 이상화나 이육사조차도 위태롭다. 하지만 그렇게 되면 한국의 근대시문학사는 너무나 빈약해지게 된다. 더구나 그들이 내세웠던 민족주의의 본질이 반일이나 반외세라는 대타의식의 소산이고 보면 이상화나 이육사까지를 제거하게 되면 「문협」 중심 남한 문학의 정통성이라는 측면에서 치명상을 입을 확률이 높았다. 그 딜레마를 해결할 수단이 바로 '작고'라는 이름의 비 이념적 잣대였던 것이다. 죽음 앞에 비교적 넉넉해지는 세태를 염두에 두면 이 카드는 절묘하달 밖에 없다. 해서 한용운, 이상화, 홍사용, 이장희, 김소월, 박용철, 오일도, 이육사, 이상, 윤동주 등 10인이 '작고 시인'이라는 이름으로 묶여 한자리에 놓이게 되었던 것이다.[55] 기왕 한용운과 윤동주를 발견해 불러들인 마당에 상화와 육사까지 아우름으로써 민족주의를 오롯이 전유(專有)할 수 있다는 장점마저 생겨나는 것이다. 이러한 사태의 핵심에 소월의 시가 놓여있음은 물론이다.

균일하게 1, 2편만 다루었던 김용호와 달리 미당은 평균 5, 6편 안팎을 기준으로 놓고 시인에 따라 시의 편수를 과감하게 가감한다. 그 결과 홍사용 1편[56], 이장희 5편, 이육사 5편, 윤동주 6편, 이상화 6편, 오일도 6편, 이상 7편, 박용철 9편, 한용운 10편을 실었음에 비해 김소월은 무려 17편[57]을 싣고 있다. 시의 편수와 시인의 중요도가 반드시 일

---

55) 이 명단에 당대의 「문협」 시인들을 덧붙이면 그대로 그간 우리 시단에서 꼽아온 정전적 시인들이 되는 것을 알 수 있다.
56) 물론 이 작품이 장시인 까닭도 있었을 것이다.

치한다고 볼 수는 없겠지만 수록 시의 면면들이 대부분 오늘날 해당 시인의 대표작으로 손꼽히는 작품들이고 보면,[58] 미당이 소월이야말로 우리 시의 정전(正典)으로 꼽을 만한 작품을 가장 많이 남겼다는 평가를 하고 있었음은 분명해 보인다. 김동리가 해조(諧調) 혹은 음악성을 기준으로 「산유화」 한 편만 제외하고는 다 습작품이라고 평가 절하했던 소월시를 두고, 미당은 「문협」 이후의 모든 시인들이 승계해야 할 민족주의의 전범(典範)으로 적극 추장하고 있는 형국이다. 전기(前記)했듯이, 미당은 소월의 시에서 형식적으로 보아 민요를 계승하고 있다는 정도의 민족성이 아니라 '저승까지 가 닿는 정한(情恨)'이라는 정신 혹은 사상의 민족성을 발견해 냄으로써 남한 시문학의 계보학을 그리고 있었던 것이다. 자신이 편집했던 해방기 온문사 판의 사화집에서 굳이 지용이나 기림을 제거하는 작업에 참여하는 것이 아니라 '작고'라는 이름의 새 판을 짬으로써 그들의 민족주의에 논리적 거점을 확보하는 효과를 얻었다는 점에서 미당의 치밀한 전략이 주효했다고 볼 수 있을 것이다. 민족의 이름으로 새판을 짜고 그 중심에 소월을 앉히는 이러한 작업은 교과서에도 정확히 반영된다.

한국전쟁의 와중에도 교육은 계속되어야 했다. 교육입국이라는 말에서도 볼 수 있듯이 교육이야말로 조국의 명운이 달린 중대사라 인식하고 있었기 때문이다. 그런데 문제는 교과서였다. 해방기 군정청 교과서로는 더 이상 가르칠 수가 없었다. 임화와 같은 소위 '원수'의 글들이 나란히 실려 있었기 때문이다. 〈표〉4와 5에서 보듯이, 급박한 수술 끝에 1952년 초에 배본된 전쟁기 교과서[59]는 우선 부피도 얇아졌으려니

57) 「금잔디」, 「진달래꽃」, 「산유화」, 「밭고랑 위에서」, 「님의 노래」, 「개여울의 노래」, 「비단 안개」, 「가는 길」, 「산」, 「왕십리」, 「차안서선생산수갑산운」, 「엄마야 누나야」, 「나의 집」, 「천리만리」, 「하늘끝」, 「초혼」, 「먼 후일」

58) 가령 육사의 작품으로 「황혼」, 「청포도」, 「절정」, 「광야」, 「꽃」이 선택되고 상화의 작품으로 「나의 침실로」, 「이별」, 「빼앗긴 들에도 봄은 오는가」, 「역천」, 「이중의 사망」, 「말세의 희탄」이 실려 있다.

와 좌익이었거나 거기에 조금이라도 연루된 것으로 이름이 오르내린 인사들의 작품들이 모두 예외없이 제거된다. 한 걸음 더 나아가 반공이나 국가민족주의 이데올로기를 선전하는 글들로 도배되다시피 한다. 모윤숙의 「국군은 죽어서 말한다」 같은 작품이 총 7개 꼭지뿐인 교과서의 한 부분을 엄연히 차지한다는 것이 그 좋은 예다.

흔히 운끄라 교과서로 지칭되는 이 시기 국어교과서는 결국 문학사의 이중적 왜곡, 곧 한편의 제거와 한편의 과장이라는 문제에서 전혀 자유로울 수가 없었다. 그 '한쪽의 과장'의 한가운데 소월의 시가 놓여 있다. 1952년 9월에 배본된 「고등국어 1-2」에는 소월의 시 6편(「금잔디」, 「엄마야 누나야」, 「산유화」, 「산」, 「왕십리」, 「가는 길」)이 독립 꼭지로 한꺼번에 등재되는 사태가 벌어진 것이다. 이를 두고 누구도 정상적인 일이라고 말할 수는 없을 것이다. 비록 6개월 뒤 4편으로 줄긴 했지만 4편 등재 자체도 분명히 기록적인 일이 아닐 수 없다. 중등 문학교육의 현장에서 소월은 이제 민족 문단의 대표 혹은 국민시인의 반열에 확고히 자리 잡은 것이다. 그리고 이 4(혹은 6)편의 시는 미당 편집의 「작고시인선」 소재 시편들과 정확히 겹치고 있다는 점에서 시사적이다.[60]

〈표〉4. 50년대 『중등 국어』 소재 현대시 목록

제목/학년	편저자	발행자	연도	목록	비고
중등국어 1-1	문교부	문교부	1952.1	윤곤강 「해바라기」, 이은상 「가고파」(연), 김상옥 「봉숭아」(연)	* 미국자유아시아위원회의 종이 지원 사실 명기
중등국어 2-2	〃	〃	1952.1	김광섭 「마음」, 박목월 「청노루」, 박두진 「하늘」, 유치환 「원수의 피로 씻는 지역」	* 안호상 「일」(산문)

59) 초기에는 미국자유아시아위원회에서 종이를 지원했으나 뒤에는 국제연합한국재건단(UNKRA)에서 재정 지원을 했기에 이 시기 교과서를 흔히 운끄라판이라고 부른다.

60) 이 시기까지도 「진달래꽃」은 교과서에 실리지 않는다.

제목/학년	편저자	발행자	연도	목록	비고
중등국어 3-1	〃	〃	1952.5	변영로 「논개」, 빅돌 유우고 「씨뿌리는 시절 저녁」(역시), 조앙 곡도 「내 귀는」(역시) 보올 베를레느 「가을 노래」(역시), 보올 발레리 「석류」(역시)	
중등국어 3-2	〃	〃	1952.9	모윤숙 「국군은 죽어서 말한다」	* 총 7꼭지 40여 페이지
중학국어2-Ⅰ	〃	〃	1953.3	박목월 「청노루」, 박두진 「하늘」, 조지훈 「빛을 찾아가는 길」, 김광섭 「마음」, 유치환 「원수의 피로 씻은 지역」	
중학국어1-Ⅱ	〃	〃	1954.9	이은상 「조국에 바치는 노래」	* 23과 서정주 「청산리의 싸움」(산문)
중학국어3-Ⅱ	〃	〃	1954.9	변영로 「논개」	* 6장 체제

〈표〉5. 50년대 『고등 국어』 소재 현대시 목록

제목/학년	편저자	발행자	연도	목록	비고
고등국어1-Ⅰ	문교부	문교부	1952.9	김광섭 「해방의 노래」, 조지훈 「승무」, 서정주 「국화 옆에서」, 이은상 「성불사의 밤」(연2) 「오륙도」(연3)	* 서정주 「시작 과정」 * 조연현 「소설의 첫걸음」
고등국어1-Ⅱ	〃	〃	〃(추정)	김소월 「금잔디」, 「엄마야 누나야」, 「산유화」, 「산」, 「왕십리」, 「가는 길」, 김영랑 「모란」(「모란이 피기까지는」임), 정인보 「매화사」(연)	
고등국어2-Ⅰ	〃	〃	1953.3	박종화 「청자부」, 박두진 「해」	* 박용철 「시적 변용에 대하여」
고등국어2-Ⅱ	〃	〃	〃	현대시 없음	
고등국어 1	〃	〃	〃	김소월 「금잔디」, 「엄마야 누나야」, 「산유화」, 「산」, 김영랑 「모란」, 김광섭 「해방의 노래」, 조지훈 「승무」, 서정주 「국화 옆에서」, 정인보 「매화사」(연)	* 1-Ⅰ과 1-Ⅱ의 합본
고등국어 2	〃	〃	〃	박종화 「청자부」, 박두진 「해」	
고등국어 3	〃	〃	1954.3	현대시 없음	* 고전문학 위주

한국전쟁과 함께 '2중의 왜곡'이 교과서 편찬 과정에 작동하면서 시작되고 미당의 연이은 사화집 편찬과 소월론 제출을 통해 그 논리적 거점이 마련된 이 시기란, 결국 〈문협〉 정통파의 문학사관이 교육 현장에 관철되어간 과정이라 볼 수 있을 것이다. 김동리가 진두지휘한 〈문협〉이 정치를 배제한 순수문학의 함의를 우리 민족의 과거세로부터 미래세에 이르기까지 영원히 지속되는 전통 정신[61]을 그리는 것으로 규정하고, 미당이 그 내용 요소로 '정한(情恨)'을 꼽았을 때 소월의 시는 그러한 이념을 고스란히 확인할 수 있는 본보기였던 것이다. 그러나 오늘날 많은 연구자들이 인정하듯이 소월 시에는 민요조와 정한이라는 복고주의적 특성만으로는 설명할 수 없는 역동성이 내재되어 있다. 따라서 보다 정밀한 읽기를 통해 해석의 복수성을 확보하는 일이 뒤따를 필요가 있었다. 전기(前記)했듯 대학원 과정의 확립은 이러한 기대를 현실화할 수 있는 좋은 기회였다.

그러나 1960년대 말부터 본궤도에 오른 각 대학에서의 연구 과정도 오히려 기존의 정전화에 손을 들어주고 말았다. 대학원 과정으로 현대문학 전공이 생겨난다는 것은 당대 평론과 문학연구를 구분하는 제도가 갖추어진다는 것을 뜻한다. 그것은, 현장 비평의 상대성과 문단이라는 '집단'이 지닐 수밖에 없는 유파성을 걷어내고 문학을 학문 연구의 장으로 끌어들이는 것을 뜻했다. 따라서 미당의 소월론이 지닌 한계를 지적하고 그와는 다른 읽기의 가능성을 탐색함으로써 문학사적 공간을 보다 객관적으로 재편할 수 있었다. 그러나 결과적으로는, 보다 객관적

---

61) 전통 정신을 운위하는 것 자체가 지극히 근대적인 현상임에도 불구하고 김동리들이 그 점을 인식하고 있었던 것 같지는 않다. 〈문협〉의 태도는 배타적인 근대 거부의 자세에 다름 아니다. 어쩌면 이 부분이 문학사의 가장 아쉬운 장면일 수도 있다는 생각이다. 전통 편에서 근대를 아우르는 종합이 이성적으로 진행되었다면 그야말로 근대 세계사에 유례를 찾을 수 없는 집단 정체성을 확보함으로써 김동리들이 그토록 염원하던 우리 문화의 진정한 고유성을 확보할 가능성도 있지 않았을까.

이라는 믿음만 유포시킨 채 기존의 권위적 해석을 추인하거나 혹은 더 공고히 하는 데 기여함으로써 기대에 어긋난 길을 걷고 말았다.[62] 이 초기의 강단 연구들이 유독 김소월, 한용운, 이육사, 윤동주 등을 집중적으로 조명하고 있었다는 것은 '학문'이라는 제도에까지 드리운 국가 민족주의의 그늘이 생각보다 뿌리 깊은 것이었음을 말해주는 것이 아닐까. 그런데 소위 '내재적 발전론'이라는 명분으로 포장된 이 학문적 '주체 만들기'가 박정희 식 개발 독재가 내세운 한국적 민족주의와는 또 얼마나 거리가 있는 것인지 되묻지 않을 수 없다.

1955년에 시작되어 1997년까지 모두 6번이 개정된 〈교육과정〉[63]에 따라서 사용되어 온 중등 국어교과서의 편집 내용에 이러한 저간의 사정이 정확히 반영되어 있음은 물론이다. 소월 시 「산유화」, 「엄마야 누나야」, 「금잔디」, 「진달래꽃」, 「길」, 「가는 길」, 「먼 후일」, 「바라건대는 우리에게 우리의 보습 대일 땅이 있었더면」 등이 번갈아가며 단 한 차례도 누락되지 않고 『중학국어』와 『국어』(고등학교)에 등장한다.[64] 특히 인상적인 것이 2차 교육과정기에 사용된 고등학교용 『국어 2』인데, 여기에는 〈시의 세계-근대시〉라는 단원 아래 한용운, 김소월, 김영랑, 김동명, 이육사, 유치환, 노천명, 신석정, 서정주, 박두진, 박목월, 조지훈, 윤동주의 대표작들이 한 편씩 실려 있다. 이는 한국의 근대

62) 물론 소월시의 정전화에 균열을 가하려는 시도가 전혀 없었던 것은 아니다. 비록 외국문학 전공자이긴 하지만 김우창이 지적한 '감정주의'라는 비판이 그 예다. 한국시 전반에 혹은 소월시의 근저에 형이상학이 없다는 것은, 미당류가 전통이 영원성에 닿아 있는 것이 아니라 미래적인 것이라 논리화함으로써 최고의 근대성을 전통에서 찾으려는 역설로 나아가든지 했어야 한다는 지적일 것이다. 혹은 미당 대 임화의 대결을 통한 논리의 종합 통일을 기대한 것으로 보아도 될 것이다.(김우창, 「한국시의 형이상」, 『궁핍한 시대의 시인』, 민음사, 1974. pp.42-46.)

63) 2007년 개정 교육과정에 따른 교과서는 아직 나오지 않고 있으므로 논외로 한다.

64) 『중학국어』의 경우 「산유화」(1, 2차), 「엄마야 누나야」(3-6차), 「바라건대는~」, 「먼 후일」, 「가는 길」(7차) 등이 등장하고, 『국어』(고등학교용)에는 「금잔디」(1차), 「진달래꽃」(2, 3, 4, 6, 7차), 「길」(5차)을 싣고 있다.

시문학사를 이들로 대표시키겠다는 강력한 의지가 작동한 편집의 결과라는 점에서 미당이 밑그림을 그린 〈문협〉 중심의 근대시사 인식의 결정판이라 할 만하다. 88올림픽을 앞둔 시점인 1987년에 이루어진 5차 교육과정기에 와서야 이러한 편집 방침에 균열이 생긴다. 신경림, 고은, 신동엽, 정지용 등의 시가 『중학국어』에 등재되기 시작한 것이다. 그러나 이러한 변화도 기왕의 문학사 인식을 수정한 것이 아니라 기왕의 정전 리스트에 이들을 추가 보충한 결과라고 보는 것이 옳다.[65) 단원명이 〈노래하는 마음〉이든 〈시의 세계〉든 혹은 〈시와 운율〉〈싱그러운 첫 여름〉이든 간에 소월을 비롯한 기왕의 리스트들이 끊임없이 반복 등장하고 있기 때문이다.[66)]

4. 정전화 주동력으로서의 국가민족주의

우리 근대사의 핵심 과제는 민족 주체의 국가 수립이라는 한 마디로 수렴될 수 있다. 이러한 목표를 세우고 그 방안을 모색하는 데 근대 100년간의 민족적 역량 대부분이 소진되었다 해도 과언이 아닐 것이다. 19세기 말에 시작된 것으로 보이는 이 민주적 공화제에 대한 열망은

---

65) 이러한 변화는 정전이란 해체되는 것이 아니라 두터워지는 것이라는 생각의 좋은 보기가 될 수 있다.

66) 이 시기 소월시 정전화에 있어 특기해 둘 만한 것이 잡지들 간의 헤게모니 다툼이다. 『신문예』(1959. 8·9합병호)로부터 비롯된 〈김소월〉 특집 바람은 『현대문학』(1960.12)으로 이어졌고 1970년대에는 『심상』(1974.10)과 『문학사상』이 그 뒤를 이어받고 있다. 특히 『문학사상』은 모두 다섯 차례(1973. 5, 1976. 12, 1977. 11, 1985. 7, 1987. 2)에 걸쳐 소월의 미발표 유작과 감추어진 생애 관련 자료들을 발굴하는 한편 그 때마다 대단한 필진들로 특집호를 구성함으로써 소월의 신화를 완성하기에 이른다. 그 마지막 도달 지점이 〈소월시 문학상〉의 제정이었다. 상업적 전략이야말로 정전화의 밑바닥에서 작동하는 또 하나의 제도적 힘이라는 사실을 깨닫게 해 준다. 잡지들에 반영된 소월 정전화 문제는 고를 달리하여 짚어볼 필요가 있다.

일제 강점기를 잠류(潛流)하여 해방기에 격렬히 그 물꼬를 텄다. 해방기의 한반도는, 다양한 전망들이 유리한 고지를 선점하려는 각축장이 되다시피 했지만 결국 우리가 익히 알고 있듯, 절반의 구성원을 배제하는 이념 위에 '민족'의 이름을 내걸었던 이승만의 손을 들어주고 말았다.

한국 근대 문학사의 전개는 이러한 사회적 배경으로부터 결코 자유로울 수가 없다. '민족'의 진정한 뜻에 대해서는 논의조차 불가능하게 절대화해 두고, '민족'이 절대적인 만큼 '민족사'도 위대한 것, 따라서 그 한 부분으로서의 '민족문학사'도 훼손될 수 없는 큰 것이라는 가치를 부여해 왔던 것이다. 그런데 민족의 반쪽을 제거해 두고 그 온전성을 증명하려 했으므로 문제가 발생하는 것이 당연했다. 1920년대에서 40년대에 이르는 기간의 문학 활동 가운데 인위적으로 소거해서 생겨난 결락 부분을 억지로 채워 넣어야 한다는 문제였다. 위대한 '민족문학사'의 이 커다란 공백을 어떻게 할 것인가. 어차피 크기 자체를 손댈 수 없다면 공백을 메울 만한 대안을 찾아 실제 크기보다 부풀려 채워 넣을 수밖에 방법이 없었다. 카프 부분에서의 공백은 만해의 발견과 김소월의 평가 절상으로 대치하고 해방기에는 윤동주의 발견과 청록파를 비롯한 〈청문협〉 계열 시인들의 질주로 채워 넣음으로써 문제를 미봉(彌縫)했다. 이후로부터 남한 문학 담론 생산층의 주 임무는, 이 민족주의적 문학사 인식에 물샐 틈이 없도록 기왕에 고평가된 시인들에 대해 불가침의 정전화 담론들을 꾸준히 생산해내는 일이었다.

사실 소월에 관한 문학사적 담론들이 처음 본격적으로 생산되기 시작한 해방기는, 역사상 처음으로 역사 변화(발전)의 모든 가능태들을 실제로 검토 해 본 시기였다. 한국 전쟁 이후 남과 북 양쪽에 공고하게 자리 잡는 상호 배타적 이념들조차 아직은 하나의 가능성으로만 존재했다. 일제 강점의 내내 제국주의적 현실을 부정하기 위하여서 사용되던 '민족'이라는 범주를, 실제 설립 가능한 국가 형태에 연동하여 긍정적이며 적극적인 범주로 사고할 수 있었던 시대가 해방기였던 것이다. 임화의 '인민성' 범주는 그러한 시대를 헤쳐갈 수 있는 최대치의 가능성으로 수용될 만했지만, 결과는 그 반대였다. 46,7년 무렵까지 논의의 주도권을 쥐는 듯했지만 신탁통치 문제에 대한 대응을 전후하여 서서히 미군정을 등에 업은 우익 측에 선편을 내주고 만다. 그 결과 남한 단독 정부의 수립과 함께 중앙으로 진출한 〈문협〉의 민족주의, 곧 정신과 육체, 문화와 문명, 현재와 영원을 분리하여 정신과 문화와 영원성의 범주에만 기초를 둔 민족주의에로 모든 문학적 견해들이 해소되어 버리고 말았다.

김소월의 특별한 정전화는 바로 이 과정을 거쳐 탄생한 평가 과잉의 결과물이다. 한국전쟁 이후 이 땅 위에 유일하게 남게 된 〈문협〉의 민족주의에 비출 때도, 사실 김소월의 문학은 함량 미달의 것으로 평가받을 소지가 다분했다. 정신문화의 영원성을 집단적으로 사유하려는 것이 미당 식 민족주의 문학의 핵심적 함의라면 김소월의 그것은 상당 부분 기준 미달의 상태를 드러내기 때문이다. 오히려 그런 기준에서라면 그의 문학은 내용과 형식의 양면에서 '전근대적 민족'을 대변하는 정도에서 그쳐있다고 볼 수도 있다. 그럼에도 이러한 상대적 고평가가 운끄라판 교과서를 거쳐 정규 교육과정기에 이르기까지 한결같이 지속되는 사정의 밑바닥에는, 소위 민족적인 것을 절대화하되 실상에는 접근할 수 없도록 강제한 국가민족주의의 기획이 강팍하게 작동하고 있는 것이다. 배제와 선택의 원리 아래, 선택된 것들은 최대한 선으로 포장하려는 의도 위주의 문학사 왜곡이 만들어낸 결과라는 뜻이다.

소월 시 정전화 문제를 이렇게 반성적 시각으로 보려는 이유는 어쩌면 바로 이 부분을 안으로부터 문제 삼음으로써 국가민족주의라는 굳건한 외피에 균열을 내는 작업이라고 할 수 있다. 물론 이러한 주장이 소월과 같은 그간의 대표 시인들의 작품을 폄훼하자는 논리로 비쳐서는 안 된다. 다만 최소한의 사실에는 맞게 문학사를 재편하자는 의미일 뿐이다. 이 시론(試論)은 그러한 문학사가 온전히 기술되는 날을 위한 작은 시도에 다름 아니다.

김수영의 「어느 날 고궁을 나오면서」 다시 읽기

1. 서론

한국시 연구의 장(場)이 이 세기 들어 가히 김수영의 무대가 된 느낌이다. 90년대 후반부터 각종의 문학지들이 김수영 특집을 지속적으로 마련하기 시작하더니, 이 세기 들어서도 그러한 경향이 수그러들 줄을 모르고 있다.[1] 거기에 더해 학위 논문들이 쉼 없이 쓰여 지는가 하면 2000년 이후에만도 십여 종 이상의 단행본이 상재되고 있다. 이런 현상은 김수영 문학[2]이 어떠한 해석적 재단에도 너끈히 견딜 만큼의 풍부함을 갖추고 있음을 보여주는 증거라 하겠다. 그러나 이런 내재적 요인은 항상성을 지닌 것이어서 왜 하필 이 시대인가 하는 의문에 충분한 답을 주지는 못 한다. 그렇다면 김수영 외부에서 그 원인을 찾아야 할 터인데, 필자의 짐작으로는 21세기의 초입이라는 현 단계가 그를 연구판의 한 가운데로 불러 낸 것이 아닐까 한다. 말하자면 지난 세기의 내내 우리의 근대 문학이 필연적으로 맞닥뜨릴 수밖에 없었던 근대/현

---

1) 『작가연구』(1998.5), 『실천문학』(1998 봄-겨울), 『포에지』(2001 가을), 『작가세계』(2004 여름)등의 특집뿐만 아니라 『창작과비평』에 연이어지는 개별 논문들도 기획된 특집의 양을 능가할 정도이다.
2) 김수영 문학이라는 용어를 쓰는 이유는 시와 산문을 굳이 구분하지 않겠다는 의도 때문이다.

대(성) 혹은 그것의 넘어서기라는 과제를, 이제는 어떻게든 종결지어야 한다는 세기말/세기초 의식이 그를 지목했다는 의미이다. 달리 말해, 김수영 문학이야말로 그 해묵은 과제를 가장 표본적으로 시현(示顯)하고 있다는 뜻이겠다. 그런 점에서 김수영은 우리 시문학사의 21세기적 비약의 시금석인 것이다.

필자는 모두(冒頭)에서 김수영과 관련해 두 가지를 강조했다. 그가 갖는 문학사상의 중요성에 대한 언급이 그 하나고, 그를 그토록 중요하게 만든 원천으로서의 해석 가능성의 풍부성에 대한 언급이 그 두 번째다. 이 때, 해석 가능성의 풍부함이라는 두 번째 그의 미덕은, 일차적으로는 그의 문학 텍스트 전반을 꿰는 해석학적 준거틀을 여러 방향에서 찾을 수 있다는 의미[3]와 함께 개별 텍스트들 또한 폭넓게 열려 있어서 다양한 접근법이 허용된다는 의미를 동시에 지닌다고 보아야 할 것이다. 아닌 게 아니라 그의 대표작으로 분류되는 시편들, 가령 「풀」이나 「사랑의 변주곡」 등에 가해지는 그 다종다양한 풀이들의 숲을 헤매노라면, 그의 시들이 지닌 좋은 맷집에 새삼 놀라게 된다. 하지만 관심을 그 외의 작품 쪽으로 돌려 보면, 사정이 이와는 확연히 다르다는 사실에 한 번 더 놀라게 된다.

필자는 최근 중등 교육 현장에서 많이 읽히는 시 개설서 및 안내서들 몇 종을 검토할 기회를 가졌다. 그런데 거의 모든 경우의 해설이 단정적인 진술로 일관하고 있어 실망스러웠는데, 신경림 선생의 책[4]이 한 종 베스트셀러로 포함되어 있다는 사실을 알고는 내심 반가웠다. 아무

---

3) 그간의 김수영 연구는 정말 전방위적 접근이 이루어져 왔다고 해도 과언이 아니다. 양의 동서와 고금의 문학 이론들이 거의 망라되다시피 하여 김수영을 이해하는 도구로 사용되고 있다. 연구사에 대해서는 강웅식(김수영 문학 연구사 30년, 그 흐름의 방향과 의미-'김수영과 모더니즘'의 관계를 중심으로, 『작가연구』 5, 1998 상반기)과 김명인(『김수영, 근대를 향한 모험』, 소명출판, 2002)의 정리를 참조할 수 있다.

4) 신경림, 『신경림의 시인을 찾아서』, 우리교육, 2002.

리 간략한 인상기에 가까운 책이라 하더라도, 신경림 선생이면 뭔가 다른 관점을 보여 주리라는 기대 때문이었다. 과연 선생은 김수영의 「풀」을 민중주의로 몰아가는 상투적 읽기에 일침을 가하고 있었다. 그런데 문제는 「풀」이 아니라 「어느 날 고궁을 나오면서」였다. 이 시가 선생 자신이 가장 좋아하는 김수영의 시라고 서슴없이 밝히면서, "한마디로 이 시는 도덕적 순결성을 지향하는 소시민의 갈등과 고뇌의 청교도적 표백으로 읽을 수 있"[5]다고 단정 짓고는, 거기 덧붙여 이 시의 감동의 원천이 "보통 사람들의 갈등과 고뇌를 대변했다는 데 있다"는 부언까지 하고 있었다. 평소의 필자 생각과 많이 다른 선생의 진술에 다소 당혹해 하면서도, 시단의 대가(大家)가 자기 식으로 읽은 독시 체험을 소개하는 책이니 그럴 수도 있겠거니 하고 마음먹기로 했다. 그래도 「어느 날 고궁을 나오면서」라는 김수영의 후기시가 정말 그렇게 단순한 해석에만 바쳐진 텍스트인가 하는 의문이 남는 것은 어쩔 수 없었다.

2. 「어느 날 고궁을 나오면서」를 바라보는 몇 개의 시선

신경림 선생으로부터 촉발된, 「어느 날 고궁을 나오면서」[6]에 대한 관심은, 자연스럽게 이 시에 대한 연구자들의 해석이 어디까지 그 외연을 넓히고 있는지를 짚어보는 작업으로 이어졌다. 그런데 검토 결과는 실망스러운 것이었다. 거개의 연구자들이, 별다른 유보 조항도 없이 신경림 선생의 해석과 유사한 판단을 내리고 있다는 사실만 확인할 수 있을 뿐이었기 때문이다. 가령 비교적 초기부터 김수영 문학의 가능성에 크게 주목했던 김현 선생의 다음과 같은 발언이 대표적인 경우다.

5) 같은 책, p.334.
6) 앞으로는 「어느 날」로 줄임.

혁명과 비애라는 자유의 두 극단을 다같이 체험한 시인에게 자유는 큰 짐이 된다. 그 자유라는 이상을 버릴 수 없으면서, 그것을 위해 계속 싸우지 못하고, 일상적인 삶 속에서 소시민이 되어버리고 만 자신을 바라본다는 것은, 시인에게는 오히려 분노만을 야기시킨다. 그 분노는 그러나 안으로 스며들어 자신에 대한 쓰디쓴 연민으로 나타난다.[7)]

인용 부분에서 보다시피, 김현 선생 역시도 '자유의 실천에 투신하지 못 하는 소시민의 자기 분노와 연민'이 「어느 날」을 받치는 정서라는 것을 확언하고 있었다. 김현의 글에서 우리가 또 하나 확인해 두어야 할 것은, 그가 김수영의 '자유'를 정치적 개념으로만 받아들이고 있다는 점이다. 「어느 날」에 대한 이러한 이해 방식은 유종호 선생의 경우에도 별다를 바 없이 반복되고 있는데, 그 역시도 「어느 날」이 "옆으로 비켜서 있다는 의식에서 벗어나지 못하는 왜소성에 대한 자기반성"이고 "큰 일에는 제대로 분개하지 못하면서 힘없는 사람에게 조그만 일로 분풀이하는 소시민의 옹졸함에 대한 자아비판"[8)]이라는 것이다. 이쯤 되면 거의 동어반복에 가깝다. 다만 유종호 선생은 김수영의 이러한 자기비판에서 두 가지 정도의 특징을 찾아내고 있다. 이 「어느 날」의 자기비판이 매우 솔직하고 정직한 방식으로, 곧 "직선적인 직접성"으로 드러나고 있다는 것, 그리고 그런 만큼 자기와 비슷한 정직성을 동료 인간들에게 촉구하는 호소로 작용한다는 것이다.

다른 연구자들의 견해[9)]도 이와 크게 다르지 않다. 다만 김재용의 경우[10)]가 다소 각도를 달리하고 있는데, 그는 김수영의 삶과 문학이 분단

---

7) 김현, 자유와 꿈, 황동규 편, 『김수영의 문학』, 민음사, 1997, p.111.
8) 유종호, 시의 自由와 관습의 굴레, 황동규 편, 같은 책, p.252.
9) 이상옥(자유를 위한 영원한 여정, 황동규 편, 같은 책), 김명인(『김수영, 근대를 향한 모험』, 소명출판, 2002), 이은정(『현대시학의 두 구도-김춘수와 김수영』, 소명출판, 1999)의 시선이 대표적이다. 조영복(『한국현대시와 언어의 풍경』, 태학사, 1999)은 「어느 날」을 일상적 어법에 기댄 쉬운 시라고 본다는 점에서 유종호의 견해에 연결되어 있다.
10) 김재용, 김수영 문학과 분단 극복의 현재성, 김명인·임홍배 편, 『살아있는 김

현실에 끊임없이 연루되어 있었다는 것, 따라서 김수영은 그 어느 쪽도 쉽게 손들어 지지하지 않는 소극적 저항의 방식[11]으로 시를 써 냈다는 것, 그 대표적인 경우가 「어느 날」이라는 것 등의 평가를 내린다. 이는 김수영이 한국의 근대 혹은 현대성 문제에 남달리 예민했음을 실증해 낸 것으로, 한편으로는 매우 의의 있는 평가라 볼 수 있다. 하지만 그도, 「어느 날」의 표면에 나타난 언술을 그대로 수용하여 '소극성'을 읽어냈다는 점에서, 읽기 방식 자체로 보자면 그다지 새로울 것이 없는 셈이다.

여기까지 오면 필자에게 남겨진 패는 겨우 셋인데, 정현종, 정남영, 하정일의 글[12]이 그것이다. 그 가운데 정현종은, 같은 시인끼리라는 동업자적 직관에 기초해, 김수영이 고민한 행동의 문제를 실제 행동과 시적 실천으로서의 행동으로 분리한 다음, 김수영이 후자 편에 서 있었다고 결론짓는다. 「어느 날」이 그 좋은 예라는 것이다. 실제 행동으로서의 '거즈 접기'는 옹졸한 일이지만 그것을 시로 옮겨 놓는 일은 옹졸한 일이 결코 아니며, 김수영이 주장한 '자유의 이행'이 바로 이것을 지칭한다고 보고 있다. 김현이 정치적 실천의 의미로 자유를 이해했던 것과는 선명한 대극을 이룬다. 문제는 김수영의 글에 정치 실천과 시적 실천으로서의 자유라는 이분법을 행사한 흔적이 없다는 점일 것이다. 그에게 그 둘은 궁극적으로 같은 의미를 지니는 것이었다. 정현종은 시인으로서의 자기 고민을 김수영에게 거꾸로 투사하고 있다는 생각이 들었다.

필자는, 『살아있는 김수영』의 첫자리를 차지하고 있는 정남영의 글

수영』, 창비, 2005.

11) 한명희(『김수영 정신분석으로 읽기』, 월인, 2002)도 「어느 날」에서 권력에 대한 비판을 읽어내고 있다.

12) 정현종, 시와 행동·추억과 역사, 황동규 편, 『김수영의 문학』, 민음사, 1997, pp.223-4.
정남영, 바꾸는 일, 바뀌는 일 그리고 김수영의 시, 김명인·임홍배 편, 『살아있는 김수영』, 창비, 2005.
하정일, 김수영·근대성 그리고 민족문학, 『실천문학』, 1998 봄.

이야말로 그 동안 숱하게 쏟아진 메타-김수영 담론 가운데 가장 윗길에 놓이는 것이 아닌가 생각한다. 김수영 문학이라는 내용에 가장 걸맞은 형식을 갖추고 있다고 판단했기 때문이다. 그의 미덕은, 쉽게 단정짓지 않고, 주저하는 태도로 끝까지 밀고 가려는 엄정함에 있다.[13] 그는 김수영의 소위 '난해시'의 언어가 재현적이지 않다는 전제에서 논의를 시작한다. 요컨대 김수영의 시는 다양한 변주를 포함한 반복의 율동이라는 형식에 기초해 "의미/무의미의 장(場)"을 형성하고, 그 장 위에서 새로운 삶과 관련된 주요한 주제들을 실험한다는 것이다.[14] 그 점에서 볼 때 「어느 날」은 "전체적으로 옹졸함에 대한 자기비판에 해당하"[15]지만 마지막 3행에 와서 그렇게 읽히지 않을 가능성(잉여)도 함께 안고 있다고 판단한다. 글의 나머지 부분에서, 정남영은 그 잉여의 자리에 무엇이 놓일 수 있는가를 추적하는데, 죽음/갱신에 대한 밀도 있는 사유 끝에 김수영이 발견한 것이, "조그맣고 더럽고 보잘 것 없는 존재"[16]인 민중에 대한 사랑인 만큼, 「어느 날」은 결국 '큰 것 콤플렉스'[17]로부터의 탈출이라는 잉여의 의미를 갖게 된다고 파악한다. 전략적인 용의주도함으로 김수영으로부터 새로운 형태의 민중주의[18]를

13) 김수영 문학의 특징이 바로 이와 같다. 다만 김수영은 대단히 모호한 내용을 매우 단정적인 태도로 진술하고는 다음 단계에서 그것을 단호히 얼버무린다는 점이 다를 뿐이다. 정남영은 김수영 시법(詩法)의 핵심을 '좌절하고 후퇴하면서도 조금씩 앞으로 나아가는 것'으로 파악한 다음 자신의 글쓰기에 그러한 태도를 고스란히 반영하고 있다.
14) 이 견해 속에는 형식으로부터 내용의 특징을 추상해 내는 탁월함이 숨어 있다.
15) 정남영, 같은 글, p.18.
16) 같은 책, p.25.
17) 정남영은 그것을 '영웅적 자의식'으로부터의 탈출이라 부르고 있을 뿐, 민중에 대한 사랑이라는 직접적인 언술로 대체하지는 않는다. 그야말로 암시하고 있을 뿐이다.
18) 그간의 민중 개념이 아니라 '끊임없이 스스로 바뀌고 생성되는 사람들'이라는 의미에서 그냥 '미래의 사람들'이라 불러도 상관없지 않겠느냐고 반문하고 있지만, 그의 기획은 아무래도 리얼리즘적으로 문학을 읽어왔던 그룹의 김수영 독법을 체계화하려는데 그 목표가 있다고 보아야 할 것이다.(같은 책, p.31, 각주 24 참조)

읽어내서 우리를 설득하고 있는 것이다. 문제는 김수영이 보잘 것 없는 민중에 대한 애정을 갖고 있었던 것은 사실로 여겨지지만, 어느 새 그 조차도 넘어서는 듯한 언술을 버젓이 펼쳐 보인다는 데 있다.

정남영에 와서야 「어느 날」의 독법이 둘일 가능성이 있다는 점이 어렴풋이 드러난 셈인데, 하정일은 그것을 보다 명확히 시험해 보임으로써 조금 더 나아간다. 그가 주목한 대목은 화자가 "조금쯤 / 비겁한 것"[19]이라고 말하는 부분이다. 이 '조금쯤'의 양가성(兩價性)에 주목해 볼 때, 시인은 "한편으로는 자신이 엄청나게 비겁한 인간은 아니라는 긍지"[20]와 "다른 한편에는 조금쯤 비겁한 것도 결국 비겁한 것일 따름이라는 자기 성찰"을 동시에 드러낸다는 것이다. 다소 옹색하나마 하정일의 글은 옹졸함이 지닌 긍정적 가치에 주목하고는 있는 것이다. 하지만 그러면서도, 그는 이내 '긍지'를 제대로 된 '자기 성찰'의 요건으로 파악해버림으로써, '단호히' 「어느 날」의 주제가 "자기 성찰" 하나로 귀결된다고 결론짓고 만다. 하정일은 대다수의 일의적 자기 성찰론과 정남영의 머뭇거림을 '조금쯤' 넘어서고는 있지만 '아주' 돌파하지는 못하고 있다.

3. 「어느 날 고궁을 나오면서」에 대한 주류적 해석

김수영의 시세계는, 한국전쟁과 4·19를 기점으로 하여 크게 세 시기로 나누어 살펴보는 것이 일반적이다. 해방기–50년대–60년대의 작품

---

19) 하정일, 김수영 · 근대성 그리고 민족문학, 『실천문학』, 1998 봄.
20) 하정일은, 언론 자유와 월남 파병 반대를 언급함으로써 실제로는 교묘히 현실 비판을 하고 있다는 점(이 부분은 앞서 언급한 김재용과 한명희의 관점에 연결된다)과 스폰지 만들고 거즈 접는 일을 통해 '반전사상'을 실천하고 있다는 점을 긍지의 근거로 들고 있다. 그러나 거즈 개키는 일에서 반전사상까지 읽어내기에는 다소 무리가 있다.

들이 각각 특징을 달리하기 때문이다. 두 개의 분기점 가운데서 김수영 시세계에 보다 본질적 영향력을 행사한 사건이 4·19라고 하는 점도 대부분의 연구자들이 동의하는 바다. 다만 4·19를 전후한 시세계 변화의 특징을 무슨 개념으로 설명할 것인가 하는 각론의 단계에서는 다양한 견해들이 족출(簇出)해왔다. 설움이나 속도, 죽음 혹은 자유, 혁명, 사랑 등의 어휘들이 이 변화를 설명하기 위해 자주 사용된 개념들이다. 여러 견해들을 종합해 보았을 때, 김수영의 시세계는 설움과 죽음의 단계를 지나고 혁명을 거쳐 사랑에 도달하는 과정에 바쳐지는데, 그 밑바닥에 언제나 자유의 이행이라는 실천 과제가 놓여 있었다고 이해하는 것이 가장 온당해 보인다. 1965년에 씌어 진 시 「어느 날」은, 혁명의 좌절감을 바탕으로 사랑과 자유의 의미를 캐묻는 쪽으로 사유를 전환시켰던, 그의 후기 시세계 한복판에 서 있는 작품이다.

왜 나는 조그마한 일에만 분개하는가
저 王宮 대신에 王宮의 음탕 대신에
五十원짜리 갈비가 기름덩어리만 나왔다고 분개하고
옹졸하게 분개하고 설렁탕집 돼지같은 주인년한테 욕을 하고
옹졸하게 욕을 하고

한번 정정당당하게
붙잡혀간 소설가를 위해서
언론의 자유를 요구하고 越南파병에 반대하는
자유를 이행하지 못하고
二十원을 받으러 세번씩 네번씩
찾아오는 야경꾼들만 증오하고 있는가

옹졸한 나의 전통은 유구하고 이제 내 앞에 情緖로
가로놓여있다
이를테면 이런 일이 있었다
부산에 포로수용소의 第十四野戰病院에 있을 때

정보원이 너어스들과 스폰지를 만들고 거즈를
개키고 있는 나를 보고 포로경찰이 되지 않는다고
남자가 뭐 이런 일을 하고 있느냐고 놀린 일이 있었다
너어스들 옆에서

지금도 내가 반항하고 있는 것은 이 스폰지 만들기와
거즈 접고 있는 일과 조금도 다름없다
개의 울음소리를 듣고 그 비명에 지고
머리에 피도 안 마른 애놈의 투정에 진다
떨어지는 은행나무잎도 내가 밟고 가는 가시밭

아무래도 나는 비켜서있다 絶頂 위에는 서있지
않고 암만해도 조금쯤 옆으로 비켜서있다
그리고 조금쯤 옆에 서있는 것이 조금쯤
비겁한 것이라고 알고 있다!

그러니까 이렇게 옹졸하게 반항한다
이발쟁이에게
땅주인에게는 못하고 이발쟁이에게
구청직원에게는 못하고 동회직원에게도 못하고
야경꾼에게 二十원 때문에 十원 때문에 一원 때문에
우습지 않으냐 一원 때문에

모래야 나는 얼마큼 적으냐
바람아 먼지야 풀아 나는 얼마큼 적으냐
정말 얼마큼 적으냐……

<1965. 11. 4>[21)]

진술 내용의 인접성 여부에 유의해 시 「어느 날」을 살펴보면, 이 시는 기(1,2연) 승(3,4연) 전(5,6연) 결(7연)의 구조로 되어 있다는 것을

---

21) 『김수영전집 1 -시』, 민음사, 1994.
앞으로 인용되는 시들도 전집에서 인용한다.

알 수 있다. 기(起)에서는 '조그마한 일에만 분개하는' 나에 대한 문제제기가 이루어지고, 승(承)에서는 제기된 문제를 이어받아 그 연원을 탐색하고 있으며, 전(轉)에서는 그러한 자기에 대한 가치 평가를 내린다. 결(結)은 전(轉)에서 이루어진 평가를 확인하고 강화하는 역할이다. 우선 이 시의 전체 구조에서 주목해 보아야 할 것이, 기와 결이 모두 의문문으로 되어 있다는 사실이다. 의문문이 갖는 다양한 기능에 유의하고, 그 의문문이 시를 여닫고 있다는 점에 주의를 기울인 사려 깊은 독자들이라면, 이 시의 전언(傳言)을 파악하는 일이 그리 녹록치는 않을 것이라는 점을 충분히 예단할 수 있을 것이다. 전체적으로 보아 또 하나 주목해야 할 것이, 「어느 날」의 시적 진술 전체가 '(큰 일) : 조그마한 일'[22]의 구도에 따라 이원 분류가 가능토록 배열되어 있다는 점이다. 그 내용은 다음 도표와 같이 정리될 수 있다.

		(큰 일)에 대한 분개	조그마한 일에 대한 분개[23]
기	1연	왕궁의 음탕에 대한 분개	기름덩어리 갈비에 대한 분개 = 설렁탕집 주인년에게 욕하기
	2연	언론 자유 요구 월남 파병 반대 (주장)	야경꾼의 잦은 방문 증오
승	3연		너어스들과 스폰지 만들고 거즈 개키기
	4연		개의 비명에 지기 애놈의 투정에 지기 은행나무 잎 밟기를 주저함
전	5연	절정 위에 서 있기 (정정당당한 자유 이행)	조금쯤 옆으로 비켜 서 있기 비겁한 것
	6연	땅주인에 대한 반항 구청, 동회 직원에 대한 반항	이발쟁이에 대한 반항 야경꾼에 대한 반항
결	7연	모래, 바람, 먼지, 풀을 향한 질문	

22) '조그마한 일'이 직접 서술되어 있음에 비해 그 상대 개념인 '큰 일'은 표면에는 직접 나타나지 않아 (큰 일)로 표기하겠다.

23) 3연의 '(큰 일)' 항목에 '포로경찰 되기'를 넣어야 한다고 말할 수도 있다. 그러

이 시의 독자는, 1~6연을 읽어 내려가며 위와 같은 대차대조표를 마음속으로 그린 다음, 결(結)에 해당하는 7연의 의문문에 대해 어떤 대답을 할 것인가를 결정해야 한다.[24] 그 대답은 '모래, 바람, 먼지, 풀아. 나는 얼마나 작으냐?'라는 최후 질문의 형식을 어떻게 파악하느냐에 따라 방향이 달라질 것이다. '스스로 생각해 보아도 참으로 작고 보잘 것 없음'에 대해 동의해줄 것을 요구하는 수사의문문으로 본다면 대답은 간단하다. 그러나 그러지 않고 '내가 정말 작은지'에 대한 판단을 요구하는 판정의문문[25]으로 본다면 사정이 다르다. 다행히 긍정적 판정을 할 경우라면 수사의문문으로 보는 것과 같은 효과를 낼 것이므로 문제될 것이 없다. 하지만 부정적으로 판정하게 되면 사태가 복잡해진다. 지금까지 많은 이들이 읽어왔던 「어느 날」과는 전혀 다른 독법 하나가 탄생하기 때문이다. 이 두 가지 대응방식 가운데는 전자가 주류였음을 이미 밝힌 바 있다. 먼저 간단히 그것을 요약해보고, 이어 두 번째 대응방식의 가능성을 보다 세밀히 검토하는 쪽으로 논의를 진행하겠다.

「어느 날」에 대한 주류적 해석들은 화자의 '자기가 정말 옹졸하냐'는 질문에 대해 그렇다고 승인함으로써 비교적 손쉬운 결론에 도달한다. 연구사에서 검토했던 대부분의 견해들이 이 입장에 서 있다. 이 경우 시 「어느 날」은, 화자가 도표의 좌변에 나타난 '(큰 일)'에 동참하지 못하고 우변 '조그마한 일'에만 매달려 왔음을 고백하는 자기비판(유종호)이자 연민(김현)의 형식이 된다. 그러니 자기 자신의 옹졸하고 비겁한 소시민성의 유구한 전통까지 백일하에 까발리는 정직성(신경림, 유종

나 포로경찰이 되는 것은 정보원이 생각하는 남자다운 일이지 화자 자신의 것은 아니다. 5연의 '(정정당당한 자유 이행)'이라는 내용은 2연에서 유추할 수 있다. 5연 전체의 성격이 다른 연들과 다르기에 강조해 두었다.

24) 1,2연의 의문문은 독자의 주의를 환기하여 집중시키려는 장치이므로 특별한 대답이 요구되지 않는다.

25) 그렇다고 이 질문을 두고 '너는 누구냐?'와 같은 형식의 설명의문문으로까지 보기는 힘들 것이다.

호)이야말로 이 시가 지닌 최대의 무기이자 힘인데, 결과적으로 이것이 독자들의 반성까지 유도하고 있는 것(유종호)이다.

물론 여기에, 본질적으로 옹졸함의 표백이라는 점은 승인하면서도, '(큰 일)'을 시의 표면에 드러냈다는 사실을 높이 평가하거나(한명희), 3연의 '거즈 개키기'가 소극적 저항에 해당한다고 의미 부여를 하고(김재용), 행간을 읽어 '조금쯤' 저항에 참여한 긍지를 발견(하정일)해내는 입장들도 덧보태져야 한다.

4. 「어느 날 고궁을 나오면서」 다시 읽기

두 번째 독해 방식의 가능성을 시험해보기 위해 필자는 지금까지 많은 말을 허비해 왔다. 그런데 이 관점으로 「어느 날」을 다시 읽는다는 것은 기왕의 강력한 견해를 일거에 뒤집는 작업이므로 치밀하고 꼼꼼한 읽기가 필수적으로 요청된다. 주지하다시피 하나의 텍스트에 대한 축자적 읽기 단계를 지나, 그 텍스트에 대해 단일한 의미 체계라는 관점 아래 하나의 비평적 해석을 가하고, 그런 해석 층위가 하나가 아니라 복수로 존재한다는 사실을 받아들이게 된 과정이 현대문학이론의 중요한 흐름일 것이다. 그 과정에서 자연스럽게, 개별 텍스트에 대한 관심이 텍스트 간의 문제로 옮겨 가기도 하고, 때로는 기왕의 장르 규칙이나 텍스트 내규를 전도 내지는 해체해보려는 움직임으로까지 변모하기도 했다. 신비평 혹은 러시아 형식주의, 구조주의, 후기구조주의로 진행된 이러한 흐름이 언어중심적인 것이라고 반발하여, 그 언어를 낳은 사회 문화적 배경으로 환원해 보려는 태도를 여전히 견지하는 경우에도, 이들 문예이론들이 제기한 꼼꼼히 읽기라는 자세와 부분들의 유기적 구조로서의 텍스트라는 개념만은 오늘날 문학 독서의 대전제로 받아들이고 있는 형편이다. 신비평적으로만 읽으려는 것이 문제이지 읽기의 엄밀성까지 문제될 수는 없기 때문이다.

따라서 지금부터의 「어느 날」 다시 읽기도 이 과정에 따라 3 단계로 진행될 것이다. (1) 축자적 읽기를 통한 다양한 해석 가능성 확인 단계. 이때의 개별 가능성들은 텍스트에 주어진 정보의 길을 따라 일자적(一者的)으로 완결된 해석에 도달할 수 있어야 한다. (2) 가족 텍스트들 간의 상관관계를 고려한 (1) 의미의 확장 단계. 김수영의 시적 변모를 먼저 확인하여 「어느 날」의 위치가 어디인지를 파악한 다음, 변화의 맥락에 따라 (1)에 사용된 어휘들의 의미를 확장하는 단계다. (3) 문학사 혹은 사회사적 맥락을 부여하는 단계. 개별 텍스트만으로 역사적 의미를 검출한다는 것은 자칫 일반화의 오류에 빠질 수도 있겠지만, 텍스트가 가진 어휘 수준에 따라 아주 불가능한 일은 아니다.

2장에서 보았듯이, 시 「어느 날」의 '옹졸하고 비겁한 반항'을 두고 그렇게 보지 않을 수도 있음을 시사한 비평가로는 정남영이 유일하다. 그런데 「어느 날」의 화자가 '작고 보잘 것 없는 것들'에 대해 긍정적 시선을 던지고 있는 것이 아닌가 하는 그의 의문은 「어느 날」 자체의 언어 조직을 분석한 결과 얻어낸 결론은 아닌 것으로 판단된다. 김수영의 후기시를 분석한 결과 민중지향성이 검출된다는 사실로부터 연역해 낸 것일 가능성이 높다. 따라서 그의 입장은 「어느 날」의 2단계 읽기에서 다시 검토될 필요가 있다.

우선 위의 도표를 다시 들여다봄으로써 논의의 실마리를 찾아보자. 필자는 이 시가 전반적으로 '(큰 일) : 조그마한 일'의 대립 구도로 이루어져 있다는 사실을 지적한 바 있다. 그런데 이 전제가 참이 되려면, 5연을 제외한 나머지 내용들이 좌변은 좌변대로 우변은 우변대로 각각 등가성을 지녀야만 한다. 다시 말해, '(큰 일)' 항에 속하는 1,2,6연의 내용 요소들 사이에 층위가 져서는 안 되며, 마찬가지로 우변의 1,2,3,4,6연의 요소들 역시 서로 등가 관계에 있어야 하는 것이다. 그런데 좌변의 요소들 간에는 그런대로 내용상의 층위가 같다[26]고 보아도 크게 무리가 없을 듯한데, 우변 요소들 간에는 그런 동의가 쉽게 내려지지 않는 문제가 발생한다. 1,2,6연의 요소들[1그룹]과 3,4연 요소들[2그룹] 간에 크게 층위가 져서 공통 속성을 뽑아내기가 쉽지 않은 것이다.

1,2,6연의 '설렁탕집 주인과 야경꾼과 이발쟁이'는 일상에서 만나는 반항의 대상으로 묶을 수 있겠지만, 그것들을 3,4연의 요소들과 엮을 일이 난감해진다. '너어스들과 스폰지 만들고 거즈 개키기'를 소극적 저항으로 보는 김재용의 관점을 차용하면, 1,2,3,6연까지도 하나로 묶어 볼 수는 있겠다. 하지만 그 입장으로도 4연만은 수렴을 해 내기가 쉽지 않다. '개의 비명에 지는 것'과 '애놈의 투정에 지는 것', 더구나 '떨어진 은행나무 잎을 밟기가 주저된다는 것'이 '설렁탕집 주인, 이발쟁이, 야경꾼'들에게 반항하는 일과 무슨 상관이 있다는 것일까. 좌변의 항목들이 그랬던 것처럼, 우변의 항목 간에도 유사성이 금방 인정되면, 좌변의 '(큰 일)'로 우변의 '조그마한 일'을 비판하려 했다고 쉽게 받아들일 수가 있을 터인데, 지금 보다시피 우변의 정체가 매우 낯설어 자꾸만 거기에 주의가 집중되어 판단이 망설여진다. 아마도 시인은, 너무 쉽게 판단하지 말고, 이 낯선 동류항들의 정체를 파악하는데 주력하라고 요구하고 있는 듯하다. 시와 표를 나란히 놓고 다시 찬찬히 따져 보자.

1그룹과 2그룹의 거멀못으로 시인이 설정한 '거즈 개키기'의 성격을 다시 생각해볼 필요가 있다. 포로들을 감시하고 사찰하는 경찰이 되느니 차라리 간호사들과 거즈나 접겠다는 이 태도[27]를 두고 김재용이 '소극적 저항'이라 불렀거니와, 스폰지 만들고 거즈 개키는 것은 기실 생명을 살리는 작업에 참여하는 것이어서 본질적으로는 결코 옹졸하거나 사소한 일이 아니라는 해석을 할 수도 있지 않을까. 그렇게 해석하면, 4연의 '개의 비명소리에 지는 것과 애놈의 투정에 지는 것'도, '내가 못

---

26) '가진 자'라는 공통 의미가 추상될 수 있다.
27) 하정일은 이를 '반전사상'으로 연결시키는데, 그것은 좀 과장된 해석으로 보인다.

났다'는 것을 확인해주는 장치가 아니라, '여린 목숨에 보내는 화자의 관심과 연민'을 보여주는 장치라는 점에서, '거즈 개키기'에 정확히 겹친다. 더구나 거기에는 노랗게 거리를 덮은 은행잎 하나조차도 상하게 하지 않으려는 미학적 섬세함이 또 내접(內接)되어 있다. 그러니 '모래, 바람, 먼지, 풀'을 향하여 "나는 얼마큼 적으냐"고 묻고 있는 7연의 질문은, 결코 작지 않다는 자기 확신을 오히려 더 강하게 드러내는 진술 형식인 것이다.[28] 하필이면 '모래, 바람, 먼지, 풀'을 선택하여 자신에게 화답하도록 만든 것도 바로 이런 인식의 전복을 보여주기 위한 의도였을 것이다. 겉으로는 '조그마한 일'이지만 그것들은 모두 자연과 생명이라는 커다란 가치를 환기해주는 소재들이기 때문이다. 시인은 결국 2그룹을 7연에 연결시켜 둠으로써, '조그마한 일'이 지니는 '큰' 가치, 즉 작은 것이 오히려 큰 것일 수도 있다는 사유를 예비하고 있었던 것이다. '소극적 저항'이 아니라 '적극적 포용과 사랑'이라는 해석 가능성이 거기서 발생한다.

이런 판단을 앞세우면, '거즈 개키기'를 가운데 놓고 시인이 1,2그룹을 연결한 의도가, 결국에는 작은 일(우변)과 큰 일(좌변)의 가치가 역전될 수 있음을 말하기 위해서였던 것으로 생각해볼 수 있다. 다시 말해, '조그마한 일에 대한 반항'이 결코 비겁하거나 옹졸한 일이 아니라 '(큰 일)에 대한 반항'보다도 훨씬 더 근원적이고 깊은 반항이자 적극적인 사랑일 수 있다는 사유를 드러내려 했다는 뜻이다. 사소한 반항이 더욱 철저한 반항이 되는, 궁극적으로 반항이 곧 사랑이 되는 이 논리의 비약에 대해, 축자적 읽기 자체는 더 이상 아무런 정보를 주지 못한다. 따라서 이제 2단계로, 이 무렵의 김수영의 다른 시들과 산문들이

---

28) 5연의 4행 "비겁한 것이라고 알고 있다!"는 진술과 7연의 "정말 얼마큼 적으냐"라는 진술을 연결해 보면 화자의 의중이 무엇인지가 보다 선명해진다. 앞에서 느낌표까지 쳐 가며 스스로 비겁함을 잘 알고 있다고 큰소리치고는 그래도 내가 정말 작으냐고 묻는데 그렇다고 긍정할 수는 없는 일이다.

과연 어떠한 인식 체계를 보여주었는지를 점검하는 일이 필요해진다.

정남영이 김수영의 후기시 「사랑의 변주곡」, 「거대한 뿌리」 등을 검토한 다음 거기서 민중주의적 요소를 발견하고 있음은 앞에서 거듭 언급한 바와 같다. 그런데 김수영의 이 '작은 것' 지향성을 '작다는' 그대로의 의미로 받아들여 계층 의식에 결부시키는 것은 부분적으로만 옳아 보인다. 가령 「가다오 나가다오」에서 "상추씨, 아욱씨, 근대씨를 뿌리는" "잿님이 할아버지"나 「사랑의 변주곡」에 등장하는 '단단한 고요함의 복사씨 살구씨'는 폭발적 사랑의 감염력을 안으로 감추고 있는 '작고도 큰 것'이라는 역설적 인식에 연결되기 때문이다. 김수영의 산문에서도 이 점은 어렵지 않게 확인된다.

흔히 김수영 시론의 핵심이 「시여, 침을 뱉어라」와 「반시론」[29]에 잘 구현되어 있다고들 한다. 그 가운데서도, 기성의 질서, 기지(旣知)의 것, 의식적인 것을 넘어서 "여직까지 없었던 세계"[30], 새로운 것, 미지의 것, 혼란과 사랑, 자유를 향해 이행해 가야한다는 이른바 '온몸론'을 그 정수로 이해한다. 모든 기성의 질서, 기지(旣知)의 것과 의식적인 것은 이미 어떤 말로 틀 지워지고 규정되었다는 의미에서 낡은 것, 완성되어진 것이자 죽은 것이다. 의식되어버리는 순간 그것은 우리가 어찌해볼 수 없는 존재성을 지니게 되므로 내 의식에는 구속과 억압의 코스모스, 곧 질서가 된다. 우리 의식이 거기서 자유롭지 못하게 되는 것이다. 그런데 이 한 번도 경험해보지 못한 완전한 새로움, 자유이자 카오스(그러니 그것은 사실 자유나 혼란, 사랑 따위의 기성의 말로는 규정될 수 없는 어떤 상태일 것이다)로 다가가는 일은 전면적으로 그리고 동시적으로 진행되어야 한다. 그 혼란이란, 부분과 전체, 안과 밖, 큰 일과 조그마한 일, 나와 너, 나와 적, 시와 산문, 세계와 대지, 인간과 자연, 심지어는 남과 북, 민족과 세계, 문학과 정치, 내용과 형식 그리고 마지

---

29) 이하, 『김수영 전집.2 -산문』(민음사, 1983) 참조.
30) 같은 책, p.252.

막으로 몸과 마음의 이항 대립이나 시간차를 둔 이해로는 도저히 도달할 수 없는 절대적 자유이기 때문이다. '온몸'으로 '온몸'을 밀고 가는 방법만이 해결책인 것이다. 그것을 혁명이라 불렀다. 그런데 김수영이 4·19라는 현실가운데서 그 혁명의 한 순간을 체득하지 못했다면 '온몸론'에로 나아갈 수 없었을 것이다. 비록 실패한 정치 혁명이었지만, 김수영은 그 와중에 진짜 혁명적인 체험을 함으로써 50년대의 관념벽을 한꺼번에 돌파하고 앞으로 나아갈 수 있었다.

> 나는 아직까지도 '시'를 안다는 것보다 더 큰 재산을 모르오. 시를 안다는 것은 전부를 아는 것이기 때문이오. 그렇지 않소? 그러니까 우리들끼리라면 '통일'같은 것은 아무 문젯거리가 되지 않을 것이오. 사실 4·19 때에 나는 하늘과 땅 사이에서 '통일'을 느꼈소. 이 '느꼈다'는 것은 정말 느껴본 일이 없는 사람이면 그 위대성을 모를 것이오. 그때는 정말 '南'도 '北'도 없고 '美國'도 '소련'도 아무 두려울 것이 없습디다. 하늘과 땅 사이가 온통 '자유독립' 그것뿐입디다. 헐벗고 굶주린 사람들이 그처럼 아름다워 보일 수가 있습디까? 나의 온몸에는 티끌만한 허위도 없습디다. 그러니까 나의 몸은 전부가 바로 '주장'입디다. '자유'입디다…….
>
> '4월'의 재산은 이러한 것이었소. 以南은 '4월'을 계기로 해서 다시 태어났고 그는 아직까지도 灼熱하고 있소. 맹렬히 치열하게 작열하고 있소. 이북은 이 작열을 느껴야 하오. '작열'의 사실만 알아가지고는 부족하오. 반드시 이 작열을 느껴야 하오. 그렇지 않고서는 통일은 안 되오.[31]

이 글은 잘 알려진 대로, 월북한 친구 김병욱을 예상 수신인으로 해서 4·19의 소회를 피력한 편지체 수필의 한 부분이다. '온몸론'의 핵심을 드러낸 이 글로 볼 때, 그가 생각하는 자유의 이행이란, 사적인 모든 행동이 곧바로 공적인 것이 되는, 개인의 일거수일투족이 전체의 운명에 직결되는, 그러면서 이상(理想)이 하늘에 머물지 않고 순간순간 땅

---

31) 김수영, 「저 하늘 열릴 때」, 『세계의 문학』, 1993 여름.

에서 현실화되어 하나로 만나는, 지극히 시적인 삶을 가리키고 있다는 것을 알 수 있다.[32] 최인훈이 『광장』에서 그려 보인 '밀실'과 '광장' 이미지가 하나로 통일된 형국에 유비해 볼 수 있을까. 물론 이런 낭만적이고 감성적인 환상과 정치의식[33]으로는 현실 혁명의 전체상을 제대로 파악하여 거기에 능동적으로 대응하기란 불가능했을 것이다. 4·19 혁명은 점점 비루한 사적 욕망 관철의 장으로 타락해 실패로 결말이 나고, 그에 따르는 일시적인 좌절 끝에, 그는 무엇이 잘못된 것인가에 대해 진지하게 사유했던 것으로 보인다. 그 사유의 끝에 그는, 실패의 원인을 '혁명적 순간'이 한 순간에 그쳐버리고 새롭게 갱신되어 앞으로 나아가지 못했던 데서 찾았던 것 같다. 전체와 개인이 분리되고 공과 사가 나뉘어 시적인 전일성을 잃어버린 것, 혹은 너무 큰 공(公)의 광휘에 눈멀어 사적인 갱신을 이루지 못했던 점에서 패인을 읽어낸 것이다. 그 결과 그는 혁명 실패에 분노하던 자신의 사유틀 자체를 과감히 바꾸어 버린다(「그 방을 생각하며」). 그는, 정치(세계) 혁명에만 매달리는 것이 아니라 세계 혁명과 동시에 자기 자신의 내부 혁명을 동시에 밀고 나가야 한다는 것, 한 순간도 머물지 않고 끝없이 앞으로 유동하는 자유로움에 몸을 맡겨야 한다는 것, 4·19의 한 순간에 환상처럼 경험되었던 그 법열(法悅)의 순간을 시로 재현해 내야 한다는 결론에 도달했고, 그 방법에 '온몸론'이라는 이름을 부여했던 것이다.

이러한 관점으로 볼 때, 시 「어느 날」은, 소심한 자기 자신에 대해 성찰하고 비판하는 시가 아니라, 오히려 '(큰 일)'에만 매달려 생활의 미세한 전 영역에서의 자유를 제대로 이행하지 못함으로써 혁명을 실패로 만든 상황을 비판하고 있는 시가 된다. 그 동안 '조그마한 일'이라

---

32) 어쩌면 이 부분은 비슷한 경험을 공유하지 않으면 전달 불가능한 체험을 서술한 것일 수도 있다. 이미 언어화 되어 기지의 것이 되어버렸으므로 김수영 자신이 느낀 생생한 '자유'와는 차이가 있을 것이기 때문이다. 이 점에서 김수영 시론을 불교식으로 읽으려는 시도가 생겨나는 것 같다.

33) 김명인, 『김수영, 근대를 향한 모험』, 소명출판, 2002, p.181.

고 제쳐두었던 것들이, 사실은 조그마하지 않고 오히려 훨씬 넓고 크고 깊은 문제일 수 있다는 인식을 수용하여 묵은 위계의식을 전복할 것을 요구하고 있는 시인 것이다. 그러한 전복의 끝에, 노랑 은행잎에 대한 섬세한 연민과 언론 자유를 요구하는 저항의 큰 목소리를 동시에 온몸으로 밀고 나가는 것만이, '우습지도 않고 작지도 않은' 사랑의 실천에 도달하는 길이 아니겠느냐는 물음이 「어느 날」의 궁극적 전언인 셈이다.

5. 맺음말

「어느 날」에 대한 이 두 가지 방식의 독해 가운데 반드시 어느 하나가 옳은 것으로 정리할 필요는 없다. 김수영 시론의 핵심도, 어느 한 쪽으로 기울어 기성의 해석이 되는 것을 오히려 경계하는 쪽일 것이다. 모순의 양 축이 충돌해 일으키는 긴장과, 그 결과로서의 보다 풍성한 의미를 삶에서 발견하게 하는 것이 역설의 존재 이유인 것처럼, 두 가지 해석은 서로 길항하는 다중 의미(polysemy)로 남아 또 다른 해석 가능성을 밝히는 길잡이가 되어도 좋지 않을까.

이제 남는 것은, 「어느 날」을 통해 시현(示顯)한 그의 시적 실천이 문학사 혹은 사회사와 어떤 고리로 만나고 있는가를 검토해 보는 일이다. 최원식은, 김수영이 모더니스트의 입장에서 모더니즘과 리얼리즘을 회통케 함으로써 30년대적 문제의식에 한 개 매듭을 지었다는 평가[34]를 내렸다. 김기림과 달리 김수영은 현실 문제에 발을 딛고 있었다는 점이 그러한 평가의 근거다. 또한 그 점에서 김수영 문학이 진정한 현대성(근대성이 아니라)을 획득하고 있다고 판단한다. 그런데 최원식의 평가에는, 현실과 김수영의 시가 어떻게 만나는가에 대한 방법론적

34) 최원식, 「'리얼리즘'과 '모더니즘'의 회통」, 『문학의 귀환』, 2001, p.52.

검토가 빠져 있다. 어떤 방법으로 만났는지에 대해 설명할 수 없으면, 기교주의 논쟁의 결과 임화와 김기림이 동시에 현실과 언어의 변증법적 종합을 주장(방향은 다르지만)했음에도 공허한 관념론에 떨어지고 말았던 것과 똑같은 우를 범하는 격이 될 것이다.

김수영은 언어를 서술과 작용으로 나눈 다음, 문학의 언어는 작용의 언어라고 생각했다. 이 때 언어 서술이란 자유를 주장하는 것이고, 언어 작용이란 자유를 이행하는 것이다. 따라서 문학이란 언어 작용은, 자유의 끝없는 이행으로 정의된다. 이 점에서 김수영은 모더니스트다. 자칫하면 문학의 자율성이라는 자유로 치달을 위험이 있다. 하지만 그는 '온몸론'을 통해 문학과 현실의 경계를 지워버렸다. 절대적 자유의 이행을 위해서는 현실 자유의 폭도 절대적으로 넓혀져야만 한다는 입장에 섰던 것이다. 말을 줄이자. 요컨대 그는 형식(문학)의 자유로움(작용)을 통해 내용(현실)에 자유가 모자란다는 사실을 줄기차게 주장(서술)함으로써 대립적 요소를 하나로 묶어버린 것이다. 1920년대 김기림과 박영희에 의해 제출되고, 30년대 김기림과 임화에 의해 재론되었으되 끝내 미봉에 그쳤던 내용/형식의 관계 문제를, 형식의 입장에서 하나로 통일한 최초의 문학적 사례가 김수영이라는 평가가 이에 가능한 것이 아닐까.

> <내용>은 언제나 밖에다 대고<너무나 많은 자유가 없다>는 말을 해야 한다. 그래야지만 <너무나 많은 자유가 있다>는 <형식>을 정복할 수가 있고, 그때에 비로소 하나의 작품이 간신히 성립된다.[35]

인용 부분은, 현실의 자유 확대 문제를 문학이 최대 관심사로 삼고 형상화해야 한다는 점, 그래야만 형식이 저 혼자 풀어져 자율성 쪽으로 치달아 가는 일을 막을 수 있다는 것, 그 경계에서 내용과 형식이 하나

35) 『전집.2 - 산문』, p.251.

로 통합된다는 것을 힘주어 말하고 있다. 사실 4·19가 나던 그 해의 몇 편, 가령 「푸른 하늘을」 같이 자유를 직접 노래(서술)한 작품들을 제외하면, 김수영은 언제나 「어느 날」처럼 쉽게 한쪽 손을 들지 않는 자유를 형식화(작용)하는 데 전력을 쏟음으로써 자신의 주장을 지켜냈다. 남는 문제가 있다면, 김수영과 동시대 혹은 후대 시인 가운데, 정반대 방향에서 김수영에 필적해오는 누군가[36]를 찾는 일일 것이다. 자본주의와 사회주의를 동시에 넘어선, 시문학사의 진경이 바로 거기서부터 펼쳐질 것이기 때문이다.

36) 북한에도 4·19가 일어났다는 가정을 한다면, 김병욱쯤이 맞수가 되리라고 김수영은 믿었던 것이 아닐까.

시교육 자료로서의 〈사화집〉

1. 〈사화집〉이라는 자료의 성격

사화집(詞華集)이란 앤솔러지(anthology)의 역어(譯語)로서 사전적으로는 '민족·시대·장르 별로 수집한 짧은 명시(名詩) 또는 명문의 선집'[1]을 지칭한다. 가령 역사적으로는 『동문선』 같은 경우가 대표적인 예라 할 수 있다. 그러나 한국 근대 시문학의 짧은 역사를 일별할 때 이러한 조건을 구비한 경우가 흔치 않으므로 여기서는 특정 편집자에 의해 묶인 '명시 선집'[2]의 의미로 제한하려 한다. 그러나 이런 제한에도 불구하고 선집에는 성격을 달리하는 예들이 섞일 수 있다. 가령 다수 시인들의 대표작(으로 생각되는)만을 선별하여 모으기만 한 순수 사화집의 경우와 그렇게 집대성한 작품들의 말미에 편집자 혹은 시인 자신의 주석(혹은 시인의 창작 노트)을 닮으로써 보다 친절하게 독자들에게 다가가려 한 경우로 그 성격이 나뉘기 때문이다. 전자의 경우에도 개별 작

1) http://www.korean.go.kr/06_new/dic/search_input.jsp

2) 해방 후에 쏟아져 나온 해방기념시집류와 시인들 몇몇이 뜻을 같이 해 신작을 묶어 발표한 경우들은 제외하기로 한다. 가령 해방기념시집인 『횃불』(박세영 외, 1946)이나 『전위시인집』, 『새로운 도시와 시민들의 합창』 등이 대표적인데, 이들의 경우 기(旣) 발표작 가운데 대표작을 가려 싣는다는 사화집 일반의 성격에 걸맞지 않기 때문이다.

품에 대한 해설은 없지만 시문학사에 대한 개괄적인 서술을 붙여 둠으로써 편집자의 의도가 어떻게 작동한 것인지를 밝힌 경우가 있어 세밀한 구분 작업이 선행되어야 할 필요가 있다. 또한 편집자의 주관이 작동하는 범위도 다소간 다르다는 점도 참고해야 할 요소다. 전체 작품을 자기 책임 하에 선별하는 경우가 없지 않으나 때로는 시인 본인의 추천작을 중심으로 약간의 가감을 하는 경우도 있기 때문이다.

우리는 문학사의 갈피에 특별히 인상 깊게 각인된 대표적 사화집의 예를 하나쯤은 쉽게 떠올릴 수 있다. 가령 신구문화사 판 『한국전후문제시집』은 전쟁의 혼란기를 겪고 난 1960년대 문단의 자기 정리 작업의 일환으로 상재된 바 참여 시인들의 객관적 면모나 작품의 수준, 문단사를 보는 안목 등에 있어 하나의 경이(驚異)로 손꼽힌다. 이를 포함하여 모든 사화집들은, 편집에 참여하는 사람의 주관성 개입 여부나 해설 유무에 상관없이 특정 시대나 시문학사 전반의 '명작'을 골라 싣는다는 의도 즉 선택과 배제의 원리 아래 움직이고 있다는 점에서는 동일하다. 편자가 누가 되었든 그들은 모두 "雜多한 수 많은 詩篇 가운데 그 목소리의 높고 낮은 音調를 가르고 그 言語의 어둡고 밝은 빛깔을 나누는 分別과 識別이 要求되고 있다"[3]라는 점에 동의하고 있기 때문이다. 물론 이 인용문을 두고 시인들 목소리의 다양성을 보여주겠다는 의도로 읽을 수도 있겠지만 선택과 배제의 필요성을 밝힌 것으로 보는 편이 더 합당해 보인다. "數百의 詩人들 가운데 한 世代의 흐름을 代表할 수 있는 問題作家를 選擇"[4]하려 한다는 진술이 뒤따르고 있기 때문이다.

그렇다면 사화집 편찬이 순전히 문학사적 요구에 부응한 결과인가. 실상은 그렇지 않은데, "말하자면 詩를 사랑하는 讀者나 詩를 공부하는 사람들에게 있어서 一目瞭然하게 戰後詩들을 훑어볼 수 있는, 그리하여 스스로 反省의 資料로 삼을 수 있는 – 그러한 契機가 있어야만 되겠다"[5]

3) 편집위원회 편, 『한국전후문제시집』(신구문화사, 1964)의 머리말.
4) 같은 곳.

라는 의도 또한 명확히 병기되어 있기 때문이다. 이를 시교육 자료로서의 사화집에 대한 일정한 인식을 드러낸 것으로 볼 수는 없는 일일까. 물론 이때의 '시 공부'를 곧바로 '시교육'으로 대체하고 그 '교육'을 '교육과정에 의거한 공적 교수 학습 활동'으로 한정짓는 것은 어불성설이다. 문청(文靑)들의 글짓기나 문식력(文識力)에 도움을 주려 한다는 의도를 지나치게 까불러 확대하는 짓이기 때문이다. 하지만 조금 다르게 생각해 볼 수도 있을 듯하다. 시를 포함한 문학교육의 구경적 목표가 모국어로 이루어진 문학문화 감식력의 증대에 있고 그 결과를 실제 어문 활동으로 되돌려 시인 작가들만큼 모국어를 잘 쓰게 하려는 것[6]에 있다면 사화집 편찬의 의도가 문학교육적 범주를 벗어나 있다고 쉽게 단정하기는 어려운 일일 것이다. 더구나 시의 독자와 시교육 대상자가 큰 범위에서 겹칠 것이라는 예상과 사화집의 예상 독자에 시교육의 중요 담당자인 교사들이 포함될 것이라는 예상까지 겹쳐 놓으면 사화집이 당대 시교육 현장에 미치는 파급 효과는 결코 작은 것이 아니라는 생각에 이르게 된다. 더구나 작가의 죽음이라는 명제로 요약되는 오늘날의 상황과 달리 평론가, 시인, 작가들로 꾸려진 편집자들의 위상이 오늘날과는 비교도 되지 않게 높고 컸던 상황을 염두에 두면, 사화집의 편찬이 시교육의 구체적 방향을 지시하거나 선도하는 역할을 맡았을 것으로 상정하는 것도 무리가 아니다.

한편 시 공부를 하는 사람이나 시의 독자를 고려한다는 사화집 편찬의 의도를 두고 상업적 욕구의 포장으로 읽을 수도 있다. 출판하는 입

---

5) 같은 곳.

6) 2007년 개정 교육과정의 핵심적 목표가 '실제'를 향해 있다는 점은 누구나 동의할 것이다. 그 중에서도 문학은 '수용과 생산의 실제'로 정의되므로 최종적으로는 '생산'에 초점이 있다는 것을 알 수 있다. 이때의 생산이 아무러해도 괜찮은 수준의 것을 말하는 것이 아니라 최상의 것을 조준하고 있는 것이라면 궁극적으로 문학교육의 목표가 '시인 작가'되기(모두 등단해야 한다는 뜻이 아니라 시인 작가들만큼 우리말을 잘 구사하게 되기)에 있다고 보아서 무리 없을 것이다.

장에서 개별 시인들의 시집을 줄지어 낸다는 것은 상업적으로 거의 무모한 일일 터이다. 그러나 비교적 명망이 높은 시인들의 대표작을 묶어 한두 권으로 인쇄한다면 상황은 달라질 수도 있다. 출판 비용은 현저히 줄이고도 독자들의 요구와 기대를 한 군데로 수렴한 결과 적정량의 판매 부수를 기록할 확률이 높아지기 때문이다. 그러나 바로 이 지점 때문에라도 사화집의 교육적 역할이 커진다고 하면 아전인수가 되는 것일까. 공부하는 독자들의 경제력에 여유가 있을 리 없으므로 소설 다이제스트 판으로라도 지적 욕구를 채웠듯이 한두 권으로 묶인 명시 선집은 학습자들의 문화적 욕구를 채워줄 매우 좋은 통로 구실을 했을 것이기 때문이다. 이를 테면 한국 현대시의 정전(正典)이 형성되는 과정에 사화집의 발행과 독서가 상당한 영향력을 행사했을 것이라는 예상을 해볼 수 있다.

사화집 편찬이 지닌 이런 예상 영향력 때문에 한국의 근대 시문학사에서는 매우 다양한 형태의 사화집들이 족출(簇出)한 바 있다. 그리고 거기서 우리는 누구를 대표 시인으로 볼 것인가 혹은 그의 대표작은 어떤 것인가 하는 질문에 대답하려는 편집자들의 정성과 노력을 만날 수 있으며 심지어 문학사를 어디로 끌고 가야 하는가 혹은 문학이란 어떤 것이어야 하는가 하는 원론적인 질문에 대답하려는 시도들과 만날 수 있다. 이 글은 그러한 시도들의 숲을 헤쳐서 사화집의 역사를 개괄하는 한편 사화집이 지닌 시교육 자료로서의 성격을 짚어 보려는 의도로 쓰여 진다. 아울러 시문학사를 밀고 간 저의(底意)들의 결을 파악해 낼 수 있다면 가외의 즐거움이겠다.

2. 〈사화집〉 편찬의 역사와 의의

2-1. 일제 강점기의 〈사화집〉 : 민족의 발견

이하윤은 자신이 편집한 사화집 『현대서정시선』(박문서관, 1939.2)에서 우리 근대 시문학사상 최초의 사화집으로 황석우의 『청년시인백인집』(1929)을 꼽고 있다. 그러나 이는 이하윤의 판단 착오로 보인다. 실제로 잡지 『조선시단』 제 5호이자 특대호로 기획된 이 『청년…』은 몇 가지 면에서 이하윤의 판단에 부응하지 못하는데, 그 첫째가 이 시집에 시를 발표한 사람들이 대부분 시인이 아니라 습작기의 청년들이라는 점[7]이다. 그리고 그들의 작품 또한 기왕의 발표작이 아니라 신작이며 수준 또한 낮아서 당대의 시단을 대표할 형편이 못된다. 명실상부하게 사화집의 효시를 이루는 것으로 판단되는 것은 조선통신중학관 편의 『조선시인선집 – 28문사걸작』인 바 이를 포함하여 일제 강점 기간에 발간된 중요한 사화집의 목록은 〈표. 1〉과 같이 정리할 수 있다.[8]

〈표. 1〉 일제 강점기 주요 사화집

편집자	도서명	출판사	연도	등재 시인 및 시 편수
조선통신중학관	조선시인선집 – 28문사걸작	조선통신중학관	1926	김기진 외 27인, 2-8편
김동환	조선명작선집	삼천리사	1936	주요한 외 20인, 2편 내외
이하윤	현대서정시선	박문서관	1939	김기림 외42인, 1-12편
임화	현대조선시인선집	학예사	1939	최남선 외 48인, 1편
조선일보출판부	현대조선문학전집-시가집	조선일보	1939	주요한 외24인, 1-11편
시학사	신찬시인집	시학사	1940	김기림 외 30인, 1-5편

7) 편자인 황석우나 김달진, 이정구 등 낯익은 이름들이 몇 등장하지만 이들 시도 대부분 습작의 수준을 벗어나지 못하고 있으며 나머지도 전부 전국의 문청들이 투고한 습작들이다.

8) 이 자료들은 대부분 윤여탁이 편찬한 영인본 『한국현대시사자료집성』(태학사)에 기초한 것이다.

『조선시인선집 – 28문사걸작』(이하 『걸작』이라 칭함)은 발행 시기의 선구성과 함께 시를 포함한 문학 사화집 발간 운동의 방향이 어디를 지향하고 있었던가를 보여주는 좋은 증거라 할 수 있다. 『금성』지 출신으로서 해당 기관의 강의록 집필을 맡고 있던 백기만에 의해 기획 편집된 것[9]으로 보이는 이 『걸작』은 김기진, 김소월, 김억을 비롯해 오늘날 당대를 대표한다고 손꼽는 시인들 거의 전부를 망라하고 있어 눈길을 끈다. 그러나 정작 『걸작』이 지니는 문제성은 따로 있다고 할 수 있는데, 이는 발행 기관이 왜 하필 〈통신중학관〉인가 하는 의문과 관련되어 있다. 적어도 이 시기 시 혹은 문학은 자족적 예술 양식으로서가 아니라 민족 계몽과 교육의 핵심 매재로 이해되고 있었던 것이다. 이는 다소 유치한 수준의 비유로 일관하고 있는 이 책의 〈서문〉에서도 확인할 수 있는 사실이다. 〈서문〉에서는 지나간 조선과 다가오는 조선을 대립시키고 그 각각을 어둠과 밝음으로 지칭한 뒤, 다가오는 밝은 조선을 향해 나아가야 할 필요성을 제기하는데, 그 핵심에 '시라는 예술의 향기'가 놓인다고 적시하고 있다. 직선적 시간관으로 표상되는 근대[10] 지향의 의지를 민족주의로 포장하고 있는 장면이 아닐 수 없다.

> "고흔빗치 짓터가는 조선은 지금에 부르지즘니다. 조선의 詩壇은 부르지즘니다. 짓터가는빗츨 한테엉키게하랴고 ----빗나는여러마음을 한곳에 모흐랴고 ---낫낫의 精神을 한골로 흘느게하랴고 ---그리하야 둥그럿코큼직한 조선의마음을 살니고빗내여보자함이 우리의 意圖임니다.
>
> 이에 나아옴니다, 조선의빗츨아로색이고 조선의마음을노래하며 조선의精神을하눌놉히읊저리는 詩壇의 精華總集인 「朝鮮詩人選集」을 通하야 나옴니다."[11]

9) http://metro.daegu.kr/UserFiles/file/Culture_Tourism/Hero2/files/04/00.pdf
10) 이진경, 『근대적 시공간의 탄생』, 푸른숲, 1977, p.117.
11) 『걸작』(조선통신중학관, 1926)의 서문.

조선의 시를 하나로 결집함으로써 조선의 빛과 마음과 정신을 하나로 모으고 그렇게 해서 "둥그럿코큼직한 조선의마음을 살니고빗내여보"려 한다는 출판의 변에서, 신대한(新大韓)이라는 국가 대신에 대조선(大朝鮮) 혹은 조선심(朝鮮心)이라는 이름의 민족(民族)을 호명하여 내부 결속을 다짐으로써 일제 강점의 엄혹한 상황을 타개해 보려했던 당대 민족주의의 계몽적 의도를 읽을 수 있다.[12] 그 중심에 시가 있다는 판단에는 이 최초의 사화집 편집자가 지닌 관점, 즉 민족의 미래를 책임질 젊은이를 계도하고 교육하는데 있어 조선어 명시가 중요한 역할을 해줄 것이라는 믿음이 드러난다. 일제 강점의 초기, 민족이 구체적 역사 행위나 목표로서가 아니라 미래를 준비하는 교육 혹은 정신의 문제로, 그리고 배제와 차별화가 아니라 포괄과 동일화의 원리로 우선 이렇게 호명되었던 것이다. 일제라는 타자에 저항하는 원리로서 민족담론이 제 기능을 하기 위해서는 그것을 이데올로기나 논리의 차원으로 떨어뜨려 선택하고 배제하는 기준으로 작동시켜서는 안 된다. 이천만 전체가 하나로 결속한다 해도 미래를 보장할 수 없는 판에 편을 가름으로써 민족의 범주를 좁혀 버린다면 현실 타개라는 목표 달성은 더 요원해질 수밖에 없을 것이기 때문이다.

『걸작』은 이러한 민족주의적 색채를 기반으로 김기진부터 황석우까지 28인의 시를 각각 2편(이광수)에서 8편(김억)까지 싣고 있다.[13] 그러나 민족주의적 편집 의도란 단지 조선어 명시를 모은다는 사실 자체에 초점이 놓여 있을 뿐이어서, 이들의 개별 작품들이 모두 민족주의적 색채를 띠는 것은 아니다. 또한 수록 시 편수를 보더라도 오늘날의 시각과는 중요도가 다르게 매겨져 있어 작품 혹은 시인의 값을 매기는 눈이 아직은 그다지 정밀한 편이 아니라는 평가 역시 가능하다. 소월의

---

12) 민족주의의 표상이 신대한에서 대조선으로 변모하는 과정에 대해서는 최현식의 『신화의 저편』(소명출판, 2007)을 참조할 수 있다.

13) 한용운의 작품은 제외되었다.

경우로 한정해 보더라도, 「월색」, 「엄숙」, 「찬 저녁」, 「나는세상모르고 사랏노라」, 「집생각」 등 도합 다섯 편을 싣고 있는데 이들은 오늘날 그의 대표작으로 손꼽는 작품들과는 분명 거리가 있다. 그럼에도 『걸작』은 이후 줄을 잇는 사화집 편찬의 기준점이자 평가의 준거점으로서의 역할에 충분히 제값을 다하는 경우라고 평가할 수 있다.

30년대 중후반부터 본격적으로 등장하는 사화집들은 편집자의 태도에 따라 다시 두 가지 경우로 나뉜다. 일껏 호명된 민족의 범주를 이데올로기적으로 축소시켜 배제의 원리를 작동시키는 김동환, 이하윤, 조선일보출판부 편의 책들이 그 한 축이라면 가능한 한 공평성을 잃지 않으려 노력하는 임화와 시학사 판의 책들이 또 다른 한 축이다.

김동환 편의 『조선명작선집』은 시가, 소설, 희곡으로 구분, 당대까지의 조선 문학 명작들을 선별하여 한권에 담겠다는 취지를 갖고 있었기에 기획 당시부터 편향의 소지를 다분히 안고 있었다. 이 책의 시가편에는 주요한을 비롯한 스물한 명의 시를 각각 2편 내외로 싣고 있는데 이들은 주로 소위 국민문학파 계열의 시인들이다. '민족문학'이 아니라 '민족주의문학'을 밀고 간 최초의 사례가 국민문학이었다는 점을 상기한다면 이 기획에 내재된 원리를 짐작하고도 남음이 있다. 물론 이를 『카프시인집』에 대한 대타의식의 발현으로 읽을 수도 있다. 하지만 『카프시인집』의 경우 '카프' 시인들의 시를 모은다는 사실을 제목에 아예 못 박고 있다는 점을 감안하면 김동환의 '조선명작'이라는 작명이 정직하지 못한 수사(修辭)라는 것을 알 수 있다.

이에 비한다면 이하윤 편의 『현대서정시선』은 사정이 좀 나은 편이다. 이하윤은 전기(前記)했듯 조선 사화집의 역사와 편집 기준에 대한 뚜렷한 인식[14]을 갖고 선집을 엮고 있다. 또한 그는 〈서문〉에서 육당으로부터 비롯된 현대시사를 동인지, 종합지, 잡지 발행 중심으로 요약

14) 사화집이란 신인들을 취급하면 안 되지만 우리 시의 역사가 짧으므로 아주 신인이 아닌 다음에는 다 싣기로 한다는 편찬의 방침을 밝히고 있다.

정리하는 한편, 시는 '서정시'라야 한다는 뚜렷한 관점 아래 신경향파와 '설부른 지성(知性)'의 시를 배제하겠다는 원칙을 밝히고 있다. 이에 따라 이 책은 카프와 모더니즘 계열의 시들이 동시에 배제되고 언필칭 국민문학파, 해외문학파, 시문학파 중심으로 작품을 선별하고 있다. 가나다순으로 김기림에서 황석우까지 43명의 중요 시인들을 다루고 있어서 김기림과 김기진, 박영희, 박팔양, 조벽암, 이상화, 임화 등의 작품도 실리긴 하지만 이들은 모두 한두 편에 그치고 작품 역시 서정성에 초점을 맞춘 것들이어서 개별 시인들의 특성이 잘 살지 않는데 비해, 김영랑 10편, 정지용 11편, 김소월 12편[15]을 수록함으로써 현저히 편향된 시각을 드러낸다.

그럼에도 이 책은 몇 가지 점에서 높게 평가될 수 있는 여지를 안고 있는데, 신진 시인임에도 『사슴』의 시인 백석을 고평하여 네 편(「여우난골족」, 「미명계」, 「정주성」, 「개」)의 시를 싣고 있다는 점과 비록 종교시인으로 분류되긴 하지만 한용운(「하나가되여주서요」, 「예술가」, 「비밀」, 「나룻배와 행인」)의 작품을 등재하고 있다는 점이 대표적이다. 만해가 오늘날 우리들이 생각하는 상(像)과 달리 해방기까지 거의 시인으로 기억되지 않았다는 점, 따라서 그가 민족주의 문학의 화신이라는 평가 따위는 1950년대에 가서나 자리 잡는다는 점을 고려한다면 이하윤의 안목에는 분명 돋보이는 부분이 있다. 또한 위당과 가람으로 대표되는 시조시인들의 작품도 현대 서정시로 인정할 수 없다는 기준을 분명히 갖고 있었다는 점도 그가 지닌 편집자로서의 천품을 잘 보여주는 대목이라 할 수 있겠다.[16]

---

15) 모더니즘 계열의 시를 배제하면서도 정지용만은 11편이나 싣고 있는 이유는 그를 시문학파로 분류했기 때문일 것이다. 한편 김소월의 경우 「진달래꽃」, 「먼 후일」, 「님의 노래」, 「못니저」, 「예전엔 미처몰랏서요」, 「맘켱기는날」, 「漁人」, 「길」, 「가는 길」, 「왕십리」, 「산」, 「삭주구성」 등을 싣고 있는데 여기에 「금잔디」, 「초혼」, 「산유화」 등을 보태면 현재 소월의 정전으로 언급되는 작품들이 거의 망라된다는 점에서 작품을 보는 안목이 상당했음을 알 수 있다.

조선일보출판부에서 펴낸 『현대조선문학전집-시가집』(이하 『시가집』이라 칭함)은 이하윤의 장점마저 포기하고 국민문학파와 시문학파를 아우르는 전통주의적 관점을 철저하게 관철시킴으로써 민족의 개념을 '민요'나 '전통 정서'와 같은 협애한 틀에 가두는 첨병의 역할을 한다는 점에서 문제적이다. 『걸작』 단계의 민족의식이 '우리 문학'이라는 대타의식의 수준에 머물러 대표적인 모든 시인들을 포괄적으로 참여시킨다는 원칙에 입각해 있었던 데 비해, 김동환과 이하윤을 거쳐 『시가집』에 이르면 민족의식은 이제 뚜렷이 민족'주의'가 되어 시인 개개인의 성향이나 시의 양식, 내용 등을 규정하는 규준으로 작동하고 있다. 『걸작』으로 시작된 '사화집을 통한 민족 호명과 교육'이라는 목표에 뚜렷한 균열이 발생하고 있는 셈인데, 문제는 이러한 편집틀이 1950년대 이후 한국 근대시를 바라보는 이데올로기적 틀로 완고하게 재생산된다는 점일 것이다. 문협의 편협한 현대시관이 전쟁이라는 비극적 대결의 결과로 나타난 것이 아니라 이미 1930년대 후반부터 준비되고 있었다는 사실의 확인은 놀라운 것이 아닐 수 없다.

주요한, 이광수, 양주동, 김동환, 이은상, 한용운, 김억, 이병기, 김정식(소월), 박종화, 김오남, 모윤숙, 김광섭, 노천명, 김상용, 박용철, 신석정, 이일, 김동명, 김영랑, 주수원, 김형원, 이상화, 변영로, 오상순으로 된 『시가집』의 면면을 살펴보면 이들이 시조부흥운동과 국민문학, 시문학 관련 시인들만으로 구성되었다는 것을 알 수 있는데, 여기에 윤동주와 육사, 미당 등만 첨가하면 1950년대 이후 1920-30년대를 대표하는 시인의 목록이 된다는 사실에서 『시가집』이 지닌 문제성을 알 수 있다. 아마도 김억이나 김동환이 편집에 깊게 관련했던 것이 아닌가 짐작되는데, 그들의 시만 유독 11편씩(나머지는 대부분 6-7편) 실리고

---

16) 사화집 편집자로서의 이하윤의 이러한 장단점은 해방 후 고스란히 미당에게 승계된다. 뒤에 보겠지만 해방 이후 미당의 사화집 편찬 작업은 이하윤의 안목과 방침에 상당 부분 빚지고 있다.

시, 산문시, 시조, 양장시조, 민요(김동환) 손넷[17], 압운(김억) 등의 자세한 분류명을 동시에 사용하고 있다는 점이 그러한 추측을 가능케 하는 소이(所以)다. 만해는 실렸지만 최남선 및 카프, 모더니스트, 신진 시인들이 모두 누락되었다는 점[18]에서 이하윤보다 한층 극단적인 시각을 가졌음을 알 수 있다. 심지어는 정지용마저도 누락되었다는 점에서 이 책의 편집자가 지닌 반근대주의적 입장의 공고함을 거듭 확인할 수 있겠다. 이광수, 양주동, 이일, 주수원, 김오남, 모윤숙 등의 시가 1930년대 후반이라는 시점에서 정말 조선시단을 대표할 수 있는지를 되물어보면, 의도적으로 한편을 지움으로써 자연스럽게 나머지 한편의 성과가 과장되는 저간의 사정을 헤아리게 된다.

이에 비해 임화의 편집은 우직스럽다 할 만큼 공평무사, 안배의 원칙을 고수하고 있어 이채롭다. 학예사 간행의 『현대조선시인선집』은 최남선부터 김종한까지 총 48명의 대표작 1편씩을 싣고 있는데, 연배의 노소, 이념의 좌와 우, 리얼리즘적 경향과 모더니즘적 경향까지를 아울러 오늘날에도 대표작으로 손꼽히는 작품들이 선택되고 있다. 한용운의 경우는 빠지고 김소월은 「먼 후일」이 실려 있다. 시학사판, 『新撰시인집』은 조선일보 『시가집』에 대한 신진들, 카프, 모더니스트들의 반격에 해당한다. 『시가집』을 구세대 한국 시단을 대표한 것으로 읽은 징후가 농후하기 때문이다. 특히 이 무렵이 이른바 시단의 신세대론이 불붙었던 시점임을 기억하면 '신찬(新撰)'의 의미가 '신진(新進)'[19]의 의미였다고 짐작할 수 있다. 김기림, 김광섭, 김광균, 김영랑, 김조규, 김진세, 권환, 유창선, 유치환, 이육사, 이병각, 이상, 이용악, 이정구, 이찬, 이흡, 이고려, 임학수, 마명, 민병균, 민태규, 박노춘, 서정주, 신석

---

17) 영시의 소네트(sonnet)를 모방한 것.

18) 그 점에서는 이상화의 등재가 기이할 정도인데 카프 시절이 아니라 백조 시절의 이상화를 염두에 둔 듯하다. 「이별을 하느니」 1편을 「이별」이라는 제목으로 싣고 있기 때문이다.

19) 〈서문〉에서도 이 책이 신진 세대 의식으로 기획된 것임을 분명히 하고 있다.

정, 신석초, 여상현, 양운한, 오장환, 윤곤강, 장만영, 장서언 등의 면면으로 볼 때 이 시집은 1930년대 이후 시단에 모습을 드러낸 시인들의 시로 채우려 했을 뿐 특별한 유파나 그룹에 대한 호오를 드러내지 않고 있음을 알 수 있다. 특히 1930년대 중후반의 신진시인들, 가령 미당이나 육사 등에 이용악, 오장환 등 1980년대 이후 문제적인 시인으로 거명된 대부분의 신인들이 고르게 선별되고 있다는 점, 그리고 가려진 시들의 경우도 해당 시인들의 대표작으로 엄선되었다는 사정 등을 고려하면 편집자가 지닌 안목의 넓이를 새삼 깨닫게 된다. 특히 작품의 분량에 있어서도 대개 4-5편으로 통일함으로써 편향되지 않도록 고려하고 있어 눈길을 끈다.

2-2. 해방기의 〈사화집〉 : 국가의 발견

두루 알고 있듯이 해방기는 '민족'이라는 단어를 사용하여 각기 다른 '국가' 개념이라는 저의(底意)를 관철시키기 위해 다양한 이데올로기들이 충돌한 실험장이었다.[20] 일제 강점기간에는 민족을 문화(문명이 아니라)와 등치시킨 문화민족주의에 투신하는 것만으로도, 심지어는 조선어로 된 문학 활동을 한다는 것만으로도 의의를 부여받을 수 있었지만 해방기에는 사정이 달랐다. 이제 문화민족주의가 아니라 구체적 국가민족주의의 전망 아래 국가 공동체의 가능태를 만들어 내야 하는 시기였기 때문이다. 역사의 실체로서의 구체적 민족 개념을 '인민성'의 범주로 묶어내려 했던 〈문학가동맹〉의 속내가 반민족 친일 행위자들을 제외한 전체를 부르주아민족주의 노선 아래 결집시키려는 노력으로 나타났음은 익히 알려진 바 있다. 김윤식은 〈동맹〉의 이러한 노선을 〈프로예맹〉파와 구별짓기 위해 중도 좌파로 규정한 바 있다. 이에 비

20) 김윤식, 『한국근대문학사와의 대화』, 새미, 2002, pp.359-363.

해 극우파를 형성했던 〈청문협〉의 민족 개념은 일제강점기에 선을 보인 바 있는, 정신 혹은 전통으로서의 복고적 민족주의라는 관념을 정교화하는 데만 매달림으로써 결과적으로 민족 내부의 균열을 심화시키고 말았다. 문학 운동의 이러한 논리적 대립은 사화집 편찬에도 고스란히 그 흔적을 남기고 있는데, 해방기의 대표적 사화집은 〈표. 2〉에 정리된 바와 같다.

〈표. 2〉 해방기 주요 사화집

편집자	도서명	출판사	연도	등재 시인 및 시 편수
임학수	조선문학전집10-시집	한성도서	1949.4	김소월 외 47인, 5편 내외
서정주	현대조선명시선	온문사	1950.2	만해 외 39인, 3편 내외

임학수 편집의 『조선문학전집10-시집』(이하 『전집』이라 칭함)은 한성도서가 야심차게 총 10권으로 기획한 문학 전집의 마지막 권에 해당한다. 〈편집후기〉에 의하면 1)해방 전에 문단에 나온 시인까지를 하한선(실제로는 동아, 조선, 문장, 인문평론 폐간 전까지 등단한 사람을 기준)으로 정하고, 그 중 현재 활동 중인 시인들을 대상으로 했다는 것, 2)가능하면 그들의 자선 원고를 받으려 했는데 그 때문에 1년여를 소진했다는 것, 3)배열은 원고 도착순이라는 것을 알 수 있다. 이어서 이 책을 만든 의도가 "一九四五年까지의 朝鮮詩壇 成長의 자최를 더듬어 한 歷史的인 資料를 삼자는데에 있는것"이라고 밝히고 있다. 광고 문안에서 표현한 대로 '신문학 40년의 총결산'이라는 성격을 띠므로 기획, 청탁, 원고 수합 등에 대단히 신중을 기했음을 알 수 있다. 그러나 1-9권까지의 소설 편집은 대표성에 의문이 드는 작가 및 작품들이 다수 있어 다소 실망스러운 면이 있다. 하지만 시집의 경우는 사정이 크게 다르다. 광고에서는 한용운, 김소월 외 30여 인의 작품을 싣겠다고 했지만 실제로는 한용운이 빠지고[21] 김소월부터 이수형까지 총 48인[22]

의 시를 평균 5편 전후로 싣고 있는데 편집의 방침이 아주 엄정한 균형 감각을 보이고 있기 때문이다. 좌우, 노소가 고르게 안배되어 있어 중요한 중진과 신진(이병철, 이수형, 여상현, 이한직, 청록파 3인 등)들의 면면을 거의 모두 확인할 수 있다.[23)]

뿐만 아니라 작품 수준 역시 대단히 고른 편이라는 점도 눈에 띄는 대목이 아닐 수 없다. 충분한 시간을 들인 자선(自選) 원칙이 빚은 결과이겠지만 작고 시인들의 경우에도 오늘날의 대표작을 거의 대부분 꼽고 있다는 점에서 편집자의 높은 안목에 놀라게 된다. 생존 시인 백석(「주막」, 「외가집」, 「모닥불」, 「남신의주유동박시봉방」)과 서정주(「부활」, 「밀어」, 「추천사」, 「거북이에게」, 「국화옆에서」) 그리고 작고 시인 이육사(「청포도」, 「절정」, 「광야」)와 박용철(「떠나가는 배」, 「싸늘한 이마」, 「밤기차에 그대를 보내고」, 「어디로」, 「밤」)의 수록 시를 드는 것으로 충분히 그 예를 삼을 수 있을 것이다. 적어도 시에 있어서만큼은 '신문학 40년의 총결산'이라는 구호가 빈말이 아님을 알겠다.

시를 고르는 안목에 있어서는 미당[24)]의 경우도 이에 결코 뒤지지 않는다. 그러나 『전집』 간행과 시기적으로 불과 4,5개월 차임에도 이 『현대조선명시선 -부. 현대조선시약사』(이하 『명시선』이라 칭함)에 오면 정지용, 김기림, 김광균, 임학수 등을 제외하면 자의든 타의든 〈문학

21) 본 책에서는 한용운이라는 소제목 하에 김소월의 시가 실려 있다.
22) 이은상, 김억, 변영로, 양주동, 박종화, 박용철, 김윤식, 김광섭, 김상용, 신석정, 이육사, 백석, 김동명, 모윤숙, 노천명, 유치환, 서정주, 장만영, 김용호, 조지훈, 이한직, 박목월, 박두진, 이병기, 정지용, 김기림, 김광균, 박팔양, 임화, 임학수, 조운, 이흡, 오장환, 이용악, 윤곤강, 박세영, 박아지, 권환, 이찬, 김철수, 조허림, 여상현, 양운한, 윤태웅, 조남령, 이병철, 이수형 등 48인.
23) 한용운과 윤동주가 누락되어 있는데, 한용운은 착오가 발생한 듯하나 윤동주의 경우는 고려되지 않은 듯하다. 한용운과 윤동주의 발견과 문학사 호명 과정, 나아가 정전화 과정에 대해서는 고(稿)를 달리하여 살펴볼 예정이다.
24) 이 시기 단독 편집인으로서의 미당의 부상은 여러 모로 눈여겨 볼만하다. 소위 좌파의 몰락과 함께 시작된 그의 입지는 이 시기 이후 거의 결정적인 위세를 굳히게 되기 때문이다. 이 과정과 그 정치적 의미에 대해서는 정재찬의 『문학교육의 사회학을 위하여』(역락, 2003)를 참조했다.

가동맹〉에 관계된 모든 시인들이 제거된다는 점[25]에서 결과적으로 이하윤의 『서정시선』이 지닌 문제점을 고스란히 승계하고 만다. "文學史的 見地에서 어긋나지 않게 하며, 또 되도록이면 各流波를 代表하는 詩人들의 規模와 作風과 表現道의 頂點까지를 엿볼 수 있는 作品 選集을 엮어보려는 것이 編者의 慾心"[26]이었음에도 불구하고 실상은 그렇지 못한 것이다. 물론 이에는 서정주 개인의 주관적인 판단만으로 어찌할 수 없는 면이 있다. 1948년 12월이면 〈국가보안법〉이 시행되고 49년 6월에는 〈보도연맹〉이 만들어지는 등 분위기가 결코 예전 같을 수 없었기 때문이다. 하지만 정지용, 김기림 등과 같이 보도연맹에 가입했음에도 이병기의 작품을 뺀다거나 그러저러한 사정에 전혀 연루되지 않은 백석의 시를 제외한다거나 하는 일로 판단해 볼 때 편집자로서의 미당의 판단이 전혀 개입하지 않았다고 볼 수는 없을 것이다.

국가 구성원에서의 좌파 배제라는 국가적 기획이 사화집의 편찬에까지 작동하고 있음과 함께 우리가 『명시선』 편집에서 눈여겨보아야 할 점은 그러한 기획이 더욱 강력한 민족주의라는 외피로 무장하여 문학사적 사실 위를 폭주해 갈 조짐을 보인다는 점일 것이다. 대개 등단 순으로 시인들을 배치하는 원칙을 깨고 만해를 선두에 배치[27]하고 그것이 민족 지사에 대한 예우라는 점을 표 나게 밝히는 대목에서, 이 시기 이후 한국의 시문학사가 정통성의 확보라는 의도 아래 저항 혹은 민족성을 기준으로 이상화, 이육사, 윤동주, 한용운, 심훈[28] 등의 정치

25) 만해, 최남선, 이광수, 주요한, 오상순, 변영로, 김억, 김동환, 박종화, 이상화, 양주동, 홍사용, 이은상, 이장희, 김소월, 정지용, 김영랑, 박용철, 이하윤, 김동명, 김상용, 김광섭, 김기림, 신석정, 모윤숙, 윤곤강, 유치환, 노천명, 임학수, 김달진, 김광균, 오희병, 이육사, 이상, 서정주, 신석초, 장만영, 박목월, 박두진, 조지훈 등 40인.

26) 서정주 편, 『현대조선명시선 -부.현대조선시약사』, 온문사, 1950.

27) 가람 배제, 종교 시인으로 분류되는 만해 중시, 그리고 시문학사 첨부 등의 편집 태도에서 미당에 미친 이하윤의 영향을 발견할 수 있다.

28) 이상화, 이육사, 심훈 등은 해방 전에 작고했다는 이유만으로 이데올로기 과잉의 문학사에서 비교적 자유로운 편이다. 하지만 이들의 생전 행보로 판단할

적 심미화[29]에 매달리게 되리라는 점을 예견할 수 있기 때문이다. 이리 되면 결과적으로 몇몇의 시인들을 심미화 하는 것으로 그치는 것이 아니라 '민족주의' 자체를 심미화 하게 되어 다른 모든 가치들을 그 아래에 구겨 넣어 버리는 심각한 정치적 왜곡이 초래될 것이다.[30] 미당이 김영랑의 시만을 유독 6편이나 배정하는 것도 그가 상정한 민족주의적 문학사 기획의 단초를 보여주는 대목이라 할 수 있다. 만해-소월-영랑을 거쳐 자신에 이르는 문학사적 계보를 전경화 하겠다는 의도로 볼 수 있기 때문이다.

미당의 『명시선』이 좌파 배제의 원리에 따라 사화집의 표준이 된다는 것은 두 가지 면에서 중요한 의의를 갖는다. 하나는 우파 중심의 선정 시인들이 이제 남한 문학사를 대표하는 시인들의 반열에 오르게 된다는 점, 따라서 그들의 등재 시가 정전으로 확고히 자리를 잡게 된다는 점[31]이고, 두 번째는 이 책에 첨부된 시문학사[32] 역시 이후 남한 시문학사의 표준으로 자리 잡게 된다는 점, 그리고 시문학사를 첨부하는 이러한 편집 체제 자체도 하나의 표준이 된다는 점이다. 이하윤의

때, 〈문협〉의 민족주의적 논리에 그대로 부합하는 시인들은 아니다. 말하자면 살아있는 좌파는 용서할 수 없지만 작고한 경우에는 자기들의 입맛대로 이용해도 무방하다는 판단을 하고 있는 것인데 이야말로 이율배반이 아닐 수 없다. 1950년대 이후 이들의 심미화는 남한 문학에 결핍된 민족적 정통성을 확보하기 위한 문학사적 왜곡에 다름 아닌 셈이다.

29) D. Harvey, 구동회·박영민 역, 『포스트모더니티의 조건』, 한울, 1995, p.149.

30) 이러한 민족주의가 결국 보수적이며 낭만주의적인 문학관으로 귀착된다는 것은 여러 문헌에서 이미 확인되는 바다. 그런데 임지현은 민족주의라는 이념 자체에 이미 보수성과 진보성의 혼재라는 모순성이 내재되어 있는 것임을 언급하고 있어 주의로서의 민족주의 이해에 도움을 준다.(임지현, 『민족주의는 반역이다』, 소나무, 2005, pp.38-47)

31) 가령 만해(「님의 침묵」, 「알 수 없어요」, 「수의 비밀」), 김소월(「진달래꽃」, 「산유화」, 「초혼」), 이육사(「황혼」, 「광야」, 「청포도」), 서정주(「부활」, 「추천사」, 「국화 옆에서」)의 수록작을 보면 그것이 고스란히 중등 교과서를 장식한 대표작이라는 사실을 알 수 있다.

32) 이를 좀 더 보완한 것이 저 유명한 「한국 현대시의 사적 개관」(서정주, 『한국의 현대시』, 일지사, 1969)이다.

개괄적 서술과 달리 미당은 상당히 체계적으로 시문학사의 기초를 다듬는데 그 밑바탕에는 백철의 유파 내지 사조사적 관점이라는 한계가 뚜렷이 자리 잡고 있다. 특히 실상과 상관없이 중용하는 '순수시파', '주지파', '초현실파', '생명파', '자연파'라는 용어들[33]이 이후의 시문학사에서 떨쳐오고 있는 위세(특히 문학교육의 차원에서)를 생각하면 『명시선』의 중요성에 대해서는 반면교사로서도 깊이 각인해둘 필요가 있다.

2-3. 1950년대 이후의 〈사화집〉 : 민족의 재발견

〈표. 3〉 1950년대 이후의 주요 사화집

편집자	도서명	출판사	연도	등재 시인 및 시 편수
김용호이설주	현대시인선집 상하	문성당	1954	169명의 시 1-2편
서정주	작고시인선	정음사	1955	한용운 외 9인, 1-17편
백철 외	한국전후문제시집	신구문화사	1964	박인환 외 32인, 15편 내외
김현승	한국현대시해설	관동출판사	1972	최남선 외 29인, 1-5편
정한모김용직	한국현대시요람	박영사	1974	최남선 외 90인, 2-20편
김현승	한국현대시해설	관동출판사	1975 증보판	김광균 외 62인, 1-7편
김흥규	한국현대시를찾아서	한샘	1982	윤동주 외 57인, 1-7편
민영 외	한국현대대표시선1	창비	1990	김억 외 61인, 1-10편

1950년대 이후 사화집의 면모를 살피기 위해서는, 미당이 속한 〈문협〉이 당대의 핵심적인 문학권력이었다는 사실을 우선 확인해 두는 것이 중요하다. 물론 예술원 창립과 가입 문제(1954)가 빌미[34]가 되어

33) 유치환, 이용악, 오장환, 김달진, 신석초, 윤곤강, 이육사, 김광균, 백석, 장만영, 서정주를 묶어 생명파라 칭하는 대목에선 실소를 금할 수가 없다. 하나의 '유파'를 감각만으로 설정하고, 뚜렷한 이유도 없이 중요한 신인들을 그 그룹에 묶고 있기 때문이다. 시문학사의 유파적 인식은 이제 청산해야 할 잔재라 할 것이다.

〈자유문협〉(1955-1961)과의 갈등이 불거지는 등 〈문협〉의 주도권이 시종여일했던 것은 아니지만 대체로 1980년대에 이르기까지 〈문협〉은 문학권과 관련 관계, 교육계에서 가장 큰 목소리를 낸 주체였음이 사실이다.[35] 따라서 그들의 문학관, 곧 민족주의라는 외피로 포장된 '생의 구경적 형식 찾기'로서의 영원주의 문학관과 정전(正典) 인식은 교과서 편집이나 교육 현장, 나아가 생활 속에서의 문학문화 향수 과정에서 하나의 전범으로 받아들여질 공산이 컸다. 그 기본축에 해당하는 미당의 『명시선』이 해방기 말에 이미 제출된 바 있음은 전기한 바와 같다.

1950년대 이후 발간된 사화집은 편집 태도나 해설의 유무, 선정 기준의 변화 등의 잣대로 보아 몇 가지 구분이 가능하다. 『명시선』의 태도를 승계 확장하는 경우(『서정주』[36], 『김현승』, 『정한모』, 『김희보』, 『김흥규』)와 그것이 아닌 경우, 해설이 있는 경우(『김현승』, 『정한모』, 『김흥규』)와 그렇지 않은 것, 작품 선정의 기준을 확대한 경우(『김용호』, 『백철』, 『민영』)와 그렇지 않은 것 등의 구분이 그 예다. 이 가운데 주축이 되는 것은 말할 것도 없이 미당의 관점을 승계 확장한 사화집들이다.

1954년에 간행된 『김용호』는 상권 564쪽, 하권 510쪽의 방대한 분량으로 해방 전 시인 편인 상권은 김광균 이하 95명의 시를 1,2편씩 싣고 있으며 하권은 해방 후 등단한 74인의 시를 싣고 있다. 특히 하권에는 월남 및 50년대 모더니즘 시인들이 대거 등장하고 있어 『명시선』과 대비를 이룬다. 그러나 상권의 경우 좌익 진영을 제외하고도 95명이나

---

34) 표면적으로는 친일 문인 문제였지만 속내는 예술원을 두고 벌인 주도권 다툼이었다는 것이 필자의 판단이다.

35) 〈문협〉 및 〈문예총〉과 국가권력 간의 밀월 관계에 대해서는 고를 달리하여 살펴볼 필요가 있다. 현재로서 드는 생각은, '반공' 혹은 '조국 근대화'라는 미명에 '민족주의'를 덧씌운 독재 권력의 기획이 문화 부문으로 관철되어 나가는 과정에 이들 기관이 자의든 타의든 부응해 나갔다는 것이다.

36) 〈표. 3〉의 대표 편집자명으로 도서명을 대신함. 이하 같음.

선정하는 바람에 질이 수반되지 않는 시인들도 다수 실리게 되는 문제가 있다. 『명시선』이 지닌 주류 의식에 균열을 내보겠다는 의도로 읽히지만 그마저도 이듬해 간행된 『서정주』에 의해 묻혀버리고 만다. 『서정주』는 『명시선』보다 더한 엘리트주의가 관철됨으로써 『명시선』의 요약본 구실을 한다. 한용운, 이상화, 홍사용, 이장희, 김소월, 박용철, 오일도, 이육사, 이상, 윤동주 등 10인의 작고 시인만으로 구성된 이 책은 "枝末을 떨고 根幹만을 고르는 方針에 依據했을 뿐"이라는 〈서문〉에서 볼 수 있듯이 당대가 요구하는 민족주의의 응결체라 할 만하다. 직접 말은 않고 있지만 미당은 스스로를 이들을 뒤잇는 직계로 꼽고 있을 터이다. 이에 대한 조금 다른 각도에서의 대응이 『백철』인데, 아주 엄정하고 낯선 편집 태도와 선정 기준을 작동시켜 전후 시인만으로 한 권의 앤솔러지를 묶은 것이다. 특히 책의 말미에 해당 시인들의 산문이나 시작 노트를 첨부한 형식이 주는 참신성이 돋보였다. 일제 강점기의 『신찬시인집』에 비견될 수 있는 이 『백철』은 〈문협〉 주류의 시단에 다른 목소리들이 엄존하고 있음을 알린 일종의 선언에 해당한다. 하지만 그 기반이 세대 의식인 만큼 사화집 본래의 기능에 충실하지 못하다는 한계는 어쩔 수가 없다.

한편 『김현승』은 주류인 『명시선』의 태도를 고스란히 승계하면서 시문학의 어려움을 호소하는 독자들의 시 읽기에 일정한 지침을 주는 해설을 보탬으로써 사화집의 대중화에 크게 기여한다. 이 땅의 국어 교사치고 『김현승』을 참고하지 않은 사람이 없다고 할 정도로 이 책의 파급력은 큰 것이었다. 광의의 교육 자료라는 위상을 떠나 구체적 현장으로 진입하는 첫 사례였기에 이 획기적 기획은 중요하게 기억되어야 마땅하다. 72년 발간한 초간본에서 30인의 시 1~5편을 해설, 소개하다가 3년 뒤 63명으로 수록 시인을 늘린 증보판을 발행함으로써 당대의 폭넓은 요구에 부응하고 있다. 이 책은 『명시선』의 선정 기준을 그대로 따랐을 뿐만 아니라 미당을 최고 시인의 자리에 올려놓음(증보판에는 미당 시 7편 수록)[37]으로써 미당의 관점을 확장, 추인하는 역할[38]을 했다.

그러나 『김현승』은 독자들을 안내하겠다는 의욕이 지나쳐 일종의 해석적 독재 상태를 야기하고 있다. 시 해설의 말미에 주제를 정리해 둠으로써 모든 시를 단일한 의미의 틀로 읽도록 유도하고 있기 때문이다. 가령 「진달래꽃」(소월)의 주제가 '이별의 슬픔을 체념으로 승화 극복하는 고귀한 심정'이라거나 「풀」(김수영)의 주제가 '약자의 강인한 생명력'이라 정리함으로써 다르게 읽힐 가능성을 아예 차단하고 있다. 또한 개별 시마다 해설의 첫머리에 주지시, 민요체 자유시, 자유시 등의 양식 명을 부여해 둠으로써 시에 관한 지식을 협애하게 하는 등 결정적인 오도(誤導)의 가능성을 안고 있기도 하다.

이를 극복해 보려고 한 것이 『정한모』인데, 이 책은 그간에 나온 사화집들의 장점을 모두 수용하고 있다는 점에서 『명시선』류가 도달한 정점을 보여준다 하겠다. 『정한모』는 시사에 대한 개괄, 약력 소개, 대표시 선정, 중요 시에 대한 해설[39], 시인으로 구성된 체제의 안정성과 방대한 규모 등등의 면에서 하나의 획을 긋고 있음이 틀림없다. 그리고 무엇보다도 이 책이 지니는 강점은 『명시선』 이후 굳어진 현대시사 내지는 문학관을 제도적, 학문적으로 추인하고 있다는 점일 것이다. 하지만 『명시선』에 『백철』을 합친 인적 구성이 지니는 한계와 시사와 해설에 사용된 지식의 전문성 때문에 일반인들이 쉽게 접근할 수 있는 책이 아니라는 한계를 갖고 있다. 적어도 대학 이상의 연구자들이 이용할 수 있는 전문 자료로서의 성격을 띤다는 것이 문제점이었던 것이다.

『김흥규』가 지닌 문제의식의 출발점은 바로 여기에 놓여 있다. 중등

37) 참고로 소월은 3편, 윤동주 2편, 육사 4편, 만해 3편이 실려 있다.
38) 김현승은 1974년에 같은 정음사에서 『작고시인선』(서정주)을 확대 보충한 『작고시인선』을 펴내기도 한다.
39) 그간에 해당 작품에 대해 논의된 연구 결과를 반영한 짧은 해설을 붙이고 있지만 주제를 제시하지는 않는다.

과정을 제대로 다니고도(그 동안의 숱한 사화집이나 해설서들에 기댄 시교육이 줄기차게 있어 왔음에도) 시를 즐기는 대학생들이 거의 없다는 점을 인식하고 딱딱한 지식이 아니라 해석의 과정을 즐길 줄 아는 독자를 길러내야 한다는 목표를 세웠던 것이다. 말하자면 독자의 자기주도적 읽기를 도울 방법을 찾아본 것이라 하겠다. 그는 해설의 사이사이에 독자가 직접 고민해 풀어야 하는 생각거리를 배치하는 것으로 이 문제를 해결하고 있다. 그러나 실제 독자들이 그러한 의도에 얼마나 부응했는지의 여부는 차치하더라도 해설 자체가 하나의 일관된 의미망을 이루는 '해석의 고정성'(해석 독재 상태)이라는 약점에서는 벗어나지 못하고 있다. 문학사 초기의 비전문적 글쓰기 혹은 민중적 글쓰기 사례를 보태고 있으므로 작품 선정의 새로움을 보였다고 평가할 수 있겠지만 전체적으로는 『명시선』의 한계에 고정되어 있어 아쉬움을 남긴다.

1990-3년에 걸쳐 창작과비평사가 야심차게 기획한 『민영』은 80년대 후반의 해금 상황에 힘입어 사화집 편집의 단계를 해방기 임학수의 『전집』 차원으로 되돌려 놓았다. 이는, 정신 차원의 배제의 민족주의가 지닌 문제점을 지적하며 실체로서의 포괄의 민족주의를 지향해 온 오랜 동안의 노력이 가시화된 결과라 할 수 있다. 시간과 분량의 문제를 고려한 탓이겠지만 『민영』에는 개별 시에 대한 해설은 첨부되지 않았다. 다만 모두(冒頭)에 개괄적으로 붙던 시사(詩史) 대신 대개 10년 단위로 편집된 장(章)의 첫머리에 해당 시대의 시사적 특징을 서술해 둠으로써 해당 시가 놓이는 사회문화적 맥락을 짚어보도록 유도하고 있다.

3. 시적 의사소통의 특성과 〈사화집〉의 방향

지난 세기 한국 사회를 추동한 근원적 힘이란 한마디로 '민족과 근대화' 담론으로 요약될 수 있을 것이다. 일제 강점을 계기로 불붙어 체계화되기 시작한 민족 담론은 역사의 갈피마다 그 함의를 바꾸기도 하고 때로는 상반되는 정치 세력들에 의해 같은 시기에 전혀 다른 의미로 전유되기도 했지만 현재에 이르기까지 그 위세만큼은 여전하다. 물밀어오는 서세(西勢)나 일제라는 타자의 존재에 눈뜨면서 거기 대응하는 주체로서의 민족을 상상함으로써 시작된 이 민족 담론은 나라 찾기, 나라 만들기, 나라 발전시키기의 단계를 거치면서 어느 새 우리의 일상적 삶의 단위로부터 공동선으로 포장된 거대 담론의 영역에 이르기까지 그 힘이 미치지 않는 데가 없는 지경에 이르고 있다.

다른 민족은 배제하고 우리 민족은 내부 결속을 다짐으로써 우승열패의 이 진화론적 세계를 잘 헤쳐 나가야 한다는 이 민족 담론은 또한 근대화라는 외피를 씀으로써 한층 명확하게 우리 삶을 규정하는 지표가 되어 왔다. 도구적 합리성에 기반하여 얼마나 빨리 얼마나 그럴싸하게 사회 제도를 서구 근대의 모델에 맞게 재편할 것인가 하는 것이 이 땅을 거쳐간 모든 정권들의 공통 목표였던 것이다. 개발 독재 시대를 대표하는 '조국 근대화의 기수'라는 용어야말로 이러한 저간의 사정을 함축적으로 보여주는 예라 하겠다.

그리고 그러한 근대화 추진에 교육 특히 문학교육이 담당해 왔던 몫이 결코 작다고 할 수 없을 것이다. 〈사화집〉은 그런 점에서 민족주의적 근대화라는 현실 담론과 한국 근대시라는 미적 담론이 어떤 수준에서 만나왔던가를 점쳐볼 수 있는 바로미터라고 할 수 있다. 입으로는 민족을 말하면서도 민족의 한 축을 밀어내는 현실 원리가 중요한 문학 담당자들에게 여과 없이 수용되어 자율적이고 아름다운 언어의 결집이라는 미명 아래 〈사화집〉 편집의 방향을 한쪽으로만 틀어놓았다는 것, 거기에 더해 작품 해석의 방향마저 하나의 시각으로만 고정해 놓았다는 것이 〈사화집〉의 역사를 더듬어 본 이 글의 작은 결론인 셈이다. 결국 〈사화집〉은 제도의 완고함이 교육 현장으로 스며들게 하는 매재(媒材)의 구실에 충실했던 것이라 할 수 있다.

그러나 〈사화집〉의 역사가 부정적이라고 해서 〈사화집〉 자체를 탓할 수만은 없다. 〈사화집〉의 수요는 여전히 팽배해 있기 때문이다. 다만 그 외형이 『문학』 교과서 혹은 그에 준하는 참고서 형태로 바뀌었을 뿐이다. 문제는 참고서 형태로 그 외형을 바꾼 〈사화집〉들이 가하는 해석의 폭력성일 것이다. 시 한 편에 하나의 주류 해석을 붙이는 김현승 식의 관행을 오히려 더 깊고 넓게 확산시키고 있다는 점에서, 이들 〈사화집〉은 교육의 중요한 도구이되 지극히 비교육적이거나 반교육적인 권위로 작동하고 있다. 이러한 문제의식은 자연스레 시적 의사소통의 특질을 다시 한 번 되돌아보게 만든다.

시란 본질적으로 일상적 의사소통을 방해하는 담화의 한 형태다. 끊임없이 우리를 스쳐 지나가는 말/글의 순조로운 진행을 폭력적으로 정지시켜 그렇게 정지된 말/글을 문득 다시 들여다보도록 유도하는 텍스트가 시라는 뜻이다. 그러나 야콥슨이 도해(圖解)했던 바 언어의 시적 기능에만 충실한, 말/글의 덩어리가 곧 시인 것은 아니다. 사실은 야콥슨조차도 시를 '언어의 시적 기능의 덩어리'로 부른 적은 없다. 그가 제시한 언어의 여섯 가지 기능, 그리고 그 가운데서의 시적 기능의 강조가 노렸던 바는 궁극적으로 문학 연구와 언어학의 상관성이 상당할 정도로 높다는 사실을 밝힘으로써 속류 문학주의자들의 언어학 배제론을 반박하려는 데 있었을 뿐이다.[40] 만약 그런 식의 정의를 수용한다면 '얄리얄리얄라셩'과 같은 언어 조직만이 시라는 얘기가 되므로 그것은 터무니없는 견해이고 만다. 우리가 사용하는 일상어 속에 그러한 기능이 들어 있다는 것과 시가 그러한 기능으로만 되어 있다는 것은 다른 이야기일 수밖에 없다. 비교적 언어의 시적 기능에 충실하게 유기체화된 언어의 덩어리가 그 자체로 다양한 문화적 맥락에 재진입할 때 비로소 하나의 시로 서는 것이다. 김춘수 시가 무의미시로 나아가기 전,

40) R. Jakobson, 신문수 편역, 『문학 속의 언어학』, 문학과지성사, 1989, p.91.

즉 「인동(忍冬)」의 단계가 훨씬 시답듯이 그 어디에서도 맥락화 되지 못하는 언어는 불모의 것이고 만다. 이때의 맥락이란 다양성을 전제로 하는 것. 시의 다의성은 여러 가지 애매성의 요소 때문에 발생하기도 하지만, 본질적으로는 맥락의 다양성이 만드는 것이다. 다양한 맥락의 의사소통 현장에서 그 소통 자체를 문득 정지시켜 그 과정을 성찰하고 사유하게 하는 것, 그 사유의 결과도 어느 한 방향으로 흐르도록 고집하지 않는 유연성을 갖게 하는 것에 시적 의사소통의 본질이 있다. 말하자면 세상사의 어느 것에 방점을 찍어 심미화 함으로써 궁극에는 정치적 왜곡을 불러일으키게 되는 그 모든 과정에 대한 반항의 담론이 시인 것이다. 시인이 실제의 혁명가보다 더 철저하게 혁명적일 수밖에 없다는 말은 바로 이 지점을 가리키는 것에 다름 아니다.

따라서 시가 지닌 이러한 혁명적 기능에 충실하기 위해서라도 〈사화집〉의 편집은 다양성의 원칙이 고수되어야 한다. 작품 선정의 형평성뿐만 아니라 해석의 가능성까지도 다양하게 열어놓을 수 있는 방법을 찾아야 한다. 가령 「진달래꽃」의 경우 '이별의 정한'만이 아니라 '이별의 예감'이나 '사랑의 불안'이라는 해석의 가능성이 복수적으로 존재한다는 사실, 전통적인 요소뿐만 아니라 비전통적인 요소까지도 공존하고 있다는 사실, 그리고 그러한 지식에 도달하는 언어의 길을 논리적이고 기능적으로 제시하여, 독자로 하여금 그 가운데 어느 하나 혹은 그것을 뛰어넘는 다른 해석적 가능성을 취하도록 유도해야 하는 것이다. 뿐만 아니라 이제쯤은 북한문학의 성과도 아우른 선집을 기대해 볼 때도 되었다. 이런 〈사화집〉들을 잇달아 읽고 시의 주체들과 스스로 씨름할 줄 알게 된 어느 독자가 있어 그 선집에 수록된 작품들의 정전성 여부를 따지게 되는 날이 온다면 오히려 그때 그 〈사화집〉의 교육적 기능이 완수되는 것은 아닐까.

4. 맺음말

특정 시대 혹은 그 시대까지의 대표적 문학 작품을 모은다는 의미에서 간행되는 〈사화집〉 편찬의 의도에 엘리티즘이라거나 중심주의가 작동하고 있다는 이유로 그러한 시도 자체가 타매될 필요는 없다. 특히 교육 자료라는 관점에서 〈사화집〉 편찬의 의의를 따질 때는 더욱 그러하다. 교육은 정당한 규준에 의한 준별을 핵심 원리로 하는 사회적 활동이기 때문이다. 정전(正典)을 통한 정전 교육이든 정전적이지 못한 작품들을 통해 정전에 이르게 하는 교육이든 궁극적으로는 우리 언어가 낳은 최량의 수준에 학생들의 눈높이 혹은 생산 활동이 이르게 해야 한다는 점에서는 공통적이지 않을까. 그런 점에서 1920년대에 시작되어 오늘날까지 꾸준히 진행되고 있는 〈사화집〉 편찬은 그 나름의 역할을 하고 있는 셈이다. 그렇다면 문제는 편찬 자체가 아니라 어떠한 방향의 편찬인가 하는 점이다.

1920년대에 시작된 〈사화집〉 편찬의 목표는 우선 민족의식을 생산하는 일에 맞추어져 있었기에 편을 가르거나 누군가를 배제할 여유가 없었다. 우리 언어로 된 대표 시집을 만드는 일 자체가 커다란 의의를 지니는 것으로 이해되었다. 문학사의 연원 또한 깊지 않았기에 이 시기에는 아직 대표 시인이나 대표작에 대한 사회적 합의가 있기 어려웠다. 그런 점에서 1930년대는 특기할 만하다. 흔히 한국시의 수준을 현대적인 지점으로까지 끌어올린 시기라는 평가에 걸맞게 〈사화집〉 편찬 또한 한 획을 긋기 때문이다. 이 시기에 이르러 비로소 1980년대 이전까지 우리를 지배했던 시문학사의 구도가 형성되는데 그 밑바탕에는 정확히 이념(정치적 이념일 뿐만 아니라 문학관이라는 이중의 의미에서)을 잣대로 한 선택과 배제의 원리가 작동하고 있다. 그러한 원리를 작동시킨 주요 편집자들로 김동환과 이하윤, 조선일보 출판부를 들 수 있는데, 그 원리의 기저를 이룬 생각은 정서, 전통 혹은 정신으로서의 민족주의이다. 이 생각은 민족주의 자체에도 균열을 냈을 뿐만 아니라 인적 구성이나 결과물로서의 문학 작품들도 정확히 편을 가르는-전혀 '민족적'이지 않은 결과를 낳았다. 이들 중에서도 이하윤의 편집 방침이 해방 후의 작업을 주도한 서정주에게 고스란히 이월됨으로써 시문학사의 주류 체계를 형성했다는 사실의 확인이 중요해 보인다. 이들에 비해 임화나 시학사의 불편부당이라는 편집 방침이 〈사화집〉 편찬에는 더 중요한 관점이었음에도 불구하고 시대는 이들을 비켜가고 말았다.

임화 대 이하윤, 곧 포괄과 배제라는 편집 방침은 해방기를 대표하는 임학수와 서정주에게서 다시 한 번 반복/증폭된다. 임화-임학수로 연결되는 포괄의 편집 방침은 작품의 수나 참여 시인들의 면면에 있어 좌우와 노소를 고르게 안배함으로써 그야말로 명실이 부합하는 〈사화집〉의 면모를 갖추지만, 이하윤-서정주로 이어지는 배제의 방침은 민족주의라는 이념의 선명성을 앞세워 시문학사의 실상을 심하게 비틀어 놓는다는 점에서 문제적이다. 정치적 이념을 배제하겠다는 순수한 민족주의의 결과가 시문학사적으로는 훨씬 더 심각한 정치적 왜곡을 낳는 아이러니로 귀착하는 것이다. 이러한 태도 혹은 관점이 군정 시대 이후 한국의 문학 교육 현장에 고스란히 관철되었다는 점에서 〈사화집〉은 그 출발과 달리 극히 반교육적인 도구로 전락해 갈 공산이 컸던 것이다. 1950년대 이후의 〈사화집〉을 대표하는 김현승의 작업은 미당의 이러한 '좁힘'에 '해석의 좁힘'이라는 문제를 덧보탬으로써 〈사화집〉의 본원적 성격이 무엇이어야 하는지를 되묻게 만들었다. 세상과 인간에 대한 다양한 성찰로서의 문학은 어디론가 실종되고 권위에 권위를 덧칠한 일의적 문학 권력만이 남게 된 형국이었다. 이러한 상황 하에서 편찬된 『한국전후문제시집』은 일제강점기 시학사판 〈사화집〉과 마찬가지로 권력화 된 문학에 보낸 중대한 경고였던 것이다. 1980년대 이후의 〈사화집〉은 이렇게 일의적으로 재단되어 온 시문학판의 현실을 바꾸고자 하는 노력에 연결되어 있다. 『임학수』의 단계로 다양성의 차원을 되돌려 놓은 『민영』의 작업이 그 대표적인 예다.

앞으로의 〈사화집〉 편찬은 『민영』의 문제의식에 더해 『김현승』의 해석 독재 상황을 돌파할 수 있는 방법을 찾는 방향으로 정초되어야 할 것이다. 이러한 문제가 〈사화집〉 편찬이라는 사소한(?) 사태에 국한되는 것이 아니라 기왕의 〈사화집〉 편찬이 배태해 온 시문학 교육 현장의 왜곡 현상을 바로잡는 일에 해당한다는 인식을 갖는 일이 우선 중요해 보인다. 물론 이러한 수정이 〈사화집〉 편찬만으로 이루어질 수 있는 일이 아님은 분명하다. 교과서와 교사용 지도서, 학원, 참고서, 대학입시, 교사 등의 제반 제도를 망라한 차원에서의 동시다발적 궤도 수정 작업이 필요하기 때문이다. 그리고 그 모든 것들의 위에 교육과정의 수정이라는 문제가 놓여 있다.

그러나 한편 생각해 보면 교육과정과 같은 공적 제도의 수정이나 보완은 매우 신중하고도 밀도 있는 계획과 추진이 필요한 작업이 아닐 수 없다. 현재 그 일을 맡은 기관의 책임자 몇이 안을 내고 몇 차례의 공청회를 거쳐 1, 2년 만에 세부 작업까지 마쳐 전국에 그 안을 관철시키는 것이 아니라, 거시적 관점과 자원을 동원하여 다종다양의 철학적 전망들을 경쟁시키는 한편 다양한 층위의 인적 구성원들을 참여시켜 오랜 기간 공들여 다듬어야 하는 것이 교육과정이므로, 교육과정 자체가 이미 어느 정도는, 벌어진 사태를 뒤따라가기 마련인 성격을 가졌다고 보아야 할 것이다. 〈사화집〉 편찬 방향의 바른 설정과 실행은 결과적으로 최소한 '그렇게 벌어진 사태'의 하나가 될 수 있고 또 되어야 한다. 그렇게 됨으로써 교육과정 수정 작업의 한 빌미나 계기를 만들어 줄 수 있을 것이기 때문이다. 이를 두고 〈사화집〉 편찬 문제가 지닌 현재적 의의라고 부른다면 사태를 너무 과장하는 것일까.

현대시 교육과 4·19혁명

1. 4·19혁명과 '제도적 실어증'

'유구한 역사와 전통'에 대한 명시로 시작하는 대한민국 헌법 전문은 정작 그 유구한 역사 가운데 대한민국 국가 정통성의 근거로 3·1운동과 4·19혁명만을 표 나게 언급하고 있을 뿐이다. "우리 대한국민은 3·1운동으로 건립된 대한민국임시정부의 법통과 불의에 항거한 4·19민주이념을 계승"한다는 것이다. 우리 근대사 전개에 있어 4·19혁명이 갖는 위상을 짐작케 하는 대목이다.

문제는 호명의 방식이다. 87년 6월의 그 뜨거운 열기가 만든 결과물인 이 현행 헌법의 전문에서도 4월 혁명은 여전히 혁명이 되지 못하고 그저 4·19라 어정쩡하게 불리고 있는 것이다. 이 어정쩡함이란 바로 1960년 4월의 그 일을 혁명으로 호명하려는 열의와 의거로 깎아내리고픈 저의의 기묘한 어긋남에서 비롯된 것이 아닐까. 굳이 50주년이어서가 아니어도 4·19혁명에 대한 질문은 여전히 현재형을 띨 수밖에 없음을 보여주는 지점이 아닐 수 없다. 1960년 이후의 역사를 두고 4·19와 5·16의 투쟁사로 보든, 이인삼각(二人三脚)의 관계로 보든[1] 그것이 4월

1) 김병익 등 좌담, 「4월혁명과 60년대를 다시 생각한다」, 최원식·임규찬 편, 『4월혁명과 한국문학』, 창작과비평사, 2002.

혁명이 던진 화두를 들고 그것을 풀기 위해 면려(勉勵)해 온 과정이었다는 점에 이의를 달 수는 없을 것이다. 따라서 이제라도[비록 2002년의 시점이긴 하지만] 4·19를 '혁명'으로 복권시키자는 최원식 선생의 제안에 전적으로 동의할 필요가 있다.[2)]

이런 어정쩡한 상황은 결국 4·19를 혁명으로 호명하지 못하도록 압박하는 힘이 우리 사회의 저변에 생각보다 넓고 깊게 작동하고 있다는 반증일 것이다. 그 힘이 5·16 군사쿠데타로부터 비롯되어 몇 십 년간 이 사회를 질곡해온 개발독재와 그 그늘이라는 사실은 자명해 보인다. 이처럼, '공고한 사회적 억압이 어떤 호명 대상을 제 이름으로 부르지 못하게 강제함으로써 나타나는 현상'에 대해 이글은 '제도적 실어증'이라는 이름을 붙여보고자 한다. 개인적 병리 현상에서 글쓰기의 본질적 구조를 이끌어내기 위해 야콥슨이 사용했던 실어증 개념을 빌려와, 사회적 금제와 억압을 원인으로 해서 광범위하게 발생하는 한국문학의 집단적 실어 증세와 그 치유 과정을 설명해 보고자 한다는 뜻이다.

말을 하고픈데 할 수 있는 자유가 없을 때, 은유로서의 시는 말하고자 하는 대상의 부분이나 속성만을 반복하여 말함으로써 강하게 환유성을 띠게 된다는 것이 필자의 생각이다. 단 한 번의 진술로 대상의 전체를 유사성을 지닌 다른 사물로 대체해 놓는 것이 은유의 본질이라 할 때 그것은 한 번으로 족하다. 같은 대상을 놓고 두 번 세 번 반복하여 이름 붙인다는 것은 시인이 성실하지 못하다는 것을 반증하는 일이 되기 때문이다. 그런데 어떤 사물을 시적으로 표현하는 일이 반드시 필요한데 그것을 못하도록 막을 때, 시인은 그 대상을 구성하는 부분이

---

2) 필자 개인적으로는 87년 6월의 사건조차도 4·19혁명의 연장선상에 있다고 생각한다. 혁명에 뒤따르기 마련인 무수한 반혁명의 움직임을 혁명 쪽으로 재조정하는 최대의 계기들 가운데 하나가 그해 6월이었다는 뜻이다. 따라서 이 글에서는 4·19 대신 4·19혁명 혹은 4월 혁명이라는 용어를 사용하겠다. 별것 아닌 것으로 비칠 수도 있겠지만 호칭에 대한 자각과 실천 문제는 생각보다 중요한 결과를 초래할 수도 있다.

나 대상의 속성을 암시할 수 있는 사물을 반복하여 말함으로써 독자들로 하여금 그 대상을 어렴풋이나마 짐작할 수 있도록 유도하는 전략으로 제도가 강제하는 실어증의 상황을 돌파하려 한다. 따라서 이런 경우 독자들은 해당 시인의 개별 시가 어떤 전체상에 대한 환유적 성격을 지녔다는 사실을 기억하는 것이 중요하다.

때로 이런 실어 증세가 개별 시인의 단위를 넘어 일정 시기의 다수 시인에게서 공통으로 발견되는 경우도 상정해 볼 수 있다. 민족 해방이라는 너무도 중요한 요구를 직접 언표화 할 수 없었을 때 1930년대 후반의 시인들에게서 공통으로 나타나는 태도, 즉 변죽을 울려 중심에 육박하려 했던 기도(企圖)들이 그 좋은 예가 될 것이다. 민중을 역사 변화의 주동력으로 호명해야 한다는 문제의식을 가졌던 7,80년대의 민중시들 역시 이와 유사한 경로를 밟는다고 할 수 있다. 시인의 이름을 바꿔놓아도 무방할 정도로, 유사한 구성의 '정님이, 대길이 아저씨, 선제리 아낙네들'의 이야기가 반복 변주되었다는 것은 이 시대가 도저한 '환유적 은유'의 시대였다는 것을 말해 주기 때문이다.[3)]

4·19혁명은 한국전쟁이 만든 이념적 실어 증세를 치료할 수 있는 호기였다. 그러나 5·16쿠데타는 그 기회를 일거에 엎어버렸을 뿐만 아니라 그 이전보다 훨씬 강력한 금제와 검열 체제를 갖춤으로써 그 증세를 더 악화시키고 말았다. 그럼에도 4·19혁명 기간은 역사상 유사한 사례가 다시없다 할 정도로 강력한 황홀경의 체험을 시인들의 가슴 속에 각인시킨 때이기도 했다. 그러므로 4·19혁명과 한국 현대시문학의 관계를 묻는 일은 5·16 이후의 엄혹한 역사의 그늘 속에서 그 '황홀경의 체험'이 어떤 방식으로 시인들에게 은밀히 반복 변주되는가를 묻는 일

3) 반대로 환유로서의 소설은 강하게 은유성을 띰으로써 시에 육박해간다. 이른바 '은유적 환유'가 탄생하는 것이다. 대상의 속성을 세부적으로 주저리주저리 늘어놓아 설명하고 묘사하여 다 보여주려는 것이 환유로서의 소설의 본 면목일진대, 종결에 도달한 이야기 전체가 이야기 너머의 무엇인가를 은유하고 암시하는데 바쳐진다면 이 또한 당혹스러운 일이 아닐 수 없다.

이자 해당 주체가 어떠한 역사 감각을 지녔는가를 되묻는 일에 다름이 아니라고 할 수 있다.

2. 시문학 교육 현장과 4·19혁명

통상 4·19는 세대라는 말과 붙어 다닐 뿐 문학이라는 말과는 잘 결합하지 않아 왔다. 그리고 문학판에서의 4·19 세대라는 말은 대개 20대 초반에 4·19혁명을 경험하고 65년 전후에 문단에 발을 들여 놓은 일군의 문인들을 가리키는 말이다. 흔히 감수성의 혁명이니 뭐니 하는 수사가 따라붙는 김승옥 같은 이가 대표적이다. 그러나 4·19혁명이 이 땅의 문단에 불러낸 것으로 취급하는 이들의 문학에서조차도, 4·19혁명과의 직접적 연관을 읽어낼 수 있는 작품은 놀랍게도 흔치 않다. 흔치 않을 뿐만 아니라 4·19혁명의 과정 자체를 그리고 있는 경우란 거의 없다고 보아도 무방할 지경이다.

김병익은 3·1운동 세대나 4·19세대의 문학적 업적이 유별나지 않은 이유를 '지식인 운동이거나 상류층 운동'이었기 때문으로 생각하고 있지만[4] 그보다는 운동의 실패가(혹은 실패라는 생각이) 빚은 좌절감이 크게 작동한 탓으로도 볼 수 있을 것이다. 특히 시야를 시문학만으로 좁힐 경우 사정은 더 나빠지는데, 이는 영미 신비평적 문학관이 뿌린 오해, 즉 좋은 문학의 경우 정치나 현실을 담으려 해서는 안 된다는 정치적 순수주의가 소설보다 시문학에 더욱 심각한 영향력을 행사했기 때문일 것이다.

상황이 이러하니 초점을 문학교육 현장에서 언급되거나 다루어지고 있는 시문학 작품에로 한정할 경우, 4·19혁명의 영향이 문학교육의 현

4) 위 좌담, p.44.

장과 어떻게 만나는가를 검토하는 일은 거의 난망한 일이 되고 만다. 문학작품 정전화(正典化)의 핵심 경로로 여겨지는 중등 교육과정의 교과서 소재 시편들을 일별해 보면 이러한 사정이 보다 분명해진다. 교육과정 개편의 와중에 4·19혁명을 겪은 2차 개정[5] 교과서를 비롯하여 3,4차 개정 교과서에 이르기까지 약 30년간의 우리 중고등『국어』교과서에서 4·19혁명은 그 그림자도 찾을 수가 없다. 1989년에 이루어진 5차 개정의 중3 교과서에 와서야 비로소 신동엽의 시 1편(「산에 언덕에」)이 실리고 97년에 이루어진 7차 개정의 역시 중3 교과서에 신동엽의 시 1편(「봄은」)이 실린 것이 전부다.[6] 4·19혁명의 체험을 본격적으로 다룬 김수영의 시들이 다소 난해한 편에 속하기는 하지만 고등학교 교과서에서조차 단 한 번도 취급된 적이 없다는 것은 다소간 의외가 아닐 수 없다.

이런 상황은 7차 교육과정 개편에 따라 고등학교『문학』교과서가 생기면서 약간의 변화를 드러낸다.「풀」을 비롯한 김수영의 시「푸른 하늘을」,「어느 날 고궁을 나오면서」,「폭포」,「눈」[7] 등과「껍데기는 가라」를 비롯한 신동엽의 시「금강」,「산에 언덕에」,「누가 하늘을 보았다 하는가」,「너에게」, 그리고 김광규의 시「희미한 옛사랑의 그림자」가 제재로 채택됨으로써 논의의 가능성이나마 열어놓게 된 것이다. 다만 이런 변화조차도 순전히 18종으로의 지면(紙面) 확대 덕분이지 애초 4·19 정신을 문학교육 현장과 연결해 보겠다는 기획의 결과가 아니라는 점에서 그 의의를 높여 잡기에는 분명히 한계가 있다.

---

5) 1963년에 완료됨.

6) 이들 작품이 4·19혁명과 어떻게 연계되는가에 대해서는 다소간의 매개적 설명이 필요하다는 점에서 온전히 4·19 혁명 관련 작품으로 볼 수 없다는 견해도 있을 수 있다. 더구나「산에 언덕에」는 '시와 표현'이라는 장(章)에 묶여 있어 4·19혁명과 연계하여 지도할 가능성이 거의 없어 보인다.

7) 이 가운데「눈」과「폭포」는 4·19 혁명 이전의 것이므로 4·19적인 것과 직접적인 연관은 없다. 하지만 혁명 이후의 시를 이해하는 기초가 된다는 점에서 연관하여 검토할 필요가 있다.

그러나 역사적 우연도 결국은 우연을 가장한 필연이라고 했다. 김지하, 고은, 신경림, 정희성, 이성부의 시들이 교과서에 채택되고, 거기 더해 김수영의 「풀」이나 신동엽의 「껍데기는 가라」와 같은 시들이 가장 높은 빈도수를 기록하는 우연의 밑바닥에는 그러한 변화를 있게 한 필연적 흐름이 존재하고 있기 마련이다. 우리네 삶이 본시 잡다한 것이고 그것을 실어 표현하는 언어 역시 본디 순정한 것이 못되는 마당에 문학이나 시만이 예술의 영역에 들어 홀로 고고를 지킨다는 생각은 한갓 관념일 뿐이라는, 문학관의 도도한 변화가 거기 자리 잡고 있는 것이다. 이 역시도 '문학이 곱고 예쁘기만 한 것이 아닐 수도 있다.'는 생각을 밖으로 드러내는 일이라는 점에서 문학에 강제된 제도적 실어증세를 치료하는 일에 해당한다. 몇 안 되는 작품일망정 그것을 굳이 4·19혁명과 연관하여 설명해 보는 일의 의의도 여기 있을 것이다.

3. 4·19혁명을 기억하는 세 가지 방식

3-1. 4·19세대의 소심한 자의식 : 김광규의 시

이 시대에 다시 4·19혁명을 문제 삼는 것은 일종의 인정 투쟁으로 비칠 수도 있다. 그러나 문제가 그리 간단하지만은 않다. 그것은, 4·19혁명의 정신과 가치를 인정치 않는 이들에게 혁명의 진정성을 설득하려고 투정부리는 것이 아니라, 4·19가 제기했으되 아직까지 제대로 이해되지 못하거나 실천에 옮겨지지 못한 요소들을 냉정하게 현재화해 봄으로써 우리 세대가 이루어내야 할 행동의 방향을 정초하려는 노력이기 때문이다. 이처럼 4·19혁명의 가치를 인정하고 기억할 것과 그것이 현재의 우리에게 어떤 의미를 지니는 것인지를 되묻는 자리에 김광규의 시 「희미한 옛사랑의 그림자」가 놓여 있다.

4·19가 나던 해 세밑 / 우리는 오후 다섯 시에 만나 / 반갑게 악수를 나누고 / 불도 없이 차가운 방에 앉아 / 하얀 입김 뿜으며 / 열띤 토론을 벌였다 / 어리석게도 우리는 무엇인가를 / 정치와는 전혀 관계없는 무엇인가를 / 위해서 살리라 믿었던 것이다 / 결론 없는 모임을 끝낸 밤 / 혜화동 로우터리에서 대포를 마시며 / 사랑과 아르바이트와 병역 문제 때문에 / 우리는 때묻지 않은 고민을 했고 / 아무도 귀기울이지 않는 노래를 / 누구도 흉내낼 수 없는 노래를 / 저마다 목청껏 불렀다 / 돈을 받지 않고 부르는 노래는 / 겨울밤 하늘로 올라가 / 별똥별이 되어 떨어졌다

그로부터 18년 오랜만에 / 우리는 모두 무엇인가 되어 / 혁명이 두려운 기성 세대가 되어 / 넥타이를 매고 다시 모였다 / 회비를 만 원씩 걷고 / 처자식들의 안부를 나누고 / 월급이 얼마인가 서로 물었다 / 치솟는 물가를 걱정하며 / 즐겁게 세상을 개탄하고 / 익숙하게 목소리를 낮추어 / 떠도는 이야기를 주고받았다 / 모두가 살기 위해 살고 있었다 / 아무도 이젠 노래를 부르지 않았다 / 적잖은 술과 비싼 안주를 남긴 채 / 우리는 달라진 전화번호를 적고 헤어졌다 / 몇이서는 포우커를 하러 갔고 / 몇이서는 춤을 추러 갔고 / 몇이서는 허전하게 동숭동길을 걸었다 / 돌돌 말은 달력을 소중하게 옆에 끼고 / 오랜 방황 끝에 되돌아온 곳 / 우리의 옛사랑이 피 흘린 곳에 / 낯선 건물들 수상하게 들어섰고 / 플라타너스 가로수들은 여전히 제자리에 서서 / 아직도 남아 있는 몇 개의 마른 잎 흔들며 / 우리의 고개를 떨구게 했다 / 부끄럽지 않은가 / 부끄럽지 않은가 / 바람의 속삭임 귓전으로 흘리며 / 우리는 짐짓 중년기의 건강을 이야기했고 / 또 한 발짝 깊숙이 늪으로 발을 옮겼다

(「희미한 옛사랑의 그림자」 전문)

주지하다시피 김광규의 시들은 날카로운 역사 감각에 기대어 부정적 세태를 고발하고 날카롭게 풍자하는 데 특장을 지니고 있다. 시 「묘비명」이나 「늙은 마르크스」가 대표적인 경우일 것이다. 이 시 역시도 그러한 감각의 연장선상에 서 있다. 화자 = 시인은 18년(하필이면!)이 지난 시점에서 이미 많이 희미해져 버린 '옛사랑' 즉 4·19혁명의 기억을

불러내 현재 자기(들)의 삶에 나란히 세운다. 현재 앞에 불쑥 하나의 타자로 불려나온 과거는 그런데 문득 타자이기를 그치고 거꾸로 현재의 나를 타자화하여 하나의 추문으로 만들어버린다. 이러한 사태는 현재와 과거 가운데 화자가 4·19혁명 당시의 자기에 대해 심정적으로 더 친연성을 느끼기 때문에 발생하는 것이다.

다시 말할 것도 없이 이 시의 진술과 상황은 여러 가지 면에서 역설적이다. 18년을 상거(相距)로 꼴라주 된 두 장면들이 빚는 어긋남이 역설적으로 배경화 된 위에 현재 내 삶의 장면들 역시 모순 상황을 연출하며 삐걱거린다. 시문학사에 길이 남을 탁월한 소시민 이미지로서의 "돌돌 말은 달력"을 끼고 "옛사랑이 피흘린 곳"을 배회한다는 것조차 역설적이다. 그런데 김광규 시의 이러한 역설들이, 삶에는 모순된 진리도 있다는 것을 말하기 위한 것이 아니라 모순 상황을 연출하는 나의 못난 소시민성을 까발리기 위한 것이라는 점에서 부분 부분 아이러니를 향해 나아간다. 이 시의 목소리가 전체적으로 아이러니컬하게 들리는 것은 그 때문이다. 그러나 화자는 암암리에 '춤추러 가는 것, 포우커를 치러 가는 것'과 '동숭동 길을 걷는 것' 사이의 위상차를 예비함으로써 '우리의 옛사랑이 피흘린 동숭동 길을 걷는 일'이 그래도 가끔 인생에 있지 않을까 되묻는 선에서 아슬아슬하게 역설로 주저앉고 있다. 즉, 부끄러운 줄 알면서도 또 한 발짝 늪으로 발을 옮기는 것이 위선이고 무기력함이라고 비틂으로써 나를 준열히 고발하자는 것이 아니라, 부끄럽지만 어쩔 수 없이 주저앉아야 할 때도 있는 것이 인생이라는 선에서 타협하고 있다는 뜻이다. '춤추러 가는 것, 포우커를 치러 가는 것'에 대해서도 미온적인 시선을 보낼 수 있는 이유가 여기에 있다고 생각된다.

그런데 나의 현재를 비꼬되 근본적으로 부정하지 않는 이 태도는 현재를 되비추는 거울로서의 4·19혁명을 이야기하는 1연에서 이미 예비되어 있다고 볼 수 있다. 그 거울은 맑고 깨끗한 상태를 유지하고 있는 것이 아니라 이미 금이 가 있는 거울로 보이기 때문이다. 4·19가 일어났던 그해 겨울의 결론 없는 열띤 토론을 두고 "어리석게도 우리는 무엇인가를 / 정치와는 전혀 관계없는 무엇인가를 / 위해서 살리라 믿었던 것이다"라고 결론지었을 때 4·19혁명(혹은 그것을 주도했던 자신들)을 향한 화자의 태도가 분명히 드러난다. 거기에는 지독히 정치적일 수밖에 없는 사태 혹은 삶에 대해 청년기의 순정한 열정만으로 대응했다는 자각이 깃들어 있는 것이다. 그러니 그 열정은 '때 묻지 않았지만 아무도 귀 기울이지도 흉내 낼 수도 없는 노래'였으며 떨어질 수밖에 없는 '별똥별'이었다. 그것은 순정해서 아름답긴 하지만 현실의 사태 해결에는 무능한 것이었다.

이처럼 「희미한 옛사랑의 그림자」가 불러내는 4·19혁명은 혁명이 노렸던(혹은 앞으로도 노려야 하는) 근원적인 어떤 지점과는 무관하다. 그의 옛사랑은, 순정했으나 무능한 열정으로 세상과 맞부딪쳐 무릎이 깨져 피 흘렸던 모든 이들의 젊음의 한 때로 쉽게 치환될 수 있다. 그만큼 보편적이긴 하지만 4·19혁명이 제기한 특수성을 가리키기에는 많이 모자란다는 이야기가 된다.

그런데 이 지점에서 김광규가 그의 시를 통해 노리는 것이 이게 다가 아닐지도 모르겠다는 생각이 든다. 그것은 「희미한-」이 지닌 환유성 때문이다. 이 시의 전, 후반부 이야기를 채우고 있는 세부들은 4·19혁명기와 70년대 군사독재 아래서의 삶이 가지는 특징과 속성을 대표함으로써 환유성을 띤다. 특히 "익숙하게 목소리를 낮추어 / 떠도는 이야기를 주고받았다"는 표현에 주목하면 그에게는 미처 하지 못한 이야기가 아직 가슴 속에 남아 있는 것이 아닐까 하는 생각에 이르게 된다. 단 한 편의 시를 침소봉대하여 거기다 해석의 폭력성을 심하게 휘두른다는 핀잔을 무릅쓰고라도 말해 본다면, 그것은 아마도 '피 흘린 옛사랑조차도 마음대로 돌아보지 못하게 만드는 폭압적 권력에 대한 부정'이 아닐까.

3-2. 역사의식 과잉=미달이 빚은 단순성 : 신동엽의 시

신동엽은 김수영과 함께 4·19혁명을 통해 '구름 한 자락 없이 맑은 하늘'(「누가 하늘을 보았다 하는가」)이라는 비의(秘意)를 보아버린 대표적 시인으로 꼽힌다. 더구나 그의 시가 지닌 소박한 형식미와 비교적 간결하고 평이한 수사로 해서 김수영 시에 비해 이해의 저변이 넓다고 판단되었던지 상대적으로 일찍부터 교과서 편찬자들에 의해 교육 현장에 수용되는 행운(?)도 누린 시인이다.

그런데 신동엽은 기이하게도 일정한 기획 아래 '환유로서의 은유'를 필생에 걸쳐 밀고 나간 경우에 해당한다는 점에서 문학사에서 그 유례를 찾기가 힘든 시인이라고 할 수 있다. 그것은 흔히 그간에 장르 혹은 양식론과 결부되어 논의되어 온 장시 『금강』의 성격을 파악할 때 분명해진다. 익히 알려져 있듯이 『금강』은 처음부터 끝까지가 일관 작업으로 탄생한 것이 아니고 개별적으로 발표한 시편들의 모자이크에 해당한다. 물론 신동엽이 시작(詩作)의 초기부터 장편 모음시 『금강』을 기획하고 거기에 들어가 각 부분이 될 개별 작품을 순차적으로 발표했다고 볼 근거는 없다. 다만 역사학도로서 큰 틀의 역사 전개에 관해 특별히 관심을 쏟는 한편 그것의 뼈대를 민중주의로 정초함으로써 발생한 감각이, 시작의 어느 땐가 그러한 기획을 낳게 했다고 보는 것이 온당할 것이다. 이럴 때, 그 '어느 때' 이후에 제작된 시편들은 그 이전의 시편들보다 전체 기획의 부분이라는 명확한 의식이 강하게 작동하는 가운데 쓰였을 것이므로, 작품의 개별성 혹은 완결성이 떨어질 확률이 높다. 신동엽의 다수의 작품들이 주는 생뚱한 느낌, 겉도는 이미지들, 납득 안 되는 갑작스런 전환이나 비약과 같은 흠결들의 원인은 아마도 이에서 찾을 수 있을 듯하다. 여하간 신동엽의 개별 시편들은 『금강』을 포함한 그의 이야기 시편들이 구성하려는 전체상의 부분적 속성을 나눠 지님으로써 본질적으로 환유적 성격을 띠게 된다.

그의 시의 승패는 따라서 그가 그리는 거대 서사로서의 역사적 전체상이 설득력이 있는가의 여부에 달려 있다. 그런데 결론부터 말하자면 그의 서사는 실현 가능성으로 비치기보다는 공소한 관념에 복무하고 있다는 평가를 면키 어렵다. 저 역사의 시원으로부터 삼한을 거쳐 백제, 후삼국을 언급한 다음 문득 동학혁명, 3·1운동, 4·19혁명으로 맥을 잡는 그만의 역사적 틀이 지닌 비논리성에 대해서는 이미 이동하의 평가[8]가 있으므로 자세한 언급이 불필요해 보인다. 다만 한 가지 덧붙일 것은 그의 논리가 지닌 민족적 순수주의에 대한 우려이다. 약자의 역사에 기초를 둔 그의 관점은 한 민족의 역사라는 그 복잡 미묘한 괴물을 이분법을 적용하여 약자와 강자, 선과 악, 안과 밖 등의 대립항으로 나누고 전자들을 취하고 후자들을 과감히 배제하는 방식으로 전개된다. 이는 일종의 종파주의적 태도라고 볼 수 있을 것인데, 그의 목표는 이러한 취사(取捨)를 통해 민족이라는 개념의 순수한 고갱이를 확보하고 그것을 중추적 추동력으로 해서 영원 회귀하는 역사의 모델을 만들어 보고자 하는 데 있었다. 물론 각각의 과정이 실제로 어떻게 진행되는지 그때에 필요한 요소가 무엇인지 하는 세밀한 검토는 생략된 채이다.

사실 역사에 대한 이러한 이해가 그것으로 그쳤다면 이글이 굳이 나서서 그것을 두고 왈가왈부할 필요가 없을 것이다. 문제는 그러한 틀이 4·19혁명을 다루는 그의 시들에 고스란히 적용되고 있다는 데서 발생한다. 4·19혁명의 복잡성은 주밀한 검토와 접근이 아니고서는 풀이가 쉽지 않은 실타래에 비유할 수 있다. 그럼에도 그의 이분법은 여기서도 예외 없이 간명하고 직정(直情)하다. 한 치 망설임도 없이 명령하고 단정하는 그의 어조는 차라리 속이 시원하다고 여겨질 정도라서 독자들의 호응을 얻기에 용이하다. 문제는 그가 간단간단히 뛰어넘는 굵은 진술의 세부를 메우려 할 때 발생한다. 가령 「껍데기는 가라」와 「봄은」

---

8) 이동하, 「신동엽론–역사관과 여성관」, 구중서·강형철 편, 『민족 시인 신동엽』, 소명출판, 1999.

을 통해 이런 점을 확인해 보자.

> 껍데기는 가라. / 사월도 알맹이만 남고 / 껍데기는 가라. // 껍데기는 가라. / 동학년(東學年) 곰나루의, 그 아우성만 살고 / 껍데기는 가라. // 그리하여, 다시 / 껍데기는 가라. / 이곳에선, 두 가슴과 그곳까지 내논 / 아사달 아사녀가 / 중립의 초례청 앞에 서서 / 부끄럼 빛내며 / 맞절할지니 // 껍데기는 가라. / 한라에서 백두까지 / 향그러운 흙가슴만 남고 / 그, 모오든 쇠붙이는 가라. (「껍데기는 가라」 전문)

> 봄은 / 남해에서도 북녘에서도 / 오지 않는다. // 너그럽고 / 빛나는 / 봄의 그 눈짓은, / 제주에서 두만까지 / 우리가 디딘 / 아름다운 논밭에서 움튼다. // 겨울은, / 바다와 대륙 밖에서 / 그 매운 눈보라 몰고 왔지만 / 이제 올 / 너그러운 봄은, 삼천리 마을마다 / 우리들 가슴 속에서 / 움트리라. // 움터서, / 강산을 덮은 그 미움의 쇠붙이들 / 눈녹이듯 흐물흐물 / 녹여버리겠지. (「봄은」 전문)

각각 '알맹이/껍데기'(「껍데기는 가라」)와 '안/밖'(「봄은」)의 대립항에 기초한 이 시들의 전언은 너무나 간명해서 쉽게 이해되고 수용된다는 미덕을 지닌다. 이러한 대립항은 도처에 흩어진 알레고리(껍데기, 알맹이, 봄, 겨울, 눈보라)와 환유(아사달 아사녀, 쇠붙이, 삼천리, 강산, 흙가슴, 논밭)들로 다양하게 반복 변주된다. 또한 이 두 편은 시 자체가 '올곧은 역사를 이루는 방법'의 표리로 기능한다는 점에서 신동엽이 구상하는 역사관의 속성을 환유적으로 대변하고 있기도 하다. 그런데 그가 지향하는 올곧은 역사의 실체가 무엇인가, 그것은 과연 실현 가능한 것인가 하는 질문의 답을 찾기 위해 강렬한 표현들의 배면을 들여다보려하면 금세 앞이 막혀버리고 만다. 사월의 껍데기와 알맹이란 무엇을 지칭하는가, 어떻게 하면 그 껍데기를 사라지게 할 수 있는가, 중립은 어떻게 만들 수 있는가, 우리들 가슴 속에서 봄은 어떻게 움 트는가 혹은 그 봄을 움트게 하려면 어떻게 해야 하는가 하는 질문들에 대한 답이나 힌트를 전혀 남겨 놓지 않았기 때문이다.

아마도 그는 전체의 시력(詩歷)을 통해 민중들이 주체가 되는 또 한 번의 동학혁명이나 4·19혁명이 와서 이런 소망들이 한꺼번에 이루어질 것이라는 기대를 퍼뜨림으로써 우리의 질문에 답하고 있는 듯하다. 그렇다면 이 시들은 그 말하지 못한 지점을 겨냥한 변죽 울리기라 할 수 있다. 그런 점에서 그가 과거의 역사로부터 종종 빌려오는 동학 혹은 4·19란 '영원의 하늘을 가져올 미래 혁명'의 강력한 환유로 작동한다. 그러나 그가 자기 논리의 준거점으로 삼은, 동학이나 4·19가 노정한 성공과 실패의 면면들과 원인을 세밀히 들여다보고, 어떤 부분이 껍데기였는지 알맹이는 어떤 방법으로 살릴 수 있는지를 사유하고 형상화하는 일에 매달리지 않는다면, 그의 기대는 채워지지 않을 가능성이 더 크다고 할 수 있다. 안타깝게도 그의 다른 시들과 산문을 참조해 보아도 그가 이런 미시적이지만 근원적인 고민을 밀고나간 증거를 잘 찾을 수가 없다. 이 때문에 흔히 4·19혁명 정신의 문학화와 연관된 것으로 분류하는 그의 시편들에 대해 부정적인 평가를 내릴 수밖에 없다. 어느 날 우리 스스로 순수한 우리 민족의 일원이라는 것을 자각하고 저들을 향해 나가라고 소리치면 미움의 쇠붙이나 외세의 눈보라가 순순히 나가줄 것이라고 신동엽이 정말 기대했다고 믿는 것은 그를 너무 가벼이 여기는 일이 될 것이다. 하지만 그의 시들이 그 지점에서 진일보한 면이 없다는 것 또한 엄연한 사실이다.

3-3. 부드러운 사랑의 힘 : 김수영의 경우

4·19혁명이 드리운 그늘을 가장 진지하게 고민한 시인으로 김수영의 오른편에 설 사람은 없을 것이다. 4·19혁명이 그의 시세계 자체를 크게 바꾸어 놓은 것으로도 잘 알려져 있다. 혁명이 그에게 얼마나 강력한 체험으로 다가왔던가는 각종의 신문과 잡지, 라디오를 통해 발표

된 시와 시론, 시평을 조금만 들여다보면 금방 알 수 있다. 특히나 「우선 그놈의 사진을 떼어서 밑씻개로 하자」, 「육법전서와 혁명」 등의 혁명기 시들에서 울려나오는 거친 목소리는 그가 얼마나 혁명의 성공을 성마르게 기대하고 있었던가를 잘 보여준다. 그러나 그가 그토록 조급하게 갈망했던 혁명은 그의 뜻대로 되어가질 않았다. '그놈'이 하야하고 새로운 정부가 들어서는 큰 변화에도 불구하고 그들의 권력 기반은 다르지 않았고 권력의 작동 과정도 그대로였기 때문이다. 김수영은 무엇이 잘못되었는지를 스스로에게 물었다. 그리고 자신에게 "혁명에 대한 인식 착오"[9]가 있었으며, 다시 생각해 보니 혁명이란 복지국가 건설과 같은 대외적 목표와 함께 "영혼의 개발"[10]이라는 내면적 목표를 동시에 밀고나가야 하는 것이라는 소결론에 도달한다. 이런 인식 변화를 형상화하고 있는 시가 「푸른 하늘을」이다. 화자는 혁명이 단순히 공적 제도의 붕괴나 변혁에 묻어가면 주어지는 것이 아니라, 혁명에 참여하는 사람들 개개인의 치열하고 고독한 존재론적 결단과 희생에 대한 자각위에 성취되는 것이라고 말한다. 바로 이 점에서 그의 인식은 「희미한 옛사랑의 그림자」에 등장하는 4·19세대의 낭만적 열정과 차별화된다.

많은 이들이 지적하고 있는 것처럼, 그의 이러한 '고독한 자기응시'의 결과가 「그 방을 생각하며」이다. 이를 통해 그는 4·19혁명의 본질에 관한 근본적 인식 변화를 천명하는데, 4·19혁명에서 4·19를 떼어버리고 혁명 자체를 꿈꾸는 쪽으로 나아간다.[11] 그리고 그 혁명은 완전하고

---

9) 김수영, 「治癒될 기세도 없이」, 『전집.2–산문』, 민음사, 1993, p.26. 이하 『전집』으로 표기함.

10) 『전집.2』, p.21.

11) 재미있는 것은 김수영의 이러한 인식 변화에 5·16 군사 쿠데타가 미친 영향이 그다지 커 보이지 않는다는 점이다. 「그 방을 생각하며」는 5·16이 발발하기 이전에 이미 발표되었으며, 5·16 이후에 쓰인 각종의 글도 김수영 자신의 인식 변화의 행로를 고유하게 좇을 뿐 큰 요동을 보이지 않기 때문이다. 그 밑바닥에는 혁명의 결과로 탄생한 2공화국에 대한 환멸의 심리가 크게 작동하면서 2공화국이든 군사정권이든 이미 그가 사유하기 시작한 완전한 혁명의 범주에는 미달이자 별 차이가 없는 하나의 과정일 뿐이라는 생각이 가로놓여 있는

전면적인 "자유의 회복"[12]이 가능해지는 '때와 땅'에서 성취된다고 믿는다. 그런데 놀라운 것은 그가 이 '자유의 이행'을 위한 방법론으로서의 '사랑'의 가치를 발견했다는 점이다. 사실 우리가 누군가 혹은 무엇인가를 변화시키고자 한다면 그것을 밑바닥부터 사랑하지 않고서는 불가능하다. 미움이나 투쟁이나 부정의 방법으로는 결코 상대를 변화시킬 수 없다. 상대방 역시도 우리가 보내는 그만큼의 미움과 반발의 의지로 똘똘 뭉치기 때문이다. 냉전 시대의 그 기묘한 대립을 돌아보면 잘 알게 된다. 더구나 자본주의라는 제도가 아무리 밉다고 손가락질해도 그것의 저변을 이루는 것이 우리네 개개인의 삶이 아니던가. 따라서 그것은 전면적 부정이나 돌팔매질에 의해서가 아니라 삶의 구석구석을 이해하고 사랑하는 태도를 기반으로 조금씩의 변화를 유도하고 그러한 변화의 누적에 의해 전면적으로 넘어서는 것 즉 이행하는 것이 아니면 안 된다. 사랑의 실천이라는 김수영의 방법론은 바로 이 기제를 적시하고 있는 것이다.

따라서 그는 이 대목에서 더 이상 서구 혹은 미국이라는 자유론의 젖줄에 기대지 않아도 되었다. 그가 우리의 후진성조차 사랑스럽고 더 이상 『엔카운터』지를 읽지 않아도 되겠다는 자신감을 회복한 것[13]도 4·19혁명에 관한 그의 사유가 이미 '사랑'의 방법론을 발견했기 때문이었다. 혁명의 적은 커다란 '그놈'만이 아니라 그것의 최소단위이자 영도(零度)인 고독한 개인 안에도 있다는 것, 그 작고 사소해 보이는 것들과 싸우면서=사랑하면서 큰 혁명과 작은 혁명, 안과 밖, 내용과 형식이 결코 분리될 수 없는 하나라는 인식 아래 동시에 온몸으로 밀고나가는

듯하다. 5·16 초기 그것을 군사혁명으로 칭하면서 그것이 올바른 길을 간다면 수용하겠다는 태도를 보인 고려대의 성명이나, 2공화국에 대한 환멸과 박정희의 사상적 배경에 대한 신뢰로 3공화국 출범(1963년) 시 오히려 박정희에게 표를 줬다는 식자들의 아이러니컬한 전언(위 좌담)도 참고할 만한 대목이다.

12) 『전집.2』, p.125.

13) 『전집.2』, p.27.

것, 그리고 나 하나만 그래서 되는 것이 아니라 자유에 대해 고민하는 모든 이들이 그래야 한다는 것이 그가 사유한 '자유를 이행하는 사랑의 방법론'이었다. "눈을 떴다 감는" 이러한 인식의 전환을 두고 "사랑을 만드는 기술"이라 부르고 그 사랑이 "할머니의 방"에서 "심부름하는 놈이 있는 방"(「사랑의 변주곡」)까지 이어지기를 바라는 마음이 있어서, 그는 작은 일에 분개하는 것이 결코 사소한 일이 아니며 "붙잡혀간 소설가를 위해서 / 언론의 자유를 요구하고 越南파병에 반대하는 / 자유"(「어느 날 고궁을 나오면서」)만큼이나 혹은 그보다 더 본질적인 것일 수도 있다는 믿음을 피력할 수 있었다. 그리고 그러한 사랑은 말로 '외치는 것'[14]이 아니라 침묵하고 행동하는 것이다. 큰 소리로 외쳐서 '그 놈'을 주저앉힐 수는 있어도 자유의 완전한 이행으로서의 혁명에는 도달할 수 없다는 것, 따라서 생활 속에서 만나는 작고 보잘 것 없는 것들, 풀이나 먼지, 바람이나 모래, 야경꾼과 설렁탕집에 편재(遍在)하는 적들을 '사랑으로 감싸 안음'(행동)으로써 그 내부에 폭풍 같은 변화를 일으켜 마침내 복사씨나 살구씨같이 폭발적으로 꽃피게 하는 것이 진짜 혁명이라는 뜻이다.

김수영의 시들은 자신의 변화하고 생장하는 이러한 사유들을 한 번에가 아니라 여러 번에 걸쳐, 그리고 한 편의 시 안에서도 유사한 이미지들의 반복과 중첩에 의해 실현함으로써 환유의 형식을 이룬다. 마치 한용운이 90편(「군말」을 포함하여)의 유사한 주제의 시들을 반복 변주함으로써 말로 표현할 길이 없는 진리의 편린을 언뜻 언뜻 보여주듯이. 김수영은 자유란 이런 것이라고 외치지 않고 시 형식의 해체를 통해 자유를 실천하여 보여주고 있다. 내용과 형식의 종합이라는 해묵은 과제를 이처럼 명쾌하게 온몸으로 보여준 경우가 다시 있을까. 김수영은 또한 자유의 완전한 이행을 위해 한국 사회가 필연적으로 거쳐야 할

14) "최근 우리들이 四.一九에서 배운 기술 / 그러나 이제 우리들은 소리내어 외치지 않는다"(「사랑의 변주곡」)

하나의 단계로 분단 해소의 문제를 누구보다도 깊이 그리고 오래 고민했던 시인이다.[15] 이는 자유의 이행에 있어 최대의 걸림돌이 분단이라는 생각을 그가 하고 있었다는 뜻이 된다.[16] 반쪽짜리 땅에서 실현되는 자유를 가지고 완전하다고 말할 수는 없지 않을까. 따라서 그의 이행은 혹은 사랑은, 남북의 체제가 다 같이 복사씨나 살구씨처럼 폭발하여 변화함으로써 제 3의 무언가를 이루는 일에까지 닿아 있었다고 보아야 한다. 다만 그는 소리 내어 그 말을 외칠 수가 없었다. 자기 자신의 논리와 그를 불온으로 몰고 가는 외부 검열의 손길이 그것을 가로막고 있었기 때문이다. 그의 환유란 바로 이 실어증을 치료하기 위한 방법적 선택이 아닐 수 없다. 시 「풀」은 그 모든 사유와 실천의 끝 지점에 문득 돋아난 하나의 표상이라는 점에서 새로운 주목을 요한다.

풀이 눕는다
비를 몰아오는 동풍에 나부껴
풀은 눕고
드디어 울었다
날이 흐려서 더 울다가
다시 누웠다

풀이 눕는다
바람보다도 더 빨리 눕는다
바람보다도 더 빨리 울고
바람보다 먼저 일어난다

15) 그것을 하나의 단계라고 말하는 이유는, 그의 사유가 지닌 저돌성으로 보아 남북이 통일된다고 해서 자유의 이행이 완성되리라고 그가 믿었을 가능성이 거의 없기 때문이다. 그라면 그 단계에서도 또 다시 부자유의 그늘을 찾아 그것을 넘어설 방도를 찾고 있었을 것이다.
16) 4·19세대의 문학적 출발점이 한국전쟁이었다고 고백하는 김승옥의 진술에서도 4·19혁명의 이념이 분단 문제의 해소라는 문제의식과 깊숙한 지점에서 만나고 있었음을 알 수 있다.(위 좌담)

날이 흐리고 풀이 눕는다
발목까지
발밑까지 눕는다
바람보다 늦게 누워도
바람보다 먼저 일어나고
바람보다 늦게 울어도
바람보다 먼저 웃는다
날이 흐리고 풀뿌리가 눕는다

<1968. 5. 29>

'민중의 끈질긴 생명력'을 예찬하는 시라는 해석만이 정말 끈질기게 재생산되는 구조에 최초로 균열을 낸 이는 다름 아니라 김수영의 시세계를 그다지 신뢰하지 않았던 김현이다. 그는 '-보다'라는 비교부사격 조사에 주목하여 '시련을 가져오는 억압 세력'으로만 읽히던 바람조차 풀과 마찬가지로 끝내 눕고 울고 웃는 존재로 파악함으로써 시 텍스트가 본래 갖고 있었으나 주목되지 않던 측면을 부각시켰다. 그리고 그가 제시한 것이 '풀'이라는 사물이 '부드러움의 힘'을 표상한다는 해석이었다. 이 글은 그 '부드러움'의 실체가 '하늘=자유'를 향해 올라가려는 '사랑'일 수 있다는 점을 덧붙여보려 한다.

이때 가장 문제가 되는 시어가 바람이다. 바람은 풀의 직립과 성장을 방해한다는 점에서 그간의 독법처럼 부정적 시련 곧 적(敵)의 범주로 풀에게 다가올 법하다. 그러나 풀은 그 시련조차를 자신의 성장의 계기로 만들어버린다. 바람의 흔듦을, 줄기에 발목에 뿌리에 각인한 채 풀은 더 튼실히 하늘을 향해 팔 뻗을 수 있게 되는 것이다. 더구나 바람은 그 뒤에 성장의 확실한 계기로서의 비를 몰아오지 않았던가. 이쯤 되면, 풀의 이러한 성장이 적조차 감싸 안고 자유로 이행하려는 김수영식 사랑의 함의를 적절히 대변한다고 보아 크게 무리는 없을 것이다. 따라서 이때의 풀은 그냥 '민중'이나 '시민으로서의 개인'[17]의 의미를 넘어 '사랑의 방법으로 자유에 도달하려는 정신'[18]의 범주로 수용될 수 있다. 아마도 그때의 풀의 웃음은 하늘로 치솟아 꽃을 피우고 씨를 만들고 그 씨가 또 바람에 날려 흩어져 고요히 혁명을 예비하는 과정을 낙관하는 정신의 상징으로 납득할 수 있지 있지 않을까. 그 점에서 4·19혁명은 김수영 식의 사유와 성장을 예비한 하나의 '곶감씨'였던 셈이다. 이 곶감씨를 어떻게 퍼뜨리고 키울 것인가 하는 고민은 이제 온전히 문학교육의 몫일 수밖에 없다.

4. 결론을 대신하여 – 4·19정신과 시문학교육

두말 할 것도 없이 '문학교육'의 궁극적(!) 목표는 '말하기/듣기/읽기/쓰기'의 차원에서의 학생들의 국어능력이 '문학생산자'들의 수준이 되게 하는 것에 맞추어져야 한다. 이 말이 모든 학생들을 작가로 만들어야 한다는 말과 동의어가 아니라는 점은 자명하다. 국어교육의 한 부문에 '문학교육'을 놓았다는 것은 국어능력의 최대치가 발현된 결과물로 '문학작품'을 꼽는다는 뜻일 터이다. 그리고 교육이란 본디 모두가 최고의 수준을 발휘하게 되는 상태를 지향하지 않을 까닭이 없다. 따라서 문학교육의 궁극적 목표가 작가 수준의 국어능력 갖추기가 되는 것은 자연스러운 일이다.

그런데 이때의 작가수준의 국어능력이라는 것은 단순히 언어의 기능적 측면이나 도구적 측면에 국한될 수 있다거나 되어야 한다는 뜻이 아님은 물론이다. 말 자체도 그러하겠거니와 그것의 구성물인 문학작품이 작가의 삶과 결코 분리될 수 없는 것이기 때문이다. 신비평을 비

17) 최인훈·김치수 대담, 「4·19정신의 정원을 함께 걷다」, 우찬제·이광호 편, 『4·19와 모더니티』, 문학과지성사, 2010, p.25.

18) 굳이 이 두 항목을 지양해 보려는 의도는 문지와 창비라는 각각의 문제틀을 훨씬 뛰어넘은 어떤 지점에 김수영의 문학이 서 있다는 사실을 적시해 보고 싶기 때문이다.

롯한 서구 기능주의 문학관의 영향으로 문학작품을 작가나 사회와 분리해버릇한 지 오래인 것이 우리 문학교육판이긴 하지만 지난 20여 년간의 변화 바람과 수정의 노력이 일정한 성과를 거두었다고 봄이 타당할 것이다. 시대나 사회를 비롯한 작품의 맥락 읽기가 문학교육의 중요한 성취 요소로 꼽히고 있는 데서 그러한 흐름을 쉽게 감지할 수 있다.

이러한 논의 과정에 따를 때, 작가 수준의 국어능력 성취라는 문학교육의 목표는, 자연스럽게 작가들이 자기들의 당대와 부딪치며 형성해간 가치관, 인생관, 세계관과 만나는 일에 직결되기 마련이다. 즉 학생들은 한 작가가 시대와 분투하며 만들어낸 언어구성물(작품)과의 만남을 통해 그러한 언어 구성 능력에 대한 체험을 넘어 그 배후에 작동하는 사유와 만나게 되고 그 결과를 자기 자신의 능력과 고민에 비추어 봄으로써 최종적으로는 문학-철학적, 인문학적 존재로 거듭나게 되는 것이다. 이는 결국, 번드르르하게 말만 잘하는 기계가 아니라 자신의 말에 책임지고 실천하는 인격을 형성하는 일이 문학교육의 목표라는 뜻일 것이다.

굳이 50주년이어서가 아니라 4·19혁명에 연관된 작품들을 우리 문학교육의 현장들이 부단히 되짚어 톺아보아야 하는 이유도 바로 이점과 관련되어 있다. 우리 교육의 총체적 목표가 '자유' 혹은 '민주', '시민' 등의 근대적 개념에 밑닿아 있다는 점에 근본적으로 동의한다고 할 때, 우리 역사를 통틀어 그러한 개념을 밀도 있게 사유했을 뿐만 아니라 그 결과를 문학적으로 형상화해낸 거의 초유의 지점이 4·19혁명기이기 때문이다. 그 이후의 몇 십 년간은 그야말로 '한국적'이라는 수사에 의해 왜곡된 '자유'나 '민주'를 가르쳤다는 점에서, 오늘날의 교육은 어쩌면 당연히 4·19혁명을 자기 수정과 참조의 거점으로 삼아야 할 필요가 있는 것이다.

그 점에서, 김광규 – 신동엽 – 김수영으로 연결되는 4·19정신의 문학화 가운데 가장 주목해야 할 대목이 김수영의 (시)문학이라고 할 수 있다. '소시민'의 자세(김광규)에서 '대시민'의 자격을 말하는 변화의 뚜렷한 예라는 점에서도 그러하지만, 민족 분단이라는 질곡까지도 넘어서야 한다는 당위성만을 말하는 것(신동엽)이 아니라 그것을 실천할 수 있는 방법('사랑의 이행')에까지 자신의 사유를 밀고 나간 희유(稀有)한 예라는 점에서 더욱 그러하다.

이미 1960년대에 김수영의 사유는, 현재 우리들이 그토록 벗어나고자 애쓰는 '단일 중심적 사고'의 틀을 벗어던지고 있다. 큰 것과 작은 것, 아름다운 것과 비루한 것, 나와 적(敵), 시와 산문, 내용과 형식, 자본과 유물을 넘어 '온몸으로의 자유의 이행'을 말하는 그의 태도에서 우리는 '자유'에 관한 한 그 어떤 대체물도 찾을 수 없다는 근본주의적 철저함을 읽을 수 있다. 더구나 그 이행은 투쟁이 아니라 사랑으로 이루어져야 한다는 것이다. 이는 곧, 문학이라는 언어구성물에 눈뜬 자라면 모름지기 점진적이면서 근본적인 혁명에 고민하는 자라야 한다는 전언으로 읽힌다.

시문학 교육의 입장에서 이러한 김수영의 태도를 수용하려 할 때 가장 문제되는 지점이 바로 '작품 해석의 정전성'이 고수되는 현실일 것이다.[19] 자신의 시 「풀」이 전국 문학교육 현장의 어디에서나 '끈질긴 민중의 생명력을 예찬'하는 시라고 되풀이해서 풀이되고 있다는 점을 안다면 그의 표정이 어떠했을까. 교육현장의 관성과 보수성을 깨고 '작품 해석의 복수성'이 통용될 뿐만 아니라 그러한 해석과 수용의 능력을 정당하게 평가하고 측정하는 방법과 모델에 대한 연구가 시급히 시작되어야 할 필요가 여기에 있는 것이다. 적어도 김수영은 '민중이 중요

19) 이에 대해서 필자는 기왕에 그 문제점을 지적한 바가 있다. 교과서라는 틀이 존재하는 한 정전 만들기에는 어쩔 수 없는 국면이 존재한다. 그보다 더 문제적인 것은 학령인구의 전부가 한 가지 해석으로만 시를 체험하는 현실이 아닐 수 없다. 이러한 현상을 타개할 구체적 방법론에 대한 천착이 필요한 시점이다.(졸고, 「한국 근대시 정전과 문학교육」, 『한국근대문학연구』, 한국근대문학회, 2008하반기.)

하다.'라는 한 가지 말만을 목청 높이는 자유에 대해 말하고 있지 않음이 명백하다. 그가 이해한 4·19정신과 그것을 최대치로 언표화한 그의 시문학은, 자유를 말하는 방법의 다양함을 통해 자유의 실질이 펼쳐지고 실천되는 사회를 겨냥하고 있었던 것이다. 문학교육의 관점에서 4·19정신을 문제 삼는다는 것은 바로 그 점을 문학교육의 주체와 수용자 모두가 공유하게 되는 날을 기대한다는 뜻이기도 하지 않을까.

3. 적용

한국 현대시의 운(율)문적 성격에 대한 성찰 ▸ 213
백석 시에 나타난 '민족적인 것'의 의미 ▸ 233
미당 「자화상」 소고 ▸ 258

한국 현대시의 운(율)문적 성격에 대한 성찰

1. 몇 개의 의문

이 글은 우선 한국의 전통 시가(詩歌)가 지녔던바 문자(문학)와 노래(음악)의 통합성이 깨지고 시(詩)와 가(歌)가 분리되는 과정을 거쳐 현대시가 성립되었다는 저간의 논리적 프레임에 대한 의문의 성격을 갖는다. 말하자면 시가성(詩歌性)=시성(詩性)+가성(歌性)인데 후자가 창가를 거쳐 가요(나중에 가곡과 대중가요로 분화되고)로 독립하고 시성[1] 만이 남아 독물(讀物)로서의 현대 '시(詩)'를 이루었다는 생각이 신뢰할 만한 것인가 하는 질문에서 출발했다는 뜻이다.

> 뚜렷한 운문 개념이 형성되어 있지 않으며 사실상 음수율에 기초한 음률성이 시의 특징이 되어 있다시피한 우리 문학에서 시와 산문의 구분은 대체로 관습을 따라 이루어진다. 소재와 그 처리에 있어서의 특정 경향, 비교적 짤막하게 압축된 간결성, 또 적절한 행갈이에 의해서 시

1) 이 때의 시성(詩性)은 '음성성'이 아니라 '문자성'을 가리키는 것으로 정리되어 왔다. 필자는 바로 이 부분이 의심스러운 것이다. 전자로서의 시의 성격을 잊어버렸거나 잊어버리려 하면서 형성되어온 것이 우리 현대시사라면 그것은 도저한 산문화에 다름 아니기 때문이다. 시가 산문인가?

로 처리하고 또 그렇게 인지한다. 어느 나라 문학에서나 시도 관습의 하나요 또 제도이다. 그렇지만 운문 개념의 불확정성은 우리의 시에 대체로 산문시적 성격을 부여하고 있다. 음률성을 지향한 김소월과 터놓고 산문시를 지향한 한용운이 20년대 초의 우리 시를 대표하고 있다는 것은 매우 시사적이다. 이후 현대시는 이 두 가지 경향 사이에서 주저하고 선택하고 절충하는 방식으로 전개되어왔다.[2)]

우리시의 근대화 문제를 생각할 때마다 필자는 이 구절을 만났을 때의 난감함을 잊을 수가 없다. 유종호 선생은 이러한 판단을 기초로 백석의 「흰 바람벽이 있어」를 두고 '우리 현대시의 정상 시편의 하나이지만 서슴없이 산문 쓰듯이 씌어진 작품'이라고 평가한다. 필자는 이런 판단들이 납득 되지 않아 오래도록 고민하며 왔다. "사실상 음수율에 기초한 음률성이 시의 특징이 되어 있다시피한 우리 문학"이라거나 "터놓고 산문시를 지향한 한용운"이라는 구절이 지닌 문제점은 차치하고라도 "운문 개념의 불확정성"이라는 핵심 구절이 지닌 요령부득의 느낌 때문이었다. 운문이라는 어휘가 주는 시대착오적 느낌에 더해 이제 시는 '속으로 율을 감춘'(내재율) 산문적 진술태를 지닌 것으로 합의된 마당에 노 연구자가 왜 이런 고민을 계속하고 있는가 하는 의아함도 한몫을 했다. 이런 의아함을 만드는 데는 다음과 같은 시의 엄호도 있었다.

노래는 심장에, 이야기는 뇌수에 박힌다
처용이 밤늦게 돌아와, 노래로서
아내를 범한 귀신을 꿇어 엎드리게 했다지만
막상 목청을 떼어내고 남은 가사는
베개에 떨어뜨린 머리카락 하나 건드리지 못한다
하지만 처용의 이야기는 살아남아
새로운 노래와 풍속을 짓고 유전해 가리라

---

2) 유종호, 『시란 무엇인가』, 민음사, 2001, p.241. 밑줄은 인용자.

정간보가 오선지로 바뀌고
이제 아무도 시집에 악보를 그리지 않는다
노래하고 싶은 시인은 말 속에
은밀히 심장의 박동을 골라 넣는다
그러나 내 격정의 상처는 노래에 쉬이 덧나
다스리는 처방은 이야기일 뿐
이야기로 하필 시를 쓰며
뇌수와 심장이 가장 긴밀히 결합되길 바란다.

(-최두석, 「노래와 이야기」 전문)

노래하는 시(정작 노래 자체-정간보는 떨어져 나가고 은밀한 박동으로 남아 말 속에 들어간[3])와 이야기하는 시로 시의 종류를 나누고 전자는 이미 낡아 아무 효용도 없으니 자기는 후자의 방식으로 시를 쓰며 뇌수와 심장의 결합을 바란다는 것이다. 굳이 표 내지는 않지만 이 시대의 시는 후자여야 한다는 판단, 이야기를 그린다는 것이 산문화의 경향으로 연결될 것이라는 인식이 바닥에 깔려 있다고 보아야 할 것이다. 그가 행 구분을 없앤 '산문형 시'를 주로 발표하고 있는 것이 그래서 자연스럽다.

이쯤에서 제기될 수 있는 질문들을 정리해 보자. 우리시는 운문[4]인가 산문인가, 내재율이라는 말의 의미가 무엇인가, 그때 율이 내재하고 있음을 어떻게 아는가, 우리시의 자유화란 곧 산문화의 길을 가리키는 것인가와 같은 질문들이 이 글을 기획하는 동안 필자를 괴롭혔다. 시원한 답변을 기대할 수 있을지는 모르겠지만 이글을 통해 최소한 그 동안 이런 질문들에 대해 다소 상투적으로 응대해 왔던 시문학판의 관행에

---

3) 이러한 표현을 통해 최두석 시인이 노리는 것 역시 내재율이라는 어휘의 개념을 구체화하는 일일 것이다.
4) 이 용어는 산문과의 짝으로 늘 입길에 오르내리는 것이어서 우선 채택되었을 뿐이다. 우리의 경우에는 운문이기보다 율문이라고 부르는 것이 적절하다는 제안들도 있다. 후술하겠지만 그 둘이 조화된 운율문이 최종의 목표여야 한다. 그것을 줄여 운문이라 부르자는 제안이라면 충분히 수용할 수 있겠다.

대한 문제 제기는 가능하겠다고 생각했다.

2. 우리시 근대화의 길: 자유화와 산문화

우리시 근대화의 길이 곧 노래(음악)와의 분리에서 시작되었고 그것이 곧 눈으로 읽는 시=문자시로 진전되어 나아감으로써 산문화로 치달았다는 이 인식은, 생각보다 그 연원이나 영향이 오래고 폭넓다. 그리고 이런 생각을 답습하고 유포하는 데 필자도 한몫했다는 점을 고백하지 않을 수 없다.

> 자기 세계(내면)을 가진 개인의 발견, 그리고 그것을 기반으로 한 개인과 사회의 관계 발견이라는 근대 주체의 문제의식이 고스란히 반영된 자유시형의 성립 과정은, 무엇보다도 시가(詩歌)로부터 시(詩)가 분립(分立)하는 과정이라는 특징적 면모를 갖는다. 모든 정형률이 곧바로 노래인 것은 아니겠지만 우리의 전근대적 시가들은 전부 노래로 불려져 왔다는 공통점을 지닌다. 음악과 문학이 비분리 상태에 놓여 있었을 뿐만 아니라 음악이 오히려 문학을 압도하는 형국이었던 것이다. … 시가(詩歌)로부터 가(歌)가 분리되어 시(詩)만이 독립되는 과정을 자유시형의 성립과정이라 했을 때 이를 달리 말하면, '노래하는 시' 혹은 '읊는 시'가 '(눈으로) 읽는 시'로 변모했다는 뜻이기도 하다.[5]

물론 필자의 이러한 판단이 독창이 아니라 그간의 논의를 요약한 것에 불과하다 할지라도, 그 생각의 짧음에는 변명의 여지가 없어 부끄럽기 짝이 없다. 우리 시 근대화의 핵심을 노래로부터의 탈피 과정으로 설정한 뒤 정형시-과도기시-자유시(산문시)로 이행했다고 보는, 이 뿌리 깊고 광범위한 관점의 최대 문제점은 시의 율격이나 리듬을 설명하

5) 이명찬, 「근대 이행기 시문학의 특성」, 이승하 외, 『한국 현대시문학사』, 소명출판, 2005, pp.20-21.

는 데 필수적인 자질들을 곧바로 노래(음악)의 자질인 것처럼 오해하여 배척하여 왔다는 데 있다. 시조창을 떠올려보면 금방 알 수 있는바 그 안에서 발견되는 노래의 자질들은 소리의 높낮이라든지 소리의 길고 짧음이라든지 소리의 떨림이라든지 하는 것들인데 이것들은 3(4).4, 7.5 혹은 3음보, 4음보와 같은 율격적 자질[6]과는 거의 무관한 요소들이 아닐 수 없다. 즉 창(唱)을 떼 내어버린 가사만의 시조라 하더라도 4음보격으로서의 율독(律讀) 가능성은 고스란히 남게 된다. 오늘날의 우리가 시조를 낭송하는 경우를 생각해 보면 그 차이가 무엇을 말하는지 잘 알 수 있다. 이 율독 가능성에 착목하여 우리 시 율격 혹은 운율론을 정초하려 했던 논의들마저 1980년대 초에 머물러 더 진전되지 않은 사정[7]의 밑바닥에도 율독 자체의 중요성, 필요성을 잃어버리고 눈으로 읽기에 시 영역을 밀쳐 두어버린 우리 문학판의 그릇된 흐름이 작동하고 있었던 것이다.

시의 근대화를 설명하는 과정에서 노래를 버린 것은 당연한 결정이었다. 그러나 버린 그 안에 '운문으로 읊을 수 있는 가능성'까지 같이 넣어서 버린 것은 문제였다. 4음보를 반복해야 한다는 정형성을 동봉해 버리는 것은 있을 수 있는 일이라 하더라도, 다른 모든 율독(律讀)의 가능성을 버리고 '묵독(默讀)'으로의 이행을 당연하게 받아들임으로써 막 생겨나려고 하던 한글 운문의 자리 잡기와 율독에의 경험을 원천 봉쇄해버린 것은 꽤나 심각한 실수인 것이다. 이럴 때 '가사 문학'을 참조 항목으로 호출해 볼 수 있겠다. 시조가 전문적 목소리를 통한 가창과 너무 밀착하여 대중성을 잃고 있었던 데[8] 비해, 내방가사를 비롯

6) 이들이 회화성과 같은 근대적 감각의 중시 풍토에 밀려 배경화 되었다는 것과 그것을 버린다는 것은 다른 문제일 터인데 우리의 시사는 이 부분을 그저 방치해 두는 쪽으로 흘러왔다는 느낌이다.

7) 김대행 편, 『운율』, 문학과지성사, 1984.

8) 사설시조, 잡가, 신민요로 승계되면서 대중성을 확보하는 쪽으로 나아갔다고 하더라도 그 대중성의 함의를 어디까지로 넓혀 잡아야 하는지 의문이 생긴다.

한 가사 작품들은 정형화된 노래의 형식으로 나아가기 전 단계에 머물러 공동 율독(송)의 방식으로 전승되고 있었다. 필자가 보기에 이 가사 문학이야말로 음악과 분리된 문학으로서의 한글 운문과 율독의 모범이 막 자리를 잡기 시작한 장르였던 것이다. 시간이 좀 더 지나 자연스레 4음보격 율독의 전통[9]에 흠집을 내고 교술적 내용을 서정적 토로 쪽에로 돌려놓았더라면 우리시의 흐름에는 오늘날의 것과 상당히 다른 전통 하나가 자리를 뚜렷이 잡았을 가능성이 높았다. 그런데도 우리 시사(詩史)는 노래 곧 음악의 배제가 이들 율격 자질의 배제를 포함하는 개념이라는 오해를 강박적으로 유포하여 옴으로써 그것이 지닌 가능성을 지워버렸다. 이런 논리라면 미래 우리의 시(=문자시)는 황지우의 텍스트들이 보여주었던 것과 같은 파괴된 형태나 '전혀 율이 실현되지 않은 산문시'[10]로의 진전만이 남겨진 셈이다.

그런데 오늘날의 우리가 생각하는 시들의 예를 떠올려보면 사정이 그와 사뭇 다르다는 것을 금방 알 수 있다. 김소월, 윤동주, 한용운,

---

또한 문학성을 강화하는 쪽이 아니라 음악성을 강화하는 쪽으로 나아간 점도 시조 쪽의 변화를 긍정적으로 수용하지 못하게 만드는 요인이다.

9) 이때에도 오해를 하면 안 되는 것 가운데 하나가 율독의 자질이 모두 문학 텍스트 안에 원래 구비되어 있는 것으로 보는 견해일 것이다. 4음보격이라는 기왕에 구현된 자질에 기초는 하겠지만 가창의 경우에서와 마찬가지로 율독에는 율독만의 새로운 자질이 관여하기 마련이다. 가령 1, 2행보다 3, 4행의 음높이를 더 높인다든지 1, 3음보보다 2, 4음보를 보다 강하고 빠르게 발화하여 변화를 준다든지 하는 일들은 텍스트 자체가 구현하는 자질들이 아니라 율독이라는 제도가 만드는 관습인 것이다. 한글 운문으로서의 시의 형태를 만들면서 거기에 걸맞은 율독 관습을 만들어야 할 다수의 시인들이 자유화와 산문화의 흐름에 방점을 찍음으로써 너무 일찍 너무 자유로운 시를 만드는 데만 몰두했다는 것이 필자의 생각이다.

10) '산문형 시'와 '산문시'도 구분되어야 한다. 물론 이 문제는 '산문시' 개념에 대한 보다 정치한 후속 논의를 기다린 이후에 본격화 될 수 있을 것이다. '산문형 시'라는 용어로 「불놀이」(주요한), 「봉황수」(조지훈) 등 율이 활발하게 살아 있으나 그 형태를 풀어 놓았을 뿐인 시를 가리키고, 그런 율이 밖으로 잘 실현되지 않는 시들 가령 「불모 작업」(최두석), 「성벽」(오장환) 등을 가리켜 '산문시'로 지칭해야 할 것이다.

백석 등의 뛰어난 시인들이 남긴 그 다양한 작품들 가운데 우리가 쉽게 호명해 내는 시들은 전부 혀에 부드럽게 감겨 읽는 맛이 남다른, 즉 율독 가능성이 높은 텍스트들인 것이다. '묵독하는 문자시가 곧 근대시'라고 지식인들이 퍼뜨린 환상에도 불구하고 생활 속의 우리는 알게 모르게 율독할 수 있는 시[11]를 시의 표준으로 공유하고 있었던 것이다. 이처럼 우리 시의 근대화란 '율독하는 한글 시형의 발견'에로 그 초점이 모여야 했었다. 그 점에서 춘원, 육당이나 안서의 자유시 운동이 '새로운 정형시'의 발견에로 귀착된다고 비꼬았던 기존의 필자의 견해[12] 역시도 전면 수정될 필요가 있다. 그들은 문학사나 근대시 개념에 착오를 일으켰던 것이 아니라 오히려 전에 없던 율독 가능한 시형을 만들어 이것이 조선의 새로운 시이고 시여야 한다고 말하고 싶었던 것이다. 율문적 관습이나 제도를 만드는 일에 매진하려 했던 것이다.

1970년대 초에 녹음된 박인희 낭송의 박인환 시 「목마와 숙녀」를 기억한다. LP의 직직거리는 잡음과 다소 감상적인 '경음악' 반주음이 더 튀어나오기도 했지만 박인희의 이 율독(낭독, 낭송)이야말로 매체에 기록을 남긴 기억할 만한 사건이었다. 문제는 우리 문화사가 그런 율독의 가치를 평가할 수 있을 정도의 제도와 관습적인 기준을 만들지 못했다는 사실이다. 그 많은 문예회관에서의 각종 다방에서의 시의 밤, 문학의 밤이 있어왔지만 율문으로서의 시 자체의 길을 제대로 더듬지 못했기에 행사는 늘 값싼 뒷이야기만 남긴 채 일회성으로 그치고 말았던 것이다.

---

11) 누구나 합의하는 공동의 율독 모델이 있었다는 뜻은 아니다.

12) "이행기 한국 시문학사에는 이 시(詩)와 가(歌)의 분리 과정을 오해해서 전근대 시가형(詩歌型)은 버리고 새로운 시가형을 만드는 것이 시문학의 근대성을 달성하는 길이라고 믿었던 경우가 없지 않았다. 육당 최남선의 신시 운동이 대표적인 경우인데, 그는 6.5, 7.5, 8.5라는 음수율에 기초하여 창가라는 새로운 정형률을 만들어보려고 노력했다. 그의 실험은 후대에 안서 김억, 김소월 등에 의해 승계되면서 1920년대에 민요조 서정시라는 시형을 낳기도 했다. 특히 안서는 자유시의 율격적 기초를 호흡률 혹은 개성률로 정의함으로써 자유시론 전개에 중요한 공을 세우고서도 스스로는 자유시를 전에 없던 새로운 정형시라고 생각하는 혼선을 빚기도 했다."(이명찬, 위의 책, p.22.)

3. 김억의 이중생활

안서 김억의 이력은 여러 면에서 초기 우리 문화사의 첨단에 값한다. 문단 형성기의 가장 초기에 새로운 시형을 개발하려 애쓴 것은 말할 것도 없고, 서구 시 이론의 도입, 서양시 번역집의 최초 간행, 최초의 창작 시집 간행, 한국전쟁 이전까지 개인 시집 최다 간행[13], 에스페란토어 보급 같은 활동은 물론이요 경성방송국 제2방송(조선어 방송) 간부로서의 활동, 신민요와 유행가(트로트) 가사 작사에 이르기까지 그는 그야말로 당대 수준의 멀티미디어를 주름잡은 멀티 플레이어였던 것이다. 그는 시 창작을 제일의(第一義)적인 것, 작사(作詞)를 제이의(第二義)적인 것이라고 하여 그 의미를 차별화하고 있기는 하지만 그것이 모두 조선어로 된 새로운 시가형[14]의 확립과 확산이라는 공동 목표에 연관된다고 믿었다.

> 여러 말 할 것 없이 말하면 人格은 肉體의 힘의 조화고요, 그 육체의 한 힘 즉 호흡은 시의 음률을 형성하는 것이겠지요. 그러기에 단순한 시가 보다더 詩味를 주는 것이요, 음악적 되는 것도 또한 할 수 없는 한아한아의 호흡을 잘 언어 또는 문자로 조화시킨 까닭이겠지요.…… 한데 조선 사람으로는 엇더한 음률이 가장 잘 표현된 것이겟나요. 조선 말로의 엇더한 시형이 적당한 것을 몬저 살펴야 합니다. 일반으로 공통되는 호흡과 고동은 어떠한 시형을 잡게 할까요. 아직까지 어떠한 시형이 적합한 것을 발견치 못한 조선시문에는 작자 개인의 주관에 맛길

---

13) 6·25 때 납북되기까지 7권의 창작 시집과 11권의 번역 시집을 출간하였다.
14) 안서는 그것을 '격조시'라고 불렀다. 안서의 목표는 눈으로 '읽는 시'가 아니라 노래하는 '시가'형을 새로이 창안하는 것이었다. 이때의 노래라는 조건이 율독 정도에서 그치는 것이 아니라 실제 가창에로까지 연동되어야 한다는 생각이 그의 '시가적 이상'의 밑바닥을 이루고 있었던 것으로 보인다. 그가 대중가요 작사를 자신의 일로 쉽게 승인한 것도 이러한 생각 때문일 것이다. 조영복의 「'노래'를 기억한 세대의 '朝鮮語 詩歌'의 기획」(『한국현대문학연구』46집, 한국현대문학회, 2015.8.)이 이 글의 안서 재평가 방향에 커다란 시사를 주었다.

수밖에 없습니다. 진정한 의미로 작자개인이 표현하는 음률은 불가침입의 境域이지요. 얼마동안은 새로운 吸盤的 음률이 생기기까지는.[15)]

그는 우선 조선시의 새로운 시형을 발견치 못한 시대적 한계를 인정하고 우선은 자기만의 주관적 호흡률을 살린 시를 써야 함을 주장한다. 그리고 얼마 아니 가서 모든 이들이 빨려 들어가는 음률의 표준 곧 "흡반적 음률"이 생길 것을 믿고 있다. 그러면서 역사적으로 한 번도 제대로 존재한 적이 없는 한글 시형(詩型)을 만드는데 스스로 일조하고픈 바람을 앞세워 7.5조에 기반을 둔 '격조시형'이라는 이름의 시가상을 제안하고 있다.

자다 깨다 꿈에서 / 만난 이라고 / 그만 잊고 그대로 / 갈 줄 아는가. // 십리 포구(十里浦口) 산(山) 너머 / 그대 사는 곳 / 송이송이 살구꽃 / 바람에 논다. // 수로 천리(水路千里) 먼 길을 / 왜 온 줄 아나? / 옛날 놀던 그대를 / 못 잊어 왔네. (김억, 「오다 가다」 후반부)

고운 서정과 해조(諧調), 그리고 세련되게 다듬은 조선어 구사에 기초를 둔 안서의 이 실험이 제자인 소월에게로 확산되어 1920년대의 민요조 서정시[16)]를 이루어 낸 것은 특기할 만한 일이다. 제자인 소월이 활달하게 보여준 7.5조의 여러 변이태(變異態)들은 스승의 저 답답한 정형성을 돌파할 한 가능성이기도 했다. 그런데 스승인 안서의 생각은 생각보다 고루했다. 특히 그가 격조시형의 도달 지점으로 생각한 음악적 요소를, 율독 가능한 시의 자질, 즉 율격 요소로서가 아니라 실제적 음악 요소라 생각한 것이 결정적 착각이었다. 앞서 보았듯이 우리시 근대화론이 지닌 맹점도 바로 이 부분인바 시를 시답게 읽는 데 필요한

15) 김억, 「시형의 음률과 호흡」, 『태서문예신보』14, 1919.1.13.
16) 이 이름에 대해서도 근본적 고민이 필요한 시점이다. 민요라는 기준점이 정확히 무엇을 말하는지 불명확하기 때문이다.

율격 자질과 노래로 부르게 하는 자질은 다른 차원의 것이라는 점을 놓치고 있었던 것이다.[17)]

이 둘을 구분하지 않은 안서의 '시가적 이상', 곧 격조시 실험은 조선어의 음악적 훈련이라는 명분에도 불구하고 끝내 대중가요 가사 만들기라는 파행으로 결론 나고 말았다.[18)] 7.5조가 그 기반임은 두말할 것이 없다. 만약에 안서가 노래를 만들려는 노력에로 나아가지 않고 격조시형의 의미를 율독시형이나 율독의 방법을 찾는 문제로 바꾸어 놓았다면 대단히 생산적인 결과를 낳을 수도 있지 않았을까. 그러나 그는 7.5조 율독의 신선한 방법을 찾는 것이 아니라 육당에서 발원하여 김서정(「낙화유수」 1927)에게로 이어진 대중가요 가사 창작의 고리를 자처함으로써 힘들게 발견한 '격조시형'이라는 용어의 가능성을 스스로 차단하고 말았다. 시 쪽으로서는 안타까운 일이나 이제 막 시작된 대중가요 쪽으로서는 고무적인 일이 아닐 수 없었다.

안서 이외에 조영출, 이하윤, 이서구, 박노홍 등 다양한 문인들이 작

---

17) 따라서 문학 텍스트와 관련이 되는 음악적 요소란 크게 세 단계로 나누어 이해할 수 있다. 텍스트에 실현되어 있는 반복적 요소, 율독에 필요한 관습적 자질, 가창에 필요한 노래 자질의 구분이 그것이다. '텍스트에 실현되어 있는 반복적 요소'라 할 때 그것을 '내재율'이라고 말해서는 안 된다. 사실 내재하는 율이란 말은 설명 불가능한 어법이 아닐 수 없다. 실현되기 이전의 잠재태로 있는 것이라면 그게 있는 줄은 어떻게 아는가. 우리가 율을 느낄 수 있다면 그것은 시의 표면에 어떻게든지 그 흔적을 드러내어 외형화하기 마련이다. 음보, 음수, 음성 등의 자질들이 부분적으로 반복 실현되어 있는 경우, 우리는 자신만의 호흡, 강세, 장단을 부여하여 실현하여본 율독 경험을 기반으로 그것들을 구체화하게 된다. 이때 활용되는 "호흡, 강세, 장단"과 같은 요소들이 율독에 필요한 관습적 자질이다. (자유시이기에) 부분적으로 반복 실현되어 있기 마련인 음보, 음수, 음성 등의 요소는 외형적으로 드러나 보일 수밖에 없다. 따라서 정형률과 짝이 되는 자유율 즉 자유롭게 풀어헤쳐놓은 율격이라는 용어로 자유시를 설명할 수는 있어도 내재율이라는 실체 없는 어휘로 자유시를 장식할 필요는 없지 않게겠는가. 어쩌면 우리는 겉으로 화려한 내재율이라는 말로 자유시 율격론의 진전된 전개를 막아왔는지도 모르겠다.

18) 장르 사이의 우월성 여부를 논하는 대목이 아니다. 조선어의 음조미를 최대한 살린 문학적 시가형을 만들려 했던 안서의 논리적 파탄을 규명해보려는 것일 뿐이다.

사에 매달렸다는 것은 아직은 '대중'이 강조되기보다 '가요'라는 서양 기원의 신기성이 먼저 꼽히던 때라는 것을 보여준다. 대중가요 가운데서도 오늘날 트로트로 통칭되는 '유행가' 부문에로 그 맥이 승계되었다는 점도 기억해 둘 만하다. 왜 트로트인가 하는 데 대해서는 여러 설명이 가능하겠지만 한국전쟁 이후와 달리 일제 강점하의 트로트는 사회적 설명을 붙이기에 용이하다는 것, 흔히 트로트의 병폐로 센티멘탈리티를 꼽지만 그것이 인간의 보편적 감정인 센티멘트에 기반을 둔 것이라는 점에서 공감의 요소를 본디 갖고 있는 것, 무엇보다 트로트 음악은 고음악으로서의 국악이나 신민요, 만요 등을 가창하기 위해 필요한 훈련이 없어도 따라 부를 수 있다는 것이 무엇보다 큰 강점이자 흡인 요소였던 것으로 보인다. 그리고 재즈송은 아직 너무 낯설었다.

우렁탸게 토하난 汽笛(긔뎍) 소리에
南大門(남대문)을 등디고 ㅼㅓ나 나가서
ㅽㅏㄹ니 부난 바람의 형세 갓흐니
날개 가딘 새라도 못 ㅼㅏ르겟네
-최남선, 「경부텰도노래」 중 1

강남달이 밝아서 임이 놀던 곳
구름 속에 그의 얼굴 가리워졌네
물망초 핀 언덕에 외로이 서서
물에 뜬 이 한밤을 홀로 새울까
(-김서정 작사, 김서정 작곡, 이정숙 노래, 「낙화유수」1절, 1927)

작사가로서 안서가 트로트(유행가)의 성립에 이렇게 큰 기여를 했다는 것과 동시에 「가려나」, 「꿈길」, 「동심초」 등 (예술)가곡의 창작에 끼친 공로도 기억될 만하다. 시어로서의 한국어의 가능성에 대한 지속적인 탐구가 이런 일을 가능케 한 원동력일 것이다. 안서는 창작시 발표와 함께 한시나 외국시 번역 실험을 평생토록 계속하는데 동일한 작품을 여러 번에 걸쳐 번역하기도 했다. 김억은 8~9세기에 걸쳐 살았던 중국 당나라의 여류시인 설도(薛濤)의 5언 절구 「춘망사(春望詞)」 네 수 중 제 3수[19]를 무려 네 번에 걸쳐 번역하였는데 그 제목이 「동심초(同心草)」였다.

꽃잎은 하염없이 바람에 지고
만날 날은 아득타 기약이 없네
무어라 맘과 맘은 맺지 못하고
한갓되이 풀잎만 맺으려는고

"風花日將老 / 佳期猶渺渺"를 "꽃잎은 하염없이 바람에 지고 / 만날 날은 아득타 기약이 없네"로 옮긴 말솜씨는 번역이 아니라 거의 번안에 가깝다. '하염없이'를 덧보태거나 '아득타'로 줄여 도치시키는 말의 법은 놀라울 만치 아름다워 번역을 창작이라고 생각한 그의 노력이 새삼스럽게 다가온다. 더구나 7.5조의 정형성이 느껴지지 않도록 말의 결을 자연스럽게 다듬은 점 역시도 기억되어야 할 미덕이다. 이 작업의 결과를 본 작곡가 김성태가 곡으로 옮긴 것이 가곡 「동심초」였다. 황진이의 한시를 번안한 「꿈길」 역시도 그와 유사한 과정을 거쳐 가곡으로 탄생했으며 안서의 시 「가려나」에는 17세의 나운영이 곡을 붙여 널리 인구에 회자되었다. 이로 보면 안서는 대중가요의 형성에 기여가 클 뿐만 아니라 거기서 예술가곡이 분화되어 나오는 과정에도 일정한 기여를 하고 있는 셈이다. 시에서 노래를 분리하는 것이 아니라 새로운 시형을 만들어보려던 시인 안서의 노력이 현대시단에서와는 다르게 한국 가요의 형성 과정에 크게 쓰이고 있다는 것은 일종의 아이러니라 하겠다.

19) 風花日將老 / 佳期猶渺渺 / 不結同心人 / 空結同心草

4. 압운 혹은 운독(韻讀)이라는 것

다다랐다 또한그믐 / 지나노니 스물세금
앞뒤생각 잠못일제 / 窓을친다 하늬늠늠
지나온길 헤어보니 / 키없는배 大洋에뜸
느끼는것 그무엇고 / 일더대고 세월빠름

(-이광수, 「한 그믐」『청춘』6, 1915.3.)

육당에서 안서로 이어지는 7.5조 음수율 확립의 시도는 4.4조 4음보라는 선행 율격이 지나치게 낡고 정형적이라고 판단하였기 때문일 것이다. '4.4조 4음보의 4행시'는 생각만으로도 답답하고 낡아 새로운 변화를 줄 필요가 있다는 생각이 「경부텰도노래」라는 7.5조 4행시를 선택케 한 동인이었을 것이라는 추정이다. 그런데 그 와중에 춘원은 이들의 노력과는 그 유가 다른 시 하나를 실험적으로 선보였는데 그것이 바로 '언문풍월'[20]이라는 이름을 달고 있는 「한 그믐」이다. 우리 시 전통의 음보율을 음수율로 착각하고 새로운 음수 조합에 매달린 것이 육당, 안서들의 노력이었다면 춘원은 예외적으로 우리 시 압운(押韻)의 가능성을 묻고 있다.

언뜻 보아 '4.4조 4음보의 4행시'라는 틀 위에 '금, 늠, 뜸, 름'이라는 부자연스러운 운자(韻字)를 꿰맞추어 놓아 차꼬 찬 죄인에게 칼까지 덮씌운 느낌을 주는 시다. 그러나 4.4.4.4.가 주는 압박감을 무시하고 운의 문제로만 초점을 맞추면 춘원의 감각이 남다른 데가 있음을 발견하게 된다. '체언으로 종지되는 문장을 사용하고, 동일어의 반복이 아니라 겉으로 보기에는 우연의 일치인 듯싶게 상이한 단어에서 동일음을 반복 사용할 때' 압운의 효과가 강하게 도드라진다는 김대행 논의[21]의

20) 진갑곤, 「언문풍월에 대한 연구」, 『문학과 언어』 13집, 문학과 언어연구회, 1992.4.
21) 김대행 편, 『운율』, 문학과지성사, 1984, pp.35-38.

표본에 해당하기 때문이다. 다만 "우연의 일치인 듯싶게"라는 조건이 다소 미비하다고 판단되지만 음보, 음수율에 압운까지 겹친 실험을 통해 춘원 역시도 우리 시가형의 발견에 대한 남다른 관심을 확인하게 된다. 적어도 그의 「한 그믐」은 운문과 율문의 가능성을 섞어 실험해 본 운율문이라는 점에서 상징적인 자리를 차지한다.

> 물구슬의 봄 새벽 아득한 길
> 하늘이며 들 사이에 넓은 숲
> 젖은 향기 불긋한 잎 위의 길
> 실그물의 바람 비쳐 젖은 숲
>
> (-김소월, 「꿈길」 1연)

> 땅 위에 쌔하얗게 오시는 눈
> 기다리는 날에는 오시는 눈
> 오늘도 저 안 온 날 오시는 눈
> 저녁불 켤 때마다 오시는 눈
>
> (-김소월, 「오시는 눈」 전문)

율격적 고민과 우리말 압운에 대한 고려를 동시에 밀고나간 예로 이와 같은 소월의 시 몇 편을 더 예로 들 수는 있다. 소월은 4음보율을 3음보율로 대체하여 흐름에 역동성을 부여한 뒤 7.5조 바탕마저도 7.(3)4로 바꿔 변화를 시도하고 있다. 마지막으로 각 행의 끝에서 '길/숲'의 교체 반복이나 '눈'[22]의 반복을 실현함으로써 통일감과 여운을 만들어낸다. 왜 김소월이 문제적인 시인인가를 유감없이 보여주는 대목이라 하겠다. 문제는 저 홀로 빛나고 있는 이런 명편들의 율동감을 살리기 위한 율독(律讀)의 관습을 고민하기는커녕 자유율이라는 이름의 재량에 맡겨버렸으니 압운의 느낌을 구현하기 위한 운독(韻讀)의 규

---

22) 이 '눈'의 경우 한 박을 더 늘여 읽음으로써 총량 7.5 음수율을 구성하게 된다는 김정우의 탁견도 참고할 필요가 있다.

칙 따위는 생각할 겨를도 없었다는 점에 있다. 운과 율이 이렇듯 살아 있는[23] 시를 어떻게 낭송(운율독)하는 것이 시의 맛을 잘 살리는 길인가 하는 것은 혼자만의 의문으로 남을 수밖에 없었다. 사정이 이러하니 희미하게나마 이어지던 한국어 압운시 실현의 욕구는 박용래에 이르러서 잠깐 다시 피어나는 듯 했다가 이내 역사의 뒤란으로 사라지고 말았다. 특히 우리 언어와 시문학의 관습이 압운 형성에 적합하지 못한 점이 많다는 판단[24]까지 넓게 유포되면서 이런 쪽으로의 노력은 아예 접다시피 해 왔다 편이 옳을 것이다.

뜻밖에도 구원은, 그 형성에 현대시가 자못 커다란 도움을 주었다고 내심 뻐기며 홀대하던 대중가요로부터 왔다. 1990년대 초 현진영이라는 가수와 「서태지와 아이들」이라는 그룹이 이 땅 노래문화에 폭발적으로 비벼 넣기 시작한 힙합이라는 듣도 보도 못한 갈래가 그것이었다. 미국 흑인 음악에 뿌리를 둔 힙합을 가리켜 팝이라 부르지 않고 대중가요라 칭하면 낡은 세대로 찍히기 십상일 것이다. 그래도 그것은 저 안서 시절부터, 전래해오던 우리 것 위에 일본과 서구로부터 배운 노래법을 섞으며 일으킨 한국 대중가요사의 한 줄기, 숱하게 쏟아져 들어온 외래 노래의 하나일 뿐이라는 점에서, 필자에게는 대중가요로 보인다.

그런데 정작 문제는 이 기묘한 가요가 가요로서의 성격, 즉 노래로서의 자질을 많이 버린 갈래라는 데 있다. 선율을 버리고 리듬과 강세, 빠르기 변화, 그리고 독특하게 섞어 넣는 비트박스라 불리는 구음만을 남김으로써 관객들이 자신의 귀를 오로지 랩(가사)에만 집중시키도록 유도한다. 텍스트의 표면에 독자의 관심이 집중되도록 언어의 기능을 조정하는 것을 두고 러시아 형식주의자들은 문학성 혹은 시성이 도드라지는 것이라 말했거니와 힙합의 이러한 특성을 두고 문학성(시성)을 드러내는 것이라 말해 무방하지 않은가. 말하자면 힙합은 멜로디를 포

23) 잘 살아있다는 뜻으로 오해하지 않아야 한다.
24) 김대행 편, 위의 책, pp.37-8.

함한 노래적 요소를 포기하고 운율독에 집중함으로써 글 자체를 낯설게 전경화 하는 경계와 혼종의 갈래라는 뜻이다. 이 갈래의 음악을 즐기며 이 노래의 표현 관습을 몸에 익힌, 즉 일정 부분에 강세를 넣고 빠르기를 조절하는 훈련을 하거나 그런 운율독에 지속적으로 노출된 젊은이들이 자라나면서 21세기 이후 우리 문화의 여기저기에서는 소위 라임을 맞추는 말하기/글쓰기 현상이 곳곳에서 관찰되고 있다. 가령 어느 중 삼 학생의 백일장 수상작.

상

3-1 조승우

전교 1등하는 상상
하지만 그것은 망상
말로만 공부해 항상
성적표 보고 울상
원했던 목표는 최상
그리고 남들의 우상
하지만 현실은 진상

이 시로 이제 난 입상
며칠 후 조회 때 시상
내가 바라는 건 문상

이원(1968-)[25] 시인의 「영웅」은 바로 이 틈새에 피어난 우리 현대시의 한 트기이자 가까운 미래여서 주목을 요한다. 이 시는 소위 철가방, 즉 스쿠터나 오토바이로 배달하는 젊은이들이 아스팔트 위를 질주해 가는 그 위태위태한 속도를 최대한 구현하려 노력하고 있다. 한 없

---

25) 1992년 계간 『세계의 문학』으로 등단. 시집으로 『그들이 지구를 지배했을 때』(문학과지성사, 1996), 『야후!의 강물에 천 개의 달이 뜬다』(문학과지성사, 2001), 『세상에서 가장 가벼운 오토바이』(문학과지성사, 2007), 『불가능한 종이의 역사』(문학과지성사, 2012) 등을 상재한 중견 시인이다.

이 가벼우나 한 순간에 나락으로 곤두박질치게 되는 하루살이 같은 느낌을 살리는데 힙합 음악 특유의 라임 즉 압운을 적극적으로 활용하고 있는 것이다. 그 리듬감을 통해 도시의 주변부를 그러나 정직하게 부딪쳐 나아가는 젊음의 단순하고 뜨거운 아름다움, 가끔은 허공을 향해 허망하게 솟구치게 되는 생의 밑바닥 자유를 밀도 있게 그려내고 있다. 그러니 이 시를 읽으려면 힙합이나 랩뮤직이 진행될 때의 특유한 관습과 말법에 능해야 하고 충분히 빠른 호흡으로 읽어나가는 것이 좋다. 특히 3연의 경우 랩퍼의 동작과 노래법을 떠올리며 일어서서 몸을 흔들어가며 읽기를 거듭해보면, 말들이 얼마나 혀에 잘 들러붙는가를 실감할 수 있을 것이다. 운독과 율독을 포함한 운율독으로서의 시 읽기의 문제가 텍스트 자체에 구현된 자질만으로 이루어지지 않는다는 것을 다시 한 번 강하게 상기시켜 주는 시인 것이다.

오늘도 나는 낡은 오토바이에 철가방을 싣고
무서운 속도로 짜장면을 배달하지
왼쪽으로 기운 것은 오토바이가 아니라 나의 생이야
기운 것이 아니라 내 생이 왼쪽을 딛고 가는 거야
몸이 기운 것이 내 중심이야
기울지 않으면 중심도 없어
나는 오토바이를 허공 속으로 몰고 들어가기도 해
길을 구부렸다 폈다
길을 풀어줬다 끌어당겼다 하기도 해
오토바이는 내 길의 자궁이야
길은 자궁에 연결되어 있는 탯줄이야
그러니 탯줄을 놓치는 순간은 절대 없어

내 배후인 철가방은 안팎이 똑같은 은색이야
나는 삼류도 못되는 정치판 같은 트릭은 쓰지 않아
겉과 속이 같은 단무지와 양파와 춘장을
철가방에 넣고 나는 달려

불에 오그라든 자국이 그대로 보이는
플라스틱 그릇에 담은 짜장면을 랩으로 밀봉하고 달려
검은 짜장이 덮고 있는 흰 면발이 불어터지지 않을 시간 안에 달려
오토바이가 기울어도 짜장면이 한쪽으로 쏠리지 않는 것
그것이 내 생의 중력이야
아니 중력을 이탈한 내 생이야

표지판이 가리키는 곳은 모두 이곳이 아니야
이곳 너머야 이 시간 이후야
나는 표지판은 믿지 않아 선거철 공약 같은 길도 믿지 않아
달리는 속도의 시간은 지금 여기가 전부야
기우는 오토바이를 따라
길도 기울고 시간도 기울고 세상도 기울고
내 몸도 기울어
기울어진 내 몸만 믿는 나는
그래 절름발이야
삐딱한 내게 생이란 말은 너무 진지하지
내 한쪽 다리는 너무 길거나 너무 짧지
그래서 재미있지
삐딱해서 생이지 절름발이여서 간절하지
길이 없어 질주하지

달리는 오토바이에서 나도 가끔은 뒤를 돌아봐
착각은 하지 마 지나온 길을 확인하는 것이 아니야
나도 이유 없이 비장해지고 싶을 때가 있어
생이 비장해 보이지 않는다면
어느 누가 제 온몸이 데이는 생의 열망으로 타오르겠어
그러나 내가 비장해지는 그 순간
두 개의 닳고 닳은 오토바이 바퀴는 길에게
파도를 만들어주지
길의 뼈들은 일제히 솟구쳐 오르지
길이 사라진 곳에서 나는
파도를 타고 삐딱한 내 생을 관통하지

(-이원, 「영웅」 『현대문학』, 2006.3.) 전문)

5. 결론– 운(율)문으로의 현대시

이제 (현대)시란 '운율독을 할 수 있는 한글 시'로 재 정의될 필요가 있다. 운율독의 기초인 운율은 율격적 요소와 압운적 요소로 이루어지는데 문학으로서의 '시'에 적용되는 이 모든 음악성의 본질은 '반복'이다. 물론 그냥 천편일률적인 반복이 아니라 변화를 동반한 반복이라야 역동성이 살게 될 것임은 자명하다. 그 반복적 자질이 율격적인 요소와 압운적인 요소로 나뉠 수 있다는 뜻이다. 그 가운데서 우리 한글 시와 연관이 깊은 것은 전자인데 그마저 내재율이라는 논리 포기에 밀려 제 기능을 다하지 못했던 것이다.

자유시란 운율을 실현하는 방법이 정형화 되어 있지 않은 것을 가리킬 뿐 율 자체가 내재화되는 것은 아니다. 운율의 내재화란 관념으로는 가능할지 모르나 실제로는 있을 수 없다. 아무리 단순한 반복 요소일지라도 그것은 외형적으로 실현되기 마련이다. 가령 '동동'이라는 짧은 반복이나 대조나 대구와 같은 반복의 최소치에서도 운율 자질은 표 나게 밖으로 실현되고 있다. 위에서 보았던 「영웅」이 우리가 흔히 말하는 내재율을 가진 자유시일 것인데, 유사한 어미 혹은 구절을 유사한 위치에서 반복하는 압운의 자질이 고스란히 드러나고 있지 않은가. 그렇게 운율 자질이 밖으로 드러났다고 이 시를 정형시라고 부를 수 없음을 생각해 보면 될 듯하다. 음운, 형태소, 문장 성분, 구절, 문장, 단락, 연 등의 단위로 다양한 반복소가 실현될 수 있어 밝은 눈으로 찾아내 설명하는 일은 연구자의 몫으로 남는다. 그런 요소를 거의 찾을 수 없을 때 거기서 우리는 비로소 산문시의 가능성을 말할 수 있게 될 것이다. 형태만 산문적으로 풀어진 것이 아니라 반복의 요소를 갖고 있지 않아 그냥 줄글로 읽히는 시를 시인이 시집에 실어 발표했다면 그것을 산문시로 불러야 하는 것이다.

그 사이 운율론 쪽에서 돌아보면 우리시 근대화론은 심하게 표류해 왔다고 할 수 있다. 내재율이라는 편리한 논리에 안주한 채 운율론을 율격론 정도로 몰아놓고 돌아보지 않아왔던 것이다. 산문화 혹은 '문자시' 쪽으로 정초된 우리시의 방향을 이제라도 '시'가 본디 지녀야 할 '음성성', 즉 시란 본디 말에 기초한 장르라는 인식을 회복하는 쪽으로 되돌려 놓아야 할 때가 된 것이다. 힙합으로부터 비롯된 충격과 가능성을 수용하여 운율론의 내용을 바로 잡는 일, 실제 운율독의 규칙과 관습을 만들어나가는 일, 모든 음악성의 근본이라 할 수 있는 반복의 규칙이 시에서 드러나는 형태를 유형적으로 설명하는 일 등이 우리가 관심을 쏟아야 할 영역들일 것이다.

백석 시에 나타난 '민족적인 것'의 의미

1. 백석 시 평가의 어려움

한국 근대 시사를 장식한 주요 시인 가운데 평가의 추가 백석만큼 크게 흔들려온 시인도 드물 것이다. 이 엇갈림은 그의 시집 『사슴』 출간 당시부터 바로 시작되었다. 김기림[1]과 박용철[2]이 그의 시법(詩法)과 방언 사용이라는 측면을 '모더니티'로 읽어 긍정했다면, 임화[3]와 오장환[4]은 '생생한 생활에 기초한 전조선적 문학의 보편성'에 대한 희구가 결여되어 있다고 보고 냉정하게 평가를 절하하고 있다. 그런데 이러한 당대의 평가를 찬찬히 들여다보면, 평가의 방향은 정반대로 갈렸지만 그러한 판단을 하는 기준으로서의 백석 시의 특징에 대해서는 의견이 다르지 않았다는 것을 알 수 있다. 즉 그가 민족의 정치적 실상을 제시하는 일에 앞장서기보다는 절제된 태도와 평안 방언이라는 도구로 풍속 묘사에 매달리는 '모던'한 기법의 시인이라는 인식이 그것이다.

그리고 1980년대, 정치적 문화적 금제(禁制)들이 해체되는 시대가 열

---

1) 김기림, 「『사슴』을 안고」, 『조선일보』, 1936.1.29.
2) 박용철, 「백석 시집 『사슴』평」, 『조광』, 1936.4.
3) 임 화, 「문학상의 '지방주의' 문제」, 『조광』, 1936.10.
4) 오장환, 「백석론」, 『풍림』, 1937.4.

렸다. 문학적으로 그것은 리얼리즘 쪽으로의 경사(傾斜)와 납, 월북 문인 해금 조치로 구체화되었다. 문협의 지도 노선에 부응해 곱고 예쁜 순수 서정(이런 말이 가능한 것인지 모르겠지만)의 문학에만 골몰하던 지난 30여 년간의 사회적 실어증세[5]를 극복하느라 우리의 문학판 전체가 다소 과하게 문학의 '정치성'을 문제 삼기 시작했던 연대가 1980년대였다. 그러니 그 80년대의 말에, 몇 십 년간의 잠복기를 거쳐 우리 사회의 복판으로 불려나온 백석의 시에서 '민중성'과 '민족성'을 읽으려는 시도[6]가 도드라지는 것은 당연한 일이었다. 일제 강점의 상황에 적극적으로 대응해 나간 시인들의 예로 만해나 윤동주, 육사 정도를 꼽아두고 근근이 버텨온 민족문학사의 정통성 확보 작업에, 백석의 낯설게 빛나는 몇몇 시편들이 던지는 가능성은 분명 커다란 것이었다.

90년대 중반 이후에는 본격적으로 각 대학원 연구자들이 정규 학위 논문 주제로 백석 시를 다루는 한편 관련 학회지나 잡지, 단행본들 역시 그의 시가 지닌 다채로움을 여러 방면으로 검증하기에 이른다. 이른바 백가(百家)들이 나서서 백석 시의 너른 품을 밝히기에 앞 다투는 시대가 된 것이다. 그러한 풀이들은 1) 특정 주제나 방법론을 앞세워

---

5) 야콥슨의 실어증의 두 유형 논의를 수정하여 필자가 붙인 이름이다. '외부 요인이 작동하여 특정 현상이나 이념, 나아가서는 그에 관련된 어휘 자체를 언급하지 않음으로써 스스로를 보호하려는 자기 검열의 형태'를 '사회적 실어증'이라 부를 수 있다고 보았다. 이는 단순히 의식적으로 어떤 어휘를 기휘(忌諱)하여 쓰지 않는 것을 가리키는 것이 아니다. 공산주의나 북한 체제와 관련되었다고 의심받을 수 있는 어휘들이나 사물들을 아예 거론조차 않으려는 풍조가 오래되면서 그러한 것들이 의식의 저편으로 밀려나 선택과 배열이라는 문장 구성의 표면에 자연스레 아예 떠오르지도 않는다는 점에서, 사회적으로 무의식화 되었다고 볼 수 있다는 것이다. 인민이나 동무 등의 어휘가 대표적인 예이다. 평소 우리 사회의 문화 현장이나 출판물, 영화, 매체 등에서 시민이나 국민의 대체어로 인민을 호출하는 일이 있는가를 되짚어보면 알 수 있다. (졸고, 「1960년대 시단과 『한국전후문제시집』」, 『독서연구』 26, 한국독서학회, 2011.12.)

6) 이동순, 「민족시인 백석의 주체적 시정신」, 『백석시전집』, 창작과비평사, 1987 ; 이은봉, 『한국현대시의 현실인식』, 국학자료원, 1993 ; 최두석, 『시와 리얼리즘』, 창작과비평사, 1996.

그의 시에 드러나는 모더니티 혹은 리얼리티의 모양새를 설명하려는 대부분의 연구들[7])과 2) 알려지지 않은 백석의 생애나 작품 등을 발굴 보고하거나 난해한 어휘에 대한 정밀한 서지적 접근을 통해 위상차가 많이 나는 해석 가능성을 좁혀보려는 일부의 시도들,[8]) 그리고 1987년 이동순이 선편(先鞭)을 쥔 이후로 90년대 중반 들어 본격화되기 시작한 다양한 형태의 전집, 정본 혹은 원본 그리고 해설서, 단일 연구서 편찬 작업들[9])로 분류될 수 있다.

이런 3단계의 제반 논의들 가운데 가장 문제적인 경우가 세 번째 단행본 편찬 작업이라는 것이 필자의 판단이다. 이동순, 김재용, 정효구, 고형진, 이숭원 등에 의해 주도되고 있는 이 작업들은 1, 2단계 연구들의 정수를 총합적으로 그러모으는 일이어서 연구자들에게나 문학 교육의 현장에 미치는 영향력[10])이 매우 크기 때문이다. 그런데 이 제3단계

7) 신범순, 「백석의 공동체적 신화와 유랑의 의미」, 『분단시대』 4, 학민사, 1988 ; 정효구, 「백석시의 정신과 방법」, 『한국학보』 57, 1989.12 ; 김윤식, 「허무의 늪 건너기-백석론」, 『민족과 문학』, 1990봄 ; 이명찬, 『1930년대 한국시의 근대성』, 소명, 2000 ; 유종호, 『다시 읽는 한국시인』, 문학동네, 2002.

8) 이동순, 「백석, 내 가슴 속에 지워지지 않는 이름—자야 여사의 회고」, 『창작과비평』, 1988봄 ; 「내 고보 시절의 은사 백석 선생—함흥영생고보 제자 김희모씨의 회고」, 『현대시』, 1990.5 ; 「보다 완전한 정본을 기다리며」, 『당대비평』, 1997겨울 ; 박태일, 「백석과 신현중 그리고 경남문학」, 『지역문학연구』, 1999.4 ; 이숭원, 「백석 시의 난해시어에 대한 연구」, 『인문논총』 8, 서울여대 인문과학연구소, 2001.12 ; 유성호, 「원전 해독과 해석의 문제—백석의 〈고방〉을 대상으로」, 『유심』 51, 2011.7 ; 이명찬, 「백석 시집 『사슴』을 읽는 또 하나의 방법」, 『한국시학연구』 34, 한국시학회, 2012.8.

9) 이동순 편, 『백석시전집-부. 산문』, 창작과비평사, 1987 ; 정효구 편, 『백석』, 문학세계사, 1996 ; 김재용 편, 『백석전집』, 실천문학사, 1997 ; 이숭원 주해, 이지나 편, 『원본백석시집』, 깊은샘, 2006 ; 고형진, 『백석 시 바로 읽기』, 현대문학, 2006 ; 고형진 편, 『정본 백석 시집』, 문학동네, 2007 ; 이숭원, 『백석 시의 심층적 탐구』, 태학사, 2006 ; 『백석을 만나다』, 태학사, 2008 ; 소래섭, 『백석의 맛』, 프로네시스, 2009.

10) 문학 작품의 정전화(正典化, canonization)에 있어 중등학교 국어 교과서에 현대시 작품을 싣는 것이 어떤 역할을 하는 것인지에 대해서는 졸고, 「중등교육과정에서의 김소월 시의 정전화 과정 연구」(『독서연구』 20호, 한국독서학회, 2008.12) 참조. 2009년 개정 교육과정에 따라 전격적으로 개편된 중학 국어

논의는 백석 해석 작업의 제2단계를 주도했던 이동순류의 리얼리즘적 풀이, 가령 "백석시의 방언지향적 창작 방법이 민족 언어의 뿌리조차 말살시키고자 했던 일제의 간교한 횡포에 대항하여 민족주체성을 확보하기 위한 정신 자세에서 비롯된 것이며 이런 점에서 그에게 민족 시인이란 칭호를 붙여 마땅하다"[11]고 하는 주장에 쉽게 동의할 수 없다는 이숭원의 반박이 주요 흐름을 이루고 있다. 개인적 백석 연구의 총집으로 볼 수 있는 이숭원의 『심층』은 바로 이런 문제의식에서 촉발되었다 해도 과언이 아니다.

다소 장황하더라도 『심층』의 밑 생각을 요약해 보면 이렇다. 이동순 등이 백석 시 「여승」이나 「팔원」을 표 나게 꼽아 "가족구조의 '가혹한' 붕괴에서 오는 유랑민의 '참담한' 슬픔을 '구체적이고 선명하게' '핍진하게' 그려내고 있"[12]다고 하지만 본인은 그에 동의할 수 없다. 이 시들은 "불행한 인물을 시의 소재로 삼아 연민과 동정과 분노의 감정을 표현해 본 것"[13]으로서 "지극히 소박한 감정이나 '마음'의 영역에 속하는 것이지 투철한 현실 인식이나 민중의식과는 거리가 먼 것"[14]들이기 때문이다. 백석 시에서 역사적 감각이나 민족의식을 읽어낼 수 있다면 그것은 1939년 11월에 발표한 「서행시초」 이후의 시에서나 가능하다.

이렇게 보면 3단계 백석 연구의 핵심 쟁점은 결국 (1) 「여승」과 「팔원」에 대한 우심한 해석차의 극복 문제와 (2) 백석 시에서 과연 '민족적인 것'을 읽을 수 있는지, 있다면 그 내용을 무엇으로 틀 지을 수 있을지

교과서 본문 제재의 하나로, 백석 시 「팔원」에 대한 고형진 선생의 해설(『백석 시 바로 읽기』, 현대문학, 2006.)이 천재교육에서 펴낸 교과서 한 종(대표 필자 노미숙)에 실렸다. 이는 시 자체에 대한 정전화는 물론이고 해석의 정전화와 연관된다는 점에서 주목을 요한다.

11) 이숭원, 『백석시의 심층적 탐구』, 태학사, 2006, 117면. 이제부터는 『심층』으로 표기함.
12) 위의 책, p.135.
13) 같은 책, p.136.
14) 같은 곳.

하는 문제로 수렴된다. 따라서 이 글은 2장에서 시 「여승」과 「팔원」의 해석이 지닌 문제점을 짚어 그 대안을 모색해보는 한편, 3장 이하에서 백석의 여로를 좇아 그가 찾아보려 한 '민족적인 것'의 꼴을 톺아볼 것이다. 특히 백석의 시를 강고한 민족주의로 읽는 이동순류의 독법에는 필자의 선행 연구[15]도 한몫을 거들었다는 점에서, 이 글은 필자 자신이 갖고 있던 관점을 고쳐보려는 노력에도 해당한다는 점을 미리 밝혀 두어야겠다.

2. 「여승」과 「팔원」을 보는 시각차

우선 이동순의 글[16]에 대한 비판(각주 11번의 인용문)부터 확인해 보자. 얼핏 보아 이동순이 하였다는 상기 주장은 그 인과의 고리가 자못 직접적이어서 인용 부분 그대로라면, 백석 스스로 민족주의 정신을 앞세워 정치적 실천의 장에서 행동한 민족 시인으로 평가할 수 있음을 밝히는 다소 과격한 소견으로 비치기도 한다. 시인 백석을 민족 투사(鬪士)에로 바로 연결하는 것은 누가 보아도 무리수이기 때문이다. 하지만 실제 문맥은 이와 조금 달랐다.

이동순은 먼저 "민족 언어의 뿌리조차 말살하고자 획책했던 일제의 간교한 광적 파쇼적 불법성 앞에서 그는 끝끝내 모국어 정신－어쩌면 방언주의라고도 할 수 있는－으로 버티었다."라고 하여 일제에 의한 우리 민족 말살 정책의 부정성을 부각시킨 뒤에 백석이 가진 모국어에 대한 애정을 거기에 대비하였다. 그 뒤를 이어 시인으로서 언어를 지키는 일이 곧 그 나름의 행동이라는 점을 논리화하는 데 8줄의 문장을 사용하고 나서야 다음과 같이 말하고 있다.

---

15) 이명찬, 「민족적 시원으로의 여로」, 『1930년대 한국시의 근대성』, 소명, 2000.
16) 이동순, 「민족시인 백석의 주체적 시정신」, 『백석시전집』, 창작과비평사, 1987.

“백석의 방언주의는 민족 주체성의 확보와 모든 동족 사물들 사이의 관계의 합일에 목표를 두었고, 그 목표의 문학적 실현을 위하여 그는 자신의 시정신을 불태웠다. 따라서 우리는 앞으로 백석의 이름 앞에 민족 시인이라는 칭호를 마땅히 붙여서 그를 경배해야 할 의무를 지닌다.”17)

사실 이동순의 이 글은 백석의 시세계를 정치하게 분석하고 논증하는 글이 아니다. 아직 해금도 되기 전인 시기에 그의 시를 분단 이후 최초로 그러모아 일반에 공개하는 자리를 만든 시인-연구자로서, 자신의 감격과 소회를 섞어 해당 시인의 가치를 다소 과장되게 추켜세우려는 의도가 다분한 수사적 차원의 소개문일 뿐이다. ‘불태우다, 경배하다’ 등의 어휘로 보아 잔치 마당에서 행하는 덕담이나 안내말 정도의 발문을 붙여두었구나 하고 받아들이면 별 문제될 것이 없다. 민족이라는 이름의 어정쩡한 수사(修辭)를 앞세운 채 통용되는 문학사의 현장이 어디 한둘이던가.

그렇다면 이승원의 지적은, 이동순이 민족을 앞세우는 지점만을 향해 있는 것이 아닐 수도 있겠다. 단순히 조선어를 지키고자 했었다는 해방 후 정지용의 고백을 두고도 민족주의적 찬사를 헌정하는 마당에, 백석과 민족을 결합하는 일이 그토록 못마땅할 일은 아니기 때문이다. 무엇이 그의 촉각을 건드린 것일까. 『심층』에서 여러 번 반복 사용되어 필자의 반감이 집중된 것으로 보이는 구절, 즉 각주 12번의 인용문이 나타나는 부분을 찾아가 다시 확인해 보자. 백석의 시들[18]이 “가족구조의 ‘가혹한’ 붕괴에서 오는 유랑민의 ‘참담한’ 슬픔을 ‘구체적이고 선명하게’ ‘핍진하게’ 그려내고 있”는 것이 아니라는 뜻의 주장은 인용문장 그대로 혹은 변형된 채로 그의 책 여기저기[19]서 출몰한다. 어쨌든 이동

17) 같은 책, p.167.

18) 이승원은 소박한 휴머니즘이 표출된 「여승」, 「수라」, 「팔원」이 그 대표적인 경우로 특칭한 다음, 「여승」, 「팔원」에 대해서만 설명을 하고 있다.

순의 글이 이런 판단의 빌미를 제공했으니 인용 부분의 원문을 확인해 볼 필요가 있다.

> 비교적 초기작에 속하는 「여승(女僧)」, 「성외(城外)」 등의 시편에서 간간이 배음(背音)으로만 느껴지던 식민지 상황이 빚어낸 가혹한 가옥 구조의 붕괴와 유망민(流亡民)적인 참담한 슬픔이 「산숙」의 세계에 와서 한층 구체화되고, 드디어 시 「팔원(八院)」에 이르러서는 한 토막의 스크린처럼 가장 감동적이고 선명한 장면으로 그것을 나타내 보여준다.[20](밑줄은 인용자)

인용 부분에서 이동순이 말하려는 바는 비교적 명쾌하다. '식민지 상황이 빚어낸 가혹한 가옥 구조의 붕괴와 유망민적인 참담한 슬픔'에 대한 묘사가 그의 시 「여승」, 「성외」에서 시작하여 「산숙」을 거쳐 「팔원」에 이르러 절정에 이른다는 것이다. 특히 그는 시 「여승」에서는 그러한 주제의식이 거의 배음(背音)으로 물러나 있다고까지 말한다. 따라서 이숭원의 지적은 어쩐지 이동순의 글에 제대로 부합하지 않는다는 느낌을 준다. 더구나 따옴표까지 쳐 가며 반복적으로 반대를 표명했던 '핍진하게'라는 단어는 이동순의 글에서는 보이지 않는다. 사실 '가혹한'이나 '참담한'이 한갓 레토릭에 불과하다는 것은 누가 봐도 분명하다. 문제는 '구체적이고 선명하게'일 터인데, 이 말은 그가 특칭한 '핍진하게'와 함께 한국시의 리얼리즘적 가능성을 논하려는 자리에서 흔히 입길에 오르곤 하던 말이어서 무언가 다른 참조 항목이 필요해 보인다. 마침 이숭원은 다음의 두 인용문을 덧보태 놓음으로써 자신의 속내를 구체화하고 있다.

> 문제는 「여승」 속에 구현된 여인의 기구한 생애가 당대의 식민지 현

---

19) 이와 유사하거나 같은 표현들이 131, 135, 136면에 걸쳐 거듭 등장한다.
20) 이동순, 앞의 책, pp.172~173.

> 실 전체와 연결된다는 데 있다. (중략) 그녀의 생애는 가족이 붕괴될 지경의 당시의 농촌 현실을 실감나게 보여주기 때문이다. 즉 인용시의 여인은 개별적 형상이로되 생존 자체가 의문시 될 정도로 열악해진 일제 강점기의 민족현실을 대변하고 있는 존재이다.[21](밑줄은 인용자)

> 이와 같은 환경 형상과 인물 형상으로 미루어 보면 이 시(「팔원」)는 당시의 우리 민족의 민중현실을 매우 핍진하게 그려내고 있다는 점에서 충분히 리얼리즘을 성취하고 있다고 할 수 있다.[22](밑줄은 인용자)

이제 사정이 좀 분명해졌다. 이숭원은 기실 이동순에서 발원하여 이은봉과 최두석들에 이르러 선명해지는, 백석 시에 대한 리얼리즘적 읽기 자체를 문제 삼고 싶었던 것이다. "백석의 시가 일제의 가혹한 수탈과 그로 인한 유랑과 수난의 시대에 공동체적 원형을 일깨워주는 역사적 의의가 있으며, 그 시의 토속적 소재 탐구는 일제의 식민 정책과 대결하기 위한 치밀한 전략이었다는 해석의 타당성 여부를 진단하여 볼 필요가 있다"[23]거나 "투철한 현실 인식이나 민족의식의 발현이라는 측면과 백석의 시는 상당한 거리를 두고 있었다"[24]고 판단하는 대목에서 정작 그가 무엇을 경계하는지 선명해지기 때문이다. 백석 시에서 민족성과 민중(적 정형)성을 겹쳐 읽으려는 독법에 더해 백석이 그러한 정치성을 명확히 인식 혹은 의식하고 실천하였다는 점을 도저히 수용할 수 없다는 것이다.

이 가운데, 백석 스스로 역사의식이나 민중, 민족의식을 명확히 구유하고 정치적 실천으로서의 시작(詩作) 행위에 매진했다는 후자의 주장은 최두석, 이은봉의 본격적 리얼리즘론 단계를 지나 한참 속류화 된 관점이라는 점에서 더불어 고민해야 할 거리가 못된다. 문제는 리얼리

---

21) 최두석, 『시와 리얼리즘』, 창작과비평사, 1996, p.155.
22) 이은봉, 『한국현대시와 현실 인식』, 국학자료원, 1993, p.352.
23) 이숭원, 『심층』, p.25.
24) 같은 책, p.85.

증적 읽기의 가능성이라는 전자의 쟁점을 어떻게 볼 것인가 하는 점인데, 그 중에서도 민족성 부분은 이승원 선생 스스로 판단을 유보하고 있기 때문에(정확히 말하면 「여승」, 「팔원」 단계를 지나 민족 혹은 역사성을 담으려는 '마음'이 나중에야 발동한다고 보고 있다.) 식민지 현실을 대표하는 민중성의 발현이 있는가 없는가 하는 문제만이 탐색 가능한 최종 쟁점으로 남게 된다. 「여승」과 「팔원」에 대한 『심층』의 판단을 우선 확인해 보자.

시 「여승」에 대한 『심층』의 분석은 이렇다. 이 시는 '가지취의 냄새가 났다든가, 옛날같이 늙었든가, 불경처럼 서러워졌다든가, 가을밤같이 차게 울었다든가' 하는 표현들이 "지나치게 상투적이고 관념적"[25]일 뿐만 아니라 다음의 두 가지 근거에서 '가족이 붕괴될 지경의 당시의 농촌 현실을 실감나게 표현한 것'이라는 최두석의 견해에 동의할 수 없다는 것이다. '섭벌처럼 나아갔다'는 표현이 "꿀을 찾아 날아가는 벌처럼 무언가를 찾아 집을 나갔다는 뜻이지 부지런히 일했다는 뜻이 아니"라는 것과 시의 배경의 하나인 "'금덤판' 즉 탄광촌은 사람들이 많이 오가고 돈이 유통되는 곳이기 때문에 옥수수를 파는 배경으로 제시된 것이지 남편이 광산으로 갔기 때문에 언급된 것이 아니다. 광산으로 갔다면 남편을 찾아 금덤판을 전전했다든가 하는 어구가 들어갔을 텐데 화자는 그냥 십년을 '기다렸다'고만 말했다."(밑줄은 인용자)는 것이 그 근거들이다. 이어지는 「여승」에 대한 『심층』의 최종 판단.

> 모든 선입견을 배제하고 이 시를 읽으면, 이 시의 초점은 마지막 연의 비애감으로 모아진다. 산꿩도 섧게 우는 배경 속에 눈물을 흘리면서 머리를 깎고 중이 된 한 여인의 기구한 운명이 제시되면서 그 여인에 대한 화자의 동정과 연민에 시상이 집약된다. 이것은 일제강점기 민족 현실의 대변이라는 주제와는 사뭇 떨어져 있는 것이다.[26]

25) 같은 책, p.134.
26) 같은 책, p.135.

우리는 우선 시에서의 어휘나 구절의 쓰임새가 본래 다층적이라고 익힌다. 나아가 시인은 그런 어휘와 구절들조차 가장 경제적으로 사용하는 데 익숙한 사람이라고도 배운다. 생략과 여백이 많은 것이 시의 본질이라는 뜻이다. 따라서 독자 된 자 모름지기 다양하게 마련된 그 틈새를 메우는 일에 바지런할 것을 권유받는다. 이런 기준을 앞세워 『심층』의 주장을 다시 살펴보면, '아니다'라는 강력한 서술어로 『심층』이 제시하는 근거들 역시 그럴 수도 있지만 아닐 수도 있어 보인다는 점에서 문제적이다. 오히려 너무 강한 어조로 부정을 하니, 반드시 그런가 하는 의문을 역으로 조장하는 듯한 느낌마저 준다. 마치 시에 대한 저런 기초적 접근 방법이 백석의 시에는 적용될 수 없다고 주장하는 것처럼 느껴지기도 한다는 뜻이다.

가령 '섭벌처럼 집 나간 남편'이라는 부분에서 우리는 섭벌처럼 열심히 일했던 사람의 이미지와 섭벌이 집 나가듯 휑하니 집을 나가는 사람의 이미지를 동시에 읽을 수 있다. 섭벌이 본디 부지런한 일벌이고 그러자니 자주 제집을 드나든다는 사정을 바탕에 깐 비유이기 때문이다. 그런데도 '섭벌 같은 남편'의 이미지에서 '가족을 위해 열심히 일했던 사람'의 이미지를 찾지 말라고 한다. 시의 전면에 그러한 진술이 직접 드러나 있지 않기 때문이라는 것이다. '금덤판'의 경우에도 문제는 비슷하다. 『심층』은, 남편이 금점판으로 갔기 때문에 그곳이 시에 언급된 것이 아니라고 확언하고 있다. 그런데 '남편이 금점판에 갔기 때문에 그녀가 금점판을 찾아 떠돌게 되었다'고 직접적인 인과관계를 밝히지 않은 것과 마찬가지로, 그게 아니라는 확언 역시도 그 근거가 문면에 드러나지 않는다. 그러니 "탄광촌은 사람들이 많이 오가고 돈이 유통되는 곳이기 때문에 옥수수를 파는 배경으로 제시된 것"이라는 주장도 추측에 불과한 것이 아니냐는 반박을 면할 길이 없다. 따라서 이 시가 '기구한 운명을 가진 한 여인에 대한 화자의 동정과 연민에 시상을 집약하고 있을 뿐 일제강점기 민족현실의 대변이라는 주제와는 사뭇 떨어져 있는 것'이라는 최종 평가에도 선뜻 동의하기가 쉽지 않은 것이다.

오늘날의 국가 민족주의적 관점으로 볼 때 많이 아쉬운(?) 일이기는 하지만, 이미 말한 바대로 시인 백석이 '일제강점기 민족 현실을 대변' 하겠다는 인식을 명확히 지니고 작품 실천에 일관되게 임했다고 하는 근거를 찾기란 쉽지 않은 것이 사실이다. 그러나 이처럼 의식적이고 일관된 '의미화 실천'이 없었다는 것이 해당 시인의 문학 작품에서 민족주의적이고 정치적인 요소를 추출할 수 없다고 하는 논리의 근거가 될 수는 없다. 현금 우리의 문학교육 현장에서는, 시인의 의도가 늘 자신의 뜻대로 작품 속에 관철되는 것이 아니라서 뜻하지 않은 것들이 불순하게 끼어들 확률이 높다는 '오류'론과 모든 작품은 그 속에 그것을 만든 시대의 상황 맥락을 일정 부분 반영할 수밖에 없다는 논리들이 이미 폭넓게 수용되는 전제들이기 때문이다.[27]

아닌 게 아니라 백석의 텍스트들에 대해서는 현재까지도 꾸준히 리얼리즘적 시각에서의 접근이 시도되어 왔고 이들 가운데 상당수의 논문들은 매우 의미 있는 결과로 받아들여지기도 한다.[28] 특히 이용악, 백석, 오장환 등의 시를 둘러싸고 시에 있어서의 리얼리즘론의 적용 가능성을 타진했던 일련의 논쟁은 '전형적 인물과 전형적 상황, 전망' 등 리얼리즘 용어의 적용 권역(圈域)을 서정시에까지 넓힘으로써 한국 시론의 논의 지형을 상당히 풍부하게 만들었다.[29] 백석의 「여승」은 이

---

27) 김창원의 글 「신비평과의 대화」(『문학과 교육』 15, 문학과교육연구회, 2001)는 문학교육 현장에서 신비평적 관점을 무조건 배척할 것이 아니라 텍스트 분석의 기본 틀로 활용할 필요성을 제기하고 있다는 점에서 주목된다. 또한 텍스트를 상황 맥락과 연결하는 독법이 이미 개정 교육과정의 중요 성취기준의 하나로 동작하고 있다는 점도 기억되어야 할 것이다.

28) 가령 신범순의 「백석의 공동체적 신화와 유랑의 의미」(『분단시대』 4, 학민사, 1988)와 같은 글들이 그 좋은 예다. 물론 이를 두고 문학 연구에도 일정한 경향과 조류가 들고 난다는 것, 따라서 1980~90년대에는 그만큼 강력한 리얼리즘적 연구 풍토가 조성되어 있었다는 것을 일러주는 증좌로 삼을 수도 있겠지만, 그것은 또한 백석 시 안에 그렇게 읽을 만한 요소가 분명히 있었다는 점을 뒤받쳐주는 증거이기도 하다.

용악의 「낡은 집」과 함께 언제나 그러한 논의의 중심에 서 있었다. 일제 침탈과 한국 농촌의 몰락, 무분별하게 일어난 금광 개발과 그로 인한 투기 광풍,[30] 그에 휘말린 가족의 붕괴 등의 주제를 구현하기에 「여승」은 드물게 모자람이 없는 텍스트로 비쳤기 때문이다. 비록 시인으로서는 여행지의 풍물을 카메라의 눈으로 찍어 보고하는데 그쳤을지라도 독자들은 그 사진에 스며든 당대의 징후를 세밀하게 포착해내는 것이 얼마든지 가능했다.[31] 그리고 그러한 접근을 가능케 한 시 속의 거점이 '금덤판'과 '섭벌', '도라지꽃'과 같은 재료들과 그 사이사이에 놓인 여백들이었다.

이렇게 읽어도 되고 저렇게 읽어도 좋은 것이라면 독법의 가능성이 풍부하다는 점에서 오히려 그 텍스트는 한국 문학의 행복한 사례로 손꼽아 옳다. 결정적 근거를 제시할 수 있는 경우가 아닌 한에 있어서는 가능한 해석의 길을 굳이 막으려 들지 않는 것이 우리 문학 공동체의 비옥함을 높이는 길이라 믿기 때문이다. 이렇게 「여승」을 둘러싼 논란도 가라앉지 않았는데, 시 「팔원」의 해석이 또다시 문제가 되니 난감한 일이다. 「팔원」에 대한 이동순과 이은봉의 높은 평가(최두석은 이 시에 대해서는 언급을 하지 않음으로써 논쟁에서 비켜나 있다.)는 이미 확인한 바 있다. '민중현실', '핍진성', '리얼리즘' 등이 이 시를 설명하는 주요 용어들이었다.

---

29) 이에 대해서는 이명찬, 『1930년대 한국시의 근대성』(소명, 2000, pp.265~273.)에서 그 전개 과정과 쟁점을 정리해 둔 바 있다. 윤여탁의 『시와 리얼리즘 논쟁』(소명, 2001)을 참조하는 것도 유효할 것이다.

30) 전봉관, 『황금광시대』, 살림, 2005.

31) 그리고 「여승」에 대한 이러한 독법은 현재의 해석 공동체 안에서도 광범위한 지지를 얻고 있는 것으로 보인다. 더구나 중등학교 과정에 소용되는 다양한 저작들에서 이 해석은 이미 하나의 기준점으로 유통되고 있다. 사실 시 「여승」의 리얼리즘적 독해 가능성을 최대치로 밀고 있는 최두석의 경우도 백석의 여타 시들에서는 모더니즘적 읽기를 시도하고 있다.(최두석, 앞의 책, 169~175면 여기저기.) 시 「여승」은 그런 점에서 시인이 의도했건 아니건 간에 일제 강점기를 힘겹게 살아낸 우리 민족 혹은 민중 형상화의 예외적 성취로 볼 수 있다.

『심층』은 「여승」에서와 마찬가지로 「팔원」에 대한 리얼리즘적 평가에도 동의하지 않는다. 일차적으로는 시에 등장하는 일본인 주재소장이 "가족을 붕괴시키는 일제의 폭력성을 암시하는 인물"로 그려져 있지 않다는 이유에서이다. 그리고 시의 마지막 4행에 그려진 연민과 분노 역시 참담한 민족현실이나 민중현실의 전형이 아니라 "지극히 개인적인 차원에서 고통 받는 약자에 대한 연민과 분노"[32]를 표출하고 있을 뿐이라는 것이다. 이 가운데, 우리가 예상하는 '왜놈=나쁜 놈'이라는 전형화의 길에서 분명히 벗어나 있는 것이 사실[33]이므로 주재소장 가족에 대한 『심층』의 판단은 우선 납득할 수 있겠다. 그런데 이 부분에 대해서 생각을 좀 달리하는 경우도 있다. 고형진의 경우가 대표적인데, 아이가 힘들게 식모살이 한 곳과 아이에게 초록 저고리를 사 준 곳이 같은 일본 제국주의 경찰서장[34] 집이라는 점에서 "그것은 바로 가난과 고생과 꿈으로 얼룩진 우리의 일상생활이 고스란히 일제에 저당 잡혀 있음을 단적으로 보여"[35]준다는 것이다.

> 이 점에서 그 계집아이를 배웅하는 모습은 더욱 비극적이다. 그 친절은 불쌍한 당시의 우리 민중들을 돌봐주는 몸짓으로 비친다. 그리하여 그 계집아이가 우는 것을 보고 버스 한구석의 승객이 눈물을 닦고 있는 것은, 그 아이의 불쌍한 모습에 대한 슬픔이면서, 동시에 당대 우리 사회의 비극적 현실에 대한 슬픔의 표출인 것이다. 네 명(이 부분도 좀 논란이 있을 수 있다.-인용자)이 벌이는 이 한 컷의 장면은 일제시대를 살아가는 우리 민족의 슬픈 내면을 깊이 함축하고 있다.[36]

---

32) 이숭원, 앞의 책, p.136.
33) 그렇다 하더라도 고형진이나 이숭원처럼 '진진초록 새 저고리'를 주재소장네에서 해주었을 것으로 보는 것 역시 추측에 불과하다. 주재소장 집에 올 때 입고 왔던 저고리일 가능성도 있기 때문이다. 소녀가 주재소장 집을 떠나는 날, 그간 이 집에서 일하는 내내 입지 못했던 그 새 옷을 꺼내 입었다고 보는 것도 하나의 독법일 수 있다.
34) 사실은 파출소장 정도로 보는 게 옳을 것이다.
35) 고형진, 『백석 시 바로 읽기』, 현대문학, 2010, p.308.
36) 같은 곳.

주재소장에 대한 이해를 달리하니 결론도 이처럼 표 나게 갈렸다. 고형진의 경우 『심층』보다는 이은봉의 리얼리즘론적 이해 쪽에 보다 가까이 서 있다는 것을 알 수 있다. 그러고 보니 이 이해의 틀에서, 주재소장은 본인이 정말 그랬는지의 여부와는 관계없이 '교묘하고 교활한 나쁜 놈'으로서의 일제의 성격을 상징화하는 장치가 된다. 오늘날의 반성 없는 일본 내 극우주의자들의 흔한 궤변인 '한국 근대화에 대한 일제의 기여'라는 논리를 뒷받침하는 예로 읽을 수도 있을 것이다. 더구나 자기 아이들을 앞세워 침략자의 본질을 가렸다는 점에서 인격 파탄의 경우로 몰아붙일 수도 있겠다.

필자가 주재소장에 대한 해석 가능성을 이처럼 다소 과장하여 적시해 본 이유는 그만큼 이 시의 바탕을 이루는 상황이 전형적이라는 것을 말해보기 위해서였다. 당대 역사의 현실 상황을 압축해 보여주기에 이보다 좋은 조건을 찾기가 어디 쉬운 일이겠는가. 그러니 이런 상황이 만든 제반 모순을 한 몸에 짐 지고 있는 전형적 인물만 찾으면 이 시는 당대를 대변하는 출중한 리얼리즘 시로 손꼽을 수 있게 된다. 그렇게 주목받는 자리에 '진진초록 저고리를 입은 소녀'가 서 있다.

그런데 정작 문제는 소녀를 둘러싼 정보가 너무 없다는 데서 생겨난다. 「여승」의 경우에는 금점판이든지 섭벌, 우는 아이 등의 장치가 있어 여자의 삶을 그녀를 둘러싼 상황에 연결하는 것이 가능했었다. 하지만 이 '진진초록 저고리를 입은 소녀'의 경우에는 그 가족이 어떤 처지인지, 왜 혼자인지, 왜 자성으로 가는지에 대한 최소 정보도 주어져 있지 않아, 리얼리즘적으로든 그 반대로든 시 전체의 틈새 메우기를 할 수가 없다. 독자는 이 사태 앞에서 그 선명한 한 장면에만 주목하여 감정적 동일시에 젖거나 자신의 주관적 체험을 집어넣어 소녀를 주인공으로 한 한 편의 소설(상상의 나래를 펴는 일)을 쓸 수 있을 뿐이다. 『심층』의 문제제기는 바로 이 지점을 적시하고 있다.

「여승」과 「팔원」의 해석에 대한 그 동안의 논란을 이렇게 정리하고 보니 두 가지 문제들이 부각된다는 것을 알겠다. 그 하나는 문학 텍스트 해석 혹은 해설에 임하는 우리 전공자들의 태도 문제이다. 해석의 가능성이 여러 갈래로 열려 있는 경우를 충실히 반영해 보여주고 각 해석의 장단점을 들려준 다음 자신의 해석을 보탬으로써 수용자(독자 혹은 학생)들이 스스로의 견해를 세우도록 돕는 것이야말로 문학교육의 도달 지점이어야 한다는 것이다.[37] 예를 들면, 시 「팔원」을 가르치는 자리에는 이은봉과 이동순, 고형진, 이숭원 등의 해석이 나란히 주어지고 그 논거들을 비교해보는 활동들이 필히 뒤따라야 한다는 것이다. 이들 가운데 하나만이 주 텍스트로 주어진 채 수업이 진행된다는 것은 곧 해석을 한쪽으로 정전화 하는 결과를 빚을 것이기 때문이다.

나머지 하나는, 도대체 백석에게 있어 민족이란 무엇이었을까 하는 의문이다. 시 「여승」과 「팔원」을 읽을 수 있는 저 다양한 방식들 가운데 백석의 의중이 실린 것이 무엇인지를 가려볼 필요가 있기 때문이다. 그가 여승과 소녀 혹은 내지인 주재소장이라는 장치를 통해 보여주고자 한 것은 한갓 존재의 고뇌였을까, 아니면 민족의 미래였을까? 그도 저도 아니라면 제 3의 무엇이었을 수도 있겠다. 이 글의 나머지는 그것을 추적하는 일로 과녁을 삼겠다.

3. 백석의 북방시에 나타난 '민족적인 것'의 의미

일제 강점하의 1930년대에 시인 백석보다 더 근대인다운 조건을 갖춘 경우란 흔치 않았다. 구한말부터 물밀듯이 들어온 서학 전파의 본고장인 관서 지방 정주에서 태어나고, 조선일보라는 신문사 사진반장을 아버지로 두고, 오산학교를 졸업했으며, 소설을 써서 『조선일보』 신춘

37) 이 점은 졸고, 「백석 시집 『사슴』을 읽는 또 하나의 방법」(『한국시학연구』 34, 한국시학회, 2012.8)에서도 그 대강의 뜻을 밝힌 바 있다.

문예를 통과하고, 그 인연으로 조선일보(엄밀하게는 방응모의 '이심회') 장학금으로 일본 유학을 하고, 영문학을 전공하고, 돌아와 『조선일보』 소속의 기자가 되고, 잡지 『여성』, 『조광』 등을 편집하고, 시집을 내고, 고등학교 교사가 되고, 만주국 국무원 경제부의 직원이 되고, 안동의 세무서원으로 일하는 등등 그의 이력에 드러나는 근대인다운 풍모를 꼽자면 셀 수도 없을 지경이다. 그 중에서도 핵심을 추리면 '외국 유학으로 영어를 전공한 후 신문사 기자가 되어 책을 만들었다.'는 사실일 것이다. 그런데도 그는 문학 활동의 내내 근대적인 것 혹은 도회적인 것, 서구적인 것 쪽으로는 한발자국도 나아가지 않았다.[38] 마치 생리적 반근대주의자이기라도 한 것 같은 형국이다.

필자는 이미 백석의 시세계가 '민족적 시원(始原)을 찾아가는 여로'의 성격을 갖는다고 규정한 적이 있었다.[39] 그 글의 초점은 '민족적'이 아니라 '시원' 쪽에 강조점이 찍혀 있어서, 정작 중요한 '민족'의 성격과 함의를 규정하는 데는 다소 무심했었다. 백석이 관습적으로 통용되는 민족 혹은 민족주의의 개념을 준용했으리라고 전제했던 때문이었다. 그 이후 백석 시에 대해 찬찬히 고민해 오는 가운데, 그가 그리거나 고민했던 민족의 범주가 생각만큼 간단한 것이 아니라는 데 생각이 미치기 시작했다. 지난 논의의 대강을 짚어 새로운 백석론의 방향을 탐색

38) 소재 차원에서 화륜선, 경편열차, 승합자동차 등이 한 번씩 등장하지만 이들이 텍스트 해석의 중심을 차지하고 있는 경우가 없다. 심지어 일본의 심장인 도쿄 아오야마 학원에서의 유학 체험조차 그의 관심권 밖이다. 이 점에서 그를 모더니스트 그룹에 귀속시킬 때에도 그를 김기림 혹은 정지용과 같은 궤에 놓을 수가 없다.

39) 이명찬, 『1930년대 한국시의 근대성』(소명, 2000)의 2장 3절 참조. 이에 대해서는 유종호 선생의 해석도 참고할 수 있다. "한편 이 작품(「북방에서」를 가리킴 — 인용자)에 보이는 태반 회귀 혹은 시원 회귀의 모티프는 사실상 백석 시에 보이는 유년 회상의 의미를 보족적으로 밝혀 주기도 한다. 초기 시에 보이는 유년 회상은 태반 회귀 소망의 한 형태이며 그것은 보호 받는 태반 시절에 대한 그리움의 표명"(유종호, 『다시 읽는 한국시인』, 문학동네, 2002. pp.243~234.)이라고 하여, 고향 상실 모티프로 백석 시세계를 해명하는 관점의 유효성을 확인해 주고 있기 때문이다.

해 보자.

시집 『사슴』의 세계에는 대개 다음 두 개의 뚜렷한 경향이 혼재되어 있다. 평안도 방언을 구사하는 아이 화자가 풍부하게 재현해 내는 공동체의 풍속이 그 하나라면, 어른 화자가 나서서 당대 일본 및 한반도의 여기저기를 둘러보고 써낸, 삶의 보편적인 조건들이라 할 수 있는 병과 죽음, 생활고에 대한 보고(報告)가 그 둘이다. 필자는 이 두 경향을 일러 '동화적 풍속에로의 몰입과 삶의 보편적 조건에로의 확산'[40]으로 명명했었다. 이 가운데 지방주의 혹은 방언주의로도 호명되는 전자 경향의 시편들에 대해서는 이미 많은 논고들이 그 면목을 살폈으므로 새로울 것이 없다. 그런데 후자에 대해서는 다소간의 보충 설명이 필요하다.

시집 『사슴』에는, 2장에서 보았던 「여승」과 「팔원」 외에도 「수라」, 「시기의 바다」처럼 '여우난골 족'의 생활을 묘사하는 시들과는 성격을 달리하는 시편들이 뒤섞여 있다. 이런 시들의 화자는 예외 없이 어른이어서 시인 자신의 목소리로 보아 무방할 것이다. 시인은 이런 시들에서 유랑 혹은 여행이라는 방법으로 얻어진 스스로의 체험 내용을 보고(報告)하는데, 그 보고의 태도가 매우 독특해 주목을 요한다. 그 독특함이란 다름 아니라, 시의 배경이 조선이건 일본이건, 표현의 대상이 일본인이건 조선인이건 혹은 사람이건 동물이건 간에 무차별적인 시선을 들이댄다는 데서 나온다. 속류 민족주의자들이라면 호기(好機)로 이용했을 법한 상황, 가령 「팔원」의 '주재소장'이나 「시기의 바다」의 '병인'을 묘사하는 경우에도 그의 태도는 한결같다. 침략 주체로서의 일본 혹은 일본인들에게 불편하고 대타적인 시선을 들이댐으로써, 역으로 우리 민족의 처지를 살피거나 하는 쪽으로 나아가려는 기미를 좀처럼 보여주지 않는다는 말이다. 가령 「수라」를 보자.

---

40) 이명찬, 위의 책, 106면.

거미새끼 하나 방바닥에 나린 것을 나는 아무 생각 없이 문밖으로 쓸어
버린다
차디찬 밤이다

언제인가 새끼거미 쓸려나간 곳에 큰거미가 왔다
나는 가슴이 짜릿한다
나는 또 큰거미를 쓸어 문밖으로 버리며
찬 밖이라도 새끼 있는 데로 가라고 하며 서러워한다

이렇게 해서 아린 가슴이 싹기도 전이다
어데서 좁쌀알만한 알에서 가제 깨인 듯한 발이 채 서지도 못한 무척
작은 새끼거미가 이번엔 큰거미 없어진 곳으로 와서 아물거린다
나는 가슴이 메이는 듯하다
내 손에 오르기라도 하라고 나는 손을 내어미나 분명히 울고불고 할
이 작은 것은 나를 무서우이 달아나버리며 나를 서럽게 한다
나는 이 작은 것을 고히 보드러운 종이에 받어 또 문밖으로 버리며
이것의 엄마와 누나나 형이 가까이 이것의 걱정을 하며 있다가 쉬이
만나기나 했으면 좋으련만 하고 슬퍼한다[41]

누가 보더라도 "식민지 상황이 빚어낸 가혹한 가옥 구조의 붕괴"라는 주제의식을 드러내기에 적절한 사례라는 것을 알 수 있다. 화자인 '나'로 인해 이산(離散)된 거미 가족의 아수라장 같은 삶을 다루고 있기 때문이다. 심지어 거미들의 삶에 비추어 우리들 인간 가족의 삶도 아수라 전쟁터라는 것을 말하느라 제목도 '수라(修羅)'로 뽑질 않았겠는가. 그러니 '나' 혹은 '나의 손길'이 지닌 폭력성을 조금만 부각시켜도 이 시는 식민과 피 식민의 관계를 암유하는 싱싱한 실례가 될 수 있었다. 그런데도 시인은 '나의 손길'이 지닌 폭력성을 비유적으로 형상화하는 쪽으로 나아가지 않고, 수라라는 제목을 통해 거미 가족 혹은 인간 가족의

41) 백석 시와 산문의 인용은 이동순·김문주·최동호가 근자에 펴낸 『백석문학전집』(서정시학, 2012)에 의거한다. 이하 『전집』으로 표기함.

이합집산을 이해하는 불교적 세계관의 흔적만을 언뜻 내비치고 만다.

직접 이국 체험을 다루는 경우에도 사정은 이와 다르지 않다. 일본 유학 시절 이즈 반도 최남단 가키사키 바닷가를 여행한 체험을 형상화한 것으로 보이는, 수필 「해빈 수첩」이나 시 「이두국주가도」, 「시기의 바다」에서 그리고 있는 풍물 혹은 인간사들 역시 특별한 것이 없다. 일본이라는 특수한 상황은 지워지고 보통의 경물 혹은 그냥 아픈 사람들이 무심히 등장한다. 시인 백석에게 있어, 목숨 갖고 이 땅에 태어나 고통 받는다는 조건에서 보자면 '초록 저고리를 입은 소녀, 여승, 거미 가족, 가키사키 바닷가에서 가슴을 앓는 이'들은 전혀 다를 바가 없는 것이다. 필자는 이 독특한 백석의 태도를 두고 무차별적인 시선 혹은 '삶의 보편적 조건에로의 관심의 확산'이라 불렀거니와, 혹 이 시기 백석이 민족 간의 관계 문제보다는 인간 존재의 본질에 대한 성찰에 보다 큰 의미를 부여하고 있었던 것은 아닐까 한다.[42)]

사람은 안으로 자신만의 정체성이나 자기 동일성을 찾아 나감과 동시에 밖으로 눈을 돌려 타자들과의 차이점을 발견함으로써 자기라는 주체를 세워 나간다. 이렇게 '안으로 자기의 상(像)을 탐색하는 한편 밖으로 타자들과 교섭하는 과정'을 밟아 형성되기로는 민족의식 역시 마찬가지일 것이다. '동화적 풍속에로의 몰입과 삶의 보편적 조건에로의 확산'으로 정리되는 시집 『사슴』은, 바로 이 과정에 대한 시인 백석의 문학적 대응에 해당한다. 영토, 신화와 역사, 문화, 경제, 혈통, 언어 등 흔히 민족의 구성 요소로 상상되어온 것들 가운데, 백석이 생각하는

42) 시작 활동의 내내, 백석은 일관되게 주변적(변방적)인 것, 여리고 연약한 것, 오래된 것들에 자신의 심정을 의탁하거나 투사해 왔다. 서울이나 도쿄에 대해서, 돈이나 권력을 많이 가진 자들에 대해서, 근대적이고 새로운 것들(학교나 신문사에서의 직장 생활을 포함해서)에 대해서는 눈길 한 번 주는 법이 없다. 「아서라 세상사」나 「내가 이렇게 외면하고」 정도가 도회에서의 삶을 그린 시인데, 여기서도 예외 없이 삶의 변두리에 서 있는 자신이나 친구의 모습을 그린다.

민족소(民族素)가 무엇인지를 더듬어볼 수 있는 자리가 '동화적 풍속 세계'라면, 민족적 타자들과의 교섭이나 관계 설정의 패러다임을 확인할 수 있는 자리가 '삶의 보편적 조건에로의 확산'이라는 후자의 세계다.

비록 회고주의[43] 적이라는 비판에서 자유로울 수 없긴 하지만, 백석이 '먼 과거로부터 유전해오는 공동체의 풍속 혹은 삶'에 안도감과 일체감을 갖는 것은 비교적 분명하다. 따라서 남는 것은 후자의 세계에 대한 이해 문제이다. 백석은, 다른 민족들과 뚜렷이 구별되는 배타적 세계의 구성에 목표를 둔 민족주의 일반의 경향과 무관한 자리에 스스로를 세워두고 있기 때문이다. 1930년대 백석의 민족주의가 아직 미완의 모색 단계였거나, 그게 아니라면 아예 시작부터 일반의 기대와는 다른 지점을 향해 있었던 것은 아닐까를 고민하게 하는 대목이라 하겠다.

필자는 일찍이 이 두 가능성 가운데 백석의 시세계가 첫 번째 길을 좇아가다 방향을 잃어버리는 것으로 이해했다. 서울에서 함흥을 거쳐 만주로 옮겨가면서 백석은 「북신」의 '고구려', 「북방에서」의 '자작나무'를 거쳐 「국수」의 '흰 색(히수무레한 것)' 상징에까지 이르긴 했지만, 한반도 안에서의 현실적 교섭이 아니라 드넓은 만주 땅에서 민족적 시원을 찾는 소모적인 일에 매달리다 끝내 좌절하고 만 것으로 보았던 것이다. 이 점에서 그의 민족주의는 이른바 원초주의나 종족 상징주의[44]쯤으로 분류될 수 있다고 보았다.

그런데 필자의 이런 논리는, 백석이 시적 공간을 북방 쪽으로 계속 바꾸어나가는 와중에도 공동체의 풍속을 걸터듬는 데는 열성적[45]인

43) 앤서니 D. 스미스, 강철구 역, 『민족주의란 무엇인가—근대주의를 넘어선 새로운 모색』, 용의숲, 2012, p.100. 민족의 과거로부터 미래에 이르는 역사에 대한 합리적 이해를 벗어나 과거의 조건과 정치에서 현재의 집단적 목적과 민족주의적 열망을 읽는 태도를 일러 회고적 민족주의라 부른다.

44) 같은 책, pp.94~102.

45) 관서와 관북지방에서 출발해 만주 쪽으로 확장되는 그의 북방 여행은 함흥 영생고보 교사 시절인 1937년 10월경에 시작되어 해방과 함께 끝난다. 이 기간 동안에도 그는 끊이지 않고 「여우난골족」류의 풍속 묘사시를 발표하곤 하

반면에, 민족의 범주를 '흰 색 이미지'라는 한갓 상징의 차원에 던져둘 뿐[46] 한민족(韓民族)의 범주로 호명해내는 데는 왜 저렇게 게으른가 하는 점을 해명하지 못한다. 가령 '함주' 지방을 여행하고 쓴 시 「북관」에서 그는 "명태창난젓에 고추무거리에 막칼질한 무이를 뷔벼 익힌 것"을 두고 "투박한 북관"으로 불러 마음 깊은 곳에서 우러나오는 친근함을 표명한다. 그리고 거기에서 "신라 백성의 향수"[47]를 맛본다. 한민족 단위의 사고가 기대되는 대목이다. 그런데 문득 그는 거기에서 "여진(女眞)의 살내음새"도 같이 맡음으로써 우리의 기대를 보기 좋게 배반한다.

그의 본격적인 북방 시편들은 거기서 한술 더 뜬다. 욕객(浴客)이나 땅 주인 노왕 등 현대의 중국인들로부터 노자나 양자, 두보나 이백, 도연명에 이르는 옛 중국의 명인들에 이르기까지 다양한 이방인들을 불러내서는 그들과 깊은 '마음'을 나눔으로써 무슨 박애주의나 보편주의 혹은 휴머니즘이라 부를 만한 지점으로까지 인식을 밀고나가 버린다. 가끔 "이 딴 나라 사람들이 모두 니마들이 번번하니 넓고 눈은 컴컴하니 흐리고 / 그리고 길즛한 다리에 모두 민숭민숭하니 다리털이 없는 것"(「조당에서」 부분)을 민족적 차이점으로 분별하기도 하지만, 그것은 '조그만 차이 밑에 흐르는 큰 이해'를 말하기 위한 예비 장치에 불과하다. 화자는 곧 그들에게서 "한가하고 게으르고 그러면서 목숨이라든가 인생이라든가 하는 것을 정말 사랑할 줄 아는 / 그 오래고 깊은 마음들"을 발견하여 우러르기 때문이다. 실로 그 점에서 북방 시편의 화자들은 모두 전 인류적이거나 동북아시아적인 차원의 보편성을 추구하는 '나'

였다. 「넘언집 범같은 노큰마니」, 「동뇨부」, 「목구」, 「국수」, 「마을은 맨천 구신이 돼서」, 「칠월 백중」 같은 시들이 그 예다.

46) 그러고 보면 그가 정말 저 이미지의 연쇄에서 민족을 연상했는지조차도 어느새 자신이 없어진다.

47) 이에서 고려와 조선 초의 함경도 개척 그리고 경상도인들의 이주라는 문화적, 역사적 배경을 읽을 수 있다는 이숭원 선생의 설명이 납득할 만하다. '향수'라는 시어가 그러한 해석의 실마리일 것이다.

이다. 시 「북방에서」는, 그 '나'가 누구인지 어디서 기원했는지를 짚어 볼 수 있는 거점이라 주목된다.

> 아득한 옛날에 나는 떠났다
> 부여(扶餘)를 숙신(肅愼)을 발해(勃海)를 여진(女眞)을 요(遼)를 금(金)을
> 흥안령(興安嶺)을 음산(陰山)을 아무우르를 숭가리를
> 범과 사슴과 너구리를 배반하고
> 송어와 메기와 개구리를 속이고 나는 떠났다
>
> (2연 1행 약)
> 이리하야 또 한 아득한 새 옛날이 비롯하는 때
> 이제는 참으로 이기지 못할 슬픔과 시름에 쫓겨
> 나는 나의 옛 하늘로 땅으로- 나의 태반(胎盤)으로 돌아왔으나
>
> 이미 해는 늙고 달은 파리하고바람은 미치고 보래구름만 혼자 넋없이 떠도는데
>
> 아, 나의 조상은, 형제는, 일가친척은, 정다운 이웃은, 그리운 것은, 사랑하는 것은, 우러르는 것은, 나의 자랑은, 나의 힘은 없다 바람과 물과 세월과 같이 지나가고 없다
>
> (「북방에서 - 정현웅에게」 부분)

단도직입적으로 말해 보자. 이 시의 앞부분에 등장하는 '나'는 누구인가.[48] 백석의 북방시를 민족의 시원을 찾는 노래로 이해했을 때 그것은 당연히 한민족의 대표 단수였다. 그런데 전후 사정을 다시 찬찬히 꼽아보니 그게 아닐 수도 있겠다는 판단이 든다. 민족을 말하기 좋은 자리(「팔원」)에서조차도 그런 집단 주체를 거명하기에 인색한 것이 백석의 평소 버릇이었다는 것, 힘없고 변방적인 것에 무한한 애정을 표명해 왔다는 것, 오랜 옛것이로되 이제는 그 명맥조차 유지가 힘든 것들

48) 뒤의 '나'는 앞에 등장하는 '나'의 후손 가운데 하나로 설정되어 있다.

의 기억을 되살리기에 애썼다는 것, 무엇보다 시 「북방에서」에서 '흥안령(興安嶺)과 음산(陰山), 아무우르와 숭가리'를 공통의 배경으로 했던 우리의 옛 강대국 고구려가 거명되지 않고 있다는 것 등을 떠올렸을 때, 그 땅을 배신하고[49] 떠난 주체를 '고구려'로 볼 수도 있을 것이기 때문이다. 그렇다면, 민족 단위로는 사유를 잘 펼치지 않던 백석이 시 「북신」에 이르러서 소수림왕과 광개토대왕을 동시에 불러낸 사실에 까닭을 댈 수도 있게 된다.

그 먼 옛날 '매끄러운 밥과 단 샘'의 유혹에 넘어가, 자작나무나 멧돼지로 대표되는 투박하나 건강했던 삶을 버리고 '먼 앞대', 즉 한반도로 옮겨와 "아침마다 지나가는 사람마다에게 절을" 하고 살았다는 것, 그러는 와중에 먼 조상들이 가졌던 자랑도 힘도 모두 잃어버리고 유랑한다는 것이 북관 사람 백석의 인식이었던 것이다. 신라 통일 이후, 특히 조선 오백년 간 고구려의 고토에 살면서 변방민으로 차별 받았던 역사를 겹쳐보면, 이런 인식이 평안도와 함경도의 독특한 장소애(場所愛, topophilia)의 결과라는 설명이 가능한 것이다.

4. 변방을 넘어 : 문학교육과 백석

고구려적인 것을 찾아 떠난 백석의 유랑은 실지(失地) 회복이나 새로운 분쟁의 조장에로 연결되지 않는다. 그의 목표는 평안도 변방민들을

49) 문맥상으로는 고구려가 부여(扶餘), 숙신(肅愼), 발해(勃海), 여진(女眞), 요(遼), 금(金)을 배반하고 떠났다고 했지만, 각 나라들이 같은 시기에 존재했던 국가들이 아니라는 점에서, 고구려가 배반하고 떠난 것은 그 나라들이 흥망을 거듭했던 '땅 혹은 땅에서 이루어졌던 건강한 삶'이라 규정할 수 있다. '나'를 '고구려'로 보는 관점으로의 전환은 소래섭(『백석의 맛』, 프로네시스, 2009)의 해석에 힘입었다. 그런데 그는 이 작품이 "모든 민족이 하나로 평화롭게 공존할 수 있었던 과거의 행복했던 시대에 대한 열망"을 그린 것으로 본다. 그런데 그런 시절이 실제로 존재하지는 않았다는 점에서 그 '건강한 땅과 거기서 이루어졌던 삶'에 대한 회고로 수정할 것을 제안한다.

포함한 모든 조선인들이 잃어버린 "묵(默)의 가치"[50]를 되찾아 그것의 세부 내용을 제시하는 데 있었기 때문이다. 그것은 시 「수박씨, 호박씨」에서는 "밝고 그윽하고 깊고 무거운 마음"으로서 "오랜 지혜가 아득하니 오랜 인정이 깃들인 것"으로, 「허준」에서는 '모든 것을 다 잃어버리고 얻는다는 넋'으로, 「국수」에서는 "枯淡하고 素朴한 것"으로, 「촌에서 온 아이」에서는 "맑고 참된 마음"으로, 「조당에서」에서는 "한가하고 게으르고 그러면서 목숨이라든가 인생이라든가 하는 것을 정말 사랑할 줄 아는 / 그 오래고 깊은 마음들"로 제시된다. 그 점에서 그것은 "털도 안 뽑은 고기를 시꺼먼 맨모밀국수에 얹어서 한입에 꿀꺽 삼키는 사람들"(「북신」에서)이 끝내 되찾아야 할 마음씨이면서, 종족이나 민족 단위를 넘어 동북아시아 혹은 세계로 전파해야 할 '갈맷빛 넋'의 문제라 할 수 있다.

본디 자민족 중심의 배타적 민족주의가, 그 힘이 극도로 팽창한 종국에 이르러 제국주의나 식민주의로 꼴을 바꾸어 온 것이 인류사의 흐름이었다. 일본에 자극을 받아 이 땅의 근대화에 몸 바쳤던 선각자 지식인들 역시 그들의 목표를 순조롭게 이뤘을 경우, 우리보다 미개한 지역을 찾아 식민화 혹은 영토화에 열을 올렸을 시 분명하다. 이광수가 꿈꿨던 개조된 우리 민족의 목표 역시 그러한 강대국 건설에서 한 치라도 벗어나 있기 어려웠다. 그 점에서 민족주의는 이루면서 부수어 나가야 할 괴물이었던 것이다.

2차 대전 이후에 독립한 국가들의 많은 경우에서 보듯이, 식민 상태의 해소를 위해 선택한 민족주의였다 할지라도 그것이 원래 노렸던 국민 국가의 수립이라는 목표를 달성한 이후에는 국가를 전체적으로 통제하고 민족의 역량을 강제로 결집하는 억압 논리로 둔갑하여 왔다. 따라서 오늘날에는 민족주의의 성격을 다양한 측면에서 수정해 보려는

50) 백석, 「조선인과 요설」, 『만선일보』, 1940.5.26.

것이 추세다. 근대적이고 서구적인 민족 개념의 기원에 기대어 배타적으로 자신의 이익을 영토화 하는 낡은 민족주의 이데올로기에만 골몰하다가는, "자본주의와 근대의 문제를 극복하는 새로운 대안 문명의 가능성"을 찾기는커녕 "변방적 경직성"[51]에 매몰될 것이 분명하기 때문이다.

시인 백석은 7차 개정 교육과정 이후 중등 교육의 현장에서 가장 활발하게 재평가를 받고 있다. 그의 문학에 나타난 '민족적인 것'의 의미를 제대로 짚어 두는 것은 1930년대 문학사 이해의 새로운 거점이 된다는 점에서 일차적으로 중요하다. 나아가 그에 대한 이해는 또한, 오늘날의 이 다문화 시대 혹은 수정 민족주의 시대를 이해하는 중요한 코드가 될 수 있다. 그가 서구 근대의 교조적 민족주의의 틀을 선택하지 않고, 변방으로서의 '고구려적인 것'에서 출발하여 동아시아 전체 혹은 인류 전체에 유효한 마음 자세를 탐색해 보려 했던 데서 보편적 시인으로서의 탁월한 안목을 읽을 수 있기 때문이다. 80여 년 전의 척박한 현실을 배경으로 하고서도, 민족적 특수성보다 목숨의 보편성에 주목한 그의 다원주의적 통찰력은 21세기 이 무한 개방 시대에 오히려 더 빛나는 바가 있다. 그에 대한 활발한 재평가가 단순히 그의 시어가 지닌 '낯선 매력'에 기대서만 이루어진 것이 결코 아니었던 것이다.

51) 임형택·김재관 편, 『동아시아 민족주의의 장벽을 넘어』, 성균관대학교출판부, 2005, p.185.

미당 「자화상」 소고

1. 문제적 개인으로서의 미당

일제 강점기 한국 시문학 이해의 핵심적 키워드로 근대성을 드는 일은 이제 상식이 된 듯하다. 끝없는 해체와 갱신, 투쟁과 대립, 애매모호성과 고통이라는 커다란 소용돌이 속으로 밀어넣는 근대성[1]에 대항하든 수용하든, 그 모든 태도가 결국은 시적 주체의 근대적 자기 확인의 의미를 지니는 것이 한국근대시사의 역설적 전개 과정이기 때문이다. 이 근대성 문제를 저항해야할 어떤 것으로 받아들이는 일군의 시인들에게 그것은 퇴행의 형식으로 나타난다. 근대 이전의 불변하는 어느 지점에 스스로의 시적 입지를 두려는 태도이기 때문이다.

그런데 이 퇴행도 자세히 들여다보면 다시 두 가지 내용소로 구분될 수 있다는 것이 본고의 입장이다. 유년이나 어머니, 혹은 유년의 고향 쪽으로 시선을 돌림으로써 거기에 안주하여 근대적 현실을 비켜가려는 태도가 소극적 의미의 퇴행이라면, 현실의 문제와 스스로를 단절시키고 신화의 세계를 선택하는 경우를 좀더 '적극적인 의미'의 퇴행 방식으로 규정할 수 있을 것이기 때문이다. 그것이 적극적인 이유는, 유년기

1) M.Berman, All That is Solid melts into Air, London:Verso, 1983, p.15.

의 원초적인 결손에 이끌려 자기가 심리적으로 퇴행하고 있다는 자각도 없이 자꾸만 뒤로 물러나려는 전자의 태도를 드러냈던 노천명이나 김광균 등과는 달리, 이 경우는 스스로 뚜렷한 자각 아래 퇴행을 감행하기 때문이다. 당연히 이 자각은 깊이가 있든 없든, 세계관이라 부를 만한 삶과 역사에 대한 일정한 관점을 지니고 있으며 그것을 나름대로 방법화한다.

이런 유형이 문학사에 등장하게 된 배경에는 현대에 와서 역사의 규모가 대거 확장되었다는 사실이 놓여 있다. 이른 바 시공간 확장이라는 이름으로 보편화된 근대 문명의 진군이 그것에 부응하는 적극적 인물군을 낳기도 하였지만, 그것을 위협으로 보고 적극적으로 반항하는 인물군을 만들어 내기도 하였다. 중세 이후 서구에서 시작된 이러한 변화가 먼저 시간에 대한 관심으로부터 비롯되었다는 것은 주지의 사실이다. 무엇보다 과학의 제 분야가 이러한 변화에 앞장섰고, 지리학에 이어 생물학, 천문학 등에서 그러한 시간 확장이 구체화되었다. 특히 19세기 중반 다윈의 새로운 생물학은 공간적 분류의 문제였던 생물학의 주제를 시간의 문제로 바꾸어 놓으며 세계인의 패러다임을 뒤집어 놓았다.[2)]

이렇게 계몽 이성이 인문적 지식을 확대하고 그 결과 역사의 범주가 한 개인이 감당하기 힘들 정도로 확장되면서, 인간은 현실에서의 진리가 무엇인가에 대해 늘 대답의 곤란을 경험하게 된다. 즉 한 시대를 통제하는 단일한 패러다임의 시간관, 역사관, 세계관이 존재하는 것이 아니라 그것 자체가 다양해지고, 변화하고, 내용 또한 엄청나게 확장됨으로 해서, 무엇이 진리인지 모르는 극도의 상대성 속에서 헤매게 되는 것이다. 더구나 이렇게 확장된 세계가 그에 대한 주체적 반응을 요구할 때, 그 무시무시한 시간 연속으로부터 벗어나 스스로 통제 가능하고

2) F.Kermode, 조초희 역, 『종말의식과 인간적 시간』, 문학과지성사, 1993, p.175.

자아의 동일성이 유지될 수 있는 시간관을 가지려 하는 것은 당연한 일이다.

거기에 도달하는 것이 비록 어렵다고는 하더라도, 실제의 세계가 단일한 진리에 의해 질서 있게 지배되고 있다는 믿음이 팽배하던 전근대 시대에는, 문학도 그 질서를 반영해 내는 것이 목표였다. 그러나 그러한 믿음이 여지없이 무너져버린 다음에는 문학적 패러다임도 변화하기 마련이었다. 이 점에서, 문학이, 질서를 모방한다는 믿음으로부터 독특하고 자립적인 질서를 스스로 창조해야 한다는 믿음으로 변모하는 것은 자연스런 일이라고 할 수 있다. 이 결과 프루스트와 같은 작가들은, 현실로부터 유리되어 있는 경험, 또는 현실화되지 못한 세계에서 배회하고 있는 경험, 이 세계가 실체성이 없는 것이 아님을 증명하기 위해 사람들이 필사적으로 매달리는 출구(기독교나 옛 패러다임을 고집하는 과학, 철학 등과 같은)들이 무너지고 사라지고 있다는 경험[3)]들에 훨씬 자주 매달리게 된다. 즉 이 세상의 시간에 속하는 어지러운 연속성을 초월하는 영원의 순간에 매달리게 되는 것이다.

이러한 노력은 논리적이고 합리적으로 균분된 시계-시간의 무의미하고 지루한 무한성 속에서, 그 중에서도 표면상 과거로 흘러 가버린 시간 속에서, 현재의 자신을 생에 대한 감각으로 충전시켜 줄 시간 속의 '잠복처'를 찾는 일에 해당한다. 그것이 우연성이든 프루스트의 주장대로 비자의적 기억(involuntary memory)의 환기든 혹은 베르그송 식으로 지속의 느낌이든, 시간의 연속성을 무효화시키려는 시도로서의 공간화된 순간을 담고 있다는 사실에는 변함이 없다. Kermode는 그러한 순간의 유효성은 인정하면서도, 그 순간이 현실의 시간 위에서는 효력을 발휘할 수 없고, 또한 그러한 사실을 깨닫는 순간 작가는 다시 고독한 일점의 자아로 되돌아간다는 사실 때문에, 그것을 영속적 위기

---

3) 같은 책, p.177.

의 형식이자 현대적 형식의 감옥이라고 명명한다.[4] 그것은 시간적 측면을 갖고 있긴 하지만 시간을 초월하고자 한다는 의미에서 초시간적 감옥(timeless prison)이기도 하다. 이 때, 작가에게는 사물의 연속성(continuity)이 문제가 된다. 즉 실제 세계에서의 사물의 연속성은 결코 끊어지지 않는다는 것, 무엇을 하려든지 간에 그는 이 연속성을 철저히 참조해야 하면서 동시에 철저히 무시해야 한다는 것이다.

연속성, 시간의 계속성을 참조하면서도 무시하는 이 태도가 바로 연속성의 세계에는 부재하는 형식들을 꾸며내게 만든다. 바로 허구의 형식[5]이 탄생하는 것이다. 그것이 신화이다. 작가는 이 순간, 이때(this time)로부터 그때(that time)로, 즉 신화의 세계로 퇴행한다. 그리고 이 신화는 두말할 필요도 없이 현실의 역사적 시간을 초월해 있는 상상적 고향의 역할을 담당하게 된다. 신화란 그 내용 구성상 과거적인 것으로 채워지므로 퇴행의 시-공간이 되며, 그 자체로는 변화가 없는 무시간성에 세워지므로 몰역사적이 된다. 서정주의 「자화상」은 이렇게 신화로 퇴행하는 심리적 기반을 잘 드러내고 있는 시이며, 그 신화 공간이 어떻게 설정될지를 암시해주는 좋은 증거에 해당한다. 비록 퇴행의 형식이라 하더라도 그가 건너려는 것이 근대의 불모성인 이상, 그는 이 과정에서 의도 여부와 상관없이 문학사의 한 중요한 문제적 개인으로 자리잡게 된다.

---

4) 같은 책, p.182.
5) 같은 책, p.185.
이 때 Kermode의 관심은 허구적 장르로서의 소설을 염두에 두고 있지만 시를 제외하고 있는 것은 아니다. 오히려 초시간적 감옥으로서의 영속적 위기 양식의 대표는 시라고 본다. 현실의 시계-시간적인 연속성을 끊어버리고 독립적이며 자체 지속적인 문학 공간을 만들 때 그것을 허구(fiction)라고 지칭하고 있을 뿐, 특별히 소설만을 염두에 둔 용어가 아님을 알 수 있다.

2. 「자화상」의 문제성

애비는 종이었다. 밤이 기퍼도 오지않었다.
파뿌리같이 늙은할머니와 대추꽃이 한주 서 있을뿐이었다.
어매는 달을두고 풋살구가 꼭하나만 먹고 싶다하였으나…… 흙으로 바람벽한 호롱불밑에
손톱이 깜한 에미의아들.
甲午年이라든가 바다에 나가서는 도라오지 않는다하는 外할아버지의 숯많은 머리털과
그 크다란 눈이 나는 닮었다한다.
스믈세햇동안 나를 키운건 八割이 바람이다.
세상은 가도가도 부끄럽기만 하드라
어떤이는 내눈에서 罪人을 읽고가고
어떤이는 내입에서 天痴를 읽고가나
나는 아무것도 뉘우치진 않을란다.

찰란히 티워오는 어느아침에도
이마우에 언친 詩의 이슬에는
몇방울의 피가 언제나 서꺼있어
볓이거나 그늘이거나 혓바닥 느러트린
병든 숫개만양 헐덕어리며 나는 왔다.

註. 此一篇昭和十二年丁丑歲仲秋作. 作者時年二十三也

(「자화상」, 『화사집』, 남만서고, 1941 전문)

주지하듯 이 시를 지배하고 있는 의식은 가계사를 중심으로 한 자기 성찰의 그것이다. 그런데 단호하게 '뉘우치지' 않겠다고 말함으로써 이미 그것은 성찰의 범주를 벗어난다. 문면(文面)의 회고 태도와 제목의 적시(摘示)에도 불구하고, 오히려 이 시는 선명하고 확신에 찬 자기 주장으로 읽힌다. 이에 대해서는 김우창 교수의 언급을 좀 장황하게라도 인용해 둘 필요가 있다.

> 그에 있어서 서양의 영향이 어떤 것이든지간에, 徐廷柱의 詩는 한국의 현실에 착실한 근거를 가지고 있는 것이다. 「自畵像」의 강력한 리얼리즘을 보라.……이 詩가 이룩한 강력한 리얼리즘의 機作을 잠간 생각해보자, 나는 徐廷柱씨 자신이 이 詩의 전기적 사실성을 부인하는 것을 들은 일이 있지만, 이 詩가 이야기하는 것이 개인적인 진실이든 劇的인 진실이든, 우리는 이 詩에서 놀라운 솔직성을 느낀다. 또 한편으로 이 솔직성 속에 강한 자기 주장을 발견한다. 사실 이러한 솔직성은 자기 주장이 없이는, 어느 정도의 挑戰的인 개인주의가 없이는 불가능한 것이다. <애비는 종이었다>라는 첫 귀절의 강력한 인상은 모든 불리한 조건에 도전하여 자신의 진리에 이르고자 하는 강한 決意를 느끼게 하는 것이다. 그러면 이 詩에 있어서의 리얼리즘의 원리를 우리는 불리한 사회적 여건에 대하여 자기를 對決시키는, 보다 정확히 말하여 자기 자신의 진실을 대결시키는 저항의 원리라고 할 수 있을 것 같다.[6]

김우창 교수는 서정주 초기시의 특징을 "한쪽으로는 강렬한 관능과 다른 한쪽으로는 대담한 리얼리즘"[7]을 드러내는 데 있다고 생각한다. 「자화상」은 그 중에서 후자의 모습을 드러내는 대표작이라는 것이다. 그리고 서정주의 이 두 가지 특징은 육체와 정신의 필연적인 갈등, 개인과 사회의 갈등을 솔직하게 인정함으로써 가능했던 것으로 보고 있다. 인용문은 그 두 가지 특징 가운데서 리얼리즘적 측면을 분석한 부분이다.

우선 그는, 서정주의 시가 '한국적 현실에 착실한 근거'를 갖고 있다는 전제 아래, 리얼리즘이라고 말하는 근거를 찾고 있는데, 그것이 다름 아닌 솔직성이라는 것이다. 그리고 '애비는 종이었다'라는 구절이 지닌 이 솔직성이야말로, 어느 정도의 도전적 개인주의를 바탕에 깐 강력한 자기 주장이라고 부연하고 있다. 그 주장 속에서 "모든 불리한 조건에 도전하여 자신의 진리에 이르고자 하는 강한 결의"를 엿볼 수

---

6) 김우창, 한국시와 형이상, 『궁핍한 시대의 시인』, 민음사, 1977, pp.61-62.
7) 같은 책, p.66.

있고, 그것이 바로 리얼리즘의 원리라고 보는 것이 인용문의 요지다. 즉 이 시에 있어서의 리얼리즘의 원리는 "불리한 사회적 여건에 대하여 자기를 對決시키는, 보다 정확히 말하여 자기 자신의 진실을 대결시키는 저항의 원리"가 되는 셈이다.

이렇게 요약할 수 있는 김우창 교수의 글은, 솔직성을 중요한 미덕으로 말하고 있으면서도 스스로는 그렇지 못하다는 느낌을 주게 진술되어 있다. 즉 '한국적 현실에 착실한 근거'를 갖고 있다는 주장의 근거를 더 솔직히 제시하지 않음으로 해서, 스스로 쓰고 있는 리얼리즘이라는 용어에 대한 오해를 불러일으키게 했다는 말이다. 리얼리즘이란 용어의 내포를 아무리 폭넓게 잡는다 하더라도, 혹은 비유적인 의미로 쓴다 하더라도, 그것에는 사회 역사적 객관성의 의미가 포함되기 마련이다. 이 마지막 기준마저 무시된다면 굳이 거기에 리얼리즘이라는 용어를 쓸 필요가 없다. 아마도 '애비는 종이었다'라는 솔직한 진술로 충분히 그 '한국적 현실'의 객관적 근거를 짐작할 수 있지 않겠는가 하는 고려가 있었겠지만, 그것만으로 리얼리즘이란 용어를 세 번이나 쓴 이유의 근거로 삼기에는 아무래도 좀 부족하다. 사실 위 인용문의 밑바닥에는, 이 글을 바탕으로 김현이 좀더 솔직하게 구체화시킨 다음과 같은 생각이 깔려 있다고 보아야 한다. 그렇지 않으면 위의 글은, 마지막 부분의 '자기 자신의 진실'이라는 용어 때문에, 형편없는 주관주의의 의미로 리얼리즘을 견강부회하고 있다는 인상을 지우기 어렵게 된다.

> 30년대에 쓰여진 그(서정주-인용자)의 초기시들은 식민지치하의 그 어떤 시인들보다도 더 절실하게 억눌린 정신의 아픔을 노래한다. 대부분의 평자들이 지적하고 있듯이 그의 정신의 갈등은 그의 신분자체에서 오는 것인데, 그것은 보들레르적인 어휘로 표현되어 있다. 그의 정신적 갈등이 그의 신분자체에서 나온 것이라는 진술은 그의 『自畫像』에서 볼 수 있듯이 그가 종의 자식이었다는 소박한 내용을 말하고 있는 것이 아니다. 그는 자신의 개인적인 문제를 보편적인 그것으로 환치시

키는 어려운 작업을 예술적으로 극히 높은 차원에서 성공시키고 있는데, 그의 신분문제 역시 그는 그것을 일제치하에, 일본이라는 대지주 밑에서 종살이 하는 한국민 전체의 그것으로 폭넓게 일반화시킴으로서, 자신의 한계를 벗어난다.8)(밑줄은 인용자)

이 글로 볼 때 김우창 교수가 말한 '한국적 현실'이란 결국 '일본이라는 대지주 밑에서 종살이하는 한국민 전체'의 현실을 가리키고 있는 것이 된다. 그 때라야, 이 시에는 '불리한 사회적 여건'에 '자기 자신의 진실'을 대결시키는 리얼리즘의 원리가 들어있다는 진술이, 개인적 신분 문제를 민족적 신분 문제로 일반화, 보편화함으로써 '억눌린 정신의 아픔'을 전형적 범주로 형상화했다는 의미라는 것을 짐작할 수 있게 된다. 정말 그렇다면 이 시는 대단한 사회의식과 역사인식이 바탕에 깔려 있는 셈이다. 그러나 정말 그런가? 이 모든 판단이 혹시, '애비는 종이었다'라는, 너무 솔직해서 돌발적이고 다소 반항기마저 느껴지는 모두(冒頭) 진술에 다소간 현혹되어버린 탓에서 비롯된 오독(誤讀)은 아닐까?

시 「자화상」의 화자가 당차게 드러내는 그 주장은, 이미 너무나 잘 알려져 있듯이, 가계사(家系史)에 대한 화자의 태도로부터 정리해 낼 수 있다. 종의 가계로서의 부계를 부정하고(고향 혹은 집의 현실을 부정하고) 모계 혈통을 내 것으로 삼겠다는 의지인데, 그 의지의 밑바닥은 "甲午年이라든가 바다에 나가서는 도라오지 않는다하는 外할아버지"의 '바다'와 "나를 키운 스물세 해 동안의 바람"을 거쳐 몇 방울의 피가 섞여있다는 "이마우에 언친 시의 이슬"이라는 지점에 닿아 있다. 그 의지의 표명이, 지난 23년이 그랬던 것처럼 앞으로도 그럴 것이라는 변함없는 태도의 고수로 나타난다.

이 때 모계의 여성성은, 어머니의 수태가 상징하는 생산력에 그 본질

8) 김현·김윤식, 『한국문학사』, 민음사, 1981, pp.259-260.

이 있긴 하지만, 한 달이 넘도록[9] 풋살구를 먹고싶어 하는, 어머니의 대단치도 않은 소망조차 채워줄 수 없는 아버지의 무능 때문에, '파뿌리 같이 늙은 할머니'와 꽃 같지도 않은 '대추꽃'만이 지키고 선 '흙으로 바람벽한 공간'이라는 불모성의 이미지로 치환되어 버린다. 그 공간에서 이 모든 것을 지켜보는 증인으로서의 화자에게, 아버지의 부재는 '종' 신분에서 연유한 것으로 읽히고 그것은 자연스럽게 부정적 인식의 대상이 된다. 아버지의 무능과 부재에 대한 이 부정성이 '가족의 생계를 책임지기 위해 바다에 나가서는 돌아오지 않는 다른 아버지(외할아버지)'에 대한 심정적 친근성을 유발하는 동기였으리라. 이 외할아버지의 '바다'가 아무리 '방랑과 모험의 상징성'을 갖는다 하더라도 생계를 위해 겪어야 하는 '시련과 고난의 현실성'을 능가할 수는 없을 것이다. 더구나 그 바다는 '갑오년'이라는 시간 배경을 후광처럼 드리우고 있지 않은가. '갑오년'이라는 시간대는, 아무리 아무 것도 아닌 척, 별다른 의미가 없는 척 무심히 던져진다 하더라도, 우리 역사에서는 그렇게 무심히 지나칠 수 없는, 사회 역사적 의미를 지닌 시간대에 해당한다.

이런 구도로 이 시의 전반부를 읽으면, 누구라도 쉽게 식민지 조국의 현실에 대한 메타포로 이 시를 납득하게 된다. 아버지나 아비가 아니라 '애비'[10]가 주는 경멸적 느낌에 '종'이라는 단어가 갖는 무거운 암시성

---

9) '달을 두고'의 해석은 '한 달 이상 계속하여'라고 풀이한 이숭원의 것을 따른다. (이숭원, 『한국현대시감상론』, 집문당, 1996, p.227, 참조.)

10) '애비'와 '아배'는 분명히 그 어감이 다르다. 이 시에 등장하는 어머니의 사투리 호칭이 '어매'라는 점을 감안하면 아버지는 '아배'라야 한다. 그럼에도 '애비'라고 썼다는 것은 의도가 개입된 것이다. 이 어머니 아버지에 대한 호칭이 우연히 그렇게 된 것이 아니냐고 반문할 수도 있겠지만, 조사 하나에도 많은 신경을 쓰는 시인들 일반의 창작 태도와 더구나 한국 제일의 언어 구사력을 가졌다고 평가되는 서정주의 언어 감각을 생각할 때, 이 '애비'라는 호칭은 단순한 것이 아니다. 그리고 실제로 시인 자신이 그러한 호칭에 신경을 썼다는 증거를 찾아낼 수도 있다. 「자화상」이 처음 발표된 『시건설』 7집(1939.10)에는 '어매'가 '어머니'로 표기되어 있었다는 사실이 그것이다. 1941년 『화사집』을 내면서 어머니만은 '어매'로 고쳐 쓴 것이다.

이 덧붙여진 첫 진술의 놀라운 무게 뒤에, '-라든가'라고 해서 은연중 숨기는 듯한 태도 때문에 오히려 더 도드라져 보이는 '갑오년'의 정치성이 버티고 있기 때문이다. 거기다 미당 자신이 여러 가지 산문을 통하여 되풀이하여 식민지 시대에 대한 부채 의식을 이야기했던 것도 좋은 참고 사항이 된다.[11]

그러나 좀더 세밀히 들여다 보면, 이 '갑오년'이야말로 시인의 고의적인 트릭의 혐의가 짙다. 실제로 그의 외조부의 사망 연도는 '갑술년'이었거나, 아니면 그것의 사실 여부와는 상관없이 시인 자신이 원래 그렇게 알고 있었던 것 같다. 동일 소재를 다룬 「외할머니네 마당에 올라온 해일」에서 그것이 '갑술년'으로 등장하고, 「자화상」의 첫 발표분(『시건설』 7집,1939.10)에서도 '갑술년'으로 되어 있었기 때문이다. 그리고 시 「해일」에서는 '내가 생겨나기 전 어느 해 겨울'로 되어 있어서 외조부의 사망 연도 자체는 '별다른 의미 없는 하나의 시점'일 뿐이었다. 그런데 그 의미 없는 시간대가 갑자기 「자화상」 수정본에 와서 '갑오년'으로 바뀌면서 정치적 의미의 자장을 형성하기 시작했던 것이다.[12]

물론 시에 쓰인 소재들의 내포란 분명히 독자들 해석의 몫이고, 개인

11) 뿐만 아니라, 김우창의 상기 인용문에 나오는 바처럼, '애비가 종'이라는 진술이 전기적 사실이 아니라고 스스로 밝혀서 부정하는 자세를 취한 것도 이런 상황의 좋은 빌미가 되었다.

12) 특히 '종'의 경우도 시대사적인 의미에 더해, 당대 문단(특히 카프 계열의)에 대한 역설적 자기 과시의 혐의가 짙다. 시의 후반부와 연결할 때, 종의 신분에도 불구하고 나는 그런 서툰 정치로 나가는 것이 아니라, 예술을 택하겠다는 문학주의의 표명으로 볼 수도 있다는 말이다. 이를 두고 "천형의 죄의식에 시달리며 23세의 나이로 젊음의 절정을 보내던 시인의 과장벽"이라고 한 이숭원의 판단도 참고할 만하다. (이숭원, 같은 곳.)
비록 『시인부락』이 그 출범에 있어 어떤 이념이나 경향을 염두에 두지 않았고 동인 각자 개성의 표현, 자유로운 창작활동을 권장하였다고는 하지만, 생명파가 "鄭芝溶氏流의 感覺的 技巧와 傾向派의 이데오로기---어느쪽에도 安着할 수 없는 心情의 필연한 발현"이었다고 한 서정주 자신의 주장을 통해 보면, 스스로 당대 문단에 대한 뚜렷한 대타 의식을 가지고 있었다고 판단된다.(오세영, 『20세기 한국시 연구』, 새문사, 1991, pp.209-212 참조.)

적 사실이든 아니든 문학적 진실을 형성하는 중요한 역할을 맡고 있다면, 그것으로 충분한 법이다. 그러나 「자화상」의 경우 후반부에 와서야 화자의 태도나 숨은 작가의 의도가 분명해지는데도, '종'과 '갑오년'이 형성하는 전반부의 다소 과장된 의미망에 독자들을 붙들어맴으로써 심리적인 과잉반응을 이끌어 낸다는 점에서 트릭일 수 있다는 것이다. 실제로 이 시의 후반부는 전반부의 사회적 의미를 상당 부분 부정하거나 모호하게 만들면서 화자의 진짜 주장이 펼쳐진다. 김우창의 진술대로, 이 시에 놀라운 솔직성의 태도나 확신에 찬 자기 주장이 드러난다면, 그것은 전반부가 아니라 오히려 이 후반부에서인 것이다.

2연으로 구성된 이 시는 사실 세 부분으로 나뉘게 되어 있는데, 1연의 6행 부분이 기준이 된다. 즉 1연 1행에서 5행까지가 지금까지 논의의 대상이 된 그 문제의 부분이고, 그것은 과거의 가계사에 해당한다. 따라서 화자의 현재를 있게 한 시공성인 셈이다. 거기에다 1연 6행에서 10행까지가 현재 시점에서의 화자의 결심과 판단을, 2연이 미래 시간으로서 궁극적 자기 주장을 펼치고 있는 구성으로 되어 있다. 마지막 주장을 알기 위해서는 이 가운데 부분을 거쳐가야 하는데, 그 부분의 핵심은 '바람'과 '부끄러움'과 '뉘우치지 않음'의 연결 고리를 찾는 데 있다.

문제는 '부끄러움'인데 무엇에 대한 부끄러움인가를 파악하는 것이 요체로 보인다. 우선 생각해 볼 수 있는 것이, 일반적으로 받아들여지는 독법에 따라, '종'이라는 신분이 그 부끄러움의 근거라고 이해하는 방식이다. 그러나 결론부터 말하자면 이는 아닌 것으로 판단된다. 왜냐하면 '종'이라는 신분을 개인적인 의미로 읽든 사회적인 의미로 읽든, 그것이 부끄러움으로 연결된다는 것은 이치에 맞지 않기 때문이다. 그것이 식민지적 종살이를 의미한다면 누가 누구에게 부끄럽다는 말인가. 종이 종에게? 같은 종의 신분끼리 부끄러울 것은 없다. 다만 그 상황을 벗어나도록 노력하지 않는다면 부끄러움이 찾아들겠지만.[13)]

더구나 그 부끄러움을 '자괴감'으로 읽어도 문제가 되는 것이, 그 뒤에 '뉘우치지 않겠다'는 다짐이 바로 뒤따라오기 때문이다. 식민지적 종살이를 하고 있는 줄 알면서도 뉘우치지 않겠다는 뻔뻔스러움을 손들어 표시할 시인은 아무도 없겠기 때문이다. 개인적인 종살이의 의미로 받아들여도 이치에 닿지 않기는 마찬가진데, 그 이유는, 부끄러운 줄 알면서도 '나는 종의 자식이다'라고 공언하는 것이 동정이나 연민을 구걸하려는 목적이 아니라면 새디즘일 뿐이기 때문이다. 더구나 '애비는 종이었다'라는 진술에는, 10행의 뉘우치지 않겠다는 태도 표명이 뒤따르지 않아도, 이미 부끄러움 따윈 내 알 바 아니라는 투의 "疾走하고 猪突하"[14]는 반항 의식이 가득 차 있다. 따라서 중언부언할 필요가 없는 것이다.

그렇다면 부끄러움의 근원은 어디에 있는가. 바로 아버지의 가계를 부정하고 또 다른 아버지(외할아버지)[15]의 가계를 심정적으로 추종했다는 데 있는 것은 아닐까. 그렇게 외할아버지를 이어받으면서도, 스스로에게 와서는 외할아버지의 바다가 내포하는 상징성[16]을 역전시켜버

---

13) 서정주와 달리, 윤동주의 그 소문난 부끄러움은 바로 이와 관련되어 있다.

14) 서정주, 『한국의 현대시』, 일지사, 1982, p.22.

15) 이 '외할아버지' 혈통의 인정 태도를 두고 모계 승계의 욕구로 읽어내는 것은 무리다. 중간항으로서의 어머니의 의미가 그것을 받쳐주지 못하기 때문이다. 어머니는 대추꽃이나 할머니와 연계되면서 하나의 여성축을 형성하고 있다. 따라서 필자는 무능한 아버지(종) 대 가족의 생계를 위해 바다에 목숨을 버린 다른 유형의 아버지(외할아버지)의 구도로 이해하고자 한다.

16) 서정주 초기시에 나타나는 이 '바다' 이미지를 두고 박호영은 '이원성'으로 풀이하고 있다. "즉 그에게 있어 바다는 現實과 동일하게 궁극적으로 막혀 그로부터 탈출하고 싶은 實體로 생각도 되고 '푸르른 情熱이 넘치기에' 沈沒하여 自我를 확인해 보고 싶은 實體로도 생각이 된다."는 것이다. 말을 바꾸면, "그의 시에 나타나는 바다는 죽음의 바다이지만 그것은 동시에 존재의 바다요 존재 이상의 바다"로 이원화되어 있다는 것이다. (박호영, 현대시에 나타난 '바다'의 양상, 박호영·이승원, 『한국 시문학의 비평적 탐구』, 삼지원, 1985, pp.287-292.) 이 때, 전자가 현실로서의 죽음과 고통 쪽에 닿아 있다면, 후자는 낭만적 동경으로서의 모험과 방랑 쪽에 닿아 있다고 볼 수 있다. 시 「자화상」의 외할아버지의 바다 역시 이 틀에 의해 설명 가능하다.

림으로써, 화자가 그토록 비난했던 아버지와 스스로가 현실적으로 무능하다는 점에 있어서는 결국 같아져 버린 것이 아닌가 하는 반성이 만들어낸 부끄러움으로 읽힌다는 말이다. 외할아버지의 '바다'가 함의하는 모험과 방랑으로서의 '바람'의 비율은 얼마 정도였을까? 아마 모르긴 해도 2할 정도가 아니었을까. 나머지는 식구들을 먹여 살려야 한다는 현실성이 지배하고 있었을 것이다. 그런데 삶의 그 바람기가 자신에게 승계되면서 8할로 커져 중심이 되어버렸다는 것, 지난 23년을 그 바람에 의지해 살아왔다는 것이야말로, 스스로를 '죄인'이자 '천치'로 몰아세우는 동기였던 것이다. 서정주에게 씌우는 많은 이항 대립의 관사, 예를 들어 정신과 육체, 현실과 신화, 현실과 예술 등등은 바로 이 바람의 함량을 어떻게 파악하는가에 따라 달라지기 마련이다.

이 부끄러움을 확인하면서도 그러나 화자는 단호히 뉘우치지 않겠다고 말한다. 대부분의 아버지 부정 의식이 살부(殺父) 의식과 연계되면서 스스로 아버지가 되려는 태도를 드러내는데 비길 때, 서정주는 그 쪽으로도 나아가지 않는다. 단순히 현실에서 8할이 바람인 삶을 살겠다면 그것은 도덕적 지탄의 대상이 되고 '바보'나 '천치'로 손가락질 받겠지만, 그에게는 아버지의 위치에 비길 만한 다른 의미의 8할이 존재하고 있었기 때문이다. 그 목표가 바로 "찰란히 티워오는 어느아침"의 "이마우에 언친 詩", 곧 예술의 자리였다. 그것은 나대로의 삶을 살겠다는 직립의 상승 의지와 하늘이 표상하는 영원성이 하강해서 만난 자리인 '이마 위'에 맺히는 '이슬'이다. '팔할의 바람'이야말로 이 '이슬'을 결정화하는 방법이자, 거기에 도달하려는 자의 모험이고 방랑이고 전력투구인 셈이다. 이미 이런 자리에서는 역사적 시간 전개나 일상적 삶 자체("볓이거나 그늘이거나")가 무의미해진다. 따라서 "어느아침"을 역사적으로 읽어내는 것은 오독이 되거나, 그렇게 읽을 수는 있다 하더라도 이 시의 본질과는 무관하게 된다.

그런데 아직은 그 이슬에 "몇방울의 피"가 섞여 있다. "병든 숫개"의

헐떡거리는 갈증과 갈망이라는 육체적 이미지의 도움을 받아서, 이 '피'는, 결국 그가 버려 두었던 나머지 2할의 현실적 삶이 정신과 예술이라는 이슬 위에 드리우는, 그늘이 된다. 삶의 유한성과 죽음 너머의 영원성, 육체와 정신, 현실과 예술이라는 대립항들 가운데서, 후자(後者)들을 향해 나아가기 위해서는 전자(前者)들을 거치지 않을 수 없다는 것, 즉 스스로 부정한다고 해서 '종'의 신분이 사라지는 것이 아니라는 것을, 이 '피'가 환기해내고 있는 것이다. 소위 생명파의 생명 의식을 두고 "존재론적이고 근원적인 생의 문제……등에 고뇌하고 이를 초극하기 위해 몸부림쳤던 것"[17]이라 했을 때, 그것이 바로 이 '피'의 문제임은 말할 것도 없다. 그리고 이 '피'의 문제를, 현실의 폭넓은 수렴 쪽으로가 아니라, 현실의 극히 일부분인 성적 욕망의 문제로 끌고 가서 극단화한 자리에 「화사」류의 관능이 자리한다.[18]

---

17) 오세영, 앞의 책, p.218.

18) 이 점에서 그의 '피'는 그가 추구하고자 했다는 혼돈으로 들끓는 육체성의 증거이긴 하지만, 근본적으로는 부정적임을 면치 못한다. 혼돈 자체를 목표로 하는 삶이 존재할 수 없다면, 그도 언젠가는 이 혼돈을 벗어나 질서화를 추구할 것이고, 그 때 이 피는 버려야 할 미숙성의 표상을 지닐 것이기 때문이다. 이광호가 서정주의 시작 시기 중에서 초기와 중기를 나누는 기준으로 이 '피'의 소멸을 들고 있다는 점은, 미당 시 이해의 좋은 거점이 된다.(이광호, 영원의 시간·봉인된 시간, 『작가세계』20, 1994 봄.) 그리고 이 피의 소멸이 실제로 나타나는 양상이라는 점에서, 미당이 그의 초기시를 통해 그토록 부정하고자 했던 시간성이라는 요소가 실은 삶을 규정하는 근원적인 문제라는 것을 인정하는 셈이 된다. 따라서 미당 자신의 논리 변화 과정으로 보자면 이 초기시는 구조적 실패에 귀착된다고 할 수 있다. 결국 '몇방울의 피가 섞여 있는 이슬'로부터 피가 빠져나가는 과정, 그렇게 해서 맑은 이슬만 남아 위로 증발하는 과정이 그의 전체적 시력(詩歷)에 해당하는 셈인데, 그 과정 자체가 이미 「자화상」의 단계에서 암시되어 있었다고 볼 수 있을 것이다.

3. 신화적 시공간의 의미

시 「자화상」은 그런 점에서 시집 『화사집』의 과도적 성격을 대변하는 대표작에 해당한다. 현실을 넘어 '生의 究竟'으로, 인생을 넘어 예술로, 문학을 넘어 문학주의로 나아가려는 자의 갈등이 이에 선명한 도식으로 자리잡고 있기 때문이다. 『화사집』이 보여준 다양한 '육성(肉聲)'들은 모두 이 지점에서 출발하고 있다. 그리고 이 갈등과 육성도 그다지 오래 가지 않으리라는 점이 이미 예견되어 있다. '시의 이슬'을 향한 목표가 이미 확고한 터에 2할의 함량에 해당하는 '피' 몇 방울의 소멸은 이미 시간 문제로 보이기 때문이다. 따라서 이 『화사집』의 단계를 넘어 『귀촉도』나 『신라초』의 방향으로 나아가는 것을 두고, "一元的 感情主義로의 후퇴"[19]라거나 '소박한 낙관주의'로의 도피[20]라고 아연해 하는 것은 바로 이 점을 놓친 결과라고 할 수 있다.

"식민지 상황이라는 현실에 직면하여 이와 맞서 싸울 용기를 지니지 못하였던" 그 자신의 "현실도피에 대한 합리화"[21]가 잠깐 '생명 의지' 또는 '신화의 세계'로 나타났다가 '신라'나 '질마재'와 같은 무시간의 세계로 변형되어 간 것일 뿐, 거기에 시적 구조의 실패나 논리적 파탄이 온 것은 아니었다. 그런 평가의 대부분은 서정주의 초기시가 내비친 이 과도적 갈등에 지나치게 많은 의미 부여를 한 결과라고 할 수 있다.

말하자면 서정주는, 지지적 고향과 그것의 확장인 사회 역사적 조국으로서의 고향 개념 대신에 신화라는 정신적 고향을 상정함으로써 스스로를 현실로부터 괴리시켜 나갔던 것이다. 이 신화 공간이 제 3의 의미를 지니므로 공간 확장의 방식으로 볼 수도 있지만, 그 공간의 현재성이 전혀 고려되지 않는다는 점에서, 즉 시간의 축을 떠난 무시간성

19) 김우창, 앞의 책, p.66.
20) 남진우, 남녀 양성의 신화, 조연현 외, 『미당 연구』, 민음사, 1994, p.219.
21) 오세영, 앞의 책, p.214.

위에 축조된다는 점에서 공간 확장의 방식인 정지용과 구분된다.

이 점에서 서정주는 시인으로서 출발할 당시부터 시에 대한, 그리고 근대적 현실에 대한 확고한 자기 관점을 가졌던 것으로 판단된다.[22) 시와 현실의 분리를 통해 영원회귀의 무시간성으로 나아가는 길만이 시와 예술의 길이라고 보았던 것이다. 그리고 그 영원회귀로의 도정은 니체에서 출발하여 불교에 도달하는 과정을 거친다. 이는 곧 보들레르가, 모더니티의 한쪽은 찰나적, 일시적, 우연적 측면이며 다른 한쪽은 영원불멸한 측면[23)이라고 했던 정식화의 후자에 해당하는 것이다. 이것은 말할 것도 없이, 식민지적 현실의 문제를 들끓는 개인적 열정으로만 대응하려 했던 단순성과 관련된다. 그러나 이것은 또한 근대 문화의 순간적 시공성에 대한 반발로부터 비롯한 것[24)이라는 점에서, 명확하게 계산된 행보이며, 그 뒤에는 지적이고 이성적인 판단이 자리잡고 있다고 보아야 한다.[25) 그러므로 서정주 시의 변모 과정은 정신적 방법

---

22) 특히 그의 시에는 초기 발표분부터 습작 수준의 작품이 존재하지 않는다는 것과 태작이 거의 없다는 것 등이 시에 대한 자각의 정도를 짐작케 한다.

23) D.Harvey, 구동회·박영민 역, 『포스트모더니티의 조건』, 한울, 1995, p.27.

24) 근대와 전근대 구도로서의 근대성 부정의 태도는 다음과 같은 그의 시들에 암시되어 있다.

> "등잔불 벌서 키어 지는데…… / 오랫동안 나는 잘못 사렀구나. / 샤알·보오드레-르처럼 섧ㅅ고 괴로운 서울女子를 / 아조 아조 인제는 잊어버려,"
> (「水帶洞詩」)

> "포올·베르레-느의 달밤이라도 / 福童이와 가치 나는 새끼를 꼰다. / 巴蜀의 우름소리가 그래도 들리거든 / 부끄러운 귀를 깍어버리마"
> (「葉書-東里에게」)

특히 후자는 '포올·베르레-느'의 세계와 '복동이'의 세계 사이의 갈등을 '巴蜀의 우름소리'로 제시하면서, 이미 복동이의 세계에로 심정이 굳어졌음을 귀를 깎아버리겠다는 의지적 태도로 천명하고 있다.

25) 『시인부락』이나 『생명파』 운동을 같이 했던 당대인들 정신의 근저에 르네상스 휴머니즘이나 희랍정신이 있었음은 서정주 스스로 여러 번 밝힌 바 있다. 그러나 희랍시대로부터 르네상스에 이르는 길이 서구 근대화의 정신적 동력이라는 사실을 수긍하고 그것을 세계관의 차원으로까지 수용한 것으로 보이

차원의 그것이라고 정리될 수 있다. 그렇지 않고 그것이 전력을 경주한 사회적 실천의 결과라면, 삶의 태도에 근본적 변화가 오지 않았을 까닭이 없기 때문이다. 그의 후기시가 장인적 완벽성의 높이에도 불구하고 감동을 주지 못한다[26]고 말하게 되는 까닭도 여기에 있다고 보아야 할 것이다. 때문에 김우창의 상기 인용문에서, 미당이 현실에 대하여 '자기 자신의 진실'을 대결시켰다거나 '도전적 개인주의'를 가졌었다고 평가한 대목은 바로 이런 의미로 수정 이해될 필요가 있다.

더구나, 사회 역사적 시간의 구속에서 벗어나 시의 이슬에만 몰두하겠다는 이 선언이야말로, 예술(시)을 절대적으로 심미화하는 우리 시사(詩史)상 초유의 선언에 해당한다는 점에 주목할 필요가 있다.[27] 심미화(審美化)란 특정 대상을 사회적 제 관계로부터 분리시켜 그것 자체의 정당성을 부각시키려는 전경화의 태도라고 할 수 있다.[28] 따라서 심미화 자체는 올바른 대상 인식을 방해하고 사회적 연관 관계를 왜곡시키기 마련이다. 정치의 심미화가 권력의 파쇼화 독재화를 낳게 됨은 상식인 것이다.

모든 종류의 심미화가, 결국에는 사회의 현실적 제 연관을 잘못 파악하게 함으로써, 역사 왜곡 내지는 몰역사성으로 나아갔다는 것을 감안한다면, 서정주가 문학의 심미화 방식으로 선택한 신화 세계의 문제성

지는 않는다. 서구 근대화의 근본이 모든 사물이나 현상을 선과 악, 시(是)와 비(非), 주체와 타자로 이원화하고 그 중에서 전자를 중심에 두려는 태도에 기반하고 있음에 비길 때, 오히려 미당은 이 이분법을 넘어 그것들이 뒤섞인 상태의 건강성을 염두에 두고 있기 때문이다. 시 「화사」가 그런 이해를 가능케 하는데, 이 시를 두고 기존의 독법대로 기독교적 원죄 의식의 구현으로 볼 수도 있겠지만, 오히려 면밀히 읽어보면 선악의 이분법을 부정하려는 태도의 표명으로 볼 수 있게 된다. 클레오파트라와 순네가 배암에 의해 연결됨으로써 '요부(妖婦)'와 '촌부(村婦)'가 한 몸의 양면임을 드러낸 것으로 읽히기 때문이다.

26) 남진우, 같은 글.

27) 박용철의 '시적 변용'의 논리를 이에 대응시켜 볼 수 있겠지만, 박용철은 궁극적으로 삶의 우월성을 전제하고 있다는 점에서 서정주의 심미화와는 구별된다.

28) D.Harvey, 앞의 책, p.149.

을 짐작할 수 있게 된다.[29] 이 때의 신화가 '상상 속에서 그리고 상상을 통해 자연력을 지배할 수 있다는 믿음'과 관련되고 그것도 의도적으로 선택된 것이라는 점에서, 아무리 개인적인 문학 행위의 차원에서 그친다 하더라도, 논리적이고 이성적인 기획을 바탕에 깔고 계몽 이성의 무용성을 주장하는 아이러니를 낳을 것이기 때문이다. 이 점에서, 그의 시적 방법과 세계관이 전통주의를 가장하고는 있지만 사실 김기림과는 다른 의미에서의 모더니즘적 그것이라고 말할 수 있다.[30] 더불어 이 신화 세계는 「지귀도시」 연작과 그에 준하거나 그것의 변형인 「水帶洞詩」, 「대낮」, 「桃花桃花」, 「입마춤」, 「西風賦」, 「復活」, 「壁」 등에 반복 구현된다는 점에서, 미당 초기 시세계 이해의 통로가 된다고 할 수 있다. 시 「자화상」이 거듭 문제되는 연유가 바로 여기에 있다.

---

29) 이 때의 신화란 근대화를 용납하지 않고, 근대화의 제 이론들을 받아들이지 않으면서, 인간과 자연의 관계를 전근대적으로 파악하여 상상을 통해 인간이 자연을 통제하고 지배할 수 있다는 발상과 관련된다. 신화 속의 주체는 따라서 신격에 다가서게 되며 사물의 제 연관을 왜곡하여 몰역사적 시공간을 형성해낸다.

30) 이 점에서, 『화사집』을 토속적인 삶과 모더니즘이 만난 장소라고 이해한 황동규 교수의 관점은 상당히 흥미롭고 설득력 있는 것이다. 그는 초기의 서정주가 니체에 경도되었다는 자전적 기록을 바탕으로 그 인과관계를 추적하면서 다음과 같이 말하고 있다.

> "……서정주의 모더니즘은 당당한 모더니스트로서 유럽인의 권태까지 사랑한 李箱이나, 모더니즘에 심취하여 유럽의 모더니스트적인 표현을 그대로 이식하기에 바빴던 김기림의 정신과는 다르다. 서정주는 토속적인 삶을 정신의 밑바닥에 가지고 있었다."(황동규, 탈의 완성과 해체, 조연현 외, 『미당연구』, 민음사, 1994, p.130.)

4. 현장

이미지에 가려진 우수(憂愁) ▸ 279
형언할 수 없는 그리움의 집 ▸ 293
비파강 은어 혹은 청모시 치마 ▸ 307
〈숨은 꽃〉을 찾아가는 네 가지 방법 ▸ 325

이미지에 가려진 우수(憂愁)
—김광균의 『기항지』(정음사, 1947)

1. 김광균에 관한 몇 가지 오해

김광균(金光均 1914-1993)에 대해서는 사실 할 말이 별로 없을 법도 하다. 1930년대 한국시단을 대표하는 모더니스트 혹은 이미지스트 시인으로서 그는 아주 오랜 동안 휘황한 조명을 받아왔기 때문이다. 중학교 국정 교과서로부터 고등학교 문학교과서에 이르기까지 그의 시가 늘 한 시대의 전범(典範)으로 오르내렸거나 오르내리고 있다는 사실이 이를 뒷받침한다. 따라서 그에게는, 몇 개의 시 제목을 외는 일로 자신의 지식과 문화적인 소양의 남다름을 증거하고 싶어 하는 사람들의 입에 자주 오르내리는 시편(詩篇)들이 꽤나 많은 편이다. 대개 그 무렵의 많은 시인들이 한 두 편의 시만으로 문학사를 장식하고 있는데 비해, 「외인촌」, 「추일서정」, 「뎃상」, 「설야」, 「도심지대」, 「와사등」, 「성호부근」, 「은수저」 등 대강 꼽아도 십여 편에 이르는 문학사의 정전(正典)을 거느리고 있다는 것은 어느 모로 보아도 복에 겨운 일이 아닐 수 없다. 이런 그의 대표작들은 또한, 대수능 시험 언어영역의 유력한 출제 대상 시로 여겨져 7, 80만 수험생들의 필독시로 해마다 추장(推奬)되고 있는 형편이다. 중, 고등학교 시절, 교과서나 시험을 통해 만난 작품들이 우리들 문학 체험의 원질(原質)을 이룬다는 저간의 사정을 고려한다면 김광균 시인은 앞으로도 오랫동안 문학사 대표 주자로서의 영화(榮華)를 누릴 확률이 높다.

흔히 김광균을 두고 회화성을 추구한 시인이라고 한다. 말하자면 공간적 질량감을 갖는 이미지를 즐겨 사용하여 언어의 조소성(彫塑性)을 잘 살리는 시를 썼다는 것이다. 그리고, 조소라는 개념 자체에서 이미 그런 뉘앙스가 묻어나지만, 이 때의 그 이미지들은 매우 이국적이고 감각적인 편이다. 「은수저」 정도를 제외하면 위에서 대표작으로 꼽았던 그의 작품들은 대부분 이러한 평가에 아주 잘 들어맞는다. 가령 "안개 자욱-한 화원지(花園地)의 벤치 위엔 / 한낮에 소녀들이 남기고 간 / 가벼운 웃음과 시들은 꽃다발이 흩어져 있다"(「외인촌」 부분)라는 구절들을 만나면 아닌 게 아니라 그 누구라도 그가 정말 감각적이고 회화적이며 서구적인 이미지를 구사하는 시인이었구나 하고 고개를 주억거리게 될 것이다.[1] 뿐만 아니라 이런 생각을 뒷받침해줄 권위 있는 사람의 발언도 있다. 바로 김광균의 문학적 스승이라고 할 수 있는 김기림. 그는 김광균을 두고 소리조차를 그림으로 만들어낼 줄 아는 기이한 재주를 가진 시인으로 칭했다. 마침 스스로가 주창하던 현대시의 조건에 김광균의 시가 더할 나위 없이 적합한 예로 보였던 것이다. 그 결과 김광균은 1930년대 한국 시문학사를 대표하는 모더니스트 시인의 반열 한가운데 자신의 이름을 세울 수 있었던 것이다.

여기까지가 일반적으로 알려진 김광균의 모습이다. 하지만 관심을

---

1) 어색한 조어법으로 만들어진 화원지라는 어휘는 당대에는 참으로 낯선 말이었을 것이다. 실질은 없고 이름만 존재하는 말이기 때문이다. '벤치가 놓인 안개 낀 꽃밭 내지는 공원', '역등을 단 마차가 지나가는 협곡' 등의 장소가 당대 조선에 실제 있었다고 보기는 힘들지 않을까? 이는 이국 풍물을 그린 그림에서나 한 번쯤 훔쳐본 장면일 확률이 높다. 낭만적이며 몽환적인 이러한 설정을 두고 젊음 특유의 과장벽이 상상력을 동원해 만든 장면으로 볼 수도 있겠지만, 김광균 스스로 고백했듯이 그 무렵에 빠져들었던 서양 그림 체험의 영향으로 읽는 것이 온당할 것이다.

갖고 조금만 더 깊이 들여다보면 김광균에 대한 이러한 그간의 평가가 과연 온당한 것인가 하는 의문을 지울 수 없게 된다. 온당하다 하더라도 그것은 그의 시적 이력 가운데 비교적 초기 일부분에만 해당하는 사실일 뿐이기 때문이다. 김기림이 그토록 힘주어 칭찬했던 근대 문명에 대한 회화적 접근이라는 김광균의 방법도 김기림 스스로가 주장했던 바와는 사정이 많이 다르다. 김기림은 낡고 피로한 오후의 동양 문화가 아니라 명랑하고 신선한 오전의 서구 문명이 만드는 근대적 광휘(光輝)를 재기 발랄하게 묘사할 것을 주장했지만 기실 김광균이 주로 매달렸던 것은 근대적 이미지 밑에 숨은 우수와 비애의 전염이었던 것이다.

그 점에서 김광균은 한국 근대 정치사와 문학사의 파행적 전개과정의 득과 실을 같이 경험한 시인이라고 볼 수 있다. 사실 드러내 말할 수 없었을 뿐, 해방 후 한국 근대문학사가 힘주어 모더니스트라고 소개하고 싶었던 시인들의 한가운데에는 김기림과 정지용이 자리하고 있었던 것이 사실이다. 그러나 그들이 해방 후의 복잡다단한 정치적 현장을 통과하면서 자의든 타의든 임화 계열의 문학가동맹 편에 서 있었다는 것이 문제였다. 한국전쟁 후 재편된 정치 질서는 그들을 문학사의 전면에 내세울 수 없게 했다. 동일한 논리가 1930년대 문학사에도 그대로 적용되었다. 30년대 시문학사의 한 축을 이루었던 카프 계열의 시인들을 제거한 나머지 시인들로 문학사 전체를 포장하려 했던 것이다. 결과적으로 모더니즘과 시문학파만으로 30년대 문학사를 다 채워 설명해야 했다. 따라서 어떤 식으로든 과소평가와 과대포장이 이어질 수밖에 없었다. 특히 모더니즘의 경우는 상황이 더 심각해, 이상과 김광균만으로 문학사의 공백을 메우는 무리수가 진행되었다. 그 결과 김광균은 이미지스트로서 한껏 주가를 올리게 되었지만 자신의 본 모습은 드러낼 방도를 잃어버리게 되었던 것이다.

그간의 연구에서는, 시집 『와사등』과 그 중에서도 대표적인 몇몇 작품들만이 언제나 논의의 대상이 됨으로 해서 시기 구분조차 명확히 논의되어 본 적이 없긴 하지만, 『와사등』(1939), 『기항지』(1947), 『황혼가』(1957)로 이어지는 김광균의 시적 이력[2]은 크게 세 시기로 그 변모시기를 구분할 수 있을 듯하다. 시집 『와사등』이 간행되기 이전의 시들을 초기시(1934년경까지)로 보고, 『와사등』 소재의 시들과 『기항지』에 실린 총 17편의 시 가운데 「도심지대」라는 章으로 묶인 7편을 중기시(1941년경까지)로 보며, 『기항지』 안에서 「조화」로 묶인 3편과 「황량」으로 묶인 7편을 시집 『황혼가』와 동렬에 놓아 후기시(1948년경까지)로 보는 방식이다.[3]

김광균이 13살 되던 1926년 『중외일보』에 「가는 누님」을 발표하고는 있지만 그것은 단지 문학 소년의 습작에 지나지 않는 것이었다. 그가 나름대로의 자의식을 갖추고 시작 활동에 임한 것은 아무래도 1930년경으로 보아야 할 것이다. 「야경차」, 「실업자의 오월」 등에서 보여주는 그의 초기 시작 경향은 뜻밖에도 프로시의 계열로밖에 볼 수 없는 것이라는 점에서 일차적인 주목을 요한다. 그러나 당대 중앙 문단의 주류로 군림하고 있던 프로문학에 대한 지방의 한 문학 소년이 느끼는 동경이 어떤 색깔일까를 추측해본다면 이것은 이해가 되는 일이기도 하다. 하지만 1934년에 씌어진 두 편의 작품과 만나면 그를 압도한 근대로서의 프로문학이 단순한 통과의례 이상의 의미를 지니고 있다는 사실을 감지할 수 있다. 당대의 프로 시문학이 자체의 논리로 양식화한 것 중에서 최상의 것이라 할 수 있는, 이른바 단편서사시류의 작품을 무리 없이 제출하고 있기 때문이다. 말하자면 지금까지 알려진 것과는

---

2) 한국전쟁과 함께 실업계로 진출하여 문단을 떠났다가 30여년이 지난 1980년대 들어 다시 한 권의 시집(『임진화』, 범양사출판부, 1989)을 냄으로써 문필활동에 복귀한 것으로 되어 있지만 80년대의 작업을 문학사적 의미망 아래 같이 포괄할 수는 없다고 생각된다. 문학사적 긴장감과는 무관한 개인적 자리에서 여기(餘技)의 형태로 씌어진 것들이기 때문이다.

3) 이러한 구분은 한계전(김광균의 시적 변모고, 『한국국어교육연구회논문집1』, 1969)에 의해 처음 시도되었다.

터무니없이 다르게, 그는 초기시 제작 과정에서 당대 사실주의 문학의 중심 분자라 할 임화를 사숙하고 있었던 것이다. 이를 프로시의 경험이라고 명명할 수 있을 것이다. 「그날밤 당신은 마차를 타고」(『조선중앙일보』 34.2.8)와 「어두어오는 暎窓에 기대여 – 3월에 쓰는 편지」(『조선중앙일보』 34.3.28)가 그것들인데, 이들은 임화의 「우리옵바와 화로」와 거의 모든 면에서 혹사한 구조를 보여준다. 임화시의 화자인 '순이'가 '아내'로, 청자인 '옥에 간 오빠'가 '옥에 간 남편'으로 대치되었을 뿐, 화자가 청자에게 보내는 독백적인 편지투의 담화 방식을 구현함으로써 독자들로 하여금 화자와의 상상적 동일시를 유발한다는 근본적 유사점은 부정되기 힘들다.

물론 이것을 가지고 그가 프로 이념을 신념의 차원으로까지 끌어올렸음을 보여주는 증거라고 우길 수도 없음 또한 명백하다. 1934,5년에 걸친 카프 와해를 지켜보면서 그는 근대성의 또 다른 한 축을 담당했던 모더니즘, 즉 김기림에게로 가볍게 나아가고 있기 때문이다. 그의 초기시 가운데에도 프로시류 외에 모더니즘적 징후를 드러내는 시편들이 이미 혼재해 있었다. 「창백한 구도」(『조선중앙일보』, 1933.7.22), 「해안과 낙엽」(『동아일보』, 1933·11.19), 「파도 있는 해안에 서서」(『조선중앙일보』, 1934.3·12) 등이 이에 해당한다. 다만 초기의 이러한 프로문학에의 지향이 후기로 진행되는 그의 변모에 일종의 원형적 체험으로 자리 잡았을 가능성만은 완전히 배제할 수 없을 것으로 보인다.

2. 삶의 기항지를 찾아가는 여로

김광균의 중, 후기 활동은 그의 세 시집, 즉 『와사등』, 『기항지』, 『황혼가』로 집약된다. 그 가운데서 그 동안 집중 조명을 받은 것이 첫 시집 『와사등』이었다. 중기시를 대변하는 『와사등』의 세계에 대해 그간의 논의들이 그 특징으로 공감한 것이 방법으로서의 시각화 즉 회화성이었던 셈이다. 그러나 앞에서 이미 언급했지만 그 밑바닥에는 일견 그것과는 극단으로 보이는 정서로서의 애상성이 깔려 있었다. 상충하는 이 두 범주의 관계를 어떻게 설정하느냐에 의해 논자들의 평가가 전혀 상반되게 나타나기도 했는데, 가령 영·미 모더니즘이나 이미지즘의 원리에 얼마나 충실했는가를 따지는 입장에서는 애상성을 그의 시의 치명적 결점으로 보았고, 소박하나마 시의 사회성이나 역사성을 믿는 논자의 입장에서는 오히려 그 애상성 때문에 그의 시가 부박한 이미지즘으로부터 벗어날 수 있었다는 점에서 긍정적으로 평가하기도 했다.

말하자면, 김광균 중기시를 제대로 이해하려면 흔히 말하는 그의 회화성만이 아니라 애상성의 범주도 같이 고려해야 한다는 것이다. 결국 임화를 버리고 김기림의 방법을 선택하여 시집 『와사등』을 상재하긴 했지만, 그 방법의 너머에는 스스로도 어찌할 수 없는 생래적(生來的)인 애수가 자리 잡고 있었던 셈이다. 따라서 시집 『황혼가』로 대표되는 그의 후기시는 삶에 대해 가졌던 그의 비관적 태도가 문학적 외피를 입고 전면적으로 등장한 경우라고 불러야 마땅하다. 그 한가운데에 시집 『기항지』가 우두커니 서 있다. 『와사등』이라는 이국적 이름의 시집과 『황혼가』라는 비극적 느낌의 시집 사이에 선 『기항지』는 결국 완전한 안식의 장소가 되지 못한다. 삶이라는 긴 항로에 어쩌다 들른 그야말로 기항지일 뿐인 것이다.

『기항지(寄港地)』(정음사, 1947)는 초기 임화의 영향 아래 있던 김광균의 시적 행보가 김기림에게 기울었다가 종국에는 스스로의 목청[4]을 갖게 되기까지의 과정을 증거하는 시집이다. 그만큼 과도적이며 불안하다. 일찍이 한계전 교수는 그 불안한 면모의 원인을 두 가지 시세계의 뒤섞임에서 찾았다. 최재덕이 장정을 맡고 스스로 발문을 붙인 총 47페이지짜리 시

4) 비록 비관적인 목청이라 하더라도 그것만이 김광균 스스로의 것이었다.

집을 그는 세 부분으로 나누어 놓았는데, 〈황량(荒凉)〉이라는 소제목 하에 「야차(夜車)」, 「황량(荒凉)」, 「향수(鄕愁)」, 「녹동(綠洞) 묘지(墓地)에서」, 「비(碑)」, 「망우리(忘憂里)」, 「은수저」 등 7편을 배치하고, 뒤이어 〈조화(弔花)〉라는 소제목 아래 「대낮」, 「조화(弔花)」, 「수철리(水鐵里)」 등 3편을, 〈도심지대(都心地帶)〉라는 소제목 아래 「단장(短章)」, 「환등(幻燈)」, 「뎃상」, 「추일(秋日)서정(抒情)」, 「장곡천정에 오는 눈」, 「눈오는 밤의 시」, 「도심지대」 등 7편을 실었다. 이 가운데 〈도심지대〉의 7편이 『와사등』의 세계와 겹치고 〈황량〉과 〈조화〉의 10편이 『황혼가』에 연결된다는 것이 한계전 교수의 관점이었다. 한 권의 시집으로 묶여 있긴 하지만 그 두 부분은 그만큼 낙차가 있다는 뜻이다.

1947년 2월에 쓴 발문을 통해 김광균은 이 시집에 실린 시들이 그의 첫 시집 『와사등』(1939) 이후부터 해방 전까지 쓴 시들임을 밝히고 있다. 그의 나이 스물여섯부터 서른까지 햇수로 5년간의 작품이라는 것이다. 〈도심지대〉 소재의 시편들에는 스스로 "모더니틔"라는 수식어를 붙임으로써 그 시편들이 도회적이며 근대적인 풍물에 대한 나름의 시적 반응임을 명확히 해 두고 있다. 『와사등』과의 연관을 찾는 이유가 될 것이다. 〈조화〉 소재의 세 편은 열여덟에 죽은 누이동생에 대한 개인적 조가(弔歌)라는 것, 시 「은수저」는 해방 이후의 작품이지만 이 시집에 집어넣는 것이 마땅하다고 생각되어 싣는다는 것도 아울러 밝히고 있다. 그러고 보면 〈도심지대〉와 〈황량〉, 〈조가〉의 구분은 이미 김광균 스스로 그 터를 닦아놓았다는 것을 알 수 있다. 따라서 그 두 경향의 차를 확인하고 의미를 부여하는 작업이야말로 시집 『기항지』의 성격을 확정하는 일의 본질이 될 것이다. 그러기 위해서는 우선, 시집의 뒤에로 편집되어 있지만 〈도심지대〉 소재의 시들을 먼저 검토해볼 필요가 있다. 『와사등』과의 관계를 해명하기 위해서다.

김기림의 주장과 달리 필자가 보기에 『와사등』 무렵의 김광균 시에서 이미지만으로 성공한 시는 그리 많지 않았다. 시각적 이미지가 전경화(前景化)되는 37년 이전의 작품으로 주목되는 것은 「외인촌」 정도일 뿐, 나머지는 대개 태작에 속한다. 몇 개의 도회적 대상들, 가령 '정거장(역), 바다, 분수, 포도(鋪道), 가(로)등' 등에다, 역시 몇 개의 관형어들, 예를 들면 '창백한, 고독한, 하이얀, 초라한' 등을 교체하며 만들어내는 이 시기 이미지들은 개별 시에서의 부분적인 신선함을 만들어내는 이외에 별다른 기능을 하지 못했던 것이다. 그러다 1939년 무렵부터 나름의 변모가 시작되는데, 그 결과물이 〈도심지대〉로 묶인 「뎃상」, 「도심지대」, 「추일서정」, 「환등(幻燈)」 등 흔히 김광균의 대표작으로 분류되는 시들이다. 그런데 이 시기에 이르면 보다 명확히, 이미지는 그것 자체의 전달이 아니라 그 배후에서 작동하는 '슬픔'과 '향수'의 전달을 위해 선택된다. 이미 그의 시에서의 지배소(支配素)는 이미지가 아니라 애수였던 것이다. 그 애수의 근원이 무엇인가를 살피기 위해 시 「추일서정」을 따라가 보자.

낙엽(落葉)은 포-란드 망명정부(亡命政府)의 지폐(紙幣)
포화(砲火)에 이즈러진
도룬시(市)의 가을하날을 생각케한다
길은 한줄기 구겨진 넥타이처럼 풀려저
일광(日光)의 폭포속으로 사러지고
조그만 담배연기를 내어뿜으며
새로두시의 급행차(急行車)가 들을달린다
포프라나무의 근골(筋骨)사이로
공장(工場)의집웅은 힌니빨을 드러내인채
한가닭 꾸부러진철책(鐵柵)이 바람에나브끼고
그우에 세로팡지(紙)로 만든 구름이하나
자욱-한 풀버레소래 발길로차며
호을노 황량(荒凉)한생각 버릴곳없어
허공에띄우는 돌팔매 하나
기우러진 풍경(風景)의장막(帳幕) 저쪽에
고독한 반원(半圓)을긋고 잠기여간다

(「추일서정」 전문)

따로 분석할 필요가 있을까 싶을 정도로, 이미지 중심의 모더니즘 시로 너무나 익히 알려져 있는 작품이다. 하지만 가만 보면 이 시는 갈 데 없는 의사(擬似) 이미지즘시이자 의사 모더니니즘시다. 전반 11행까지 유지되어 오던 참신하고 근대적인 이미지즘의 기조(基調)가 그 이후의 감상적 태도로 하여 급격히 무너져 내린다는 것이 의사 이미지즘시라는 판단의 근거며, 독일에 의한 폴란드 침공이라는 근대 부정의 빌미를 잘 포착하고서도 한낱 비유에 그쳐버리는 정치 미달의 의식 수준이 의사 모더니즘시라는 판단의 근거다. 철저한 이미지즘시로도 근대부정의 철저한 모더니즘시로도 나아가지 못한 채 어정쩡한 자세를 취하고 있는 것이 「추일서정」인 셈이다. 그런 점에서 이 작품은 그냥 서정시일 뿐이다. 제목 그대로 낙엽 지는 가을날이 인생에 대해 환기하는 서정을 그리고 있는 한 편의 시.

온갖 근대적 이미지로 치장된 전반부에도 불구하고 이 시는 가을날이 주는 고독과 황량함이라는 마지막 부분의 정서 전달에 주력하고 있는데, 그러한 감정들은 존재 자체의 위기감과 연결되어 있다. 가을과 낙엽, 오후라는 이 시의 핵심 비유들은 목숨의 소진(消盡)혹은 반드시 그렇게 될 수밖에 없는 인간의 숙명을 환기하고 있는 것이다. 이 근원적인 존재의 위기감은 후반부 '반원을 긋고 잠겨가는 돌팔매'에 와서 절정에 도달한다. 어찌 생각하면 돌팔매를 그리움의 표현이자 최소한의 존재 표시에 해당하는 것으로 볼 수도 있을 것이다. 그러나 허공으로 치솟았다가 불안정하게 기울어진 풍경의 황량함 너머로 떨어져 사라진다는 부분에 주목하면 오히려 그것이 소멸의 느낌에 더 가깝다는 것을 알 수 있다. 돌팔매처럼 인생도 반드시 한 번은 땅위로 떨어져 내리게 되어 있는 것이다. 포물선이 보여주는 인생의 궤적으로서의 이 사라짐의 이미지는, 또한 그의 시에 수시로 등장하는 '내리다, 내려서다'는 하강 이미지의 도움을 받아 죽음의 내포를 지니게 된다. 김광균에게 애초부터 문제였던 것은 새롭고 신선한 이미지가 아니라 불가해한 인간의 운명이 주는 우수였던 것이다. 이것은, 김광균이 표면적으로 의지했던 근대적 방법이야말로 하나의 트릭에 불과할 뿐이고, 그 본질은 소멸과 죽음이라는 근원적 공포를 넘어서려는 데 있었다는 것을 알려주는 장치라고 할 수 있다.

〈도심지대〉의 의사 모더니티를 넘어 〈황량〉과 〈조화〉 소재의 시편들에 오면, 이제 그의 시는 더 이상 이미지즘의 외피를 덧입지 않는다. 누이의 죽음과 아버지의 죽음 혹은 친구의 죽음이라는 가족 친지 상실 체험[5]을 전면에 드러내거나, 어머니나 고향에 대한 회귀의 감정을 스스럼없이 서술하는 태도를 보인다. 이를 두고 근대적 현실에 주체적으로 대응해내지 못한 나약한 주체가 퇴행적 심리를 드러낸 것으로 볼 수도 있을 것이다. 그러나 비록 포즈의 차원이거나 도피의 차원이라 하더라도 그가 이 시기에 와서 고향과 죽음 같은 삶의 원초적 문제나 원칙을 발견했다는 사실은 중요한 의미를 지닌다. 그 사적(私的)인 장소감을 바탕으로 공동체[사회]의 문제를 인식할 수 있는 계기가 되기 때문이다. 시 「향수」(〈황량〉)가 그 고향의 발견이라면, 「碑」(〈황량〉)는 어머니의 발견에 해당하는 시이며, 나머지 대부분의 시들은 죽음과 관련되어 있다.

> 저므러오는 육교(陸橋)우에
> 한줄기 황망한 기적을 뿌리고

---

5) 가족 혹은 친지의 죽음이라는 모티프는 시기 구분과 상관없이 김광균 시의 도처에서 출몰한다. 이미지즘을 목표로 하면서도 감상성으로 해서 스스로 그것을 해체시키곤 했던 이유의 많은 부분도 이와 관련된 듯하다. 아버지의 죽음보다도 누이의 죽음이 보다 근원적인데, 이는 동시대의 많은 시인들에게서 나타나는 누이 콤플렉스와 그 궤를 같이하는 것으로 짐작된다. 가령, 「해바라기의 감상」이 아버지 상실을 그리고 있다면, 「벽화」는 죽음 자체를, 「남촌」, 「수철리」 등은 누이의 죽음을 형상화하고 있다. 특히 시 「남촌」(『와사등』)은 누이의 죽음에 스스로의 죽음의 이미지[壽衣]를 겹치고 있어서, 누이 죽음에서 입은 트라우마를 짐작케 한다. 죽음의 문제는 이미지라는 시적 방법의 차원을 넘어 그만큼 그에게는 원초적인 문제였던 것이다.

초록색 람프를다른 화물차(貨物車)가지나간다

어두은 밀물우에 갈매기떼 우짖는
바다 가까히
정거장(停車場)도 주막집도 헐어진나무다리도
온-겨울 눈속에파무처 잠드는고향

산도 마을도 포프라나무도 고개숙인채
호젓한 낮과밤을 맞이하고
그곳에
언제 꺼질지모르는
조그만 생활(生活)의 촛불을 에워싸고
해마다 가난해가는 고향사람들

낡은 비오롱 처럼
바람이부는날은 서러운고향
고향사람들의 한숨히망도
진달내빛 노을과함께
한번가고는 다시못오기

저므는 도시(都市)의옥상에 기대여서서
내생각하고 눈물지움도
한떨기 들국화처럼 차고 서글프다

(「향수」 전문)

이 시에 오면 1연과 5연의 도시 이미지는 거꾸로 고향에 대한 그리움을 불러일으키는 매체로 등장한다. 독립적 인식 대상이 아니라 고향의 종속 변수가 되는 것이다. 도시는 고향과 대비되기에 의미를 지니게 된다. 더구나 3, 4연은 그의 고향 그리움이 개인적인 의미를 넘어 고향 공동체라 부를 만한 어떤 것에 대한 하소연이라는 것을 생각게 해준다. 이를 통해, 그의 시가 도시적 이미지를 통해 항상 추구해왔던 그리움의 구체적 대상 혹은 안식처가 결국은 고향이었음을, 그것도 1940년대 이 땅의 현실에 연결될 수 있는 고향 공동체였음을 조심스럽게 추정해 볼 수 있지 않을까? 이 시를 전후하여 그는 친지의 죽음에 대한 개인적 애상에 겹쳐 현실이 주는 아픔과 슬픔도 은밀히 풀어놓고 있었던 것으로 보인다.

그러나 현실에 대한 그의 인식은 극히 원론적인 차원을 벗어나지 못한다. 특히 정치적 실천이라는 문제에 부딪히면 그는 개성 사람다운 중용적 처신으로 그 위기를 스쳐 가버린다. 따라서 『기항지』에서 보여준 태도 변화를 두고, 모더니즘의 과도한 회화성에의 경사에서 벗어나 거기에 현실로서의 생활의 문제를 담아간다는 종합의 정신을 모더니즘 측에서 밀고 나간 것으로 판단하는 것은 무리일 것이다. 김광균의 방법적 결론은, 소박한 경험주의의 세계 혹은 중도적, 중용적 입장에 스스로를 세우는 일이었던 것이다. 이러한 그의 태도가 해방 후의 그 선명한 이념의 양분법 앞에서 무기력한 것은 당연한 일이다.

중, 후기시에 드러나는 김광균 시의 변모가 단순히 시적인 변모에만 국한되었던 것은 아니었다. 이 변모의 조짐은 1940년 2월에 씌어진 그의 유일한 시론에도 다소간 표면화되고 있다.[6] 20세기 현대문명과 관련된 김기림의 논리를 답습, 정리한 것에 지나지 않다고 볼 수도 있지만, 그가 유독 '시대성을 거부하는 정신은 아무래도 시대의 적'일 수밖에 없다는 논리를 힘주어 강조하고, '시에 있어서의 대상(현실)이 있는 이상 이 대상에 근본적인 변화가 있을 때 이 대상을 담는 용기(시) 역시 변화해야 할 것은 그리 사고를 요할 바가 못 된다'고 했을 때, 우리는 그의 시에 나타날 변화를 충분히 예감해볼 수가 있었다. 그러나 해방 후로 이어진 그의 시론 전개는 이 차원을 더 넘어서지 못하고 만다. 앞서 말한 중용적 세계관으로 실천의 필요성을 가려버렸던 것이다. 거듭 말하지만 '폴란드 망명정부'(「추일서정」)나 '만주제국 영사관'(「도심

6) 김광균, 서정시의 문제, 『인문평론』, 1940.2.

지대」)이라는 시의성 있는 근대 현실의 모습을 포착하고서도 그것을 단편적 비유로 처리해버리는, 즉 현대문명의 피로한 현상으로 처리해버리는 모습에서, 그의 변모가 지닌 근본적 한계를 짐작할 수가 있다.

3. 시를 쓴다는 것이 이미 부질없고나

김광균의 제2시집 『기항지』는 익히 알려진 『와사등』보다 김광균의 고민을 훨씬 솔직히 담고 있다는 점에서 주목에 값한다. 즉 『와사등』에서 시작된 고민이 『황혼가』로 진행되어 나가고 결국 시를 버리게 되는 과도기적 심사를 매우 정확히 반영하고 있는 것이다. 그 과정을 한 마디로 정리한다면 김기림식 모더니티로부터의 일탈이자 스스로의 목소리를 세우는 과정이라고 불러볼 수 있을 것이다. 회화성과 삶의 애수 간의 대립으로 표현될 수 있는 이 문제가 바로 시집 『기항지』의 주조음(主調音)이었다.

그러나 그의 시적 항해가 여러 기항지를 거쳐 나아간 곳은 결국 시의 영토를 떠나는 길이었다. 해방 후 당분간은 임화계의 노선을 지지하는 듯했지만 이내 거기서 떨어져 나와 시단의 제3당이라는 비아냥을 들어야 했다. 좌우의 이념 대립 가운데서 그는 그 어느 편도 손들어 주지 않고 김용호, 염상섭 등과 함께 중도파로서의 길을 걸었다. 회화성이나 애수 따위의 문학내적 문제가 아니라 직접적인 삶의 문제, 서른을 넘겼다는 생활인의 문제가 보다 절실하게 육박해 왔던 것이다. 회화성과 애상성의 대립이 문학과 생활의 대립으로 치환된 곳에 그의 해방기 고민이 자리 잡고 있었다.

> 시를 믿고 어떻게 살아가나
> 서른 먹은 사내가 하나 잠을 못잔다.

먼- 기적소리 처마를 스쳐가고
잠들은 아내와 어린 것의 벼개 맡에
밤눈이 내려 쌓이나 보다.
무수한 손에 뺨을 얻어맞으며
항시 곤두박질해온 생활의 노래
지나는 돌팔매에도 이제는 피곤하다.
먹고 산다는 것,
너는 언제까지 나를 쫓아오느냐.

(「노신」, 『황혼가』의 앞 부분)

물론 이를 두고 현실 의식을 가장한 현실 도피 의식이라고 몰아세울 수도 있을 것이다. 그렇게 가난한 아내와 아이 때문에라도 제대로 된 나라 만들기에 뛰어들 수밖에 없다고 작심한 시인들이 한둘이 아니었기 때문이다. 그러나 아무리 그렇다 하더라도 김광균의 이러한 진술을 두고 거짓이나 위선이라고 몰아 부칠 수는 없을 것이다. 먹고사는 문제, 더불어 죽고 사는 문제 앞에서 위선 떠는 시인이 있을 수 없기 때문이다. 나름대로 절실한 위기감에 내몰리고 있었던 것 같다. 더구나 그의 머리 위에는 한때 동지라고 믿었던 사람들이 비판과 비아냥의 말들을 쏟아 붓고 있었다. '무수한 손에 얻어맞는 뺨'의 이미지와 '지나는 돌팔매'란 바로 그 비아냥을 겨냥하고 있다.

그렇지만 그를 문학으로부터 결정적으로 멀어지게 만든 것은 또다시 연이은 친지의 죽음이었다. 시 「은수저」와 「시를 쓴다는 것이 이미 부질없고나」에는, 초기시부터 어쩌지 못해 절절매 왔던 죽음의 문제 앞에서 그가 얼마나 당황하고 있었던가가 잘 나타나 있다. 이로써 그의 시력은 끝나버린다. 1957년에 간행된 3시집 『황혼가』는 바로 이 무렵에 씌어진 작품들을 수습해 놓은 것일 뿐이다. 그것은 『와사등』에서 시작되어 『기항지』에서 증폭되고 변주된 김광균 시력의 종착지였다. 시집 『기항지』는 결국 이처럼 시를 버려야한다는 결론에 도달했던 김광균 시력의 전모를 이해하는 거멀못이자 키워드인 셈이다.

형언할 수 없는 그리움의 집
—노천명 『산호림』(한성도서, 1938)

1. 사랑하는 모든 것들로부터 버림받는 운명

아직 바람 끝이 매서운 1957년 3월 7일, 가냘픈 한 여인이 길거리에서 쓰러져 청량리 위생병원으로 이송되었다. 병명은 재생불량성 빈혈. 최루성 삼류 연애 소설에 흔히 등장하곤 하던 병명이었다. 그녀는 수혈을 받으며 1주일가량 버텼으나 경제적 사정이 여의치 않아 누하동 자택으로 퇴원, 계절의 여왕 5월 지나 여름으로 접어드는 6월 16일 새벽에 끝내 조용히 눈을 감고 말았다. 하늘이 이 지상에 겨우 45년간만 머물도록 목숨을 허락해준 이 박명한 독신녀의 이름이 바로 노천명(盧天命)이다.

1911년 9월 1일[1] 황해도 장연군에서 태어난 노천명의 생애는 되짚어 볼수록 외롭고 우울한 그림자를 우리 머리 위에 드리운다. 아명(兒名)이 기선(基善)이었던 노천명은 여섯 살이 되던 1916년에 홍역을 심하게 앓아 거의 죽다 살아났다. 아버지는 하늘이 주신 목숨이라고 하여 그녀 이름을 '천명(天命)'으로 개명하여 호적에 올렸다. 그래선지 그녀의 이

1) 노천명의 생애에 대해서는 이숭원의 『노천명』(건국대출판부, 2000)을 참고했음.

름에는 이미 일찍부터 죽음에 뿌리를 댄 외로운 운명의 냄새가 묻어있다. 무엇보다 천명이 사랑했던 것은 무엇이나 일찍 그녀를 버렸다는 사실이 그녀의 이 외로운 명운(命運)이 무엇을 의미하는가를 짐작케 한다.

그녀 나이 8세 때인 1917년에 아버지 노계일이 갑작스레 세상을 버린 것을 필두로, 그녀의 삶은 사랑하는 것들과의 결별이라는 내용으로 채워지기 시작한다. 병약해 세상과 잘 소통하지 못하고 안방 병풍 아래 누워 어머니의 이야기를 들으며 보내긴 했지만, 아버지가 지켜주던 장연군 박택면 비석리의 집은 그녀의 안온한 유년 그 자체였다. 그런데 아버지의 죽음은 세상의 중심이었던 고향집에 그녀를 더 이상 머물 수 없게 했다. 홀로 남겨진 어머니가 솔가를 하여 친정이 있는 서울로 이주를 했기 때문이다. 그러잖아도 말수가 적고 깡말랐으며 낯가림이 심했던 천명에게 서울로의 이주는 가혹한 시련이었던 것 같다. 그녀 시작(詩作) 활동의 내내 그녀가 가장 깊이 몰두했던 모티프가 귀향이라는 점이 이를 잘 보여준다. 고향 떠남이란 그녀 생애를 걸어 해소의 방법을 찾아내야만 했던 자신의 트라우마였던 것이다.

그녀 나이 스물이 되던 1930년에는 어머니마저 세상을 뜨고 만다. 가히 그 슬픔의 정도를 짐작할 수 있으리라. 결정적으로 그녀의 작품들에 비애와 우수의 그림자를 드리우게 한 원인이었다. 거기 더해 채 2년도 지나지 않아 동기(同氣)로서 자별한 정을 나누었던 언니마저 형부를 따라 머나먼 진주땅으로 떠나갔다. 이화여전 기숙사로 들어간 노천명은 그야말로 사고무친의 외로운 신세일 수밖에 없었다. 거기다 37세 되던 1947년에는, 서울 살이 이후 그녀의 사실상의 후견인으로서 물심양면의 도움을 주었던 진주의 형부 최두환이 세상을 떴고, 그해 가을에는 그녀가 또한 극진히 아끼던 이질녀 최용자마저 맹장 수술 경과가 좋지 않아 세상을 버리고 말았다. 한 마디로 그녀가 사랑하는 것은 모조리 그녀 곁을 떠나 가버린 것이다. 이를 두고 운명이라 부르지 않는다면 달리 무엇을 그리 부를 수 있을까.

고향(집) 떠남과 사랑하는 것들과의 사별이라는 이 무시무시한 조건은 시인 노천명의 사회성이 자랄 수 있는 여지를 애초부터 차단했던 것으로 보인다. 사회성이 자기 자신에 대한 정체성을 바탕으로 남과 무리 없이 교섭할 줄 아는 능력을 말하는 것일진대 노천명에게 있어서는 자기애(自己愛)가 자랄 안온한 환경이 남아 있지 않았기 때문이다. 주변의 사랑하는 것(사람)들이 전부 자기를 떠나간다는 사실은 자기를 구성하는 친밀한 것들이 없다는 것을 말한다. 자기의 든든한 후견인, 후원자가 없다는 것은 이제 막 성장을 시작하는 자아에게는 치명적인 결손이기 쉬웠을 것이다. 28세 되던 1938년에 자가본(自家本)으로 간행한 그녀의 첫 시집 『산호림(珊瑚林)』은 바로 이 치명적인 결손의 체험으로 가득하며 그런 만큼 시집을 읽는 이들을 쉽게 울린다. 애수(哀愁)가 바로 그녀의 몫이기 때문이다.

2. 민달팽이의 노래

시란 어떤 식으로든 세상에 부딪힌 자아가 드러내는 감응(感應)의 형식이다. 근대 초기의 우리 시인들은 그 점에서는 매우 불행한 조건 위에서 시를 썼다고 할 수 있다. 세상과 화해하기보다는 부조화를 체험할 수밖에 없는 태생적 조건이 주어져 있었기 때문이다. 사정이 그렇다면 도저히 화해할 수 없는 192,30년대를 향해 노천명은 이중의 괴리감을 가졌던 셈이다. 개인적으로 낯익은 주변과의 결별이라는 괴리감이 그 하나라면 예속의 근대가 만드는 배타적 느낌이 그 두 번째일 것이다. 이 낯선 근대 혹은 어른의 세계 앞에서 시인 노천명은 고향을 향해 뒤돌아서고 만다. 이럴 때 고향은 그녀가 현실에서 겪은 결핍을 보상해 줄 수 있는 유일한 장소였던 것이다. 그 고향에 어머니가 있음은 말할 필요도 없는 일이다.

고향의 의미를, 시인 주체에게 가치를 부여해주거나 정신적 육체적 자양분을 제공해 주는 한편 의지(依支)할 대상이 될 수 있는 것(곳)으로 정의했을 때, 어머니는 이 세상 모든 아이들의 제일의 장소가 된다. 덧없고 무상한 인상들로 이루어진 유아의 세계에서 어머니가 최초의 지속적이고 독립적인 대상이 되는 것은 당연한 일이다. 어머니는 필요할 때 거의 언제나 가까운 곳에 있어서 아이의 편이 되어 주거나 절대적인 신뢰와 지원을 보내준다. 이런 점에서 어머니는 친숙한 환경이자 안식처로서의 고향 그 자체인 것이다.

그러나 고향은 변한다. 고향과 행위 주체 모두 시간의 지배를 받기 때문이다. 행위 주체가 자라남에 따라 그가 유년 시절에 가졌던 고향에 대한 장소 정체성은 더 이상 유효해지지 않게 된다. 이제 주체는 세계를 탐험하기 위해 어머니의 품을 떠나게 되는 것이다. 이 때 세계 탐험을 떠난 주체에게, 집과 고향과 어머니는 유년의 장소들이자 그냥 과거 한 때의 것으로 머물러 있는 것이 아니다. 탐험 중인 주체가 현재 상태를 점검하고 조정하는 전범으로 작용하기도 하고, 그것 자체가 미래에 고스란히 투사되어 바람직한 미래상을 만드는 힘이 되기도 한다. 미래에 투사된 고향의 이미지가 물론 과거의 그것과 일치하지는 않는다 하더라도 과거 유년의 고향 이미지와 내적으로 긴밀히 연관되어 있다는 사실은 틀림없다. 즉 과거 현재 미래의 시간 연속 가운데 내재하는 자아의 동일성이 스스로에게 확인되면서, 과거에서 투사된 미래가 주체에게 가치 있는 것, 바람직한 것으로 신념화될 때, 그 미래를 전취하기 위해, 비록 현재의 삶이 갈등 속에 빠져 있다 하더라도 그 주체의 삶은 실천 속에서 긍정적인 것으로 수용될 수 있다. 과거와 현재의 올바른 지양을 통해 미래를 열어 나가려고 하는 자에게 있어, 설령 그것이 실패로 끝난다 할지라도 그 신념과 실천은 가치 있는 행위로 납득될 수 있는 것이다.

그런데 문제는 노천명처럼 이러한 조정에 실패하고 그냥 과거로 돌아오는 경우다. 과거 고향에서의 경험이 시인에 의해 올바로 미래로 투사되지 못하고, 그냥 과거 사실로만 기억될 뿐일 때, 고향은 퇴행 공간이 되고 만다. 시간적으로 그곳은 늘 과거적이다. 현재나 미래로 전위(轉位)되어 안정적으로 자아 정체성을 확보해주는 기능을 떠맡지 못한다는 뜻이다. 따라서 그녀의 귀향은 본질적으로 도피의 성격을 지닌다. 더구나 문제는 이런 형태의 귀향 의지가 강해지면 강해질수록 고향의 부재는 더 크게 다가오게 되고, 그것은 고스란히 현재의 삶을 감상적(感傷的)으로 제약한다는 데 있다. 노천명 시의 화자들이 지극히 사적인 애수(哀愁)에 갇혀 쩔쩔 매는 이유가 이 때문이다.

일반적으로 유년기는 심리적 자기애(自己愛)와 동경(憧憬)으로 설명된다. 안정적 장소감에 의해 자기가 가치 있는 존재라는 것을 승인 받으면 자기에 대한 믿음이 자라게 되고, 그것을 바탕으로 미래의 가능성을 꿈꾸는 과정이야말로 자연스런 심리적 추이(推移)일 것이다. 정상적인 경우 시간이 지나며 자기애와 동경의 이 형식은 다양한 사회적 교류에 의해 그 현실성을 검증받게 마련이다. 자기애는 자아 성찰을 통해 든든한 정체성으로 자리 잡게 되며, 막연하고 무정향적인 동경은 실현 가능한 미래의 전망으로 대치된다. 시인은 이 과정에서 세상 경험을 문학화 할 수 있는 자기만의 내적 형식을 발견하여 그것을 작품으로 구현하는 법이다. 그런데 한 시인의 시적 형식이 변함없이 낭만적이고 막연한 동경의 형태를 띠고 있다면 문제가 아닐 수 없다. 세상을 돌파할 힘을 갖기 어려울 것이기 때문이다.

시집 『산호림』은 소녀적인 감상과 유년기적 동경이 그 바탕을 이루고 있다. 동경에 일정한 방향이 없고 감정적 내용은 그다지 값비싼 것이 못된다. 가령 "내마음은 늘 타고 있오 / 무엇을 향해선가― // 아득한 곳에 손을 휘저어 보오 / 밤과 손이 매여 있음도 잊고 / 나는 숨가삐 허덕여 보오 // …… // 어듸멘지 내가 갈 수 있는 곳인지도 몰라 /

허나 아득한 저곳에 / 무엇이 있는것만 같애 / 내 마음은 그칠줄 모르고 타고 또타오"(「憧憬」,『산호림』)와 같은 시가 대표적이다. 여기에는 막연한 의식과 유약하기 짝이 없는 주체가 직접적으로 드러나 있다. 어딘가로 막연히 그 여린 촉수를 휘저어 보는 민달팽이의 자세라고나 할까. 유약한 이 시인의 의식은 늘 무언가로부터 보호받아야 안심하게 되는데, 이 무렵 노천명의 시에서 그 보호막 역할을 하는 것이 바로 창(窓)이다. 시인은 창안의 세계에 칩거하면서 창밖의 것들에 동경의 섬약한 촉수(觸手)를 뻗어보려 한다. 시인이 쉽게 고독을 말하게 되는 것은 바로 이 유리창 안에 갇혀 있기 때문이며, 그 안에서만 세상에 대해 손짓하기에 쉽게 이국적 정조를 띠게 되는 것이다.

흰洋屋이 푸른 나무들 속에
眞珠처름 빛나는 午後---
딱터 노엘의 조울리는 講義를 듯기보다 젊운 學生들은
건너편 포푸라나무우로 드높이날리는 기빨보기를더좋아했다

鄕愁가 물이랑 처럼 꿈틀거린다
퍼덕이는 기빨에 異國情景이 아롱진다
지향없는 곳을 마음은 더듬었다

낯선거리에서 金髮의처녀를 만낫다
깊숙히 드러간 情熱的인 그 눈이
異國少女를 凝視하면
『형제여!』
은근히 뜨거운손을 내밀리라

푸른 포푸라나무!
흰양옥!
붉은 기빨!
내制服과 함께 이처지지 안는 情景이여……

(「校庭」 전문.)

창안에서의 창밖 동경과 과거 회상이라는 노천명 시의 형식이 고스란히 들어있는 시다. 창안에서의 창밖 동경 자체는 회상의 형식이 아니다. '물이랑처럼 꿈틀거리는 향수'가 '이국정경'에 대한 것이기 때문이다. 따라서 그것은 어느 정도 미래적인 것이며 자신감의 표현으로 읽을 수 있다. 그나마 그 자신감도 창안의 세계에서 보호받고 있다는 느낌으로부터 나온다. 물론 그 자신감이 얼마나 쉽게 부서질 것인가 혹은 얼마나 현실감이 없는 것인가 하는 점은 3연의 진술이 잘 보여준다. 현실에서 그러한 낭만은 야멸차게 거절되거나 무시될 것이기 때문이다. 이것은 그의 동경이 참으로 섬약하고 부서지기 쉬운 것이라는 점을 짐작케 해준다. 더구나 문제는 4연에 의해 드러나는 과거 회상의 방식이다. 과거 한 때의 그 치기 어린 이국 동경을 현재의 내가 아름다웠던 것으로 반추하고 있는 이 시의 프레임은, 적어도 현재의 그가 아직도, 옛날의 연장선상에 있거나 그보다 못한 처지에 놓여 있음을 암시하기 때문이다. 여기에는 회상과 동경, 외부 내다보기와 내부 들여다보기의 모순 위에 어찌할 바 모르는 자아의 모습이 투영되어 있다. 그러므로 이 시는 유치환의 「깃발」이나 서정주의 「추천사」 혹은 김춘수의 「분수」와 같이 인간 조건의 본질로서의 동경과 좌절이라는 낭만적 아이러니의 형태로도 나아가지 못하고, 어정쩡하게 주저앉아 있는 것이다.

실상 노천명 시의 이 창안에서의 낭만적 동경과 회고적 향수라는 두 가지 방식은 동전의 양면으로 보인다. 사회성 결여의 다른 이름인 것이다. 그것은 근대적 질서에 적응하지 못한 전근대인의 자아 위축의 두 양상이라고 할 수 있다. 그가 학교를 졸업하고 입사한 신문사를 두고 "무시무시한 곳"이라 했을 때[2], 이러한 사정을 잘 알 수 있다. 비록 수

---

2) "재학시대 紙上에 글을 좀 발표했던 것이 인연이었던지 제복을 벗자, 나는 바로 무시무시한 그 新聞社란 곳에 취직이 되어 먼저 발을 들여놓은 곳이 ≪朝鮮中央日報≫社 學藝部였다. 몇해 가다가 공부를 더 하고 싶은 생각이 일어……그만두었다가 다시 ≪朝鮮日報≫社엘 다녔다. 黃海道 촌에서 그대로 자랐던들 지금쯤 한 평범한 촌부로 나는 벌써 幸福했을지 모를 께다."(노천명, 自敍小傳, 『여류단

사적 차원이라 해도 이 진술에는 신문사라고 불리는 곳이 지닌 근대성[모든 것을 분, 초 단위로 쪼개 써야 하는 시간 분절성과 개별 특성이 사라진(기사화된) 공간들의 병치(사건들)가 지배하는 세상]에서 배겨낼 재주가 없었던 심정의 일단이 피력되어 있다고 보아야 할 것이다. 이렇게 사회성이 결여되어 있는 상태에서 정치적 의식을 기대한다는 것은 어려운 일이다. 실제적인 이국 체험을 하고도, 그 체험의 보고에 그쳐버리거나, 그 풍물에 반응하는 자아의 감정적 대응에만 몰두하는 이유도 창안에서의 세상보기라는 내적 형식이 그 밑에서 발동하고 있기 때문이다. 이를 두고 이국정취에 도취된 화자의 감각과 그의 도피적 현실 외면 태도를 읽어내는 것은 당연해 보인다.

汽車가 허리띄만한 江에걸친 다리를 넘는다
여기서부터는 내땅이 아니란다
아이들의 세간 노름보다 더 싱겁구나

幌馬車에 올라 앉아 아가위나 씹쟈
카츄-샤의 수건을쓰고 이러케 달니고싶구나
오늘의 公爵은 따러오질 안어 심심할게다

나는 여기ㅅ 말을 모르오
胡人의 棺이 널린 벌판을 馬車는 달리오
넓은 벌판에 놔줘도 마음은 제생각을 못노아

시가-도 피울 줄 모르고
휘파람도 못불고……

(「幌馬車」 전문)

일제하라는 시대적 배경을 염두에 둘 때, 국경을 건너 타국으로 건너가는 일을 두고 아이들의 소꿉장난보다 싱겁다고 말할 수 있는 이의 의식을 두고 이데올로기를 운위한다는 일은 우스운 일이다. 그에게는

편집』, 조광사,1938, p.249.)

러시아 문학의 체험이나 이 황마차를 타는 일이나 다를 바 없는 이국취미일 뿐이다. 그것도 탈것에 앉아 밖을 내다보며 경험하는 정도에서 그쳐 있다. 따라서 「國境의 밤」, 「鹿苑」, 「밤車」, 「낯선 거리」 등의 시에서 타인들의 체취나 고뇌를 읽어낸다는 일은 불가능하다. 더구나 그 땅을 떠도는 우리 유이민(流移民)들의 삶에 대한 형상화를 기대하기는 더욱 어렵다. 거기는 그냥 창밖의 낯선 거리이고, 남은 것은, 오라는 이도 가라는 이도 없는 데서 오는 '서러움'일 뿐이기 때문이다. 동경이 곧 회상이고 창밖 내다보기가 곧 내부 들여다보기가 되는 까닭에, 황마차를 타고 호인(胡人)들의 벌판을 달리면서도 화자는 끝내 자기에게서 놓여나지 못한다. 3연의 마지막 행 "넓은 벌판에 놔줘도 마음은 제생각을 못노아"는 바로 이것을 드러내고 있는 진술이다. "시가–도 피울 줄 모르고 / 휘파람도 못불고……"라는 고독과 외로움의 토로가 뒤따르는 것은 그래서 자연스럽다.

그런데, 동경과 회상, 내다보기와 들여다보기라는 형식이 고안해낸 이 고독한 자기 확인 역시 이중적 성격을 지니게 된다. 고독이란 자기애의 표현이기도 하지만 자기 증오의 다른 표현이기도 하기 때문이다.[3] 자기애와 자기 증오의 이중 감정이 노천명의 현재를 규정하는 틀

---

3) 잘 알려진 시 「사슴」과 「斑驢」는 이 점에서 노천명의 시를 대표한다. 특히 후자는 자기애와 자기 증오, 자신도 어쩔 수 없는 자신의 기질적 결함에 대한 연민과 분노의 감정을 잘 드러내고 있다. 나귀 한 마리에 스스로를 동일시하여 자기 응시의 모습을 형상화하고 있는 이 시야말로 노천명의 정체성이 고스란히 드러나 있는 작품이라고 할 수 있다.

> 도모지 길드릴수없는 내 나귀일래
> 오늘도 등을 쓰러주며
> 노여운 눈물이 핑 도랏다
> 그래도 너와 함께 가야한다지……
>
> 밤이면 우는 네 우름을 듯는다
> 내마음을 받을 수 없는
> 네 슬푼 性格을 나도 운다
>
> (「斑驢」 전문)

이라면 앞에서 지적한 사회성 결여라는 요소가 그 중요한 요인일 수 있다. 이 때 사회성 결여는 유년기의 자기애와 동경이라는 소자(素子)가 올바른 사회적 진화 과정을 거치지 못했음을 반증하는 것이며, 따라서 그 원인은 과거에 있다. 이쯤에서, 왜 노천명의 고독한 자기 응시가 쉽게 과거적인 것으로 향하고, 동경을 이야기하면서도 비애와 결탁했는지 하는 까닭이 짐작될 수 있다. 현재 자기에 대한 애증의 원인이 무엇인가를 탐색하는 일이, 자기도 모르는 사이에 노천명을 과거 지향적으로 또는 과거의 결락 부분을 찾아보는 쪽으로 밀고 갔던 것이다. 결국 동경보다는 회상이, 내다보기보다는 들여다보기 혹은 돌아보기가 노천명 시의 보다 본질적인 면이 되는 셈이다. 그 회상의 끝자락에 고향이 자리 잡고 있었던 것이다.

노천명의 시들에서 동경보다는 회상이, 내다보기보다는 들여다보기가 더 본질적이라는 말은, 동경과 내다보기와 같은 원심력 밑에, 잃어버린 날을 다시 찾고자 하는 구심력이 자리 잡고 원심력을 통제하고 있었다는 말이 된다. 다른 어떤 종류의 시들보다도, 고향 이야기를 하는 회상의 시편들이나 그 고향의 풍물과 풍속을 드러내는 시편들에서 화자의 목소리가 아연 활기를 띠고 수다스러워지는 이유가 여기에 있다. 이 때의 화자는 고향 지향성을 드러내는 것이 아니라, 심정적으로 퇴행하여 이미 고향에, 그리고 유년에 안주하고 있기 때문에 고독과 비애와 같은 감상을 드러낼 필요가 전혀 없었던 것이다. 「장날」, 「연잣간」, 「城址」 등의 고향 시를 통해 그는 그곳에 대한 향수를 풍속으로 만들어 제시할 뿐[4] 예의 그 외로움을 표면적으로 드러내지는 않는다.

> 뒤울안 보루쇠 열매가 붉어오면
> 앞山에서 벅국이 우럿다
> 해마다 다른 까치가와 집을 짓는다든

---

4) 이 풍속 차원의 고향 소묘는 백석의 영향권 아래서 행해진다.

앞마당 아라사버들은키가커 늘처다봤다

아렛말과 웃洞里가 넓어뵈든村에선
端午의 명절이 한껏 질겁고……
모닥불에 강냉이를 튀먹든 아이들
곳잘 하늘의 별 세기를 내기했다

江가에서 개(江)비린내가 유난이
품겨 오는 저녁엔 비가 온다든
늙은이의 天氣豫報는 틀닌적이없엇다

도적이 들고난 새벽녘처름 호젓한 밤
개짓는 소리가 덜 좋아
이불속으로 드러가 무치는 밤이있었다

(「生家」 전문)

화자는 어린 시절로 돌아가 있다. 가족의 모습만 보이지 않을 뿐, 고향을 구성하는 모든 것이 제시되어 있다. 나무와 별과 강과 산 등의 장소적 지표로 그득한 이 공간의 중심에 집이 있다. 가족이 보이지 않는다고는 하지만 이미 그것은 안정감과 친숙감의 전제로 작용하고 있다. 즉 실제 표현되지만 않았을 뿐 가족이라는 울타리가 이 같은 영속감을 구성하는 근원으로 작용하고 있다는 말이다. '이불속'이 환기하는 안온하고 보호받는다는 느낌이야말로 가족이 제공하는 대표적 정서일 것이다. 표면적으로 이 시는 건강하고 활기차다.

그러나 이 시를 건강한 활기로만 읽는다는 것은, 이 「생가」의 단계로 후퇴해버린 시인의 심리를 전혀 고려하지 않은 독법이라고 할 수 있다. 이 표면적인 건강함의 뒤에는 어른으로서의 현재를 견딜 수 없어 하는 시인의 현실 도피적 퇴행 심리가 잠복해 있기 때문이다. 앞서 진술했지만, 이 무렵의 시인에게 있어 고향은 어머니나 가족, 집도 존재하지 않는 공간이 된 지 오래였다. 설령 모든 조건이 변하지 않았다 하더라도 시간이라는 근원적 조건의 변화가 내재해 있었다. 유년으로의 회귀는 불가능한 꿈인 것이다.

그런데도 귀향의 문제를 시의 중심 주제로 붙들 때에는 거기에 어떤 다른 의도가 들어 있어야 한다. 개인적 체험 차원의 고향의 의미를 조국이나 국가와 같은 보편적 의미로 확대하거나, 고향을 (되)찾는 행위 자체에 의미를 둠으로써 실천적인 성격을 강조하는 일이 그 예가 될 수 있을 것이다. 도시-근대에 대항하는 의식적 방어 기제로 고향-전근대를 대립시키는 백석의 방법은 바로 이 지점에 관련되어 있다. 그러나 노천명의 시에서는 안타깝게도 그러한 일반화의 의도를 쉽게 찾을 수가 없다. 심정적인 도피로 자꾸 보게 되는 이유도 그 때문이다. 학교 제복을 벗고 나선 성인의 세계를 도저히 견딜 수 없었던, 사회성 결여의 한 소녀가 손쉬운 방법으로 과거를 붙들었던 것이다.

3. 고향에 이르는 길

거듭 말한바 되었지만, 노천명의 고향 체험은 생각보다 불행한 것이었다. 또한 그녀가 고향에서 살았던 기간 또한 길지 않았다. 그러므로 이처럼 불행한 이력의 고향에 대한 시인의 애착을 액면 그대로 받아들일 수는 없을 것이다. 오히려 그것은 현실의 모든 불행 너머에 대한 갈망이라고 볼 수 있을 것이다. 다만 그녀에게는 그런 불행에 어른스럽게 대처할 수 있는 사회성을 기를 기회가 주어지지 않았다.[5] 따라서 남겨진 것은 기질화 된 회상의 방식일 뿐이었다. 그것의 문학적 형식이 동경과 회상, 창밖 내다보기와 들여다보기였던 셈이다. 고향에 대해

5) 일제말의 행동이나 한국전쟁기에 그녀가 보여준 몰이념의 행태들도 기실은 이와 관련된 것으로 보인다. 스스로 선택한 행위이기보다는 사회적 격랑에 휩쓸려 들어간 혐의가 짙은 것이다. 결코 그녀는 뚜렷한 이념형의 인간이 아니었다.

원초적으로 자신을 일치시킬 수도 없으면서, 고향을 자기도 모르게 그리워하고 있는 역설적 지점에, 노천명의 시적 형식이 자리 잡고 있었던 것이다. 이는 결국 그의 고향 회귀 의식이 황해도 장연군 박택면 비석리라는 하나의 장소 추구 의식을 넘어, 삶의 근원으로서의 모태에 대한 회귀 의식으로 귀결된다는 것을 말해주는 것은 아닐까? 후기로 갈수록 그가 죽음에 집착하게 되는 것도 궁극적으로는 이 모태 회귀 의식의 변형이라고 생각해볼 수 있다.

두 번째 시집의 표제작이기도 한 시 「창변」은 이러한 시인의 태도를 잘 보여준다. 창밖으로 아늑한 불빛이 새어나오는 집을 차창 안에서 내다보며, 자신과 자신의 옛 고향을 되돌아보고 있는, 시 「창변」의 정서는 참으로 절절한 슬픔 위에 놓여 있다. 그리고 어쩔 수 없는 본질로서의 그의 이 애수는 '하늘 가는 길'에 대한 지향으로 구체화된다. 그의 귀향 의지란 결국, 유년 시절부터 현재에 이르기까지 자기를 질곡하고 있는 이 잇따른 불행을 넘어서고 싶다는 욕망의 표현이었던 것이다. 그 욕망이 종국에는 하늘에 닿아 있다는 점에서 그것은 모태이자 죽음에 이르는 길이라고 볼 수밖에 없지 않을까. 스스로도 명확히 깨닫지 못한, 이 '하늘 가는 길'에 대한 애착이야말로 시인의 삶을 지탱케 하는 유일한 꿈이었다는 것을, 시 「望鄕」(『창변』)의 진정성이 드러내 보여주고 있다. "언제든 가리라 / 마지막엔 돌아가리라 / 목화꽃이 고흔 내 故鄕으로— // (중략) // 언제든 가리 / 나종엔 고향 가 살다죽으리 // (중략) // 꿈이면 보는 낯익은 洞里 / 욱어진 덤불(叢)에서 / 찔레순을 꺽다나면 꿈이엿다"에서 보듯이 그의 귀향 의지는 애절하다. 그러나 그곳은 이미 살아서 갈 수 있는 곳이 아니다. 마지막에 가겠다는 그곳은 결국 죽고서야 갈 수 있는 곳이다. 화자가 고향에 가겠다는 다짐을 하면 할수록 다시는 고향에 가지 못하리라는 반어적 느낌만이 강하게 울려오는 데에, 이 시의 슬픈 맛이 있다. 자기 자신을 한 번도 '제대로' 들여다보지 못한 나르시시스트의 비애감이 거기 묻어 있기 때문이다.

시집 『산호림』은 그런 점에서, 한 번도 제 집을 지니지 못한 민달팽이 한 마리의 형언할 수 없는 그리움의 집인 것이다.

비파강 은어 혹은 청모시 치마
—이영도에 이르는 두 가지 길

1. 「진달래」, 그 봄

1981년 봄, 그 같잖던 봄을 잊을 길이 없다. 아버지는 내가 다시는 당신의 무릎 아래로 돌아오지 않으리라 예감하셨던 모양이었다. 마루 끝에 서서 슬쩍 눈물을 비추며, 가라고 가라고 내치시던 아버지의 손사래, 그 손길을 내내 떠올리며 상경하는 것으로 시작했던 내 대학 신입 생활은 내내 기묘하고 차가웠다. 꽃다발과 악수 혹은 첫사랑의 앞이마나 눈매를 만나는 일로 비롯할 줄 알았던 대학 생활은, 삼월의 둘째 주 금요일 오전 대학본부와 도서관 사이 학생 회관 앞 광장에서의 첫 데모와의 조우로, 금 가기 시작했다. 후들거렸다. 후들거리는 한편으로 기이한 웃음이 염통의 밑바닥에서 끽끽거리며 새나왔다. 순식간에 몇 천 명으로 불어난 군중이 한 입으로 제창하던 노래, 고음부의 꺾이는 대목까지 정확히 쩌렁거리며 넘어가던 그 기막힌 노래, 그건 송창식의 「내 나라 내 겨레」였다. '보라 동해에 떠오르는 태양'으로 시작하여 '숨소리 점점 커져 맥박이 힘차게 뛴다(특히 이 '다아아~~' 부분을 넘어가던, 수천 명이 한 목 같던 꺾임이라니)'라는 절정을 넘어 '우리가 간직함이 옳지 않겠나'로 부서지던 대단원의 장렬함까지. 아직도 나는 부르는 자리나 분위기와 어울리지 않는 경우로 이보다 윗길에 드는 코미디 같은 노래를 알지 못한다.

매 주 터지던 시위에 야금야금 젖어 발돋움하고 발돋움하던 내 청춘의 3월, 산자락의 봄은 더디기만 했다. 31일에는 눈! 10년을 부산 바닷가에서 뒹굴다 온 나에게는 참으로 적응되지 않는 세계였다. 감골 잔디밭 위로 부리나케 훑어 흩어지던 그 사금파리 같던 눈발을 헤매며 정신줄 놓지 않으리라 스스로를 다독이기도 했다. 그러다 4월 19일 하고도 아침. 무슨 까닭으로 누구의 이끌림을 받아 그리 되었는지는 모르겠으되, 국문과의 2, 3학년들이 길게 열을 지어 산골짜기 저 깊은 곳에 유폐되어 있던 4·19탑을 찾아갔다. 자운암 혹은 학군단 훈련장이 가까운 산 속이었다(고 기억된다). 그 앞에서 누가 먼저랄 것도 없이 내가 전혀 들어본 적이 없는, 그러나 지금까지 내가 들어본 대학에서의 노래 가운데 가장 아름답고 장렬한 2절 짜리 노래를 제창했다. 놀랍게도 내 동기들 가운데 몇도 아주 익은 목소리로 그 노래를 불러 넘겼다. 나중에 확인해 본 바, 이영도가 지은 시조에 한태근이 곡을 붙인 「진달래」였다. 제목 밑에 「다시 4·19날에」라는 부제가 붙어 있었다. 「내 나라 내 겨레」로부터 불과 한 달 사이에, 나는 생애 가장 진중한 의미에서 잊히지 않는 노래 하나를 그렇게 심중에 지녀 가지게 되었던 것이다.

> 눈이 부시네 저기
> 난만히 멧등 마다
>
> 그 날 쓰러져 간
> 젊음 같은 꽃 사태가
>
> 맺혔던
> 한이 터지듯
> 여울여울 붉었네.

그렇듯 너희는 지고
욕(辱)처럼 남은 목숨

지친 가슴 위엔
하늘이 무거운데

연련히
꿈도 설워라
물이 드는 이 산하(山河).

무거운 주제를 어쩌면 이렇게 절절한 이미지에 실어 녹일 수 있었는지. 이제 막 문학에 달떠 무언가에 항상 갈급하던 영혼에게 「진달래」의 원숙함은 잔잔한 충격이 아닐 수 없었다. '나가자, 싸우자, 이기자'라고 직접 크게 소리 지르지 않고도, 젊은 희생과 욕되게 살아남은 자의 한을 절묘하게 교직하여 읽는 이를 울리는 가히 명편(名篇)이라는 이름에 손색이 없는 시였다. 잘 된 시들이 흔히 고전주의적 평명성(平明性)을 띤다는 유종호 선생의 언급이 아니더라도 나는 이 「진달래」가 '깊이 있는 쉬움'의 좋은 사례라 생각해 오고 있다.

두루 알다시피 현재 4·19국립묘지는 북한산 국립공원의 수유동 자락에 자리 잡고 있다. 문민정부 때 성역화라는 이름의 공원화 작업이 이루어져 옛 모습을 많이 잃어버리긴 했지만, 그 산자락이 진달래 능선으로 불린다는 사실은 아직 변함이 없다. 흔히 색 짙은 소나무 무리를 배경으로 진달래 붉게 대비되는 장면이 우리 전통 숲의 참모습이라고들 한다.[1] 4·19 국립묘지의 노란 뗏등들을 둘러선 짓붉은 진달래 능선,

1) 그런데 이제 이런 숲은 차츰 보기 힘들어질 전망이다. 키 큰 소나무 숲 그늘의 붉은 진달래 군락은 인간의 개입이 너무 과도하게 이루어진 결과 산성화가 한창 진행된 토양에서 볼 수 있는 조합이라는 것이 숲을 연구하는 학자들의 공통된 견해다. 사람의 간섭 없이 자연 상태로 몇 십 년이면 숲은 원래의 건강성을 회복하여 흔히 극상림(極相林 climax forest)이라 부르는, 신갈나무나 서어나무 우점의 낙엽 활엽수림으로 변하기에 소나무, 진달래의 조합을 기대하기 힘들어

그 사이사이를 장식한 짙푸른 소나무들의 이미지란 그대로 이영도의 시조 「진달래」에 겹친다. 그냥 말을 줄이자. 필자에게 있어 4·19와 문학을 연결하는 첫째 매듭의 자리에 이영도의 「진달래」가 놓여 있다는 말이다.

그런데 정작 수유동의 성역화 된 국립4·19민주묘지에는 「진달래」가 없다. "4·19혁명을 소재로 발표된 시 중에서 많은 분들이 추천한 12수의 시"[2]를 새겨 묘역 앞을 장식했다는, 2열 종대 '수호 예찬'의 화강암 빗돌 어디에도 이영도의 자리는 없다. 이영도만이 아니라 김수영도 신동엽도 신경림도 심지어는 '니들 마음 내가 안다'던 조지훈도 없다. 그러니 「진달래」는 아직도 스무 살의 팽팽한 미숙함으로, 연연한 그리움으로 내 마음 저 편에 남아 욕처럼 떨고만 있을 뿐이다.

2. 비파강, 통영, 부산, 서울 그리고 다시 비파강

흔히 기다림이나 애모(愛慕)와 같은 낭만적 정서를 섬세하고 감각적인 언어로 표현했다고 일컬어지는 시조 시인 정운(丁芸) 이영도(李永道 1916.10.22~1976.3.6)의 생애는 기구하다는 말의 표본에 해당한다할 만큼 가팔랐다. 그 신산한 삶의 어느 길목에서 겨를을 얻어 「진달래」에서 보는 바와 같은 민족 단위의 사고(思考)로까지 나아가 저런 성취를 이루었는지 자못 놀라울 따름이다.

진다. 말하자면 소나무, 진달래가 강하게 도드라져 보이던 시대, 곧 그들의 상징성이 강하게 부각되던 때는 권력의 낫질이 많이 끼어들어 숲을 해쳤던, 곧 사회적으로 건강하지 못했던 시절이었다. 그러니 소나무나 진달래를 더 이상 기리지 않아도 된다는 것은 역사의 소나무나 진달래를 더 이상 기다릴 필요 없는 세상이 가까웠다는 것을 말해주는 것일까? 그리 믿기에 이 시절은 참으로 수상하고 막막하다.

2) http://419.mpva.go.kr/

이영도는 이미 일제 강점의 서슬이 퍼렇던 1916년, 경북 청도군 청도면 내호동 259번지 비파강이 아름답게 감돌아 흐르던 세거지에서 선산군수 이종수(李鍾洙)를 아버지로, 구봉래(具鳳來)를 어머니로 하여 1남 2녀 중 막내로 태어났다. 하나뿐인 오빠가 시조시인 이호우(李鎬雨)였다. 오빠와 언니 남도, 막내 영도는 자가에 가정교사를 두고 신구 학문을 두루 섭렵하였던바 이때의 민족주의적 가정교육이 세계를 보는 눈의 기초를 이룬 것으로 짐작된다. 1924년 무렵 밀양국민학교에 잠깐 적을 두고 기차로 통학을 했었지만 그리 오래 가지 않았다. 결국 집에서의 독선생 교육이 그녀가 받은 교육의 전부인 셈이다.

거기에 더해 그녀의 생각이나 행동 방향을 틀 지운 집안의 몇 가지 참조 사항이 있었다. 한일 합방 소식을 들은 그녀의 증조부가 머리를 깎고 대운암이라는 암자(이 절은 조부 때까지도 집안의 중요한 원찰(願刹)로 남아 있었다. 시인은 명절 무렵 할머니 손을 잡고 올라가 며칠씩이 암자에서 묵었던 기억을 산문으로 남겼다.)로 들어가 버렸다는 것, 부친은 일찍부터 첩실을 데리고 외지 근무를 했기에 가정에 소홀했으며 그로 해서 흘리는 어머니의 눈물을 일찍부터 보고 자랐다는 것, 따라서 집안의 대소사는 모두 조부 이규현 부부의 손을 거쳤고 영도 역시 그들 주도에 의해 양육되었다는 사실이다.

모든 것은 집으로부터 시작된다. 그녀가 매우 강렬한 민족주의적 지성을 소유자였다거나(그녀의 할머니는 매우 엄격한 유교적 부녀(婦女) 의식, 예의범절, 세시풍속을 이영도에게 가르쳤지만 나라의 해방 소식에 덩실덩실 춤을 추는 생애 단 한 번의 일탈로 이영도의 회억에 한 줄기 지워지지 않는 빛을 밝혔다.) 시와 산문의 많은 부분을 고향 혹은 그 언저리를 그리는데 바친다고 할 때 그것은 대부분 조부모와 어머니의 추억에 그 뿌리를 두고 있다. 그럴 때의 그녀는 비파강을 거슬러 오르는 한 마리 은어처럼 반짝인다.

밤이 깊은데도 잠들을 잊은 듯이
집집이 부엌마다 기척이 멎지 않네
아마도 새날 맞이에 이 밤 새우나부다.

아득히 그리워라 내 고향 그 모습이
새로 바른 등(燈)에 참기름 불을 켜고
제상(祭床)에 제물을 두고 밤 새기를 기다리나.

벌써 돌아보랴 지나간 그 시절이
떡가래 썰으시며 어지신 할머님이
눈썹 센 전설(傳說)을 풀어 이 밤 새우시더니.

할머니 가오시고 새해는 돌아오네
새로운 이 산천(山川)에 빛이 한결 찬란커라
어떠한 고담(古談)을 캐며 이 밤들을 새우노?

(「제야(除夜)」 전문)

1945년 12월에 창간한 대구 문예지 『죽순(竹筍)』에 동인으로 참가하며 발표한 문단 데뷔작이다. 할머니가 주재하는 고향에서의 제야(除夜) 풍습이 손에 잡힐 듯 세세하고 선연하다. 1연의 현실에서 2, 3연의 옛날로 돌아갔다가 4연의 민족 단위 현실로 돌아오는 틀은 고스란히 이 이후 이영도 시세계의 향배를 암시한다. 그리움이나 애증의 대상인 내밀한 개인사와 민족의 미래에 대한 걱정이라는 두 축이 무리 없이 한 편에 녹아들어 있기 때문이다.

다시 말하지만 어린 날의 체험은 힘이 세다. 잘 알려진 바처럼 이영도는 남편과 사별한 후[3] 딸 하나를 데리고 해방 직후 언니를 따라 통영에서의 새로운 삶을 시작했다. 거기서 청마의 저 이십 년 한결같은 사

3) 이영도는 1937년에 조부끼리의 혼약에 따라 대구 부호 집안의 막내아들 박기수와 결혼하였고 1939년 10월에 외동딸 박진아를 낳았다. 그러나 병약했던 남편은 결혼 9년차인 1945년 8월에 위궤양으로 대구 동산 기독병원에서 사망했다.

랑에 물들게 된다. 그런데 오천 통이 넘을 것으로 추산되는 고백을 앞에 두고도 시인은 끝내 스스로를 허물어뜨리지 못했다.[4] 집안의 유풍과 아버지에 대한 반발이 브레이크로 작동하고 있었던 탓이다.[5] 먼발치 사랑으로 청마를 먼저 떠나보내고서야(1967년 2월 13일) 그 고백을 용납하듯 말도 많고 탈도 많은 서간집[6]을 간행했다. 사회적 통념의 거친 공박이 줄을 잇대었음이 물론이다. 부산어린이집 관장 직을 그만두고 서울로 이주함으로써 그 공박은 피해갈 수 있었지만, 사랑만큼은 끝내 돌이킬 수가 없었다.

이영도를 기억하는 이들이 한결같이 증언하는 바가 그녀의 머리와 복식이 풍기는 특색이다. 독특한 묶음 머리와 한복, 특히 여름날의 쪽빛 모시치마가 잊히지 않는다는 것이다. 그녀 자신도 그런 데서 한국적 여인네의 멋과 자부심을 드러내려 했던 흔적이 뚜렷하다. 1954년에 펴낸 첫 시조집의 제목이 『청저집(靑苧集)』임에랴. 두 번째이자 생애 마지막 시조집인 『석류』(오누이 시조집으로 기획되었다.)의 속표지 뒷장에는, 한복을 곱게 차려 입은 묶음 머리의 시인이 오른쪽으로 반쯤 고개를 돌려 이마 환한 옆얼굴과 목선, 어깨선을 다소곳이 선보이고 있다. 근대 백년의 문학 서적의 저자 근영들 가운데 단연코 백미가 아닐

4) 오빠 이호우는 그런 누이에게 모종의 결행을 부추겼던 듯 하지만 그의 권유대로 되지는 않았다. 오빠의 충고를 지나가는 말처럼 설핏 남겨놓은 것을 보면 시인의 마음속에도 한바탕 격랑이 일었음을 알겠다. 소문에는 이호우의 풍류도 만만치가 않았던 듯하다. 아이러니가 느껴지는 대목이 아닐 수 없다. 이 오빠마저도 환갑을 얼마 안 남겨 둔 1970년 1월 심장마비로 그녀 곁을 떠났다.

5) 이 부분은 시조 「열녀비(烈女碑)」를 참고할 만하다. "호젓한 산(山)모르에 / 낡은 비석(碑石) 하나 // 잊어 주어도 / 오히려 한(恨)이거니 // 어찌해 / 이미 간 그를 / 부질 없는 욕(辱)이뇨." 유교적 부덕(婦德)에 대한 마음속의 반발심을 이처럼 문학화 하는 것 정도가 그녀가 할 수 있는 결행의 최대치였다. 현실에서의 그녀는 홀어미 가장으로 돌아와 삯바느질과 사회생활로 아득바득 딸 하나를 키워낸 모범 미망인이었다.

6) 이근배 시인이 편집장으로 있던 중앙출판공사에서 『사랑했으므로 행복하였네라』(최계락 편집. 이근배도 간여했다고 한다.)라는 이름으로 간행되었다. 1969년 5월에 〈정운문학상〉을 제정하여 이 책의 인세를 문단으로 회향(回向)하였다.

수 없다. 부러 지어서 만들 수 없는 아름다움이 아련하게 번져 나오는 초상 사진이다. 『청저집』이라는 이름에는 1958년에 펴낸 첫수필집의 이름 『춘근집(春芹集)』과 함께, 직접 핵심 내용에 육박해 들어가지 않고 생의 기미나 부분만으로 삶의 비의(秘意) 전체를 짐작하게 하려는 의도가 잘 살아 있다. 청 모시치마 한 폭이 곧 한국적 여인네들의 삶이 지닌 아름다움을 에둘러 보여주는 실마리로서의 빙산의 일각이라는 것이다. 적은 표현으로 많은 내용을 담겠다는 문학적 감각의 표현이라는 점에서 기억될 필요가 있다는 뜻이다.

부산 남성여고 시절의 〈수연정〉, 마산 성지여고 시절의 〈계명암〉, 부산 어린이집(아동회관) 관장 시절의 〈애일당(愛日堂)〉을 뒤로 하고, 1967년 9월에 서울로 이주한 시인은 마포구에 거소를 마련하였다. 1968년에는 오누이 시조집 『비가 오고 바람이 붑니다』의 『석류』편을 출간하였고, 1969년 8월에는 딸의 배필을 찾아 여의기도 했다. 과부로서의 필생의 숙제를 다 하는 장면이 아니었을까. 그러고도 그녀는 『머나먼 사념의 길목』(1971)과 『애정은 기도처럼』(1975)이라는 수필집을 상재하고 중앙대학에도 출강하는 등, 이 무렵은 문단 중진으로서의 행보가 주목되는 일생 가장 안정적인 때였다. 마지막 정착지인 서교동 438-7번지 집에서 시인은 관악산의 풍경을 읊으며 1976년 3월 5일까지 살았다.

1976년 3월 5일 밤 외출에서 돌아와 자택에서 뇌일혈을 일으켜 쓰러진 시인을 손자가 발견했다. 급히 세브란스 병원으로 옮겼으나 끝내 깨어나지 못하고 이튿날인 1976년 3월 6일 낮 12시 5분에 영면에 들었다. 향년 61세였다. 그녀의 조카 집에는 연로한 어머니가 생존해 계셔서 때로 영도를 찾았다. 고모가 급히 외국에 볼일 보러 갔다는 손주들의 변명을 끝내 못미더워하는 할머니를 납득시키기에 애를 먹었다는 조카들의 후문이 애잔하다. 생전에 시로 산문으로 그토록 그리워하던 비파강변 선영의 조부모님 발치에 돌아가 묻혔다. 유작으로 시조집

『언약』과 수필집 『내 그리움은 오직 푸르고 깊은 것』을 남겼다.

3. 시조, 목숨의 기도(祈禱)

거듭 말하는 바이지만, 이영도 문학의 진원지는 그녀 스스로 삼산이수(三山二水)의 아름다운 경색이라 부르던 청도 비파강변에 잠든 어린 날일시 분명하다. 그곳은 "부녀(婦女) 삼종(三從)의 도(道)를 / 진리(眞理)인 양 당부하여 // 알지도 못한 곳에 / 신행(新行)길 날 보내신"(「향수(鄕愁)」 부분) 원망의 대상지이기도 하지만 그보다는 "청(靑)기와 / 늙은 대문(大門)도 / 두견(杜鵑)같이" 그리운 곳이기 때문이다. 두견이 소리란 봄밤의 애상을 돋우는 대표 사물이면서 또 그대로 돌이킬 수 없는 젊은 날의 번역어로 이해할 수 있을 것이다. 인생의 봄날을 지나가는 이의 내면에 그대로 겹친다는 말이다.

내면 자체에 집중하게 되면 감정의 세목들이 형상화의 주요 대상이 된다. 소위 서정(抒情)이라는 말의 본뜻이 여기서 비롯하는 것일 터이다. 희노애락애오욕의 살아있는 세목들 하나하나를 세밀하게 펼쳐 보이는 것이 이런 시들의 목표라 할 수 있다. 섬세한 여성적 감수성이란 용어로 가리키는 세계도 바로 이 근처가 아닐까. 가령 「바람 1」을 보자.

> 너는 가지에 앉아 / 짐승같이 울부짖고 // 이 한 밤 내 마음은 / 외딴 산지긴데 // 가실 수 / 없는 멍일래 / 자리 잡은 그리움.

'너'라고 호명된 그 무엇은 시의 전반부에서 곧장 '바람'의 성격에 겹친다. '짐승 같이 울부짖는' 격정을 지녔다. 그런 너는 밤새워 불고 있다. 문제는 네가 밤새 불고 있음을 내가 안다는 사실인데, 그런 너를 걱정하는 마음으로 더불어 밤을 새웠기 때문이다. 너를 지키는 그런

'내 마음'을 '외딴 산지기'에 비겼다. 내 마음과 외딴 산지기를 겹칠 수 있는 근거는 '그리움'이라는 감정의 세목을 공유하고 있기 때문이다. 결국 이 시는 바람처럼 울부짖고 있는 잡히지 않는 너에 대한 그리움을 묘사하는 데 바치는 작품이 된다.

그런데 바람과 산지기의 형상을 빌려 나의 마음을 드러내는 이런 방식은 이영도에 의해서 처음 시도되기는 했지만 '춘심'을 '일지(一枝)'에 비겨 말하는 「다정가」의 틀에서 그리 많이 나간 것으로 보이지 않는다. 자칫하면 시인이 독자보다 먼저 울어 독자들의 감흥을 뺏을 수 있다는 정지용의 지적에 적절한 예로 손꼽힐 수도 있어 위험하다. 형상의 아름다움 자체에 무게를 보다 더 싣는 쪽으로 슬쩍 비틀어 명품을 만들었다. 바로 「아지랑이」의 세계다.

어루만지듯 당신 숨결
이마에 다사하면

내 사랑은 아지랑이
춘삼월 아지랑이

장다리 노오란 텃밭에
          나비
나비
          나비
나비

당신과의 사랑을 봄 햇살을 받는 춘삼월 대지에 비겨 형상화하고 있는 이 시의 핵심 이미지는 나비다. 나비는 아지랑이와 햇살을 거쳐 내 사랑의 의미에 간접적으로 연결된다. 우선 이 시는 그냥 봄 햇살 아래 팔랑거리는 장다리 꽃밭의 배추흰나비에 대한 묘사로 보아 무방하다. 나비의 춤이라는 형상이 지닌 아름다움이 인쇄된 언어의 아름다움과 파격적으로 조우하고 있는 것이다. 봄날의 따뜻한 햇살과 피어오르는 아지랑이, 장다리꽃 그리고 그 사이로 날아다니는 나비의 팔랑거림이 자연스럽게 연출된다. 그러다 보니 당신으로 해서 울렁이는 내 마음이 꼭 저 봄 들판 같다. 당신 앞에서는 나 역시 흰점팔랑나비 한 마리일 뿐이기 때문이다. 이쯤에서 이 시는 무심한 아름다움의 형사(形似)이자 화자 마음의 전신(傳神)이 되어 빛난다. 크게 부러 소리 내어 말하지 않았는데 말하는 이의 얼의 꼴이 보이는 것이다.

「신록」이나 「능선」은 민족이라는 집단의 정서 뒤로 자신의 맨얼굴을 숨겨 성공한 경우들이다. 「신록」은 어린 시절의 단오절 체험을 바탕에 깔아 정감의 확산에 멋들어지게 성공하고 있다. 어린 시절 시인의 어머니는 '해마다 오는 단오절이면 창포 목욕을 시켜주시는 한편으로 텃밭 상추에 밤새 내린 이슬을 접시에 받아 거기 박가분(朴家粉)을 개어 얼굴에 발라주셨'다. 지금은 감히 흉내조차 낼 수 없는 옛 한국 여인네들의 정조가 이 아니랴. 상추 잎에 내린 밤이슬에 분을 개어 바른다는 것, 봄이 주는 흥취를 이보다 멋지게 받아들이는 일이 달리 있으랴. 이어지는 단옷날에 대한 묘사를 보자.

> 내가 어리던 시절엔 단오절이 얼마나 기쁜 명절인지 몰랐다.
> 여성들은 창포 목욕, 분 가리마에 붉은 주사 곤지를 찍고, 낭자머리나 다홍빛 댕기 끝에는 청궁잎과 창포 뿌리를 꽂고 달아서 솜씨껏 모양을 내고는 그네가 매어져 있는 마을 앞 버들 숲으로 모여 들었던 것이다.
> 온갖 새들이 지저귀는 푸른 버들 숲속에 삼단 같은 머리채를 휘날리며 그네를 뛰는 아가씨들의 풍성한 여성미의 제전(祭典)에 맞서, 남자들은 씨름판으로서 싱싱한 남성미를 과시하던 단오절---.
> 정초 설날의 줄다리기, 윷놀이, 널뛰기, 연날리기며 추석절의 강강수월래가 멋있지 않는 바 아니었지만, 신록이 구름같이 피어나는 오월의 푸르름 속에 청춘을 휘날리는 그네뛰기와 씨름판은 바로 인생의 환희가 아닐 수 없었으며, 그날은 규중 깊은 곳에 숨어 살던 아가씨들도

쓰개치마를 벗어던지고 모두 나와 참례하는 놀이였고 보니 모여든 구경꾼 속에는 신붓감을 물색하기에 눈이 바쁜 이들도 섞여 있었던 것이다.[7]

경북 청도 지역의 오월 단오의 풍정(風情)이 손에 잡힐 듯 다가온다. 오월의 대지와 대기는 그대로 넘실거리는 비파(琵琶) 강물이며 거기 그 대기를 호흡하며 그네를 뛰고 씨름을 하는 젊은이들이란 또 그대로 등 푸른 은어들이다. 우쭐거리는 자랑과 무성한 꿈들이 가슴마다 자라 올라 민족의 옛날을 상기하게 하는 한편으로 그러한 건강함이 미래 세대에로 연결되어야 할 당위성을 은근히 발동시키고 있다. 「신록」은 오월의 이러한 젊음에 대한 묘사로 모자람이 없다. 계절 감각에 비벼 넣은 민족의식의 묘파로 이보다 윗길에 드는 단형시를 필자는 만나본 기억이 없다. 특히나 종장의 '우쭐대는'이라는 표현은 나뭇가지와 젊은이들의 미숙하나 유연한 한 시절을 형상화함으로써 이 시의 맛을 배가시키는 시안(詩眼)으로 불러 마땅하다.

트인 하늘 아래
무성히 젊은 꿈들

휘느린 가지마다
가지마다 숨가쁘다

오월은 절로 겨워라
우쭐대는 이 강산!

우리 민족의 터전인 한반도는 산지가 칠 할이 넘는다. 영남 알프스라 불리는 산군(山群)이 지나가는 경북 청도 지역은 두 말할 필요조차 없다. 그런 땅을 터전으로 삼았기에 우리에겐 늘 이마에 손을 얹어 먼

7) 이영도 「오월이라 단옷날에」, 『비둘기 내리는 뜨락』, 민조사, 1966, p.88.

산마루 혹은 능선을 걸터덤는 버릇이 유전(遺傳)해 온다. 그것은 그대로 높이에 대한 외경으로 이어져 생각이 늘 우주를 달리게 되는 것. 백두산 근참의 기록이나 금강산 탐승의 저 찬란한 기록들, 육신을 지우며 백록담을 향해 대열 지어 오르는 정지용의 시편들이 모두 그러한 외경의 표현들이라면 과장된 이해일까. 시 「능선(稜線)」은 산악에 싸여 살아가는 삶의 가파름과 그러면서도 그 산줄기로부터 삶의 위안거리를 발견하는 우리 피붙이들의 마음새에 잠착하게 하는 이영도 대표작의 하나여서 반갑다.

슬기는 우주(宇宙)를 갈[耕]아도
목숨은 가파르다

삶에 지칠수록
마주 앉는 먼 능선(稜線)

달래는
가슴을 질러
둥 둥 구름이 간다.

이영도의 시조에서 청마와의 감정 교류가 드러난 작품을 찾기 힘들다고 말하는 이들도 있다. 굳이 그렇게 보잔다면 또 그렇게 읽히기도 하겠다. 그러나 청마 스스로 "그것이 관능적인 계략이나 정욕의 발작이 아니요, 어디서 연유한지도 모를 근원적인 이성에의 진실한 갈망에서 오는 연정이라면, 그 애틋하고도 짙은 황홀한 연소로 말미암아 인간의 바탕은 …… 지순(至純)하며 지선(至善)하여 지는 것"[8]이라고 표 나게 선을 그어 소위 영교(靈交)라는 포장을 쳐 둔 관계였기에, 당대에도 두 사람의 교류는 그다지 눈밖에난 것이 아니었던 듯하다. 실제로도 이영

8) 유치환, 『마침내 사랑은 이렇게 오더니라』, 문학세계사, 1986, p.122.

도의 시와 산문 도처에서 그 흔적들이 보이는 형편이다. 가령 시조 「하늘—피란 길에서」와 수필 「비둘기」는 Y시인과의 일화라는 같은 소재를 다루고 있는데, 여러 정황으로 미루어 Y란 곧 청마로 미루어 짐작이 된다. 그리고 그 Y라는 이니셜은 이영도의 산문 여기저기서 자주 출몰한다. 가령 「달맞이」라는 수필에서는 멀리서 온 Y 시인을 위해 젊은 시인들을 부러 불러 해운대로 달맞이 간 이야기를 적고 있다. 남의 눈을 의식하고는 있지만 이영도는 청마와의 마음의 교류를 비교적 당당하게 형상화하고 있다. 시조 「탑(塔) 3」, 「무제(無題) 2」 등과 함께 「바위」의 경우도 그런 속사정을 바탕에 깔고 있는 시로 보아 무방할 듯하다. 파도를 노래한 청마의 시 「그리움」이나 애련에 물듦을 괴로워하고 있는 시 「바위」와 내밀하게 연관되어 있는 텍스트로 비치기 때문이다. 다만 이 경우에도 질펀하게 내지르기 쉬운 감정 그대로가 아니라 유비추리가 가능한 대상에 의탁하고 간접화한 형태로 제시하기에 소인(素人)들의 입방아를 비켜가고 있다.

> 나의 그리움은 / 오직 푸르고 깊은 것 // 귀 먹고 눈 먼 너는 / 있는 줄도 모르는가 // 파도는 / 뜯고 깎아도 / 한 번 놓인 그대로…….

애초에 시인이 지녔던 민족적인 것 쪽으로의 마음의 경사(傾斜)가 현실의 어두운 상황과 만나게 되면 자연스럽게 사회적, 정치적 관심을 표현하는 방향으로 기능하기 마련이다. 그러한 관심이 생활 세계의 소재를 시적 표현의 장으로 끌어들이는 동력일 터인데, 「보리 고개」나 「석간(夕刊)을 보며」, 「수혈(輸血)」이 그 좋은 예가 된다. 거기에 1공화국 말기에 청마가 입었던 정치적 수난이 기폭제가 된 것일까? 이영도는 유난히 4·19 혁명에 관심이 많았다. 전기했던 「진달래」 외에도 '고 김주열 군에게'라는 부제가 붙은 「애가(哀歌)」라든지 「희방사(喜方寺) 계곡(溪谷)—4·19 날에」 등의 작품을 통해 거듭 4·19를 형상화하고 있다. 물론 시인의 관심이 이데올로기와 같은 정치적 문제로까지 발전하지는 않았다. 개인적 체험이 투영된 탓이랄까, 그녀의 관심은 역사의 제물이 된 젊음들의 상처나 희생에 강하게 이입되는 편이었다. 역사란 어디까지나 정치적 선택이나 결단을 촉구하기 마련일진대, 그녀의 문학은 그 직전에서 문득 멈춰 선 형국이다. 푸르게 혹은 붉게 편을 나누기 이전의 스러져간 목숨 자체를 애달아하는 것이야말로 시인이 겨누는 보편성이라는 목표 혹은 범주에 비추어 더 적절한 태도라고 하면 너무 표나게 그녀의 역성을 드는 일이 되는 것일까?

역사에 스러진 젊은 목숨에 대한 연민을 밝힌 시로는 「진달래」 외에 시조 「피아골」도 백미에 속한다. 이 시는 또한 시인 이영도의 전설적인 행보와 관련되어 있어 흥미롭다. 병약하여 혼자몸도 잘 추스르지 못하던 이영도지만 그녀는 경남산악회 초기 역사를 장식한 여걸로 기억된다. 그녀는 전쟁의 포화가 채 가시기도 전인 1955년[9]에 기획된 지리산 종주 등반을 완주했을 뿐만 아니라, 이어진 한라산, 설악산 등의 원정 등반에도 모두 참여한 산꾼이었다. 길가는 아무데서나 인골이 발에 차이는 피아골에서의 경험이 시 「피아골」을 낳았고, 이것이 바탕이 되어 4·19 때는 「진달래」가 꽃 필 수 있었던 것이다.

한 장 치욕 속에
역사(歷史)도 피에 젖고

너희 젊은 목숨
낙화로 지던 그 날

천년(千年)의
우람한 침묵

9) 마지막 빨치산으로 기록된 정순덕의 생포 연대가 1963년 11월이었음을 기억할 필요가 있다.

짐승같이 울던 곳.

지친 능선(稜線) 위에
하늘은 푸르른데

깊은 골 칠칠한 숲은
아무런 말이 없고

뻐꾸기
너만 우느냐
혼자 애를 타느냐.

4. 산문가로서의 이영도

시조시인으로서의 정운의 위치는 비교적 분명하게 자리가 매겨져 있는 편이다. 그런데 그녀의 산문이 갖는 매력은 비교적 덜 알려져 있다. 생계를 위한 방편이기도 했지만 그녀는 비교적 많은 수의 산문 혹은 수필들을 남겼다. 산문이므로 아무러한 잣대도 없이 편하게 쓰면 된다는 자세가 아니라 그녀는 매우 엄격한 완결성의 잣대로 스스로의 글쓰기를 통제했던 것으로 보인다. 『춘근집』, 『비둘기 내리는 뜨락』, 『머나먼 사념의 길목』, 『나의 그리움은 오직 푸르고 깊은 것』이라는 네 권의 산문집에 실린 글들은 어느 하나 쉽게 버릴 수 있는 작품이 없기 때문이다.

특히 고향 풍물을 묘사할 때의 그녀 목소리에 도는 생기에는 특히 더 주옥같은 데가 있다. 이런 과거사가 아니라 생활의 현재를 곱씹을 때에도, 이영도는 흔히 여류(女流)라는 말이 내비치는 바의 값싼 허영기를 단연코 잘라낼 줄 알았다. 먼 이국에서 공부하는 딸이 힘들게 장만하여 부쳐온 오십 불(弗)이라는 돈으로 스스로의 수의를 장만하기까지의 내력을 담담히 그려 보여주고 있는 「어머니날과 수의(壽衣)」라든지 「배추밭에서」, 「봄을 기다리며」, 「오월이라 단옷날에」, 「연」, 「혜강 선생과 한 줌의 쌀」 등의 작품은 우리 수필문학사의 한 면을 장식할 수작으로 충분히 추장할 만하다.

그 중에서도 4·19가 일어나던 해 12월에 쓴 「모색」은 명편 연시조 「황혼에 서서」의 창작 배경을 알려주는 자료로서나 독립된 산문 작품으로서 모두 훌륭히 주목에 값한다. 한밤중에 일어나 앉아 커피를 마시며 젊은 날의 실패한 연애사를 되 떠올려 한 편의 시나 산문을 쥐어짜낸다는 여류 명사들의 장식적인 글과는 그 근본이 다르다. 그 아래에는 피 끓는 역사의 구체적 현장에 서서 목숨에 근원적으로 내재한 보편적 슬픔을 곱씹는, 그리고 거기다가 자신의 생애 전체를 겹쳐 펼쳐놓는 한 정결한 영혼의 애수가 물들어 있기 때문이다. 목숨이란 모름지기 기쁨보다는 슬픔에 한 발짝 더 가까운 것이 사실 아니랴.

> 지극히 그리운 이를 생각할 때 모르는 사이에 눈물이 돌듯, 나는 모색 앞에 설 때마다 그러한 감정에 젖어들게 된다. 사람의 마음이 가장 순수해질 때는 아마도 모색과 같은 심색일는지 모른다. 은은히 울려오는 종소리 같은 빛, 모색은 참회의 표정이요, 기도의 자세다.
>
> (중략)
>
> 가물가물 일직선으로 열지은 나목들이 암회색 높은 궁창을 배경하고 보랏빛으로 물들어 가는 하늘에 비춰 선 정취는 바로 그윽히 여울져 내리는 거문고의 음률이다. 이 음색에 취하여 혼자 걷노라면 내 마음은 고운 고독에 법열이 느껴지고 어쩌면 이 길이 서역 만리, 그보다 더 먼 영겁과 통한 것 같은 아득함에 젖어진다.
>
> 그 무수히 소용돌던 역사의 핏자국도 젊은 포효도 창연히 연륜 위에 감기는 애상일 뿐, 그 날에 절박하던 목숨의 상채기마저 사위어져 가는 낙조처럼 아물어 드는 손길! 모색은 진정 나의 영혼에 슬픔과 정화를 주고 그리움과 사랑을 배게 하고 겸허를 가르치고, 철학과 종교와 체념과 또 내일에의 새로움과 아름다움과… 일체의 뜻과 말씀을 있게 하는 가멸음의 빛이 아닐 수 없다.

모색 앞에 서면 나는 언제나 그윽한 거문고의 음률 같은 애상에 마음은 우울을 씻는 것이다.

(「모색(暮色)」 앞뒤. 단락을 일부 조정하였음.)

〈숨은 꽃〉을 찾아가는 네 가지 방법

1. 네 거리 위에 선 삶 : 김소월의 「길」

어제도 하룻밤
나그네집에
까마귀 까악까악 울며 새었소.

오늘은
또 몇 십 리
어디로 갈까.

산으로 올라갈까
들로 갈까
오라는 곳이 없어 나는 못가오.

말 마소 내집도
정주 곽산(定州郭山)
차가고 배가는 곳이라오.

여보소 공중에
저 기러기
공중엔 길 있어서 잘 가는가?

여보소 공중에
저 기러기
열 십(十) 자(字) 복판에 내가 섰소.

갈래 갈래 갈린 길
길이라도
내게 바이 갈 길은 하나 없소.

(김소월의 시 「길」 전문, 1939년판 『진달래꽃』)

* 주: 원문의 표기는 이와 많이 다르지만, 뜻이 상하지 않고 원시(原詩)의 맛을 해치지 않는 범위 내에서 현대어로 고쳤음(필자)

모든 문학 작품은 그 작품 내에, 내용을 전달하고 전개하는 화자가 있다. 이 생각은 또한, 반드시 거기에는 그 화자의 이야기 상대자인 청자가 있다는 것을 전제로 한다. 시에서는 이 화자를 '시적 화자' 혹은 '시적 자아'라 부르고 그 상대자인 청자를 '시적 청자'라 부른다. 소설에서는 이와 달리 화자를 '작중 화자' '서술자' 등으로, 청자를 '작중 청자' '피서술자'로 부르는 것이 상례인데, 이 글에서는 시와 소설을 통틀어 '화자' '청자'라고 단일하게 부르기로 하겠다. 왜냐하면 이름만 다를 뿐 그것이 맡고 있는 역할은 시, 소설을 막론하고 거의 동일하기 때문이다.

사람이 만나서 이루는 사회라는 것은 분명히 '나'와 '너'와 '그'의 관계로 이루어진 것이다. 삶의 모든 면면들은 그러므로 당연히 이 세 요소만으로 그려낼 수 있다. 시가 이루어내는 내용 공간도 결국엔 이 세 요소 중의 어느 한 범주를 위주로 하고 있기 마련이다. 이 세 요소 가운데 화자인 '나'의 정서를 표현하고, 삶을 이야기하고, 처한 상황을 묘사하는 시를 우리는 가장 전통적인 의미의 서정시라고 부른다. 또한 이 때의 화자는 대개의 경우 그 시의 작가와 곧바로 연결되는 것이 보통이다. 그리고 청자인 '너'에 대하여 어떤 주장을 펴거나 행동을 요구하는 시를 대개 목적시라 부르고, 화자인 내가 청자인 너에게 객관적인 어떤 대상인 '그'에 대하여 이야기하는 시를 흔히 이야기시 혹은 교술시(敎述

詩)라고 한다.

그러므로 독자들이 시를 읽는다는 것은, 일차적으로 시의 전달을 가능케 하는 화자와 청자가 누구인가를 밝혀내고 그들이 누구에 대해 말하는가, 그 표현 내용은 무엇인가를 알아내는 행위를 가리킨다. 그런 다음에 이차적인 시 이해가 시작되는데, 화자 청자로 하여금 그러한 내용을 주고받게 만들어 놓은 시인의 최종적인 의도가 무엇인가를 캐는 일이 그것이다. 이 순서에 따라 위의 시를 읽을 때, 윗시는 화자인 '나'의 상황 전달에 초점이 맞춰진 전형적인 서정시라는 것을 알 수가 있다.

크게 네 부분으로 나누어 읽을 수 있는(1연(기),2-4연(승),5-6연(전),7연(결)) 이 시의 화자는 시의 전면에 '나'로 분명히 명시되어 있다. 화자와 대화를 나누는 청자의 경우는 좀 불분명한데, 시의 내용을 찬찬히 읽어보면 청자가 단일 인물이 아니라 둘로 설정되어 있다는 것을 알 수 있다. 즉 1연에서 4연까지의 청자와 5연에서 7연까지의 청자가 다르게 나타나는데, 전반부의 청자는 시의 전면에 확연히 모습을 드러내고 있지는 않지만 4연의 내용을 가지고 미루어 짐작해 볼 수는 있다. 그는 3연과 4연 사이에서 화자를 향해 '그렇다면 당신은 집도 고향도 없단 말이요?'라고 질문하고 있는 인물이다. 이 질문에 대한 답으로 화자는 '말마소 내집도/ 정주 곽산(定州郭山) / 차가고 배가는 곳이라오.' 라고 말하고 있기 때문이다.

그렇다면 이 전반부의 청자는, 화자의 상황이 이상하다거나 별스럽다거나 이해가 안 된다는 듯한 태도를 취하고 있어야 하는데, 그러기 위해서 그는 적어도 안정된 집이 있거나 비록 나그네라 하더라도 어떤 특별한 목적이 있어서 그 여행이 곧 끝나게 되어 있는 나그네이지 않으면 안 된다. 그래야만 화자의 갈 곳 없다는 말에 '집도 없단 말이요?'라고 묻게 될 것이기 때문이다. 화자의 말을 이해하지 못하는 청자와의 대화가 제대로 이루어질 리가 없다. 적어도 대화란, 화자 청자가 마음을 열어놓고 서로의 속사정을 받아들여 이해하려는 태도를 바탕으로 진행되는 것이기 때문이다. 이럴 경우 화자의 말은 거의 독백이나 혼잣말에 가깝다. 일종의 푸념이나 신세 한탄이 되는 것이다. 시 후반부의 청자도 이 점에서는 마찬가진데, 그것은 후반부 청자 역시 화자의 진정한 대화 상대자가 못되는 '기러기'로 설정되어 있기 때문이다.

시의 전, 후반부에서 각기 따로 설정된 청자들의 진정한 기능은 무엇일까? 짐작컨대 이들은 각각 화자가 갖지 못한 것, 혹은 화자가 처한 상황을 대조적으로 보여주는 역할을 맡고 있는 것으로 보인다. 전반부 청자의 '집 있음'이라는 상황이나 후반부 청자인 기러기의 '자유로움'은, 각각 화자의 그렇지 못한 상황을 역설적으로 되비쳐 준다는 말이다. 전반부를 다시 읽으면서 한 번 생각해 보자.

화자는 우선 어젯밤을 나그네집에서 새웠다는 것을 말한다. 물론 이때의 나그네집이란 주막이나 여관방이라 보아야 옳을 것이다. 그러므로 당연히 화자는 떠도는 중이다.(필자가 여행이라는 말 대신에 굳이 떠돈다고 쓴 것은 여행이라는 말에는 왠지 여유나 멋, 한가로움 등의 의미가 배어있는 것 같아서 화자의 상황과는 거리가 있는 것으로 보이기 때문이다.) 그 나그네집에 '까마귀가 밤새 까악까악 울었다'라는 진술은 '그것을 밤새워 들었다'라는 진술을 전제로 한 것으로서, 이로보아 화자는 잠들지 못하고 밤새 뒤척였다는 것을 알 수 있다. 그 화자가, 오늘은 또 몇 십리를 가야하고 어디로 가야하는가를 되묻는다. 그리고 오라는 곳이 없다는 말을 덧붙임으로써 그의 여로가 지향 없는 것임을 시사한다. 그런 다음에 우리가 위에서 추정해본 청자의 질문이 놓인다. 그러자 화자는 자기에게도 집이 있음을 진술한다. 여기서 우리는 하나의 의문에 부딪히게 된다. 오라는 곳이 없어 아무데도 못 간다는 진술과 정주 곽산, 차가고 배가는 곳에 집이 있다는 진술은 모순이지 않는가? 그러므로 이것이 일관된 의미로 읽히려면, '그런 집이 현실적으로 있으면서도 거기에 가지 못 한다'가 되어야 한다.

집이 있어도 거기 못가는 상황. 우리는 이것을 어떻게 받아들여야 할까? 아마도 두 가지의 해석이 가능할 것인데, 화자가 집을 떠나며 가졌던 어떤 실제적인 목표를 이루지 못했기 때문이라는 현실적인 해석과 그 의미가 현실적인 차원이 아니라 어떤 정신적인 차원일 가능성으로의 해석이 그것이다. 전자라면, 이 시는 너무나 현실적인 욕망의 표현, 즉 금의환향하지 못하는 화자의 넋두리가 되어버려서 재미가 적다. 본디 문학이 그런 사소한 인간의 욕망을 표현하는 그릇은 아니라고 믿는 까닭이다. 그렇다면 우리에겐 이 시의 여로를 삶이라는 것 자체 혹은 삶을 대하는 정신적인 태도로 읽을 수 있는 가능성만 남은 셈인데, 이렇게 놓으면 이제 집이 있어도 돌아갈 수 없다는 상황이 좀더 자연스럽게 읽히게 된다.

인간이면 누구나 삶을 처음 시작했던 고향을 지니고 있다. 그것이 어머니라 해도 좋고 유년이라 해도 좋고, 그냥 고향이라 해도 상관이 없다. 다만 그곳은 화해와 평화와 안식이 늘 가득했던 곳이라는 점만은 동일할 것이다. 그 곳을 떠나온 우리의 삶이 결코 다시 그곳으로 돌아갈 수 없음은 서글프지만 당연한 것이다. 그것이 삶의 본질이므로. 행여 현재의 삶의 여로가, 목표가 뚜렷하고 현실적으로도 성공적인 것이라면 이는 별로 문제될 것이 없다. 그러나 앞으로 나아갈 지향점이 무엇인지를 잃어버렸을 때는 문제다. 좌절하고 방황하게 되며 갈 곳 없다고 느끼게 될 것은 당연하리라. 화자는 지금 그런 처지에 놓여 있는 것이다. 삶이 그 목표를 잃어버렸을 때 그 삶은 기로(岐路)에 섰다라고 말한다. 바로 십자로(十字路)가 되는 것이다. 화자가 시의 후반부에서 '열 십 자 복판에 내가 섰소.'라고 말하는 이유가 여기에 있다. 자유롭게 하늘을 나는 기러기가 부럽기도 하지만 인간으로서는 불가능한 일. 삶을 초월한 자가 아니고서는 그 삶에서 자유로울 수 없다는 것은 자명하다. 그러니 그에게는 '바이 갈 길은 하나 없'게 되는 것이다.

이 시의 십자로 즉 네거리는 삶의 한 때에 그 지향점을 잃어버린 화자의 상황을 비유한다. 현실의 길은 여러 갈래로 나 있다. 그 길은 정주 곽산으로도 또 어디로도 가 닿을 수 있다. 그럼에도 내가 갈 수 있는 길은 하나도 없다고 말하는 화자는 분명코 현실의 길을 이야기하는 것이 아니라는 점을 알 수 있다. 그의 현재의 삶이 곧 십자로 자체인 것이다. 왜 그렇게 되었는가를 묻는 것은 우리로서는 현명한 일이 못된다. 시의 어디에도 그것을 추적해볼 만한 단서를 남겨두지 않았기 때문이다. 다만 독자들이나 필자가 할 수 있는 유일한 방법은, 화자의 삶이 처한 그 막막하고 쓸쓸한 상황을 화자의 입장이 되어서 느껴보는 일이다.

그 다음에 2차 독서가 이루어져야 한다. 이제 우리는 왜 시인 김소월은, 이 시의 화자가 처한 삶을 십자로에 비유하는가, 왜 화자를 네거리에 세워두는가를 물을 차례인 것이다. 김소월의 이력을 근거로 우리가 해 볼 수 있는 추정은, 이 시를 쓰던 무렵의 시인 자신의 처지가 이와 유사했을 것이란 생각이다. 이렇게 보면 시 속의 화자는 곧 시인 자신인 셈이 되는데, 그 증거의 첫째로서 시인의 고향 역시 평안북도 정주군 곽산면이라는 점을 들 수가 있겠다. 두번째 증거로서는 시인의 다른 많은 시들과는 달리 이 시의 화자가 남성적인 목소리를 내고 있다는 점을 들어야 한다. 알다시피 김소월 시의 화자들은 주로 여성 화자들이다. 가령 '나보기가 역겨워 가실 때에는 말없이 고이 보내드리'겠다던 시 「진달래꽃」만 하더라도 그 목소리의 주인공은 여자인 것이다.

따라서 평북 정주 곽산이 고향인 남자, 시인 김소월의 삶을 조금이나마 살펴볼 필요가 생기는데, 잘 알다시피 소월(素月) 김정식은, 1902년에 태어나 오산중학, 배재고보를 거쳐, 동경상대를 중퇴했으며 1925년 시집 『진달래꽃』(매문사)을 간행했다. 오산시절의 스승이었던 안서 김억의 회상에 따르면 그는 누구보다 명민하고 조숙한 시인이었다. 이미 십칠팔세에 그의 출세작들을 다 썼을 정도였다. 그러던 그가 1923년 대학 중퇴 후 집안 살림을 떠맡아 타지를 떠돌며 몇 가지 사업을 벌여서 실패했고, 시에서도 별 진경을 보이지 못하고 있었다. 자연히 술에 젖어 살 수 밖에 없었다. 이 시는 바로 그 무렵의 정서를 반영하고 있는 것으로 보인다. 그 몇 년 후 시인은 「차 안서선생 산수갑산 운(次岸曙先生山水甲山韻)」이라는, 윗시와 거의 동일한 내용의 시 한 수를 스승에게 동봉해 보내고, 고향 곽산으로 돌아가 치사량의 아편을 먹고 말았다는 점이 이를 뒷받침한다. 그 때가 1934년 12월이었고 시인의 나이 33세였다.

2. 과정으로서의 길 – 황석영의 「삼포 가는 길」

> 영달은 어디로 갈 것인가 궁리해 보면서 잠깐 서 있었다. 새벽의 겨울 바람이 매섭게 불어왔다. 밝아오는 아침 햇볕 아래 헐벗은 들판이 드러났고, 곳곳에 얼어붙은 시냇물이나 웅덩이가 반사되어 빛을 냈다. 바람 소리가 먼데서부터 몰아쳐서 그가 섰는 창공을 베면서 지나갔다. 가지만 남은 나무들이 수십여 그루씩 들판가에서 바람에 흔들렸다.
> (「삼포 가는 길」, 『객지』,창작과 비평사,1980,p.258. 이하에서의 인용은 페이지만 표시함)

소설의 화자는 전형적인 3인칭 소설의 방식대로 소설의 전면에 나서지 않고 목소리로만 주인공과 배경을 등장시킨다. 공사판에서 착암기를 다루는 영달은 넉달전에 이 공사판으로 흘러들어 왔었지만, 겨울이 되어 일이 중단되면서 다시 길을 떠나야 할 처지이다. 소설의 첫 문장이 주인공 영달의 길 떠날 채비로 시작된다는 것은 우리의 관심을 끌기에 족하다. 시간상으로는 막 새벽을 지나 아침 볕이 퍼지기 시작하는 때라는 것을 알 수 있다. 창공을 '베면서' 지나가는 바람에 '흔들리는' 나무의 묘사를 통해 주인공의 추운 처지가 암시되고 있다. 그 역시 추운 바람 속을 흔들려 가야 하는 것이다.

그 새벽 길가에서 일찍 길떠난 정씨를 만나며 이야기가 전개된다.

정씨는, 간밤 영달이와 같이 한 잠자리 때문에 남편으로부터 호되게 얻어맞는 청주댁의 모습을 조금전에 보았노라고 수작을 걸어온다. 사실 아닌게 아니라 언제든 떠나리라고 마음은 먹고 있었지만, 영달은 청주댁 남편인 천씨를 피해 도망가듯 나선 길이었다. 정씨의 말투가 처음엔 못마땅했으나, 가까이 얼굴을 맞대고 보니 그리 흉악한 몰골도 아니고 태도도 시원시원해서 은근히 밉질 않다고 영달은 생각한다. 자기보다 댓살은 더 나이들어 보이는 탓이기도 했다. 사내 역시 목수일이며 용접이며 구두 수선 등을 하며 떠도는 공사판 품팔이였다. 그 많은 기술을 어디서 다 배웠느냐는 영달의 물음에 정씨는 「큰집」에서라고 대답한다. 시난고난 녹녹치 않게 살아온 사내의 이력이 잠깐 드러났다. 어디로 가느냐는 영달의 물음에 정씨는 삼포로 간다고 했다.

> 「방향 잘못 잡았수. 거긴 벽지나 다름없잖소. 이런 겨울철에.」
> 「내 고향이오.」
> 사내가 목장갑 낀 손으로 코밑을 쓱 훔쳐냈다. 그는 벌써 들판 저 끝을 바라보고 있었다. 영달이와는 전혀 사정이 달라진 것이다. 그는 집으로 가는 중이었고, 영달이는 또 다른 곳으로 달아나는 길 위에 서 있었기 때문이었다.(p.260)

같이 길에 나섰지만 정씨와 영달은 갈길이 다르다. 정씨는 비록 10년 만이긴 하지만 고향길을 가는 중이고, 영달이는 여전히 떠도는 길이기 때문이다. 그러기에 정씨의 마음은 벌써 들판끝을 달려가고 있는 것이다. 정씨가 먼저 길을 나섰다. 갈 곳이 정해진 자의 발걸음은 날래기도 하려니와 망설임이 없는 법이다. 영달은 어디로 향하겠다는 뾰족한 생각도 나지 않았고, 동행도 없이 갈 길이 아득했으므로 가다가 도중에 헤어지더라도 우선은 말동무라도 하며 가자 생각하고 정씨를 따라붙었다. 기차가 서는 월출리까지는 같이 가리라 생각했다. 고향엔 왜 가느냐는 영달의 물음에 정씨도 별 목적없음을 밝혔다. 아는 이도 없을 것이지만 그냥 나이 드니까 가 보고 싶다고 했다. 하긴 고향에 왜 가는가 따져보고 가는 이도 있을까? 그냥 거기에 고향이 있기 때문일 것이다. 삶을 처음 시작했던 곳, 언제나 화평스러운 기억만이 남아있는 아름다운 곳. 아름답지 않은 고향이란 없는 법이다. 삼포가 어느 쪽이냐는 영달의 물음에,

> 정씨는 막연하게 남쪽 방향을 턱짓으로 가리켰다.
> 「남쪽 끝이오.」
> 「사람이 많이 사나요, 삼포라는 데는?」
> 「한 열 집 살까? 정말 아름다운 섬이오. 비옥한 땅은 남아돌아가구, 고기두 얼마든지 잡을 수 있구 말이지.」(p.263)

'막연하게'라는 말과 삼포에 대한 정씨의 수사(修辭)를 통해 삼포가 지닌 이 소설에서의 역할이 잠깐 드러난다. 그곳은 아무래도 끝내 가닿을 수 없으리라는 느낌과 함께, 실제로 존재하지 않고 단지 작가의 어떤 의도에 의해 설정된 지명일지도 모른다는 생각이 그것이다. 즉 그곳은 정씨의 고향이라는 실제 지명의 의미라기보다는 고향 일반 혹은 고향의 본질을 환기하는 곳으로 가공되어 있다는 의미이다. 그렇지 않다면 거의 낙원과 같이 묘사된 삼포를, 정씨가 떠난 이유가 설명되지 않기 때문이다. 또는 그곳이 실제 정씨의 고향이라 하더라도,정씨의 의식 속에서 그곳은 지나치게 과장되거나 윤색되어 있어서 쉽게 부서져버릴지도 모른다는 느낌을 부여하고 있다.

찬샘골로 내려서며 바라본 하늘은 새벽과는 달리 점점 흐려지고 있었다. 아침이나 먹고 가자고 들른 서울식당에서, 그들은 뚱뚱보 여주인의 악다구니를 들어야 했다. 그 집은 주변의 군부대를 상대로 밥도 팔고, 여자를 데려다 술도 파는 집이었다. 그런데 그 집에서 접대부로 있던 백화라는 여자가 새벽에 도망을 갔다고, 동네 사람들과 남편더러 빨리 나가서 잡아오라고 여주인이 악을 쓰는 중이었다. 그 여자 때문에

영달은 작년 겨울, 대전서 같이 살림을 했던 옥자를 생각했다. 애도 하나 가질 뻔한 의리있는 여자였다. 지난 봄 영달이 실직하게 되자, 돈모으면 모여 살자고 서울로 식모살이를 구해갔다. 하지만 어디 떠돌이가 언약 따위를 지킬 수가 있던가. 밤에 자다가 혼자 일어나면 그애 때문에 남은 밤을 꼬박 새우기도 했었다.

백화의 생긴 외양을 일러주고 잡아주면 사례를 하겠다고 덧붙이는 주인 여자의 부탁을 뒤로하고 찬샘마을을 나섰을 때 눈이 퍼붓기 시작했다. (마을 이름을 찬샘으로 정한 작가의 의도는 아마도 몰인정한 세태를 드러내기 위해서일 것이다.) 도중에 월출과 감천의 갈림길을 만나 일행은 감천을 택하기로 했다. 월출길은 고갯길이고 곧 길이 끊길 지도 모른다는, 지나는 노인의 말 때문이었다.마침 감천도 기차역이 있다고 했다. 새끼줄로 감발을 치고 다시 길을 재촉했다. 마을 셋을 지나면 감천이라고 했었다. 그들에게 있어 마을은 그냥 지나칠 뿐인 곳이었다. 평생을 길 위에서 떠돌며 살아야 하는 그들로서는 따뜻한 집과 그것들이 모여 이루는 마을이란 참으로 그립고도 먼 것이었다. 마을은 그들을 받아주지 않았다. 두터운 성에로 무장한 창문과 눈을 뒤집어쓴 담벼락을 가지고 그들을 밀어냈다. 다만 돈으로만 그 집의 창문과 벽은 길을 터줄 뿐이었다. 그러나 본디 주머니가 넉넉치 못한 그들에게 그 효력이 오래 갈 리가 없었다. 마을은 길의 한쪽이 끝난다는 안도감이나, 집의 따뜻함으로 그들에게 느껴지는 것이 아니라, 돈을 주고 사 마시는 소주 한 병의 화끈거림으로 그들에게 인식된다. 이 화끈거림이란 따뜻함과는 거리가 먼 것이어서, 이물스러움과 쓰라림을 바탕으로 하는 감각인 것이다.

> 마을 하나를 지났다. 그들은 눈 위로 이리저리 뛰어다니는 아이들과 개들 사이로 지나갔다. 마을의 가게 유리창마다 성에가 두껍게 덮혀 있었고 창 너머로 사람들의 목소리가 들려왔다. 두번째 마을을 지날

때엔 눈발이 차츰 걷혀 갔다. 그들은 노변의 구멍 가게에서 소주 한 병을 깠다. 속이 화끈거렸다.(p.268)

쓰린 그들의 행로 위에서 일행은 또다른 뜨내기와 만난다. 바로 찬샘의 주점을 도망쳐 나온 백화였다. 작가는 세 사람이 만나는 이 장면의 서술을 통해, 길 위를 떠도는 자들의 원칙을 제시하는데, 하나는 아무리 인생의 밑바닥까지 굴러온 뜨내기들이지만 사람으로서의 마지막 도리인 '의리'를 지녀야 한다는 것, 또 하나는-이것은 문면에 숨겨져 있어 찾아내기가 쉽지는 않지만- 눈길처럼 길이 지워져 보이지 않거나 험한 길일수록 여럿이 모여 함께 헤쳐가야 한다는 것이 그것이다. 후자의 경우는 이 장면부터 소설의 끝까지에 작가가 표나지 않게 숨겨놓고 있으므로 끝에 가서 다시 검증해야겠지만, 전자의 경우는 다음과 같은 서술에서 선명하게 제시하고 있어서 달리 해설을 달 필요도 없다. 가령, 백화를 잡아다 주고 여비라도 뜯어 쓰겠다고 달려드는 영달을 눈 위에 밀쳐 넘어뜨려 놓고서, 온갖 창녀촌을 전전한 자기의 이력을 들먹이며 백화가 '……치사하게 뚱보 돈 먹자구 나한테 공갈 때리면 너 죽구 나 죽는 거야'라고 말했을 때, 영달은 다음과 같이 대꾸함으로써 애초에 그럴 뜻이 없었음을 보여준다.

「우리두 의리가 있는 사람들이다. 치사하다면, 그런 짓 안해.」(p.269)

아무리 몸을 팔아 먹고사는 하루살이 인생들이지만 치사한 짓은 할 수 없다는 생각은, 이들이 자기에게 다지는 인간으로서의 마지막 위엄인 것이다. 이 부분은, 하루 하루 살아가는 이들의 삶이 오히려, 잘먹고 잘살면서도 인간으로서의 도리를 저버리고 치사하게 살아가는 사람들의 삶보다 훨씬 고결한 것일 수도 있다는 작가의 가치관을 반영하고 있다. 그러기에 이 부분에 이어서, 백화가 행선지를 집이라고 밝히고 영달이 이를 의심했을 때, 그것을 순순히 받아들이는 그녀의 태도조차 훨씬 진실하게 보일 수가 있는 것이 아닐까? 아마도 떠나온 집에 대한 그리움은 떠나보지 않은, 늘 집에 안주해서 잘먹고 잘사는 사람들은 이해할 수 없으리라. 때문에 다음과 같은 진술에서 나타나는 백화의 집에 대한 그리움은, 비록 그녀가 정말로 집으로 가든 가지 않든 절절하게 우리의 가슴을 울리게 된다.

> 백화는 아까와 같은 적의는 나타내지 않았다. 백화는 귀옆으로 흘러내리는 머리카락을 자꾸 쓰다듬어 올리면서 피곤한 표정으로 영달이를 찬찬히 바라보았다.
> 「그래요. 밤마다 내일 아침엔 고향으로 출발하리라 작정하죠. 그런데 마음뿐이지, 몇 년이 흘러요. 막상 작정하고 나서 집을 향해 가보는 적두 있어요. 나두 꼭 두번 고향 근처까지 가봤던 적이 있어요. 한번은 동네 어른을 먼발치서 봤어요. 나 이름이 백화지만, 가명이에요. 본명은……아무에게도 가르쳐 주지 않아.」(p.269)

아마도 그녀는 결코 고향에 돌아가지 못할 지도 모른다. 그 고향이 유년이나 어머니와 같은 마음의 고향이 아니라 현실적이고 물리적인 고향을 의미한다고 해도 마찬가지일 것이다. 많은 식구와 대를 물린 가난으로 한쪽 귀퉁이가 주저앉은 고향, 그리고 그 가난한 고향 스스로가 밖으로 내몬 그녀이긴 하지만 이제 와서, 백화라는 이름으로 망가진 그녀의 육신을 누가 받아주려 하겠는가? 백화인 채로는 고향에 돌아갈 수 없다는 것을 그녀 스스로도 잘 안다. 고향 앞에 두번이나 갔었지만 결국 돌아올 수 밖에 없었던 것이다. 아마도 그녀가 고향집에 갈 수 있는 길은 그녀의 밝히려 들지 않는 본명으로 가는 길 밖에 없을 것이다. 그러기에 그녀는 한사코 그녀의 본명은 밝히려 들지 않는 것이다.

그러나 그녀가 본명으로 회복된다는 것이 가능키나 한 일인가? 본명으로 불리던 옛날의 그녀는 이미 지상에는 없는 것이다. 그것은 마치 너무 많이 변해버린 고향을 옛날의 기억으로 더듬는 일과 같아서, 그녀의 옛날은 이미 다시는 돌아오지 않는 강 저편에 있었다. 그렇기 때문에 더더욱 백화는 자기의 본명을 소중한 것으로 쳐두고 함부로 굴리지 않으려 들게 된다. 그녀가 잃어버린 고향과 등가물(等價物)인 이름이어서, 그 속에는 그녀의 잃어버린 순결과 유년과 안식과 그리움, 순정 같은 것들이 고스란히 담겨있기 때문이다. 그것마저 훼손당하면 그녀는 정말로 존재의 이유가 없어지는 것이다. 아마도 남은 길은 스스로 삶을 마감하는 길만이 그녀 앞에 유일하게 남은 길이 될 것이다. 본명 하나만으로 달랑 남겨지기까지 그녀의 삶의 빈자리엔 얼만큼의 고통이 대신 차지하고 앉은 것일까? 그 고통들이 갉아먹은 그녀의 육신은 나이보다 훨씬 겉늙어 있게 마련이었다.

> 백화는 이제 겨우 스물 두살이었지만 열 여덟에 가출해서, 쓰리게 당한 일이 많기 때문에 삼십이 훨씬 넘은 여자처럼 조로해 있었다. 한마디로 관록이 붙은 갈보였다, 백화는 소매가 해진 헌 코트에다 무릎이 튀어나온 바지를 입었고. 물에 불은 오징어처럼 되어버린 낡은 하이힐을 신고 있었다. 비탈길을 걸을 때, 영달이와 정씨가 미끄러지지 않도록 양쪽에서 잡아주어야 했다.(p.270)

우리 근대사의 1960년대란 어떤 시대인가를 돌아볼 차례가 되었다. 말할 필요도 없는 전면적 기근의 시대였다. 전쟁의 상처 위에 아직 아무 것도 새로운 것을 세워내지 못하고, 모든 것을 미군의 경제 원조와 그 뒷구멍으로 흘러나오는 구호 물자에 의지하던 시절이었다. 자연히 그 물자들의 흐름을 좇아 초기 형태의 이촌향도(離村向都)가 이루어졌고, 대개 그들은 여자들이었다. 많은 식구들을 거느린 대가족 제도의 그늘 아래서 여자들의 삶이란 구박과 천덕꾸러기의 그것일 수 밖에 없었고, 한입이라도 덜어보겠다고 도시로 공장으로 흘러들기 시작했던 것이다. 그러나 그들을 받아줄 공장이나 변변히 있을 리가 만무했다.

많은 수의 그녀들은 종국에 기지촌으로 술집으로 팔려나갔다.

이들의 고향떠남을 가출이라는 이름으로 매도하려거나 더러운 것으로 치부하려는 자가 있다면, 90년대라는 이 단군이래 최대의 호황기에 운좋게 편승해 살아가면서 혹여 그녀들의 육체적 더럽힘보다 더한 정신적인 매춘을 감행하고 있지나 않은지를 반성해보아야 한다. 물질적인 풍요를 구가하면서도 온갖 외래의 것과 남의 것들에 무조건적인 탐욕을 보이는, 오늘날 우리의 삶이야말로 비난받아 마땅한 것은 아닌지 생각해 보아야 한다. 70년대 초반에 집중적으로 나타나기 시작한 이 창녀 이야기들은, 그녀들의 삶이 실상 당대인들 스스로에 의해 만들어진 것이라는 나름대로의 뜨거운 고뇌와 반성의 결과물들이었다. 작가 황석영은 바로 그러한 인식을 바탕으로 백화의 삶을 받아들이고 있는 것이다. 그러면서 작가는 또한, 그녀의 상처가 섣부른 동정이나 위로에 의해 치유될 성질의 것이 아니라, 상처받고 남루해진 그녀들(영달이나 정씨를 포함하여) 스스로에 의해 다스려져야 할 것임을 알고 있다. '영달이와 정씨가 미끄러지지 않도록 양쪽에서 (백화를) 잡아주어야 했다'는 마지막 진술은 구체적인 행위의 묘사이기도 하지만 그네들의 삶의 방식 일반을 암시하는 장치이기도 한 것이다.

일행은 마지막 마을을 지나갔다. '마을의 골목길은 조용했고, 굴뚝에서 매캐한 청솔 연기 냄새가 돌담을 휩싸고 있었는데 나직한 창호지의 들창 안에서는 사람들의 따뜻한 말소리들이 불투명하게 들려왔다.'(p.271) 고향에서는 그들의 삶도 이러했으리라. 그러나 그들의 고향이 아니었으므로 그 따뜻한 말소리 속에 자신들의 목소리를 섞어넣을 수가 없었다. 길가의 다 무너져가는 폐가만이 그들을 받아주었다. 신발이나 말려가자고 들린 그곳에서 영달이 불을 피웠다. 아무리 고단히 길을 가는 삶이지만 때로 휴식이 필요한 법이다. 불을 피움으로써 그들에게도 그들만의 따뜻함과 온정을 나눠가질 기회가 생기는 것이다. '불이 생기니까 세 사람 모두가 먼 곳에서 지금 막 집에 도착한 느낌이들었고, 잠이 왔다.'(p.272) 애써 불을 피우는 영달을 보며 백화는, 영달이 치사한 건달이 아니라 꽤 괜찮은 사내라고 말해 주었다. 영달은 괜히 나이롱 비행기 태우지 말라고 했지만, 정씨는 아가씨가 영달에게 반한 거라고, 그것도 모르냐고 핀잔을 주었다. 그러나 계집과의 사랑이란 말짱 헛거라고 영달은 믿고 있었다.

「오머머, 어디 가서 하루살이 연애만 해본 모양이네. 여보세요, 화류계 연애가 아무리 돈에 운다지만 한번 붙으면 순정이 무서운 거예요. 내가 처음 이길 들어서서 독하게 사랑해본 적두 있어요.」

지붕 위의 눈이 녹아서 투덕투덕 마당 위에 떨어지기 시작했다. 여자는 나무막대기를 불 속에 넣고 휘저으면서 갑자기 새촘한 얼굴이 되었다. 불길에 비친 백화의 얼굴은 제법 고왔다.(p.272)

백화는 주점 〈갈매기집〉에서의 나날을 생각했다. 그녀는 날마다 툇마루에 걸터앉아서 철조망의 네 귀퉁이에 높다란 망루가 서있는 군대감옥을 올려다 보았던 것이다. 감옥 안에서의 다른 삶들을 지켜보며 그녀는, 비록 나이는 어렸지만 인생살이가 고달프다는 것을 깨달았다. 어느날 제방공사를 돕기 위해 출소가 가까운 죄수 삼십여명이 마을로 내려왔고, 그녀는 담배 두 갑을 사서 그중 얼굴이 해사한 죄수에게 쥐어주었다. 작업하는 열흘간 그녀는 그들의 담배를 댔고, 다음부터는 아예 음식을 장만해서 감옥 면회실로 그를 만나러 갔다. 옥바라지 두 달만에 그는 이등병 계급장을 달고 백화를 만나러 왔다. 하룻밤을 같이 보내고 병사는 전속지로 갔다. 그녀는 그런 식으로 여덟명을 옥바라지 했다. 말하자면 그녀의 여덟번의 사랑이었던 것이다. 누가 이런 그녀보다도 순결하다고 감히 그 앞에 나설 수 있겠는가? 그로부터 그녀의 삶은 줄곧 군부대 주변의 술집들을 전전하는 것으로 채워졌다. 혹시나 자기가 보낸 그 일방적인 사랑의 흔적을 찾을 수 있을 지도 모른다는 희망이 여기까지 흘러오게 만들었던 것이다.

백화는 그런 일 때문에 갈매기집에 있던 시절, 옷 한가지도 못해 입었다. 백화는 지나간 삭막한 삼년 중에서 그때만큼 즐겁고 마음이 평화로왔던 시절은 없었다. 그 여자는 새로운 병사를 먼 전속지로 떠나보내는 아침마다 차부로 나가서 먼지 속에 버스가 가리울 때까지 서있곤 했었다. 백화는 그 뒤부터 부대 근처를 전전하며 여러 고장을 흘러다녔다.(p.273)

사방이 어두워지자 그들은 얘기를 그치고 다시 걷기 시작했다. 뒤쳐졌던 백화가 고랑에 빠져 발을 삐었다. 영달이 달려들어 싫다고 뿌리치는 백화를 업었다. 영달의 등에 업히면서 백화는 무겁지 않냐고 물었다. '영달은 대꾸하지 않았다. 백화가 어린애처럼 가벼웠다. 등이 불편하지도 않았고 어쩐지 가뿐한 느낌이었다. 아마 쇠약해진 탓이리라 생각하니 영달이는 어쩐지 대전에서의 옥자가 생각나서 눈시울이 화끈했다.'(p.274) 일곱시쯤에 도착한 감천 읍내에서 그들은 아직도 따뜻한 온기가 남아있는 팥시루떡을 사먹었다. 백화가, 자기를 업고와서 시장할테니 더 먹으라고 자기 몫에서 절반을 떼어 영달에게 내밀었다. 역으로 가며, 백화는 영달더러 어차피 갈곳이 정해지지 않았으면 자기네 고향으로 함께 가자고 했다. 정씨도 백화가 좋은 여자 같다며 그러기를 권유했다. 대답을 않고 미적거리는 영달이 여비가 모자라 그러는 줄로 알고 정씨가 물어보았으나 비상금이 천원쯤 있다고 했다. 이번 기회에 뜨내기 신세를 청산하고 살아보라는 정씨의 말에, 영달은 시무룩해져서 역사 밖을 멍하니 내다보았다. 백화는 뭔가 쑤군대고 있는 두 사내를 불안한 듯이 지켜보고 있었다. 영달이 말했다.

「어디 능력이 있어야죠.」
「삼포엘 같이 가실라우?」
「어쨌든…….」
영달이가 뒷주머니에서 꼬깃꼬깃한 오백원짜리 두 장을 꺼냈다.
「저 여잘 보냅시다.」

영달이는 표를 사고 삼립빵 두개와 찐 달걀을 샀다. 백화에게 그는 말했다.

「우린 뒷차를 탈 텐데…… 잘 가슈.」

영달이가 내민 것들을 받아쥔 백화의 눈이 붉게 충혈되었다.(p.275)

사람들이 개찰구를 빠져나가자 백화도 보퉁이를 들고 일어섰다. 정말 잊어버리지 않겠다는 말을 남기고 개찰구를 빠져나가던 백화가 다시 돌아왔다. 돌아온 백화의 눈이 젖은 채로 웃고 있었다.

「내 이름 백화가 아니예요. 본명은요…이 점례예요.」(p.275)

절대로 본명을 말해주지 않겠다던 백화가 자신의 본명을 두사람에게 밝힌다는 것은 무슨 의미일까? 아마도 자기가 간직한 제일 나중의 것, 가장 밑바닥의 것인 이름을 통하여, 그들 두사람과의 온정을 확인시키려는 작가의 의도일 것이다. 비로소 그들은 세사람이지만 하나로 묶여지게 되는 것이다. 이러한 따뜻한 교감을 엮어내기 위해, 작가는 그토록 추운 겨울 눈길로 주인공들의 삶을 내몰았으리라. 그러나 아직 해결되지 않은 부분이 여전히 남아있었다. 그것은 고향으로 간다는 정씨와 갈 곳 없는 영달의 위상 차이인데, 이 부분마저도 소설의 끝에서는 자연스럽게 해소되어버린다. 정씨가 10년을 별러 가고 있는 그 고향 삼포라는 곳이, 이미 옛날의 조용하고 살기좋던 어촌이 아니라 관광지로 개발이 되면서 북새통을 이루고 있다고 옆의 노인이 말해 주었기 때문이다. 정씨의 고향도 고스란히 사라지고 만 셈이었다. 그가 찾아가는 고향이란 이제 이름뿐으로 남아서 그 실질은 다 날아가버리고, 그가 십년 넘게 떠돌았던 여느 대처의 공사판과 다름없이 되어버렸다는 것. 고향이 여로의 끝이나 안식처가 아니라 또 다른 여정의 출발지가 되어버렸다는 사실의 확인은, 결국 길을 가고 있으면서도 길이 사라져버린 형국을 가리키는 것에 다름아니다. 아마도 먼저 떠나간 백화, 아니 이

점례의 경우도 마찬가질 터여서 결국 그들은 가닿지 못하는 고향을 향해 내처 걸어왔던 것이다. 그들에게 남겨진 그들만의 몫이란, 길의 끝에 남겨진 고향이 아니라 그것을 찾고자 같이 걸어왔던 여정과 서로 부축하고 업어주고 여비를 보태주던 다독거림의 기억 뿐이었다. 삶이란 어디에 가닿느냐가 중요한 것이 아니라 어떻게 걸어가느냐 하는 과정이 중요한 것일 터였다.

> 작정하고 벼르다가 찾아가는 고향이었으나, 정씨에게는 풍문마저 낯설었다. 옆에서 잠자코 듣고 있던 영달이가 말했다.
> 「잘 됐군. 우리 거기서 공사판 일이나 잡읍시다.」
> 그때에 기차가 도착했다. 정씨는 발걸음이 내키질 않았다. 그는 마음의 정처를 방금 잃어버렸던 때문이었다. 어느결에 정씨는 영달이와 똑같은 입장이 되어 버렸다.
> 기차가 눈발이 날리는 어두운 들판을 향해서 달려갔다.(p.277)

정씨도 영달이도 곧 그들에게 남겨진 그들만의 몫을 확인할 수 있을 것이다. 비록 어두운 들판을 달려가는 기차라는 표현을 통해 그들의 삶이 미래에도 결코 밝지만은 않을 것이라는 점을 시사하고는 있지만, 기차는 또한 강건한 이미지를 제시함으로써 그들이 만들어갈 삶의 건강함을 점쳐볼 수 있게 해주기 때문이다. 삶의 과정으로서의 여로는 기찻길 위에서 또 다시 시작되고 있는 것이다. 동트는 새벽부터 어두워진 저녁까지 걸어온 그네들의 여로가 앞으로도 여전하리라는 점이 마지막 문장을 통해 드러나 있다.

그렇지만 그 길이 김소월의 길처럼 결코 비관적이지는 않으리라는 점은 분명하다. 왜냐하면, 주어진 삶의 비관스러움은 애초 그들이 인정하고 나선 바였고, 그 힘들고 눈덮힌 길을 그들은 모여서 헤쳐나왔기 때문이다. 눈길이란 여러 사람의 발자욱이 지나가야 걷기가 편해진다는 점을 생각하면, 정씨의 길 위에 영달의 길이 포개지고, 백화의 길까지가 합쳐진 이들의 길이야말로, 만들어가야 할 사람살이의 바른 길을 표나게 보여주고 있기 때문이기도 하다. 그리고 소설의 전개 과정을 통해, 초입의 추위로부터 국밥, 소주, 모닥불을 거쳐 시루떡, 삼립빵이 지닌 따뜻함 쪽으로 시선을 옮겨놓고 있는, 이들 삶에 대한 화자의 믿음이 무엇보다 소설을 튼튼히 받치고 있다는 점 또한 우리의 추측을 옳은 것으로 믿게 해주는 장치이다. 그 시선 옮기기는 사건 전개의 중요 축인, 초반부의 몰인정한 세태 묘사와 세사람의 만남, 부축해 주기, 업고 가기, 차표사주기의 연쇄와 짝을 이루고 있다는 점도 기억되어야 할 것이다. 비록 노동자들의 연대 의식으로까지 의식의 각성이 이루어진 단계라고 볼 수는 없지만, 분명코 이 소설은 70년대 초반의 우리 사회를 지탱해준 소박한 민중의식의 참다운 발현으로 꼽아야 할 것이다. 이 소설이 1973년 『신동아』라는 잡지에 발표된 후, 70년대 초반 한국의 산업화 단계의 시작을 반영하는 대표적 작품으로 꼽혀 왔다는 점을 부기해 두자.

3. 방법으로서의 길 – 황지우의 「나는 너다. 503」

황석영의 소설이 70년대를 바탕으로 길을 걸어가는 과정을 통해 서로를 다독거려줌으로써 형성되는, 민중들의 끈끈한 공동체적 삶의 초기적인 형태를 그려보이고 있다면, 황지우의 경우는 80년대를 바탕으로, 사회 구성원으로서의 개인이 그 사회가 나아갈 진정한 방향을 위해 어떤 길을 가야하는가라는 방법적인 질문으로 시를 선택하고 있다. 아마 청소년층의 독자들에게 황지우의 시가 잘 알려진 편은 아니겠지만, 80년대를 대표해온 몇 안되는 시인 중의 한 사람으로 기성 문단에서 평가받고 있다는 점을 소개하면서 그의 시 「나는 너다 503」을 같이 읽어보기로 하겠다.

새벽은 밤을 꼬박 지샌 자에게만 온다.
낙타야,
모래박힌 눈으로
동트는 지평선을 보아라.
바람에 떠밀려 새 날이 온다.
일어나 또 가자.
사막은 뱃속에서 또 꾸르륵거리는구나.
지금 나에게는 칼도 경(經)도 없다.
경(經)이 길을 가르쳐 주진 않는다.
길은,
가면 뒤에 있다.
단 한 걸음도 생략할 수 없는 걸음으로
그러나 너와 나는 구만리 청천(靑天)으로 걸어가고 있다.
나는 너니까.
우리는 자기(自己)야.
우리 마음의 지도 속의 별자리가 여기까지
오게 한 거야.

(황지우의 시 「나는 너다 503」 전문, 『나는 너다』, 풀빛,1987)

이제 익숙해진 방법으로 화자/청자 구조를 우선 찾아보기로 하자. 화자는 사막을 가고 있는 '나'로 되어 있고, 청자는 특이하게도 역시 그 사막을 가는 '낙타'로 설정되어 있다. 결국 이 시는 화자인 '내'가 청자인 '낙타'에게 하는 진술로 채워져 있는 셈인데, 바로 처음부터 우리는 의문 하나와 부딪히고 말았다. 도대체 낙타라니, 그것이 제대로 된 청자일 수나 있는가라는 의문이 그것이다. 낙타가 화자의 말을 들어주기 위해서는, 다시 말해 제대로 된 청자의 기능을 수행하기 위해서는 낙타 아닌 다른 무엇의 비유거나 상징이지 않으면 안된다. 그렇다면 진정으로 화자가 말걸고 있는 화자란 무엇인가 그리고 또 하나, 화자와 청자인 낙타가 가고 있는 사막이란 무엇인가, 그 사막을 가는 행위란 어떤 의미인가를 캐보는 일이 이 시를 읽는 방법이 될 것으로 보인다.

총 17행의 연 구분이 없는 이 시를, 첫행부터 차근차근 읽으며 이런 의문들과 부딪쳐보자.

이 시는 의미 단위별로 볼 때 크게 네 부분으로 나눌 수가 있다. 물론 읽는이에 따라서는 달리 보일 수도 있겠지만 우선은 필자 나름의 방식대로 나누어본다면, 1–5행, 6–9행, 10–13행, 14–17행의 구분이 될 것이다. 첫부분에서 화자는 사막에서의 새날을 노래하고 있다. 그 새날은 아무에게나 일상적으로 오는 것이 아니라 밤을 꼬박 지샌 자에게만 온다고 화자는 말한다. 이 구절은, 화자가 밤을 꼬박 새웠다는 것을 진술할 뿐만 아니라 그 말을 듣고 있는 낙타까지도 같이 새웠다는 구절로 뒷받침되어 있다. 2–4행에서 낙타의 눈에 모래가 박혔다는 표현은, 뜬 눈으로 밤을 지새운 결과 눈에 모래가 박힌 것처럼 쓰라리고 뻑뻑하다는 것을 일러주기 때문이다. 그러므로 낙타도 밤을 꼬박 지샌 자에 해당하고, 따라서 화자와 함께 동트는 지평선을 볼 자격이 있다. 그런데 그 새날은 저절로 오는 것이 아니라 바람에 떠밀려 오고 있다. 새날 스스로는 오고싶지 않거나 올 수 없었는데 바람이라는 물리력이 등을 떠밀어 할 수 없이 왔다는 표현이다. 그렇다면 이제까지 본 밤과 새날, 바람 등의 단어는 예사로운 용법으로 쓰인 것이 아니라는 점에 생각이 이르게 될 것이다.

비록 문학에서가 아니라 일상적인 용법에서라도 밤이라는 것과 새날로서의 낮이라는 것은, 대조적인 의미로 받아들여지는 것이 상례이다. 밤이 부정적인 것, 사라져야 하는 것, 모종의 폭력, 어두운 역사 등의 함의를 내포한다면, 낮 혹은 새날은 그 반대의 의미로 의미망을 형성하기 마련이다. 이 상식을 그대로 받아들인다면, 이 시에서의 밤은 부정적인 어떤 상황을, 반대로 새날은 그것이 어느 정도 걷힌 상황을 암시한다고 볼 수 있겠다. '어느 정도'라는 잠정적인 언사를 사용한 이유는, 시의 전면에서 화자가 이 밤/낮의 대결 구도를 반복적인 것으로 사용하고 있기 때문이다. 그것은 6행의 '일어나 또 가자'라는 진술이 뒷받침해

준다. 이렇게 본다면 바람이란, 새날이 오게하는 물리력이 아니라 바로 물러나지 않으려는 밤을 밀어내는 어떤 힘으로 읽어도 무방하다는 사실을 알 수 있다. 바람의 일상적인 용법이 대개 단일한 어떤 주체의 힘을 상징하기 보다는 집단적인 힘을 전제로 잘 사용된다는 점도 감안되어야 할 것이다. 그 바람의 힘은 밤중 내내 작용했을 것이고, 화자와 낙타는 그것을 뜬눈으로 지켜보았다.

그렇게 하여 새날이 또 시작되었으니 낙타더러 다시 길을 나서자는 진술로 두번째 부분이 시작되고 있다. 이로 보아 밤/ 낮의 구도가, 다시 말해 밤의 지배가 일회적인 것이 아니라 반복적인 것이었음을 알 수 있다. 화자와 낙타도 잠자지 않고 그것을 계속 지켜보았다는 말이 된다. 그런데 놀랍게도 그들이 가야 할 사막은 외부에 있는 것이 아니라 내부에 있는 것이라는 점이 뒤따라 진술된다. 그 내부의 사막에 밤/낮이 교차되고 바람이 불고 했다는 것이다. '사막은 뱃속에서 또 꾸르륵거리는구나'라니! 뱃속에서 꾸르륵거리는 사막이란 도대체 무엇이며 그 사막 위에 밤과 낮이 교차된다는 것은 무엇인가? 아마도 두 가지의 해석이 가능할 것이다. '뱃속'으로 표현되는 내부라는 것을 화자의 정신 혹은 의식으로 파악하는 방법과 집단적인 주체의 내부, 가령 '우리 사회 내부'처럼 읽어내는 방법이 그것이다.

화자의 의식으로서의 내부에 사막이 있다면 그것은 어떤 것을 이루어내고자 하는 정신적인 추구의 고통스러움을 가리킬 것이고, 밤과 낮의 교차란 부정적인 의식과 긍정적인 의식 사이의 갈등을, 뜬눈으로 지샌다는 것은 그 부정적인 의식을 떨쳐내기 위한 화자의 의식적인 노력을, 바람이란 그렇게 해서 생겨나는 새로운 의식을 각각 가리킨다고 볼 수 있을 것이다. 그 내부의 의미가 후자라면, 그것은 사람과 사람들이 각각 주체를 이루어 살아가는 우리 사회 내부의 부정적인 상황과 긍정적인 상황, 그리고 그것을 새로운 바람으로 불어내고 또다른 상황으로 만들어가야 하는 일의 반복되는 고통스러움을 가리킨다는 해석이 가능할 것이다. 그것은 일종의 역사 만들기와 같은 의미여서 역사 주체들의 의식의 깨어있음을 전제로 하지 않으면 올바른 방향으로 나아갈 수 없을 것이다. 바로 낙타와 나는 그 사막같은 상황을(그것이 구도자적인 의식의 수련과정이든 역사 전개에 대한 통찰이든 상관없이) 눈 똑바로 뜨고 나아가려는 동반자가 된다. 그런 화자에게는 지금 칼도 경(經)도 없다. 칼이라는 것이 아마도 부정적인 것을 베어버릴 수 있는 실천적인 힘이나 의지를 가리키거나 세속적인 삶을 지탱해주는 무기를 암시한다면, 경(經)이란 불경이든 성경이든 정신적인 구도의 과정을 이끌어주는 길라잡이의 의미로 이 시 속에 차용되었을 것이다. 그런데 그 경조차도 화자의 길을 가리켜주지는 못한다. 사막 위에서 길을 찾는다는 것은 당연히 그 스스로 나아감으로써만 가능할 것이다. 낙타의 방식대로 스스로에게 저장한 의식의 물을 스스로 마셔가며 막막한 길을 그냥 가야한다는 것. 참으로 고통스러운 일이 아닐 수 없다.

사막에서의 길이란 가는 사람의 앞에 놓여 있어서 따라가기만 하면 되는 것이 아니라 지나가고 나서야 비로소 길이 처음으로 생기는 것이다. 그 길을 가는 자에게 길을 초월하거나 날아가는 방법은 없다. 생략할 수 없는 걸음만을 한 발 한 발 떼어놓아야 하는 것이다. '길은,/ 가면 뒤에 있다'라는 진술은 바로 이러한 상황을 발견한 화자의 깨달음이다. 이는 역사의 길이든 개인적인 삶의 길이든지를 막론하고 그것을 밀고 가는 행위 주체의 올바른 태도를 일러주는 뛰어난 아포리즘이 아닐 수 없다. 그렇게 걸어서 화자는 새로운 의식의 진경, 삶의 진경으로 나아간다. 바로 구만리 청천인 것이다. 한 발 한 발 걸어서 구만리를 가겠다는 의지는 대단한 것이다. 그 길을 다 걸어야 비로소 초월이 이루어지는 것이다. 사막을 걸어 하늘에 가 닿겠다는 것. 그것은 어쩌면 불가능한 인간의 소망일지도 모른다. 그러나 삶의 의미가 파악 불가능하다고 삶을 포기하는 사람이 어디 있겠는가.

마지막 부분에 와서야 비로소 독자들은 낙타의 정체를 만나게 된다.

나는 너이므로 우리는 자기(自己)라고 말할 때의 '너'란 곧 전반부의 낙타를 가리킴일 터이고, 그것은 결국 '나'였다는 것이다. 낙타란 그러므로 삶의 의미나 역사의 의미를 찾으려는 화자의 깨어있는 의식에 다름 아닌 것이 된다. 화자는 삶의 길목에서 주저앉으려는 자신의 게으름과 불성실을 꾸짖고 스스로 계속해서 삶의 의미를 찾아 나아가게 하기 위하여, 자기 안의 낙타를 잠들지 못하게 했던 것이다. 또는 낙타를 화자처럼 고통스럽게 삶의 의미를 찾아가는 다른 주체로 놓아도 무방하다. 같은 목표를 가졌다는 점에서 결국은 나는 너일 수 밖에 없고 모여서 우리가 되는 것이다. 이렇게 놓으면 시의 해석은 좀더 사회적인 의미망을 띠게 된다. 사람다운 삶, 그 삶들이 모여 이루는 참다운 공동체의 역사를 이루고 말겠다는, 깨어있는 사람들의 살아가는 방법이 어떠해야 하는가를 노래한 시로 읽을 수 있기 때문이다. '우리 마음의 지도 속의 별자리'란 곧 그러한 사람들이 끝내 놓치지 말아야 하는 꿈과 희망의 시적 표현이 될 것이다.

'여기까지' 왔지만 그곳이 곧바로 구만리 청천이거나 사막의 끝은 아닐 것이다. 어쩌면 여전히 길은 보이지 않고, 모래바람은 불어서 지나온 길마저 지워버리는 사막의 한복판일지도 모른다. 그렇다해도 상관없다. 마음의 지도 속의 별자리를 잃어버리지 않고, 생략없이 한 발 한 발 떼어놓는 삶의 진지한 방식만이 중요한 것이기 때문이다. 모든 삶의 주체들이 이와같은 방법대로만 살아간다면 그순간부터 그곳은 사막이 아니라 구만리 청천으로 변할 것이기 때문이다. 생각해 보라. 모든 사람들이 자기 삶의 목표를 잊어버리지 않고 편법이나 술수를 동원함이 없이 꾸준하고도 진지하게 살아가는 공동체. 그것이 유토피아의 진경 아닐 것인가. 황지우는 바로 그러한 삶의 '위치'를 중요하다고 말하는 것이 아니라, 진지하게 자기를 깨워 사막에 길을 만들어가는 삶의 방법을 일러주고 있는 것이다. 그런 사람들이 모여 '우리'가 되는 세상에 대한 희망을 노래하고 있는 것이다. 그러므로 그에게 있어 길이란

'방법' 그 자체인 것이다. 우리는 모두 어떤 방법으로 세상이라는 사막을 가고 있는지 뒤돌아볼 일이다. 혹시 가장 먼저 닿는 것만이 능사라 여기고 비행기를 타려거나 코란도 지프차를 동원하려고 하지는 않는지 말이다. 황지우 식으로 말한다면 그런 길은 없다. 삶의 생략, 초월이란 존재하지 않기 때문이다.

4. 숨어있는 문학을 찾아가기 – 양귀자의 「숨은 꽃」

지금까지 우리들은 문학이라는 도구를 가지고 삶의 길을 그려보이려는 다양한 시도와 만난 셈이다. 이제 마지막으로 우리는 문학하는 삶, 문학이라는 것 자체도 길찾기에 다름아니라는, 문학자의 자기 고민을 만나볼 차례이다. 삶이 길이고 그것을 그리는 것이 애초 문학의 탄생 배경이므로 대단히 새로운 것은 아니겠지만, 문학한다는 것 다시 말해 소설을 쓰거나 시를 쓴다는 행위 자체도 길을 찾아가는 삶의 한 방식이라는 점을 봄으로써 우리들에게 다양한 삶의 이야기를 제공해주는 소설가, 시인이라는 직업인의 내면 세계를 만난다는 것은 아무래도 색다른 즐거움일 것이다. 문학하는 행위도 종국엔, 우리들 시정인의 삶의 길 위에서나 앞에서나 옆에서 이루어지는 길찾기에 다름아니라는 점을 깨닫는다는 것은, 다른 사람들의 삶의 다양함을 통해서 자신의 삶의 지표를 얻으려는 독자들에게 또다른 도움을 줄 수도 있을 것이기 때문이다.

양귀자의 「숨은 꽃」은, 화자인 작가가(이 작가는 양귀자 그녀다. 대개의 경우 이와같지는 않은데 이 소설은 그점에서 다소 특징적이다. 화자를 다른 인물로 가공하지 않고 그녀 자신의 목소리로 만들어 두었다는 점은 이 소설의 숨겨진 주제를 짐작케 해주는 제 일의 요소이다. 즉 다른 방식의 삶에 대한 이야기를 하겠다는 것이 아니라 문학하는 삶,소설쓰는 삶이라는 것이 어떤 것인가를 보여주겠다는 작가의 의도가 반영된 것이다.) 소설 원고 청탁의 약속을 이행하기 위해 안써지는 소설의 실마리를 풀어보려고, 지난 가을에 친구들과 다녀왔던 김제의 귀신사를 찾아가고, 거기서 작가의 초임 교사 시절 부임지였던 남해의 거금도라는 섬에서 보았던 김종구라는 인물을 만나는 이야기를 축으로, 그에 얽힌 네 개의 삽화와 몇 가지 다른 삽화들이 삽입되는 형식으로 진행된다. 이런 이야기들이 한 군데에 엮여지는 밑바닥에는 화자의 소설이라는 것, 문학이라는 것에 대한 풀리지 않는 질문이 깔려 있다. 결국 김종구의 삶과 다른 몇 사람의 삶을 통해서 소설쓰기, 문학하기란 무엇인가 하는 질문에 대한 답을 찾으려는 여로가 이 소설인 것이다.

화자는 우선 자기가 미로에 빠졌다고 생각한다. 미로에 빠졌으면 시작과 끝을, 삶의 처음과 마지막을 성실하게 더듬어 갈 일이지, 어줍잖게 여행을 떠나고 있는 자신에 대해 못마땅해 한다. 또 여행을 떠났으면 글에 대한 생각을 잊어버리고 남의 삶에 대해 성실히 보아두어야 하는 데도 그러지 못하고, 하다 못해 역구내의 간이 서점을 기웃거리는 자신의 활자 중독증에도 화가 난다. 그러면서 그는 문학과 삶에 대한, 소설쓰기에 대한 자신의 생각을 전개하는데, 다음과 같은 생각은 소설쓰기가 결국은 남의 삶을 빙자한 자기 열어보이기라는 점을 밝히고 문학 자체가 중요한 것이 아니라 삶이 중요한 것이라는, 문학의 위상에 대한 작가의 성실한 태도를 보여주고 있다.

> 소설쓰기가 노동의 한 양상으로 분류되는 것의 미덕은 문학의 폐쇄화를 막아준다는 데 있을 것이다. 기꺼이 열어놓으며 기꺼이 받아들인다는 것, 이 말은 곧 문학이 어떻게 하면 한 시대의 진정한 동반자가 될 수 있는지를 일러주고 있는 것처럼 들리기도 한다. 또한 이 말은 기꺼이 열고자 하면서도 전부를 열어보이려고 하지 않는 작가의 속성에 대한 질타처럼 내게 들린다. ……어떤 것이든, 그 일이 무언가를 창조하는 행위라면, 그 노동에 의미를 두는 순간부터 오류가 시작된다.

> 문학은, 그것의 무게를 강조하면 할수록 떨어지기 쉬운 무엇이다. 강조 할 대목은 삶이지 문학이 아니다.
> (양귀자, 「숨은 꽃」, 『슬픔도 힘이 된다』, 문학과 지성사, 1993, p.187)

문학에 대해 끊임없이 생각하며, 좀 생각을 쉬리라고 쉬게 해 줄 수 있을 것이라고 들른 귀신사는 그러나 작년 가을의 그 아늑했던 분위기가 이니었다. 옛절을 넓히려고 완전히 분해를 해서 새로운 공사가 한창 진행중이었던 것이다. 거기서 화자는 인부로 일하는 김종구를 만나게 된다. 그로 말하면, 한마디로 바다의 사람이었다. 이 말은 그가 바닷가에서나 살아야 될 사람이라는 뜻이 아니라 한 군데 붙잡아 둘 수 없는, 물결에 휩싸여 세상 곳곳을 다 굽이쳐 흘러야 하는 운명의 생이 있다면 그가 바로 그런 사람이란 뜻이었다. 화자의 기억에 따를 때, 그는 노모와 어린 여동생을 두고도 타지로 전전하는 '자칫하면 깡패로 풀렸을 망나니'이기도 했고, 한여름 제멋대로 흘러가는 쪽배 위에서 마음대로 네 활개 펴고 잘 수 있는 태평스러운 사람이기도 했으며, 사람들이 즐겨 먹었던 염소의 골통을 도끼로 여유있게 쪼갤 수 있는 사람이었다. 그럼에도 그 스스로는 그 염소의 골이나 고기 따위를 먹지 않았던 인물이기도 했다. 화자는 이러저러한 기억을 통해서 김종구가 평범한 망나니는 아니라는 점을 은연중 내비치기 시작한다. 적어도 그는 삶에 대해 그 누구보다 정통했거나 직접 알아버린, 그래서 그 속을 잘 알 수 없는 인물이었던 것이다.

바닷가였기에 안개가 잦았고, 그럴 때마다 마을 사람들 전부가 선창으로 나와 꽹과리며 징이며 목소리며 횃불들을 동원해 바다에 나간 배들이 사고없이 돌아올 수 있도록 유도해야 했다. 그런 사람들 틈에서 바다에 나간 가족이 없는데도 불구하고 그 누구보다 열심으로 그 누구보다 오래도록 징을 치던 김종구를 회상함으로써 화자는 삶을 대하는 김종구의 숨겨진 면모를 우리에게 넌지시 일러준다. 그 김종구가 십오

년을 떠돌다 거기 귀신사에서 날품을 팔고 있었던 것이다. 뿐만 아니라 술집 작부 출신의 여자 하나와 살림을 차리고 있었다. 김종구는 그 동안 바다가 아닌 주로 산간 지방을 떠돌며 온갖 일을 했다고 했다. '세상에 삽질이나 지게질이 필요치 않은 공사는 없었고, 따라서 그에게 일자리를 주지 않는 공사장도 없었다. 원하는 대로 구할 수 있다는 것이 이 직업의 재미라고 그는 말했다. 세끼의 밥과 누워 잠잘 자리만 해결되면 어디라도 관계가 없는 것이다.……그는 자신을 얽어매려는 어떤 수작도 모두 거부했다.'(p.214)

> "난 중학교 2학년 때 학교를 때려쳤어요. 도대체 뭘 배우라는 건지 답답하기만 하드라구요. 보세요, 그 따위 자잘한 셈본이나 배우고 현미경으로 눈에 뵈지도 않는 벌레나 쳐다본다고 세상 사는 이치를 터득할 수 있겠어요? 아주 꽉꽉 막혔어요. 어떻게 해 볼 수도 없을 만큼. 이러다 영 바보되겠다 싶어 그 당장 집어쳤지요.……넓은 세상 어디든 뛰어들어 북대기 치다보면 막힌 머리도 확 뚫리게 돼 있다구요. 그게 진짜예요. 살아있는 거지요.……."(p.218)

삶은 확실한 실감으로 몸으로 부딪치며 살아야 한다는 김종구의 주장을 화자가 옳다고 여기는 것은, 문학이라는 것이 바로 실감의 삶이 아니라 글자를 통한 간접 경험의 방식이라는 반성 때문으로 보인다. 하여간, 김종구는 화자를 자신의 집으로 초대해, 저녁과 술을 대접한 다음 자신의 여자 '황녀'로 하여금 단소를 불게 함으로써 화자를 또 한 번 놀라게 만들었다. 황녀는 김종구의 표현대로 '야만스럽고 교활한' 여자처럼 보였다. 그러나 단소를 불어주는 그녀는 결코, 화자가 보았던 조금전의 그녀가 아니었다. 심심하면 남자가 일하는 곳에 찾아와 돌멩이를 던지며 같이 놀자고 유혹하던, 낮에 보았던 그녀가 아니었다. 그녀의 단소는 이미 한 경지를 넘은 소리를 들려주었던 것이다. 화자는 그 소리 앞에서, 아니 그들의 불가해한 삶의 방식 앞에서 아무 것도 할 수 없었다.

> 마침내 긴 가락이 끝났을 때, 나는 아무런 말도 하지 못했다. 단소에서 고요히 입술을 떼던 황녀의 손짓이 나를 그렇게 하도록 했다. 여자는 대나무 악기로 막았던 입술에 손가락을 대고 아무 소리도 하지 말라는 주의를 주었다. 그제서야 나는 남자의 볼에 흐르는 한 줄기 눈물을 보았다. 눈물은 볼을 타고 흘러 이미 희끗희끗 흰머리가 터전을 이루고 있는 귀밑머리를 촉촉히 적시고 있었다. 못 볼 것을 본 것처럼 나는 아득했다. 지금 김종구가 소리에 실려 떠내려와 배를 댄 기슭은 어디일까. 아무도, 지금, 바로 이 순간, 그가 무슨 생각을 하고 있는지 알 수가 없다. 단소를 내려놓고 황녀는 무릎걸음으로 다가가 남자의 눈물을 닦아주었다. 나는 말없이 그런 그들의 모습을 지켜보았다.
> 그 밤, 나는 몇 번인가 내 손으로 내 잔을 채웠다. 그리고 우리는 가끔씩 서로의 비어있는 술잔을 채워주기도 했다.(p.222.)

화자가 김종구의 삶을 통해 하려는 이야기는 무엇일까? 그것은 아무래도 삶이라는 것이 쉽게 요리될 수 있는 일의적이고 단선적인 것이 아니라는 점과 다른 삶의 의미를, 그것이 비록 남들 눈에는 비천한 것일지라도 함부로 재단하려 해서는 안된다는 것을 말하고 있는 것처럼 보인다. 삶이란 그렇게 깊이가 얕은 연못이 아니라는 것이다. 어떤 것도 불확실하며 어떤 것도 전혀 보장받을 수 없는 것이 삶인 것이다. 각기 다른 방식이긴 하지만 서로의 삶에 대해 진지한 사람들이 모여 이루는 술자리에서는, 말하지 않고도 서로에 대해 이해하는 법이다.

서울로 돌아오는 차중에서 화자는 불가해한 삶의 의미에 대한 두 가지 경우를 회상한다. 하나는 화자로부터 지브란이라 불리는, 명민했던 운동권 출신의 광인의 행적이다. 그는 7,80년대를 통해 온몸을 던져 역사 속으로 걸어갔고, 어느 조직의 괴수(?)를 지냈으며 그 경력 때문에 기관에 잡혀들어가 고문을 받았다. 그 때문에 그는 미쳐버렸던 것이다. "청와대에서 왜 날 안 부르지……"라고 중얼거리며 돌아다니는 것이 전부가 되어버린 지브란을 두고, 성한 사람들은 한 순결한 천재의 과대망상쯤으로 이해했다. 그 말은 결국, 정반대 방향으로 뒤집힌 잠재된 무의식의 발로라는 것이다. 사람들은 그를 수치스럽게 여겼다. 그러나 화자에게는 그의 말이 풀어내야 할 난해한 잠언이나 꽃말쯤으로 여겨졌다. 그의 잠언이 난해하다는 것은 시대가 난해하다는 것을 뜻한다. 그의 지난 삶은 그토록 상처가 많던 시절에도 우리들의 숨통이었고 짐승으로의 추락을 막는 유일한 대안이었다고 화자는 적고 있다. 그런 그가 미쳐서 하는 말을 두고 비난한다는 것은 있을 수 없는 일인 것이다. 꼭 무슨 중요한 뜻이 그 꽃말에는 들어있는 것 같이 생각되는 것이다.

화자의 두 번째 회상은 어떤 의사의 이야기다. 그 의사는 수술실로 들어가 환자를 보면, 어떤 직감이 온다고 했다. 수술이 성공이다, 무의미하다 하는. 물론 직감에 관계없이 어떤 수술이든 최선을 다하고 나서 운명에 맡기는 것이 의사의 진심이지만 살릴 수 있다는 믿음이 있으면 수술 마지막의 환부 봉합에 이르기까지 말로 표현할 수 없는 정성이 들어간다. 회복 후의 삶을 생각해서 촘촘히, 가능한 한 자국이 적게 남도록 ,치밀하게 바늘이 움직인다는 것이다. 그리고 그 환자를 영안실에서 만날 때 그는 절망한다고 했다. 예쁘게 꿰맨 수술 자리를 보면 더욱 할 말이 없다고 했다. 반대로 도저히 살아날 것 같지 않은, 사망진단 직전의 형식상의 수술을 받은 환자가 며칠 후 눈부시게 회복해서 침상에 앉아 웃고 있을 때도 그는 말을 잃는다고 했다. 삐뚤삐뚤 듬성듬성 지나가버린, 자신이 남긴 환부의 실자국을 보면 등에 식은 땀이 난다고 했다.

이 두 이야기는 우리 삶의 풀어지지 않는 어떤 부분이 존재함을 말해주는 재료이다. 분명히 삶을 지탱하는 보이지 않는 힘이 존재함에도 그 뜻이 무엇인지 우리는 모르고 살아가는 것이다. 서울로 오는 화자에게는 온갖 풀리지 않는 생각들이 떠오른다. 안개 속으로 사라진 김종구, 자신의 꽃말을 암호로 만든 지브란, 의사의 바느질. 이 모든 것들의 의미를 꿰뚫고 가야한다고 생각한다. 그래야만 그는 소설을 쓸 수 있을 것이고, 자기가 꿴 의미의 연쇄를 독자들에게 설명할 수 있을 것이기 때문이다. 하지만 어디 삶이 그렇게 쉽게 뚫을 수 있는 대상이던가. 어떻게 뚫을 것인가. 어디서부터 어디를.

> 기차는 자꾸 달린다. 아직도 부옇기는 하지만, 서울에 닿으면 그래도 나는 기계 앞에 앉기는 할 것이다. 나는 아마도 한 거인을 그리려고 덤빌 지도 모르겠다. 와해된 세계의 폐허 어딘가에 숨어사는 거인, 결코 세상에 출몰하지 않는 거인의 초상. 그리고 숨어있는 꽃들의 꽃말 찾기. 그러다보면 언젠가는 이 세상살이가 돌아가는 이치의 끝자락이나마 만져볼 수 있을 지 모른다. 그리고 아직, 거기까지는 생각하고 싶지 않지만, 영원히 설명되어지지 않는 부분도 있을 것을 나는 안다. 하지만 그것은 거인의 초상을 그린 후, 그 때 생각해도 늦지는 않을 것이다.(p.239.)

소설가에게 있어 삶이란 자신의 작품 소재이면서도 그 자신이 속해서 살아내야 하는 이중적인 과제이다. 그러므로 그는 삶의 의미와 진실을 찾아내는 실제적인 작업과 그것을 문학화하는 혹은 문학화하는 삶을 살아내는 두 가지 방식으로 삶과 대결한다. 그 삶은 숨어 있는 꽃과 같아서 쉽게 그 꽃말이 찾아지지 않는 무엇이다. 김종구의 삶과 지브란의 삶, 의사의 이야기 등을 통해 잠깐씩 내비치는 삶의 힘, 그것을 꿰뚫는 원리를 찾아가는 '소설쓰기'란 그러므로 그리 녹녹한 작업이 아님을 알 수 있다. 삶을 살아내는 다양한 방법들과 마찬가지로, 문학 역시 삶의 길찾기의 한 방식인 것이다. 결국 이 소설을 통해 작가가 보여주고자 한 것은, 김종구의 삶이 아니라 그런 보이지 않고 숨어 있는 삶의 의미들을 찾아다니는 자기 자신의 삶의 길인 것이다. 삶을 '숨은 꽃'에 비유함으로써 그것을 찾아가는 여로의 아득하고 막막함을 드러내고 있는 것이다. 작가는 지금 이 순간도 그의 여행을 계속하고 있을 것이다. 그의 삶이 부디 순조롭기를 빌어주는 것은 악담일까, 덕담일까? 판단은 전혀 독자들의 몫으로 남아 있다.

4. 나오는 말

이제까지 우리는 삶의 길을 가는 여러 가지 방법을 각기 네 편의 작품을 통해 살펴보았다. 시대적인 배경과 관심의 영역이 다른 이들의 작품을 길찾기라는 과정으로 엮어서 읽어온 우리의 노력 또한 하나의 길찾기에 해당한다. 삶이란 그 삶을 살아내는 사람들에게 결코 완전한 모습을 보여주지 않는다는 생각을 전제해 두고 여기까지 온 셈이다. 그럼에도 이런 여행을 계속해 왔던 이유는, 행여 다른 사람들의 길찾기를 통해 조금이라도 우리 삶의 방향과 방법에 도움을 받기 위해서일 것이다. 혹여 삶이 뭐 그리 어려운 것이냐고 생각하는 독자들이 있을지도 모르겠다. 그런 사람들은 삶이라는 것을 지나치게 자기만을 위주로 생각하고 있지는 않는지 반성해 보라고 권유하고 싶다. 진지하게 남에 대해 고려하고, 남들의 삶을 포용할 수 있을 때 나의 삶이 진정으로 발전하는 법이다. 사회란 이렇게 진지하게 고민하는 삶들로 그 성격이 규정되기 마련이고, 역사에 발전이 있다면 그것도 바로 이런 사람들에 의해 가능할 것이기 때문이다.

김소월의 「길」은, 개인적인 고민과 좌절을 네거리에 선 화자를 통해 표현함으로써 소박한 형태의 길의 문학화를 시도했다. 삶 = 길이라는 도식이, 삶을 이해하는 중요한 유추가 될 수 있다는 점을 보여준 셈이었다. 황석영의 「삼포가는 길」은, 여럿이 어울려 서로를 부축하고 가야 하는 공동체적 삶의 과정을 나타냈음을 알 수 있었다. 삶이란 길은 어디에 가 닿느냐가 중요한 것이 아니라 걸어가는 과정의 진지함과 어울림이라는 것이 중요하다는 작가의 인생관이 반영되어 있는 작품이었다. 거기 비해 황지우의 「나는 너다」의 경우는, 삶이라는 것이 스스로의 투철히 각성된 의식으로 지나가야 하는 사막이라고 말함으로써, 길을 가는 방법의 중요성을 일러주고 있는 작품이었다. '우리'라는 공동체도 이런 방법으로 건설되어야 할 것임을 암시함으로써, 황석영의 자연발생적인 의미의 민중적인 연대가 사회적인 자각으로 의식화되어야 하는 것임을 지적한 경우라고 보아도 좋을 것이다. 마지막으로 양귀자의 「숨은 꽃」은 이러저러한 삶의 방법과 과정들을 문학화하는 삶의 내면을 보여준다. 그것은 다른 종류의 삶들과 마찬가지로 삶이라는 '숨은 꽃'을 찾아가는 길찾기에 다름아니었다.

> 우리들 각자의 삶도 결국은 길찾기에 지나지 않을 것이다. 그 길이 아름답고 편한 것이면 좋겠지만, 힘들고 고통스러운 것일 때에도 좌절하거나 서버릴 필요는 없다. 왜냐하면 지금껏 본 것처럼 다른 사람들도 전부 길을 가고 있기 때문이다. 자기의 옆이나 앞이나 혹은 뒤에서 자기의 길을 가고 있는 사람들을 돌아보며 우리는 우리의 삶을 추슬러 새롭게 출발해야 한다. 다시 말하거니와 길이란 앞에 있는 것이 아니라, 우리가 걸어내면 그 때 우리의 뒤에 생기는 것이다. 다만 열심으로 길을 가는 것만이 우리들에게 남겨진 온전한 몫일 뿐이다. '살아서, 여럿이, 가자'. (황지우의 시 「나는 너다」 130의 일절)

찾 아 보 기

ㄱ

가곡 ······ 213
가는 길 ······ 132, 135
가는 누님 ······ 282
가다오 나가다오 ······ 155
가람 이병기 ······ 127
가람 ······ 126, 127
가려나 ······ 223, 224
가사 문학 ······ 217
가사(歌辭) ······ 24, 26
가요 ······ 213, 223
가정 ······ 11, 32
가창(歌唱) ······ 25, 26
가키사키 ······ 251
각운 ······ 25
갑술년 ······ 267
갑오년 ······ 266, 267
개 ······ 169
개발독재 ······ 189
개성률 ······ 20
개인적 정형시 ······ 29
거대 서사 ······ 198
거대한 뿌리 ······ 155
거북이에게 ······ 174
걸작 ······ 170
겨울밤 ······ 51
격조시형 ······ 34, 35, 221, 222
경부텰도노래 ······ 225
계몽 이성 ······ 275
고구려 ······ 252, 255
고구려적인 것 ······ 257
고려가요 ······ 24
고발 ······ 194
고은 ······ 136, 193
고향 ······ 289, 295, 296
고형진 ······ 235, 245, 246, 247
공간 확장 ······ 272
공동체 ······ 249, 252, 288, 290, 343
광개토대왕 ······ 255
광야 ······ 174
광장 ······ 157
교과서 ······ 67, 69, 75, 92, 106, 107, 125
126, 131, 135, 178, 183, 187, 192
193, 197
교사 ······ 163
교사용 지도서 ······ 187
교수 학습 ······ 46, 79, 92
교수-학습 활동 ······ 45
교육과정 ······ 41, 49, 56, 64, 67, 68, 106
120, 135, 187, 257
교육과정기 ······ 136, 138
교정 ······ 298
구조주의 ······ 151
국가 ······ 106, 172
국가민족주의 ······ 135, 136, 138, 172, 243
국가보안법 ······ 175
국가주의 ······ 104, 116
국군은 죽어서 말한다 ······ 132
국민 시인 ······ 105, 115, 132
국민문학 ······ 170
국민문학파 ······ 168, 170

국수 ············ 252, 256
국어교육 ·· 36, 38, 43, 47, 48, 67, 68, 206
국어능력 ············ 45, 206, 207
국어생활 ············ 92
국정 교과서 ············ 279
국화옆에서 ············ 174
군말 ············ 203
군정청 ············ 125, 127, 131
권환 ············ 171
귀촉도 ············ 272
귀향 의지 ············ 297
그 방을 생각하며 ············ 157, 201
그날밤 당신은 마차를 타고 ············ 283
그리움 ············ 320
근대 문명 ············ 259, 281
근대문학 ············ 57, 109
근대성 ········ 70, 105, 111, 158, 258, 300
근대시 ············ 20, 58, 170, 219
근대시문학사 ············ 135
근대시사 ············ 81
근대적 이미지 ············ 287
근대적인 것 ············ 248
근대주의 ············ 80
근대화 ······ 181, 182, 214, 216, 217, 219
232, 256
근대화론 ············ 221
금강 ············ 192, 197
금성 ············ 166
금잔디 ············ 132, 135
기교주의 논쟁 ············ 80
기교주의 ············ 83, 159
기항지(寄港地) ········ 282, 283, 284, 285
290, 291
기형도 ············ 54
기회 ············ 126
길 ············ 135, 325
김경숙 ············ 104, 111
김광규 ······ 192, 193, 194, 196, 207, 208
김광균 ······ 171, 174, 178, 259, 279, 280
281, 282, 292
김광섭 ············ 126, 170, 171
김구용 ············ 33
김기림 ········ 20, 21, 34, 80, 82, 124, 158
159, 169, 171, 174, 175, 233, 275
280, 281, 283, 284, 290
김기진 ············ 167, 169
김대행 ············ 25, 225
김동리 ········ 22, 113, 114, 115, 116, 117
119, 131, 134
김동명 ············ 126, 135, 170
김동환 ············ 168, 170, 171, 185
김병욱 ············ 156
김병익 ············ 191
김병제 ············ 127
김상용 ············ 170
김서정 ············ 222, 223
김석송 ············ 109
김선우 ············ 30
김성태 ············ 224
김소월 ········ 83, 103, 104, 105, 107, 109
113, 115, 116, 118, 123, 130, 135
137, 169, 171, 173, 179, 218, 226
325, 330
김수영 ···· 70, 71, 73, 140, 141, 142, 143
144, 145, 147, 152, 154, 155, 158
160, 180, 192, 193, 200, 201, 203
205, 206, 207, 208, 310
김승옥 ············ 191
김억 ············ 20, 34, 109, 122, 167, 170
171, 220
김영랑 ·· 20, 121, 135, 169, 170, 171, 176
김오남 ············ 170, 171

김용호 ············ 128, 129, 130, 178, 291
김우창 ············ 262, 264, 265, 268, 274
김윤식 ························ 116, 119, 172
김재용 ··················· 143, 151, 153, 235
김정우 ················ 37, 38, 41, 42, 44, 53
김조규 ·································· 171
김종삼 ··································· 53
김종한 ·································· 171
김중신 ··································· 77
김지하 ·································· 193
김진세 ·································· 171
김창원 ····················· 37, 39, 40, 41, 57
김춘수 ·· 21, 23, 24, 32, 34, 116, 183, 299
김현 ······················ 142, 150, 205, 264
김현승 ·· 74, 178, 179, 180, 183, 186, 187
김형원 ·································· 170
김흥규 ···························· 178, 180
김희보 ·································· 178
깃발 ···································· 299
껍데기는 가라 ········· 192, 193, 198, 199
꼴라주 ·································· 195
꿈길 ····························· 223, 224

ㄴ

나는 너다 ································ 343
나는세상모르고사랏노라 ············· 168
나라 만들기 ····························· 182
나라 찾기 ······························· 182
나룻배와 행인 ··························· 169
나운영 ·································· 224
나의 그리움은 오직 푸르고 깊은 것 ·· 322
낙화유수 ························· 222, 223
난해시 ·································· 145
낡은 집 ··························· 32, 244
남기혁 ·································· 105
남신의주유동박시봉방 ················ 174
낭만적 아이러니 ························ 299
낭만주의 ·························· 20, 49, 93
내 그리움은 오직 푸르고 깊은 것 ··· 315
내 나라 내 겨레 ························ 308
내다보기 ························· 301, 302
내방가사 ································ 217
내용 ························ 42, 86, 138, 159
내용과 형식 ············· 80, 155, 159, 202
내용요소 ································· 49
내재율 ······ 12, 14, 17, 18, 19, 24, 27, 28
33, 214, 215, 231
내재적 발전론 ······················ 24, 135
내적 형식 ······························· 297
너에게 ·································· 192
네거리 ·································· 330
노동자들 ································ 343
노래 ···································· 217
노천명 ·· 135, 170, 259, 293, 295, 297, 302
녹동(綠洞) 묘지(墓地)에서 ············ 285
누가 하늘을 보았다 하는가 ····· 192, 197
눈 ······································ 192
눈오는 밤의 시 ························· 285
늙은 마르크스 ·························· 194
능선(稜線) ······························ 319
능선 ···································· 317
니체 ···································· 273
님의 노래 ······························· 121
님의 침묵 ······························· 124

ㄷ

다문화 시대 ···························· 257
다원주의 ······················ 64, 65, 257
다의성 ·································· 184
다정가 ·································· 316

단단한 고요 …… 31
단장(短章) …… 285
단행본 …… 235
달맞이 …… 320
대구 …… 231
대낮 …… 275, 285
대시민 …… 208
대조 …… 231
대중가요 …… 213, 222, 223, 224, 227
대타의식 …… 114, 117, 168, 170
뎃상 …… 279, 285, 286
도남 조윤제 …… 127
도심지대 …… 279, 282, 285, 286
도화도화 …… 275
독시(讀詩) …… 84, 87
독자 …… 87, 88, 91, 92, 163, 164, 181
독자교육 …… 89, 100
독해 …… 158
동경(憧憬) …… 297, 298, 301, 302
동심초 …… 223, 224
동아 …… 173
동학혁명 …… 200
들여다보기 …… 301, 302
떠나가는 배 …… 174
또 다른 고향 …… 71

ㄹ

라임 …… 228
랩퍼 …… 229
러시아 형식주의 …… 151, 227
루이스 …… 51, 53
리듬 …… 12, 17, 18, 19, 216
리듬감 …… 18, 28, 31, 32, 95, 229
리얼리즘 …… 21, 80, 158, 171, 234, 236
239, 240, 243, 244, 245, 246, 263, 264
리얼리즘론 …… 246
리얼리티 …… 235

ㅁ

마르크스주의 …… 61, 62, 67
마명 …… 171
만요 …… 223
만주 …… 252
만주국 국무원 경제부 …… 248
만해 …… 123, 124, 137, 171
말의 발견 …… 54, 55
말장난(pun) …… 56, 85
말하기·듣기·읽기·쓰기 …… 47, 67, 68
망우리 …… 285
망향 …… 305
맥락 …… 184
맥락의 다양성 …… 184
맨발 …… 11
머나먼 사념의 길목 …… 314, 322
먼 후일 …… 121, 129, 135, 171
메타포 …… 266
명시선 …… 174, 175, 176, 177, 178, 179
180, 181
모닥불 …… 174
모더니스트 …… 119, 121, 158, 159, 171
279, 280, 281
모더니즘 …… 21, 80, 158, 169, 171, 275
281, 287, 290
모더니티 …… 233, 235, 273, 291
모색 …… 323
모윤숙 …… 132, 170, 171
목마와 숙녀 …… 219
묘비명 …… 194
무덤 …… 110
무시간성 …… 272, 273

무운율 ··· 33
무의미시 ··· 183
무제(無題) 2 ··· 320
묵독(黙讀) ··· 26, 217
문덕수 ··· 116
문식력(文識力) ··· 163
문자시 ··· 34, 218, 219, 232
문장 ··· 127, 173
문제적 개인 ··· 258, 261
문태준 ··· 11
문학 공동체 ··· 244
문학 담론 ··· 105
문학 제도 ··· 105
문학가동맹 ··· 21, 80, 117, 127, 172, 174, 281
문학교과서 ··· 9, 192, 279
문학교육 ··· 11, 36, 38, 42, 43, 44, 46, 48, 57, 64, 66, 69, 72, 73, 74, 75, 87, 89, 92, 93, 94, 104, 163, 191, 206, 207, 208, 235, 247
문학능력 ··· 45
문학문화 ··· 178
문학사 ··· 129
문학성 ··· 227
문학의 자율성 ··· 159
문협 정통파 ··· 21, 115, 134
문협 ··· 117, 124, 128, 130, 131, 138, 170, 177, 178, 234, 236
문화민족주의 ··· 172
미당 서정주 ··· 127
미당 ··· 21, 116, 118, 129, 130, 131, 170, 172, 174, 176, 177, 178, 180, 258
미명계 ··· 169
미적 담론 ··· 182
미적 자율성 ··· 55
민간인 ··· 53
민병균 ··· 171
민영 ··· 178, 181, 187
민요 시인 ··· 122
민요 ··· 24, 26, 131, 170, 171
민요조 서정시 ··· 34, 221
민요조 ··· 113, 134
민족 담론 ··· 182
민족 시인 ··· 236
민족(民族) ··· 137, 165, 167, 170, 172, 181, 238, 256
민족문학 ··· 82, 168
민족문학사 ··· 137, 234
민족성 ··· 131, 175, 234, 240, 241
민족소(民族素) ··· 252
민족의식 ··· 240
민족적 순수주의 ··· 198
민족적 시원 ··· 248, 252
민족적인 것 ··· 233, 236, 237, 247, 320
민족주의 ··· 24, 108, 111, 114, 115, 119, 130, 135, 137, 138, 166, 167, 169, 173, 175, 176, 178, 179, 182, 186, 237, 248, 252, 256, 257, 311
민족주의문학 ··· 168
민주 ··· 207
민중(적 정형)성 ··· 240
민중 ··· 145, 200, 205, 208
민중성 ··· 234, 241
민중시 ··· 190
민중의식 ··· 343
민중주의 ··· 142, 145
민태규 ··· 171
밀어 ··· 174

ㅂ

바다 ··· 270

바라건대는 우리에게 우리의
보섭대일 땅이 있었더면 …… 110, 135
바람 1 …… 315
바람 …… 270
바위 …… 320
박노춘 …… 171
박노홍 …… 222
박두진 …… 135
박목월 …… 135
박애주의 …… 253
박영희 …… 159, 169
박용래 …… 51, 227
박용철 …… 20, 130, 170, 174, 179, 233
박인환 …… 219
박인희 …… 219
박종화 …… 170
박팔양 …… 169
반근대의 …… 118
반근대주의 …… 171, 248
반복 …… 27, 29, 30, 31, 32, 145, 231
반복소 …… 33, 231
반시론 …… 155
반항 …… 154
밤 …… 174
밤기차에 그대를 보내고 …… 174
방법 …… 349
방언주의 …… 249
방응모 …… 248
배경화 …… 195
배제의 민족주의 …… 181
배제의 원리 …… 168
배추밭에서 …… 323
배타적 민족주의 …… 256
백기만 …… 166
백대진 …… 20
백록담 …… 31, 32
백석 …… 20, 34, 169, 174, 175, 214, 219
233, 240, 243, 251, 304
백철 …… 21, 177, 178, 179, 180
베르그송 …… 260
벽 …… 275
변방민 …… 255
변방적 경직성 …… 257
변영로 …… 170
변주 …… 30, 145
변증법 …… 159
보도연맹 …… 175
보들레르 …… 14, 20, 23, 273
보리 고개 …… 320
보편성 …… 253, 257
보편주의 …… 253
복수성 …… 73
복활 …… 275
봄은 …… 192, 198, 199
봄을 기다리며 …… 323
봉황수 …… 11, 12, 29, 33
부끄러움 …… 269, 270
부르주아민족주의 …… 172
부활 …… 174
북관 …… 253
북방 시편 …… 253
북방 …… 252
북방시 …… 247, 254
북방에서 …… 252, 254, 255
북신 …… 252, 255, 256
분단 …… 204
분수 …… 299
불교 …… 273
불교적 세계관 …… 251
불모성의 …… 266
비(碑) …… 285, 288
비가 오고 바람이 붑니다 …… 314

비둘기 내리는 뜨락 …… 322
비둘기 …… 320
비밀 …… 169
비유 …… 99
비자의적 기억(involuntary memory) ‥ 260
비파강 …… 311

ㅅ

사랑 …… 147, 158, 202
사랑의 변주곡 …… 141, 155
사랑의 이행 …… 208
사물의 연속성 …… 261
4.4조 …… 225
사상파(寫像派) …… 23
사슴 …… 169, 233, 249, 251
사실주의 …… 283
4월 혁명 …… 188
4음보격 … 25, 26, 27, 29, 30, 218, 217, 225
4·19 …… 147, 156, 157, 160, 188, 189, 191, 192, 309
4·19정신 …… 209
4·19혁명 …… 188, 190, 193, 194, 195, 196, 197, 198, 200, 202, 206, 207, 310, 320
사화집 …… 74, 104, 107, 120, 121, 123, 124, 128, 131, 134, 161, 162, 163, 164, 165, 166, 167, 168, 170, 172, 173, 176, 177, 181, 182, 183, 184, 185, 186, 187
사회성 결여 …… 302, 304
사회성 …… 295, 300, 304
사회적 실어증 …… 234
사회적 실천 …… 274
산 …… 132
산문 …… 12, 16, 19, 22, 26, 33, 214, 215
산문시 지향성 …… 19
산문시 ‥ 12, 13, 14, 16, 17, 19, 20, 23, 24, 29, 32, 33, 34, 171, 214, 218, 231
산문적 리듬 …… 9, 11, 12, 14, 18, 30
산문화 …… 216
산숙 …… 239
산에 언덕에 …… 192
산유화 …… 112, 113, 115, 124, 126, 131, 132, 135
산호림(珊瑚林) …… 293, 295, 297, 306
살부(殺父) 의식 …… 270
살아있는 김수영 …… 144
3음보 …… 25, 27, 217
3·1운동 …… 188
삼포 가는 길 …… 331, 333
상징성 …… 269
상징주의 …… 20
상징화 …… 246
상호텍스트성 …… 33
상황 …… 246
새들도 세상을 뜨는구나 …… 52, 93
생가 …… 303
생명 의지 …… 272
생명파 …… 118, 177, 271
생산자 …… 84
생산자들 …… 107
생의 구경적 형식 …… 178
서시 …… 70, 71
서정시 …… 12, 14, 169
서정시선 …… 175
서정주 …… 20, 123, 124, 129, 135, 171, 174, 175, 178, 179, 186, 263, 272, 273, 299
서태지와 아이들 …… 227
서풍부 …… 275
서행시초 …… 236

석간(夕刊)을 보며 ······ 320
석류 ······ 313
설도(薛濤) ······ 224
설야 ······ 279
설움 ······ 147
성기옥 ······ 25
성외 ······ 239
성지 ······ 302
성취 기준 ······ 10, 49
성호 부근 ······ 279
소네트 ······ 25, 26
소박한 경험주의 ······ 290
소수림왕 ······ 255
소시민 ······ 142, 143, 150, 195, 208
소시민성 ······ 195
소월 ······ 108, 112, 122, 124, 126, 131
136, 137, 221
소월론 ······ 110, 116, 117, 118, 119, 134
소월시의 특성 ······ 110
속도 ······ 147
속류 민족주의자 ······ 249
솔직성 ······ 263, 264, 268
송무 ······ 57, 62, 63
수능 ······ 75
수대동시 ······ 275
수라 ······ 249, 250
수박씨 ······ 256
수사의문문 ······ 150
수용 미학 ······ 61, 67, 87
수용자 ······ 247
수월성 ······ 36, 47
수의 비밀 ······ 124
수정 민족주의 시대 ······ 257
수철리(水鐵里) ······ 285
수혈(輸血) ······ 320
순간적 시공성 ······ 273
순수 서정 ······ 234
순수 ······ 80
순수문학 ······ 10, 66, 115, 119, 134
순수문학론 ······ 115
순수시파 ······ 177
숨은 꽃 ······ 349, 357
슈타이거 ······ 51
스키마(schema) ······ 74
시 교육 ······ 83
시 창작교육 ·· 36, 37, 38, 41, 42, 47, 48, 56
시가집 ······ 170, 171
시가형 ······ 220
시각적 이미지 ······ 285
시간의 연속성 ······ 260
시간적 등장성 ······ 24
시계-시간 ······ 260
시공간 확장 ······ 259
시교육 ······ 100, 161, 163
시기의 바다 ······ 249, 251
C. D. 루이스 ······ 49
시를 쓴다는 것이 이미 부질없고나 ·· 292
시문학 교육 ······ 71, 187, 191, 208
시문학 ······ 121, 170, 179, 191, 209
시문학교육 ······ 66, 206
시문학사 ······ 124, 130, 141, 160, 162
164, 175, 176, 177, 186, 195
시문학파 ······ 118, 170, 281
시성 ······ 213, 227
시어 ······ 85
시여, 침을 뱉어라 ······ 155
시의 이슬 ······ 272
시의 종자(種子) ······ 93
시인 만들기 ······ 94, 95
시인 천재설 ······ 50
시인 ······ 91, 92, 97, 99
시인교육 ······ 100

시적 기능 ······ 85, 183
시적 상황 ······ 52, 53, 93
시적 실천 ······ 144, 158
시적 언어 ······ 85
시적 주체 ······ 258
시적 허용 ······ 85
시적인 것 ······ 52, 95
시조 ······ 24, 25, 171
시조부흥운동 ······ 170
시조시인 ······ 322
시조창 ······ 217
시학사 ······ 186
시형 ······ 224
식민주의 ······ 256
식민지 ······ 272
식민화 ······ 256
신경림 ······ 136, 141, 142, 150, 193, 310
신경향파 ······ 169
신동엽 ······ 136, 192, 193, 197, 199, 207
208, 310
신라초 ······ 272
신록 ······ 317, 318
신문학 ······ 123, 174
신민요 ······ 220, 223
신비평 ······ 79, 83, 151, 191, 206
신석정 ······ 126, 135, 170, 171
신석초 ······ 172
신세대론 ······ 171
신진시인 ······ 171, 172
신찬시인집 ······ 121, 171, 179
신춘문예 ······ 90, 91
신화 ······ 261, 272, 275
실라버스(syllabus) ······ 67, 106
실어증 ······ 189, 190, 204, 234
실업자의 오월 ······ 282
실제 ······ 39
심미화 ······ 176, 184, 274
심층 ······ 236, 238, 241, 242, 245, 246
심훈 ······ 175
싸늘한 이마 ······ 174
쓰기 교육 ······ 37
쓰기 ······ 36

ㅇ

아이러니 ······ 275
아지랑이 ······ 316
안도현 ······ 54
안서 ······ 20, 34, 108, 109, 122
알 수 없어요 ······ 124
알레고리 ······ 199
압운(押韻) ······ 171, 225
압운적 요소 ······ 231
애가(哀歌) ······ 320
애매성 ······ 184
애비 ······ 266
애상성 ······ 284
애수(哀愁) ······ 286, 291, 295, 297
애정은 기도처럼 ······ 314
야경차 ······ 282
야차(夜車) ······ 285
야콥슨 ······ 85, 183, 189, 234
양귀자 ······ 349
양운한 ······ 172
양장시조 ······ 171
양주동 ······ 170, 171
어느 날 고궁을 나오면서 ······ 140, 142
143, 144, 145, 146, 147, 148, 149
150, 151, 152, 157, 158, 160, 192
어두어오는 暎窓에 기대여 -
3월에 쓰는 편지 ······ 283
어디로 ······ 174

어머니 ······ 295, 296
어머니날과 수의(壽衣) ······ 323
언문풍월 ······ 225
언약 ······ 315
언어능력 ······ 46, 89
언어의 조소성(彫塑性) ······ 280
엄마야 누나야 ······ 126, 132, 135
엄숙 ······ 168
엄숙주의 ······ 81, 83, 89
에스페란토어 ······ 220
엘리트주의 ······ 179
여상현 ······ 123, 172, 174
여성 화자 ······ 105
여성 ······ 248
여승 ······ 236, 237, 239, 241, 243, 244, 245, 246, 247, 249
여우난골족 ······ 169, 249
여진 ······ 253
역사적 객관성 ······ 264
역설적 ······ 97, 195
연 ······ 32, 33, 99, 323
연대 의식 ······ 343
연속성 ······ 261
연잣간 ······ 302
열린 교육 ······ 96, 97
염상섭 ······ 291
영·미 모더니즘 ······ 284
영감 ······ 50
영문학 ······ 248
영웅 ······ 228
영원성 ······ 138, 270, 271
영원주의 ······ 178
영원회귀 ······ 273
영토화 ······ 256, 257
예상 독자 ······ 163
예술가 ······ 169
예술가곡 ······ 224
예술원 ······ 116, 177
오산학교 ······ 247
오상순 ······ 170
오세영 ······ 50, 119
오시는 눈 ······ 226
오월이라 단옷날에 ······ 323
오일도 ······ 130, 179
5·16 ······ 189, 190
오장환 ······ 20, 33, 34, 110, 111, 112, 113, 114, 117, 118, 122, 172, 233, 243
온몸 ······ 156, 208
온몸론 ······ 157, 159
와사등 ······ 279, 281, 282, 283, 285, 291
왕십리 ······ 132
외가집 ······ 174
외인촌 ······ 279, 280, 286
외할머니네 마당에 올라온 해일 ······ 267
우리옵바와 화로 ······ 283
우선 그놈의 사진을 떼어서 밑씻개로 하자 ······ 201
우한용 ······ 37, 38, 39
운끄라 ······ 132
운끄라판 ······ 138
운독(韻讀) ······ 225, 226
운문 ·· 12, 16, 22, 23, 26, 214, 215, 217, 226
운율 요소 ······ 32
운율 ···· 16, 17, 18, 19, 24, 27, 28, 30, 31, 33, 231
운율감 ······ 32
운율독 ··· 26, 27, 28, 29, 31, 34, 227, 228, 229, 231
운율론 ······ 217, 232
운율의 내재화 ······ 231
워즈워드 ······ 51
원본 ······ 235

원천 ···· 50
원초주의 ···· 252
월색 ···· 168
유년으로의 회귀 ···· 304
유영희 ···· 37, 38, 41
유이민(流移民) ···· 301
유종호 ···· 26, 104, 143, 150, 151, 214
유창선 ···· 171
유치환 ···· 135, 171, 299
유행가 ···· 220, 223
육당 ···· 124, 168, 219
육법전서와 혁명 ···· 201
육사 ···· 170, 172, 234
윤곤강 ···· 172
윤동주 ···· 20, 71, 83, 129, 130, 135, 137, 170, 175, 179, 218, 234
율격 ···· 19, 25, 216, 217
율격론 ···· 23, 24, 25, 232
율격적 요소 ···· 231
율격적 자질 ···· 217
율독(律讀) ···· 25, 218, 226
율독시형 ···· 222
율동감 ···· 29, 31
율문 ···· 226
율문적 관습 ···· 219
은수저 ···· 279, 280, 285, 292
은유 ···· 197
음률 ···· 221
음률성 ···· 26, 214
음보 ···· 25, 30, 32, 33
음보율 ···· 24, 27
음성성 ···· 232
음수 ···· 32, 33
음수율 ···· 19, 24, 26, 214, 225, 226
음악성 ···· 14, 17, 31, 124, 131, 231
의미망 ···· 181
의미화 실천 ···· 243
의사 모더니니즘시 ···· 287
의사(擬似) 이미지즘시 ···· 287
의사소통 ···· 184
의장(意匠) ···· 85
이고려 ···· 171
이광수 ···· 167, 170, 171, 225, 256
이극노 ···· 127
이남호 ···· 74
이동순 ···· 235, 236, 237, 238, 239, 240, 244, 247
이두국주가도 ···· 251
이미지 ···· 23, 42, 279, 281, 286, 287
이미지스트 ···· 279
이미지즘 ···· 284, 287, 288
이병각 ···· 171
이병기 ···· 170, 175
이병철 ···· 123, 174
이상 ···· 11, 20, 23, 32, 33, 130, 171, 179
이상화 ···· 130, 169, 170, 175, 179
이서구 ···· 222
이설주 ···· 128, 129
이성부 ···· 193
이수형 ···· 123, 173, 174
이승원 ·· 235, 236, 238, 239, 240, 241, 247
이심회 ···· 248
이야기 시 ···· 53
이영도(李永道) ·· 307, 310, 312, 313, 319
이용악 ···· 20, 34, 171, 172, 243
이원 ···· 228
이육사 ·· 20, 130, 135, 171, 174, 175, 179
이은봉 ···· 240, 244, 246, 247
이은상 ···· 170
이일 ···· 170, 171
이장희 ···· 130, 179
이정구 ···· 171

이정숙 ···· 223
이즈 반도 ···· 251
이찬 ···· 171
2007년 개정 교육과정 ···· 37, 41, 67
이하윤 ···· 121, 122, 165, 168, 170, 171
175, 176, 185, 186, 222
이한직 ···· 123, 174
이호우 ···· 313
이흡 ···· 171
인동(忍冬) ···· 184
인문평론 ···· 173
인민성 ···· 138, 172
일상어 ···· 85, 87, 92
일상적 의사소통 ···· 183
임학수 ·· 123, 124, 171, 173, 174, 181, 186
임화 ···· 20, 21, 34, 80, 82, 83, 109, 131
138, 159, 168, 169, 171, 186, 233
281, 283, 284, 291
입마춤 ···· 275

ㅈ

자기 동일성 ···· 251
자기 성찰 ···· 146
자기비판 ···· 143, 150
자기애(自己愛) ···· 295, 297
자기표현 ···· 43, 49, 51, 52
자발성 ···· 49
자아의 형벌 ···· 110
자연파 ···· 177
자유 ···· 147, 156, 159, 160, 207
자유문협 ···· 178
자유시 율격 ···· 18
자유시(산문시) ···· 216
자유시 ···· 12, 16, 17, 19, 20, 22, 23, 27
28, 29, 30, 31, 34, 180, 219
자유시론 ···· 19
자유시형 ···· 35
자유율 ···· 27, 28, 33, 226
자유의 이행 ···· 144, 202, 204
자유화 ···· 216
자율성 ···· 159
자의식 ···· 193
자작나무 ···· 252
자화상 ···· 262, 263, 265, 267, 272, 275
작가 ···· 84, 87, 88, 92
작고시인선 ···· 129, 132
작품 ···· 40
장경렬 ···· 64
장곡천정에 오는 눈 ···· 285
장날 ···· 302
장만영 ···· 172
장서언 ···· 172
장소 ···· 295, 296
장소감 ···· 297
장소애(場所愛) ···· 255
장수산.1 ···· 12
재즈송 ···· 223
전경화 ···· 72, 86, 274
전망 ···· 243
전복 ···· 154
전집 ···· 173, 181
전통 시가(詩歌) ···· 213
전통 ···· 119
전통성 ···· 104, 105, 124
전통주의 ···· 80, 114, 118, 170, 275
전통주의자 ···· 111
전형 ···· 245
전형적 상황 ···· 243
전형적 인물 ···· 243, 246
전형화 ···· 245
절정 ···· 174

정남영 ………… 144, 145, 146, 152, 155
정본 …………………………………… 235
정운 …………………………………… 322
정인승 ………………………………… 127
정재찬 ……………………… 57, 64, 73, 87
정전 비판론 …………………………… 65
정전 해체론 …………………………… 67
정전(正典 canon) ….. 9, 57, 59, 61, 63, 64
66, 67, 68, 72, 88, 104, 106, 131, 136
164, 178, 185, 279
정전론 .. 58, 59, 60, 61, 62, 64, 65, 66, 72
정전성(canonicity) .. 69, 70, 71, 75, 184, 208
정전해체론 ……………………… 58, 67
정전화(正典化 Canonization) … 103, 104
108, 109, 112, 115, 119, 120, 122, 129
134, 136, 138, 192, 247
정주 …………………………………… 247
정주성 ………………………………… 169
정지용 … 12, 23, 31, 32, 33, 34, 121, 124
126, 136, 169, 171, 174, 175, 238
273, 281, 319
정진규 ………………………………… 33
정치성 ………………………………… 267
정치적 실천 …………………………… 290
정통성 ………… 117, 124, 130, 188, 234
정한(情恨) ……… 113, 114, 115, 117, 118
131, 134
정한모 ……………………… 178, 180
정현종 ………………………………… 144
정형률 ……………………… 12, 29, 34
정형성 ………………………………… 224
정형시 … 22, 23, 24, 25, 26, 29, 216, 219
정효구 ………………………………… 235
정희성 ………………………………… 193
제3휴머니즘 …………………………… 114
제국주의 ……………………………… 256
제도적 실어증 …………… 188, 189, 193
제이 엠 에스 …………………………… 110
조광 …………………………………… 248
조너선 컬러 …………………………… 86
조당에서 ……………………………… 256
조동일 ………………………………… 25
조벽암 ………………………………… 169
조선 …………………………………… 173
조선명작선집 ………………………… 168
조선문학전집 10권-시집 ……. 123, 173
조선시단 ……………………………… 165
조선시에 있어서의 상징 …………… 110
조선시인선집-28문사걸작 …. 165, 166
조선신문학사조사 …………………… 21
조선심(朝鮮心) ……………………… 167
조선어 ……………………… 172, 220, 238
조선어학회 ……………………… 125, 127
조선일보 ……………………… 247, 248
조선일보출판부 ………… 168, 170, 185
조영출 ………………………………… 222
조지훈 ……. 11, 12, 29, 33, 123, 126, 127
135, 310
조화(弔花) ……………………… 282, 285
종자(種子) ……………………… 50, 52, 55
종자론 ………………………………… 49
종족 상징주의 ………………………… 252
종족 …………………………………… 256
종합 …………………………………… 159
주막 …………………………………… 174
주수원 ……………………………… 170, 171
주요한 ……………………………… 109, 170
주지시 ………………………………… 180
주지파 ………………………………… 177
죽순(竹筍) …………………………… 312
죽음 ……………………… 147, 288, 292
중등교육 …………… 13, 38, 45, 66, 257

중등교육과정 ………… 103, 126, 192
중등학교 ………… 10
중립 ………… 199
중심주의 ………… 65, 185
중외일보 ………… 282
즐거운 편지 ………… 56
지귀도시 ………… 275
지방주의 ………… 249
지배소(支配素) ………… 286
지속 ………… 260
지지적 고향 ………… 272
진달래 ………… 307, 309, 310, 320, 321
진달래꽃 …… 70, 103, 110, 112, 121, 124
127, 132, 135, 180, 184, 330
질투는 나의 힘 ………… 54
집생각 ………… 168

ㅊ

차 안서선생 산수갑산 운
(次岸曙先生山水甲山韻) ………… 331
찬 저녁 ………… 168
참여 ………… 80
창(窓) ………… 298
창백한 구도 ………… 283
창변 ………… 305
창작 방법 ………… 236
창작 방법론 ………… 92
창작과비평사 ………… 181
창작교육 … 37, 38, 39, 40, 42, 43, 44, 45
46, 47, 48, 93
창작능력 ………… 45
창작시 ………… 223
천상병 ………… 90
청록파 3인 ………… 123
청록파 ………… 118, 137, 174
청마 ………… 312, 319
청문협 ………… 117, 137, 173
청산과의 거리-김소월론 ………… 113
청산별곡 ………… 86
청저집(青苧集) ………… 313, 314
청포도 ………… 174
초시간적 감옥(timeless prison) …… 261
초현실파 ………… 177
초혼 ………… 110, 111, 124, 126, 129
촌에서 온 아이 ………… 256
최남선 ………… 171
최두석 ………… 32, 33, 240, 241, 244
최원식 ………… 158, 189
최인훈 ………… 157
추일(秋日)서정(抒情) ………… 285
추일서정 ………… 279, 286, 287
추천사 ………… 174, 299
춘근집(春芹集) ………… 314, 322
춘망사(春望詞) ………… 224
춘원 ………… 109, 219
7.5조 …… 19, 24, 221, 222, 224, 225, 226
7차 교육과정 ………… 9, 36, 37, 92, 192

ㅋ

카프 ………… 80, 121, 137, 168, 169, 171
281, 283
카프시인집 ………… 168

ㅌ

타자 ………… 195
탑(塔) 3 ………… 320
태서문예신보 ………… 19
텍스트 해석 ………… 247
텍스트 ………… 88, 89, 94, 151, 152

퇴행 공간 297
퇴행 심리 303
퇴행 259, 302
퇴행의 시-공간 261
퇴행적 심리 288
투르게네프 20
투사적 등가물 投射的等價物
projective equivalent 51
트로트 223

ㅍ

파도 있는 해안에 서서 283
파리의 우울 14
판정의문문 150
팔원 236, 237, 239, 241, 244, 245, 247, 249, 254
패러디 93
패러프레이즈 93
평생교육원 92, 98
평안도 방언 249
평안도 255
포괄과 배제 186
포괄의 민족주의 181
포물선 287
포에지 16, 50
폭포 192
푸른 하늘을 160, 192, 201
풀 70, 71, 141, 142, 180, 192, 193, 204, 208
풍속 249
풍자 194
프라이 86
프로시 283
프로예맹 172
프루스트 260
피아골 321
핍진성 244

ㅎ

하나가되여주서요 169
하늘-피란 길에서 320
하정일 144, 146, 151
학습 활동 163
학습자 88, 92
한 그믐 225, 226
한계전 285
한국근대시사 258
한국시 140
한국어 압운시 227
한국적 현실 265
한국전후문제시집 162, 186
한국현대시형태론 21
한글 시형(詩型) 221
한명희 151
한민족 253, 254
한반도 255
한시 25, 223
한용운 123, 129, 130, 135, 169, 170, 171, 173, 175, 179, 203, 214, 218
함경도 255
함주 253
함축 83, 103
해금 234
해빈 수첩 251
해석 가능성 246
해석 독재 181, 187
해석 83, 89, 208
해석의 고정성 181
해석의 복수성 73, 134
해석의 정전성 57, 72, 73

해석의 좁힘 ········ 186
해석적 독재 ········ 180
해안과 낙엽 ········ 283
해외문학 ········ 121
해일 ········ 267
행 ········ 32, 33, 99
향가 ········ 24
향수(鄕愁) ········ 285, 288
허구의 형식 ········ 261
허준 ········ 256
혁명 ········ 147, 156, 157, 184, 189, 201
203, 208
현대서정시선 ········ 121, 165, 168
현대시인선집 상,하 ········ 128
현대조선명시선-
부.현대조선시약사 ········ 21, 123, 174
현대조선문학전집-시가집 ········ 170
현대조선시약사 ········ 21
현대조선시인선집 ········ 171
현실 담론 ········ 182
현실 도피 ········ 272, 292
현진영 ········ 227
형상화 ········ 39, 50, 207, 250, 301
형식 ········ 42, 138, 159
형식주의 ········ 79
형태 ········ 22
형태론 ········ 21, 22, 23
형태주의 ········ 23
혜강 선생과 한 줌의 쌀 ········ 323
호박씨 ········ 256
호흡률 ········ 20, 221
홍사용 ········ 130, 179
화사 ········ 271
화사집 ········ 262, 272
환등(幻燈) ········ 285, 286
환유 ········ 190, 197, 199, 200, 203, 204
환유성 ········ 196
환유적 은유 ········ 190
황동규 ········ 56
황량(荒凉) ········ 282, 285
황석영 ········ 331, 343
황석우 ········ 20, 167, 169
황지우 ········ 52, 93, 218, 343
황혼가 ········ 282, 283, 284, 285, 291, 292
황혼에 서서 ········ 323
회감 ········ 51
회고주의 ········ 252
회귀 의식 ········ 305
회상 ········ 301, 302
회화성 ········ 280, 284, 290, 291
후기구조주의 ········ 87, 151
휴머니즘 ········ 253
희미한 옛사랑의 그림자 ··· 192, 193, 196, 201
희방사(喜方寺) 계곡(溪谷)-
4·19 날에 ········ 320
흰 바람벽이 있어 ········ 214
힙합 ········ 229

저자 약력

이명찬(李銘澯)

- 1961년 경남 산청에서 나고, 부산에서 초, 중등학교를 다님
- 1981년 서울대학교 인문대학 국어국문학과에 입학하여
  학부와 대학원(석사, 박사 과정)을 차례로 이수함
- 1990년 『문학사상』을 통해 등단하여
  시집 『아주 오래된 동네』(문학동네, 1997.)를 상재함
- 2000년 연구서 『1930년대 한국시의 근대성』(소명출판)을 펴냄
- 현재 덕성여자대학교 인문대학 국어국문학과 교수

한국 근대시교육 톺아보기

저 자 / 이명찬

인 쇄 / 2017년 7월13일
발 행 / 2017년 7월17일

펴낸곳 / 도서출판 청운
등 록 / 제7-849호
편 집 / 최덕임
펴낸이 / 전병욱

주 소 / 서울시 동대문구 한빛로 41-1(용두동 767-1)
전 화 / 02)928-4482
팩 스 / 02)928-4401
E-mail / chung928@hanmail.net
chung928@naver.com

값 / 32,000원
ISBN 978-11-87869-07-8 (부가번호 93810)